注塑模具
从入门到精通

张维合 编著

化学工业出版社

·北京·

内容提要

本书立足于注塑模具行业生产实际，从注塑模具的基础知识讲起，采取基础知识和设计制造方法、经验相结合的方式，详细梳理了注塑模具的相关知识。内容体系由易到难，由简单到复杂，为读者提供了循序渐进的学习方法和进阶过程。

本书分 3 篇 19 章。第 1 篇注塑模具基础，包括：注塑模具设计制图基本知识，塑料基本知识，塑件设计基本知识，认识注塑模具；第 2 篇注塑模具设计，包括：注塑模具设计步骤及内容，结构件设计，成型零件设计，侧向分型机构与抽芯机构设计，浇注系统设计，热流道浇注系统设计，温度控制系统设计，脱模系统设计，导向定位系统设计，排气系统设计；第 3 篇注塑模具制造，包括：注塑模具材料选用，注塑模具制造基本知识，注塑模具装配，注塑模具试模及常见问题分析与对策，注塑模具报价。

本书采用双色印刷，经验性的内容以及图样中的重点会用蓝色标注。

书中配有二维码资源，扫描即可观看视频讲解。

本书适合从事注塑模具设计与制造相关工作的技术人员使用，也可供高校相关专业师生学习参考。

图书在版编目（CIP）数据

注塑模具从入门到精通 / 张维合编著 . —北京：
化学工业出版社，2020.8（2024.4重印）
ISBN 978-7-122-36765-5

Ⅰ．①注⋯　Ⅱ．①张⋯　Ⅲ．①注塑 - 塑料模具
Ⅳ．① TQ320.66

中国版本图书馆 CIP 数据核字（2020）第 078414 号

责任编辑：贾　娜　　　　　　　　　文字编辑：赵　越
责任校对：王　静　　　　　　　　　装帧设计：刘丽华

出版发行：化学工业出版社（北京市东城区青年湖南街 13 号　邮政编码 100011）
印　　装：大厂聚鑫印刷有限责任公司
787mm×1092mm　1/16　印张 27$\frac{1}{2}$　字数 754 千字　2024 年 4 月北京第 1 版第 6 次印刷

购书咨询：010-64518888　　　　　　售后服务：010-64518899
网　　址：http://www.cip.com.cn

定　　价：99.00 元

现代化生产的特点是品种多、批量大、分工细、协作广。模具因其可以重复地、大批量地生产结构和形状复杂的产品，而且生产效率高、零件形状和尺寸高度统一、成本低，而广泛应用于现代制造业。可以说模具已成为现代制造业高效低本生产的重要技术支撑，一个国家模具工业水平已经成为其制造业水平的重要衡量标准。

由于塑料零件在现代产品中的广泛应用，注塑模具作为塑料制品加工最重要的成型设备，其重要性远甚于其他模具，注塑模具质量优劣会直接关系到产品质量的优劣。笔者曾在企业从事模具设计与制造多年，深知没有好的人才就没有好的模具，而没有好的模具就没有好的产品；高质量、高寿命的模具将为企业生产出高质量、高附加值的产品，大大提高企业的经济效益。因此，如何为注塑模具的设计和制造培养高水平人才，提高注塑模具的设计水平和制造质量，是现代化生产降成本增效益的重要课题。

本书分为 3 篇：注塑模具基础篇、注塑模具设计篇和注塑模具制造篇。其中，注塑模具基础篇包括模具制图知识，塑料性能，塑料制品结构特点，以及注塑模具概念、组成和分类等内容；注塑模具设计篇包括注塑模具设计步骤、设计内容以及注塑模具结构件、成型零件、侧向抽芯机构、浇注系统、温度控制系统、脱模系统、导向定位系统和排气系统的设计要点、设计方法与设计实例等内容；注塑模具制造篇包括注塑模具钢材种类、使用场合及其加工工艺性能，注塑模具制造知识，注塑模具装配，注塑模具试模及常见问题分析与对策，以及模具价格估算、报价及结算方式等内容。

本书内容全面，知识实用，模具结构切合当前实际，图文并茂，总结了大量注塑模具设计经验数据。书中既介绍了注塑模具各部分的详细结构，又介绍了大量注塑模具设计实践中的经典实例，对提高注塑模具设计水平有很大的帮助。本书还配有大量视频资料，供读者在学习过程中参考，读者只要扫描书中二维码就可以观看相关内容。

由于笔者水平所限，书中难免存在一些不足之处，敬请读者批评指正，有任何疑问或意见请发邮件至 allenzhang0628@126.com。

编著者

目录
CONTENTS

第1篇　注塑模具基础

第1章　注塑模具设计制图基本知识

第2章　塑料基本知识

第3章　塑件设计基本知识

第 4 章　认识注塑模具

第 2 篇　注塑模具设计

第 5 章　注塑模具设计步骤及内容

第 6 章　结构件设计

第 13 章 导向定位系统设计

第 14 章 排气系统设计

第3篇　注塑模具制造

第15章　注塑模具材料选用

第16章　注塑模具制造基本知识

第17章　注塑模具装配

第18章 注塑模具试模及常见问题分析与对策

第19章 注塑模具报价

附 录

参考文献

扫码看视频二维码索引

第1篇

注塑模具基础

第 1 章 注塑模具设计制图基本知识

1.1 模具图纸尺寸规格

模具设计图纸和其他机械制图幅面和格式一样,有 A0、A1、A2、A3、A4 五种规格。这五种图纸也分别叫作 0 号图纸、1 号图纸、2 号图纸、3 号图纸、4 号图纸。 绘制模具设计图样时,应优先采用这五种规格的基本幅面。五种图纸的长宽标准尺寸如下:

A0:公制 1189mm×841mm;英制 45.733in×31.840in。

A1:公制 841mm×594mm;英制 31.840in×22.86in。

A2:公制 594mm×420mm;英制 22.860in×15.920in。

A3:公制 420mm×297mm;英制 15.920in×11.430in。

A4:公制 297mm×210mm;英制 11.430in×7.96in。

注意事项:

① 模具中有很多标准件,标准件一般都不需要单独绘制零件图。图纸应尽量少,每次都要检查能否节约纸张,因为假如原稿多了一张图纸,在每次复印时,就等于花多了一张纸的费用及打印时间并增加邮寄图纸的重量。

② 当一个 CAD 图档内的图纸数量超过两张时,所有零件图的编号应按顺序排列,不应该无规律随意摆放。且每一张图纸都应尽可能由左至右或由上至下编号,以方便查找。如数量较多,还可在图纸上面注明图纸的编号,如图 1-1 所示。

③ 一个压缩文件名称中不要包含多个 CAD 电子图档。因为其他人不能直接知道到底压缩文件内有几个图及什么图,而且假如压缩文件损坏时,里面的所有图档都将全部损坏,分开压缩就不会全部坏掉。

④ 图档保存注意事项:

a. 模具图档的容量一般都较大,存盘前要在 AutoCAD 里用 "PURGE" 指令把多余的块(项目)全部清理掉,减小图档的容量,见图 1-2。

b. 如用 "PURGE" 指令后,发觉档案容量还是很大,还可以用 "WBLOCK" 指令,把整张图变成块,再重新存盘。

c. 一般模具图档案大小为 400 ~ 800KB 左右为正常,如超过 1.4MB 为不正常,除非成品图为线框图或有很多复线。

d. 存盘时,要把图档中的全部图形显示在屏幕中间,并尽量放大,即采用 "ZOOM" →

"ALL"指令，并将所有图层设为"ON""UNLOCK"和"THAW"。

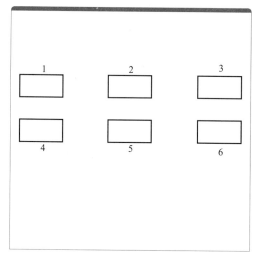

图 1-1 同一图档内图纸应有明显标记

图 1-2 用"PURGE"清理图中暗藏的垃圾

1.2 模具装配图标题栏及明细表

不同公司，模具装配图的标题栏会有所不同，但内容大同小异。图 1-3 是某公司模具装配图标题栏和明细表，供参考。

10	法兰	LOCATING	1050	$\phi4''$(DME6521)	1	
9	唧嘴	SPRUE BUSHING	STD	$\phi3/4''$ □=$\phi7/32''$	1	D
8	顶针	EJECTOR PIN	STD	$\phi1/4''\times10''$	1	
7	顶针	EJECTOR PIN	STD	$\phi5/64''\times10''$	14	
6	顶针	EJECTOR PIN	STD	$\phi1/8''\times10''$	8	
5	螺丝	CAP SCREW	STD	$3/8''\times2$-$1/2''$	6	
4	后模镶件	CORE SUB-INS	P20	$260\times160\times135$	1	
3	前模镶件	CAVITY SUB-INS	P20	$260\times160\times120$	1	C
2	螺丝	CAP SCREW	STD	$3/8''\times1$-$3/4''$	6	
1	模架	MOLD BASE	LKM	3540 A110 B100 C100	1	
序号	中文名称	英文名称	材料	规格型号	数量 备注	

公司名称及标记	产品名称	模具名称	塑料		B
	产品编号	模具编号	收缩率		
设计	日期	绘图比例	单位	X±0.2 .X±0.1 .XX±0.01 .XXX±0.005 角度±0.1°	A
校对	日期	数量	版本		
审批	日期	视图	第 页 共 页		

图 1-3 某公司模具装配图标题栏及明细表

（1）标题栏

① 所有图纸都必须有标题栏。标题栏要求填写齐全，签名要亲自用手写，不得在电脑中打入。签名必须签全名，不可以用红笔或铅笔签名，字迹要求工整、规范。

② 标题栏大小应按自动生成的尺寸 1∶1 绘出，不得随意缩放。当非 1∶1 绘图时，须将标题栏按打印比例缩放，保证标题栏大小永远不变，即 1∶1、2∶1 和 1∶2 打印出的图纸，其标题栏大小相同。

③ 标题栏的所有数据要清楚及正确，如不清楚或欠缺资料应填上问号"？"，特别是收

缩率。

④ 如果多个图档由多人完成，则所有图档的数据要统一，包括字高、字体、颜色等。

⑤ 投影方法有第一视角投影法和第三视角投影法两种。不同国家采用的制图投影方法不尽相同，国标和 ISO 标准一般用第一视角投影法。

使用第一视角投影的国家有中国（台湾地区和香港地区使用第三视角投影）、德国、法国和俄罗斯等，美国、英国、日本等国家使用第三视角投影。因此采用何种投影方法绘图有时应视不同客户来确定。

⑥ 在电脑中设计注塑模具时，一定要采用 1∶1 的比例绘图，打印时可根据模具大小缩小或放大，以清楚为宜。

（2）明细表

明细表只有装配图才有，明细表中要详细注明零件编号、零件名称、尺寸大小或规格型号、材料等内容。明细表有时要单独列出，用 A4 纸另外打印。

明细表填写的一般要求：

① 明细表要列出装配图上所有零件，包括模板、螺钉等。

② 明细表"名称"栏中的零件名称要按国家标准或行业标准填写，除非客户特殊要求，否则一律用中文名称。

③ "规格型号"栏应包括零件的重要尺寸，该尺寸通常是该零件的整数尺寸，有小数点的要进位取整数。

④ "材料"栏填写零件材料，外购的标准件一般填写"外购"，特殊外购标准件需填写"订购公司"，自制标准写"自制"。注意所有零件如需在本公司进行加工后才能装配的，必须在材料后写上"加工"字样，如"S136 加工"。

⑤ "数量"栏填该零件数量，对于易损件、难加工零件，注意多做（购）一些，写法如下："6+4"。前面一个"6"表示装配图中该零件实际数量，后面一个"4"表示备用数量，备用数量根据实际情况确定。

⑥ "备注"栏应填写材料热处理要求，另外模架和内模已订的零件要在备注栏写上"已订"，有零件图的零件写上零件图图号。

⑦ 明细表由设计人员用电脑制作，即由 AutoCAD 自动生成，打印后再由主管审核后签发。

1.3 注塑模具零件图及标题栏

模具零件图是模具加工的重要依据，模具总装图中的非标准零件均需绘制零件图。有些标准零件需要补充加工时，也需画出零件图。绘制零件图时应尽量按该零件在总装图中的装配方位画出，不要任意旋转或颠倒，此外，还应符合以下要求：

① 视图要完整、精简，以能将零件结构表达清楚为限。

② 尺寸标注要齐全、合理，并符合国家标准。

③ 制造公差、形位公差、表面粗糙度选用要合理，既要满足模具质量的要求，又要尽量降低制模成本。

④ 注明所用材料的牌号、热处理要求以及其他技术要求。技术要求通常放在标题栏的上方。

⑤ 模具总装图中须标注最大长宽高、主要零件和结构的位置尺寸、角度尺寸、主要零件的配合尺寸和公差。动定模排位图主要采用坐标标注法，剖视图等其他视图则采用线性标

注法。

⑥ 零件图中要有技术要求，用文字叙述，主要内容包括热处理、未注公差、未注尺寸、未注圆角等视图没有表示的内容。

注塑模具零件图标题栏可参考装配图制订，图 1-4 为某公司模具零件图标题栏，供参考。

公司名称及标记		模具名称	模具编号	材料		B
		零件编号	零件编号	热处理		
设计	日期	绘图比例	单位	未注公差	X.± 0.2 .X± 0.1 .XX± 0.01 .XXX± 0.005 角度±0.1°	A
校对	日期	数量	版本			
审批	日期	视图 ⊏─⊕	第 页 共 页			
4		3	2	1		

图 1-4　模具零件图标题栏范例

1.4 模具设计图种类及基本要求

为了缩短模具生产周期，设计人员需在最短的时间内提供满足各种需要的图纸，模具图包括结构简图、塑件图、排位图、模架图、动定模零件草图、装配图、零件图、线切割图、推杆布置图、电极图、3D 模型图等。

（1）结构简图

模具结构简图主要用来订购模架、动定模镶件以及开框。结构简图一般只画动模简图及一个主要剖视图，要表明模架规格、开框尺寸、动定模尺寸、塑件在模具中排位情况，表明塑件分模情况及进料位置。

绘制结构简图步骤如下：

第一步，根据塑件的形状、大小和数量确定模具的浇注系统。它直接决定了模架的型号是二板模架还是三板模架。

第二步，根据塑件形状决定分型面位置。优先采用平面分型面，其次才考虑斜面分型面，圆弧形分型面是最后的选择。如果分型线影响外观，应征求客户的意见。分型面确定后，必须想想如此分型开模时塑件是否会粘定模。

第三步，确定哪些位置做镶件。薄弱结构、抛光及机加工困难的结构、排气困难的结构，经常要镶拼。

第四步，确定塑件如何脱模。塑件是否需要侧向抽芯，是否强制脱模，是否需要二次甚至多次脱模，是否需要采用气压脱模、推块脱模、推板脱模或螺纹自动脱模等特殊脱模结构。如果只采用推杆和推管脱模，则必须考虑推杆的位置、大小和数量。塑件的脱模方式对模具结构影响很大。

设计推杆或斜推杆时一定要同时考虑冷却水的布置，不能互相干涉。

第五步，决定冷却水道的位置。冷却水道尽量放在型腔底部或旁边，尽量经过热量最多的地方，如无法直接通冷却水，可考虑加散热针或用铍铜做镶件。

第六步，决定模具镶件的大小和钢材。在综合考虑以上因素之后，就可以确定模具镶件的大小了，镶件大小应取整数，厚度更要取标准。而用什么钢材则取决于塑料品种，塑件是否透明，塑件的精度及批量的大小。

第七步，决定模架大小及规格型号。根据进料方式、内模镶件大小，是否采用热流道，是否需要双推板以及是否需要侧向抽芯机构来确定模架的大小和规格型号。

（2）塑件图

在对客户要求及塑件性能了解清楚明白后，并对脱模斜度、公差配合等作充分考虑后，把客户塑件图修正输入电脑，并按公司标准编号归档。

（3）型腔排位图

一些较复杂、手工绘制较困难的模具，可由设计员根据主管指示在电脑上绘制，其作用同模具结构简图。型腔排位图可以不画推杆、撑柱、弹簧等，只需画动定模排位及一个侧视图。但有侧向抽芯机构时要把侧抽芯结构画完整，枕位、进料等也要表达出来。如果已有塑件图，可调入模中排位；如没有，画出大致轮廓及其重要部位即可。

（4）模架图

对于非供应商标准或需在模架厂开框加工的模架，要绘制模架图。模架图要传真给供应商生产，所以应用 A4 纸清晰表达所要加工的尺寸和要求，标准模架部分尺寸可缺省不标注。

模架图内容：模板（定模、动模、方铁、推杆固定板、推杆底板、动定模固定板）；导柱及导套，导柱下方的螺钉；模板间连接螺钉，定位销；推杆板导柱和导套；复位杆（弹弓不用画）；推杆板限位钉或限位拉杆；推杆板螺钉；撬模坑（每块板之间四个角位，包括针板之间）；导柱下面的排气槽；吊模螺孔，码模槽；镶件，滑块，楔紧块，方形定位块，锥面定位块等；尺寸（包括平面图坐标尺寸、板厚、零件大小及数量、模框尺寸公差、吊模孔位置、撬模槽尺寸）；各模板钢材的名称。

（5）动定模零件草图

为了缩短制模周期，对于一般模具，在装配图未完成的情况下，可以先绘制模具零件草图，用于备料、磨削基准面、钻螺孔、配框等模具制造。草图只标注主要尺寸即可。

（6）装配图

模具装配图是模具设计部门主要的图纸形式之一。模具装配图应能表达该模具的构造、零件之间的装配与配合关系、模具的工作原理以及生产该模具的技术要求、检验要求等。装配图必须 1 ∶ 1 绘制。

绘制模具装配图前要仔细研究客户塑件图纸及其他技术要求，以及《模具分模表》（有的公司叫《TOOL PLAN》）要求，如以前做过类似的模具可找其文档参考。

绘制模具装配图前要有完全准确的塑件图，有时还要对塑件图作适当修正，如加上必要的脱模斜度，有公差要求的要对公差进行换算，一般要考虑修正至将来有利于修模的形状。

将塑件图变成模架内的型腔图时，首先要乘以收缩率加 1，再做镜像处理（倒影），同时注意动定模型腔图不要放错位置。

排位时要保证型腔图的基准相对于模架基准是整数。

多型腔模具图要标明型腔编号，对于齿轮等多腔点浇口模，流道上也要注明相应的型腔号码，如 CAVNo.1、CAVNo.2 等。

模具装配图中细微结构要做放大处理。

斜推杆平面布置图（包括底部滑座）要清晰表达，尺寸要标清楚，以利于加工，防止与其他零件发生干涉。

在模具装配图上要注明各孔代号。如撑柱用 S.P 标注，并写上序号。

一张完整的模具装配图应具有下列内容：

①表达模具构造的足够的图形：包括排位图、剖视图和局部放大图；

②完整且准确的尺寸：包括模具最大的长宽高尺寸、主要零件的位置尺寸、主要的配合尺寸及公差等；

③有关列表：如推杆、推管、扁顶等；

④零件编号、标题栏、明细栏、修改栏；

⑤冷却水路轴测示意图，特殊情况还要有排气示意图；

⑥各种孔位及其代号。常见孔位及其代号见表1-1。

模具设计图中常用的线条宽度和用途参见国家标准GB/T 4457.4—2002，其中线条的颜色因人而异，此处仅供参考，但同一公司中各种线条的颜色应该统一。

表1-1　模具装配图中常见孔位及其代号

代号	名称	代号	名称
S.P	撑柱	T.L	拉板
K.O	顶棍孔	SW	螺孔
STR	推杆板限位钉	S-A	小拉杆
STP	推杆板限位柱	LK	尼龙塞（扣）
EPW	推杆板螺钉	WL	冷却水孔
EGB	推杆板导套	R.P	复位杆
EGP	推杆板导柱	O.S	偏孔
BIB	方定位块	G.P	导柱
P.B	脱浇板限位螺钉	G.B	导套

模具装配图常见的摆放方式见图1-5。

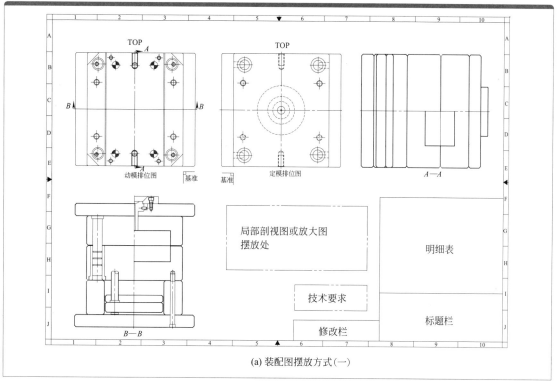

(a) 装配图摆放方式(一)

图1-5

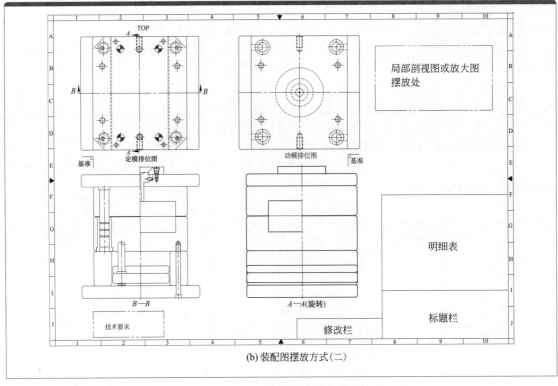

(b) 装配图摆放方式 (二)

图 1-5　模具装配图常见的摆放方式

（7）零件图

零件图是表示零件结构大小及技术要求的图样，是公司组织生产重要的技术文件之一。

零件图应在能够充分而清晰地表达零件形状结构的前提下，选用尽可能少的视图数量，复杂的零件至少要有一个立体图。零件图的尺寸必须正确完整，清晰合理。

① 模具零件图上技术要求的填写：模具零件图除了图形和尺寸外，还要填写一些不同形式的代号及文字说明。这是为了保证塑件性能的需要而提出的一些技术指标，如脱模斜度、表面粗糙度、公差与配合、热处理要求等。模具的精度取决于塑件的精度和生产批量，一般有以下三种精度等级。

a. 精密级：孔采用 IT6，轴采用 IT5；

b. 一般级：孔采用 IT7，轴采用 IT6；

c. 粗糙级：孔采用 IT8，轴采用 IT7。

模具图中未注公差一律按国标 GB 1800.3—1998 中 IT12 级的规定公差选取。

② 形状和位置公差的标注：精密级的注塑模的装配图和零件图要标注形位公差。

③ 热处理与表面处理的填写：对有热处理、表面处理要求的零件要注明，例如，淬火 48～50HRC、氮化 700HV、蚀纹面、抛光面等。

（8）线切割图

① 对线切割的零件，要绘制出线切割图形。线切割图形要用双点画线表达塑件轮廓，用实线表达线切割部位。线切割图要有穿线孔位置及大小尺寸。线切割图要标注线切割大轮廓尺寸，可以用卡尺、量规等简单测量的尺寸，复杂曲线轮廓可以不标注尺寸。

② 线切割轮廓线宽度为粗实线宽度的 1.5 倍。

（9）推杆布置图

对推杆数量在 20 支以上或推杆太近表达不清或镶件推杆需组合后加工时，推杆要单独绘制推杆布置图。

（10）电极图

电极图上要有电蚀图以表达电蚀方法，要有必要的能测量的尺寸。

（11）3D 模型图

较复杂的塑件，都要用 UG 或 Pro/E 绘制 3D 塑件立体图。

较复杂的模具、需要数控加工的模具，都要有 3D 模具图。3D 模具图应至少包括动定模镶件，型芯，A、B 板；有侧向抽芯的模具要画出滑块镶件、滑块座；有斜推杆的模具要画出斜推杆、斜推杆座、顶推杆固定板。

除推杆孔、螺钉孔、锐边倒角外，其他所有形状都要在 3D 模型中画出。

3D 分模装配图名称应与 2D 模具结构图一致，3D 零件图名称应与 2D 零件图一致。

1.5 模具设计图尺寸标注

1.5.1 模具设计图尺寸标注一般要求

① 标注尺寸采用的单位：模具图中的尺寸单位有公制和英制两种，其中英国、美国、加拿大、印度和澳大利亚等国家用英制，我国采用公制，但如果客户是以上国家则宜用英制。另外模具中的很多标准件（如螺钉、推杆等）都用英制单位，所以在模具设计时即使其他尺寸采用公制，这些标准件尺寸标注时仍然用英制单位。

② 标注尺寸时采用的精确度：

a. 线性尺寸：公制采用二位小数，×.×× (mm)；英制采用四位小数，×.×××× " (in)。

b. 角度：采用一位小数：×.×° (deg)。

③ 模具图中的尺寸基准。

模具设计图基准种类有三种：

a. 产品（塑件）基准：客户产品图纸的基准。所有关于型腔、型芯的尺寸由塑件基准作为设计基准。模具设计图中的型芯、型腔尺寸应与产品图中尺寸一一对应。

b. 模具设计基准：一般以模架中心线及分型面作为设计基准。所有螺钉孔、冷却水孔等与模架装配有关系的尺寸要以装配基准为设计基准。

c. 工艺基准：根据模具零件加工、测量的要求而确定的基准，如镶件孔的沉孔标数要以底面为基准。

模具图尺寸的基准的选用：

a. 在剖视图中，高度方向通常以分型面为基准，同时加注基准符号，如图 1-6 所示。有时产品工程师会要求以塑件图为基准，此时塑件基准与模图中塑件基准应重合。

b. 在主视图中，情况较复杂：

• 如果塑件是对称的，用两条中心线作基准，同时加注基准符号，如图 1-7 所示。

• 如果只有一轴对称，另一轴不对称，如果有柱位，就以柱中心为基准，如图 1-8 所示。如果没有柱位，以外形较长的线或边作为基准，如图 1-9 所示。

• 如两轴都不对称，选柱位或直边作基准，如图 1-10、图 1-11 所示。

正确选择尺寸基准是保证塑件设计要求、便于模具加工与零件测量的重要条件。

④ 同一结构在不同视图中尺寸标注要统一，例如统一按大端尺寸标注，有必要的话脱模

角度应一同标出，例如 50°±2°，见图 1-12（a）。加强筋及孔的尺寸，标注中心尺寸及宽度、深度、直径即可，脱模角度另外标示。

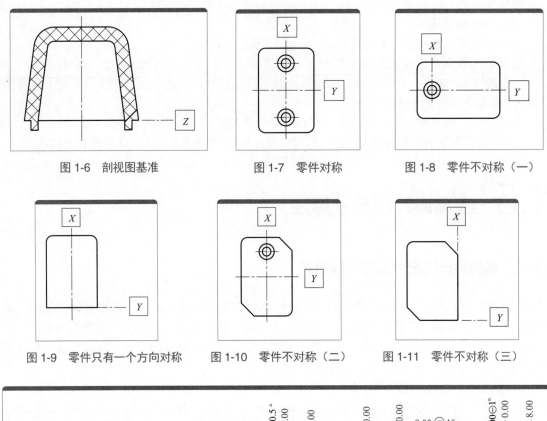

图 1-6　剖视图基准　　　　　图 1-7　零件对称　　　　　图 1-8　零件不对称（一）

图 1-9　零件只有一个方向对称　　图 1-10　零件不对称（二）　　图 1-11　零件不对称（三）

(a) 脱模斜度标注　　　　　(b) 加强筋标注　　　　　(c) 孔标注

图 1-12　典型结构尺寸标注

⑤ 推杆孔的位置尺寸要采用坐标标注法，一般只要在内模镶件图上标注即可。因为是配合加工，在推杆固定板和模板图上都可不标注，但应注明推杆孔直径大小。

⑥ 数控加工（CNC）需要有立体图，零件不用标注全部尺寸，只标注重要的基准数据和检测数据即可。

⑦ 动、定镶件标注的尺寸主要有：a. 线切割尺寸；b. 螺钉、冷却水孔位置尺寸；c. 推杆孔尺寸；d. 分型面高低落差尺寸；e. 外形配合尺寸等。为清楚起见，以上尺寸可分开一张或多张图纸单独标注。

⑧ 线切割尺寸只标注主要尺寸，轮廓复杂的可将线切割部分复制出来另行出图，并应在原图纸上注明。

⑨ 非标模架须标注模板类螺孔位置尺寸，复位杆、导柱等位置和大小尺寸，以及动定模框加工检测尺寸，而标准模架则不进行标注（同时在标准件中也不再订购导柱、复位杆及推杆

板导柱）。

⑩ 在标注加强筋电极加工位置时，标注电极中心位置即可。

1.5.2　装配图尺寸标注要求

① 排位图采用坐标标注法，模具中心为坐标原点，剖视图采用线性尺寸标注，通常以分型面为基准。

② 装配图主要标注以下尺寸：

a. 注塑机连接部分的尺寸。

b. 所有不单独绘制零件图的零件尺寸（主要是模架加工部分）。但模架上的标准孔位置可不标。

c. 各型腔的位置尺寸，并尽量取整数。

d. 浇口的位置、浇口套螺钉的位置。

e. 模板的大小及内模镶件的大小与位置。

f. 侧向抽芯机构及其配件的位置和大小。

g. 定位块的位置和大小。

h. 冷却水孔的位置、规格及编号。

i. K.O 孔的直径和位置。

j. 推杆板导柱及其导套的长度和大小。

k. 撑柱（S.P）的位置和直径。

l. 复位弹簧的直径和长度，弹簧孔需标示深度及直径、弹簧规格，见图 1-13。

m. 限位钉的直径和厚度。

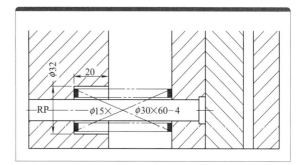

图 1-13　复位弹簧尺寸标注示例

n. 三板模与二板半模中定距分型机构的位置和长度。

1.5.3　模具零件的尺寸标注要求

① 正确：尺寸标注应符合国家《机械制图》的基本规定。

② 完整：尺寸标注必须做到保证工厂各生产活动能顺利进行。

③ 清晰：尺寸配置应统一规范，便于看图查找。

④ 合理：尺寸标注应符合设计及工艺要求，以保证模具性能。

⑤ 标注有斜度的零件尺寸时要在尺寸旁注明"大"或"小"（"大"表示所标注的尺寸为大端尺寸，"小"表示所标注的尺寸为小端尺寸），也可以用大写的英文字母（L-$X0$）或（S-$X0$）表示（"L"表示所标注的尺寸为大端尺寸，"S"表示所标注的尺寸为小端尺寸，"X"是一个具体的数值，表示倾斜度，即单边斜度值）。

⑥ 最大外形尺寸一定在图面有直接的标注。若产生封闭尺寸链，可在最大外形尺寸上加括号。

⑦ 应将尺寸尽量标注在视图外面，以免尺寸线、尺寸数字与视图的轮廓线相交。

⑧ 同心圆柱的直径尺寸最好标注在非圆视图上。

⑨ 相互平行的尺寸，应按大小顺序排列，小尺寸在内，大尺寸在外，并使它们的尺寸数字错开。

⑩ 尺寸线要布置整齐，尽量集中布置在同一边，相关尺寸最好布置在一条线上。尺寸密集的地方，应放大标注，以免产生误解。

⑪ 型腔中的重要定位尺寸，如孔、筋、槽等要直接从基准标出。

⑫ 所有结构要有定位、定形尺寸，对于孔、筋、槽的定位尺寸要以中心线为准。

⑬ 在标注剖视图尺寸时，为了清晰、明了、整洁，内外尺寸要分别标注在两侧。

1.5.4 模具设计图尺寸标注实例

（1）模具装配图尺寸标注实例

见图 1-14。

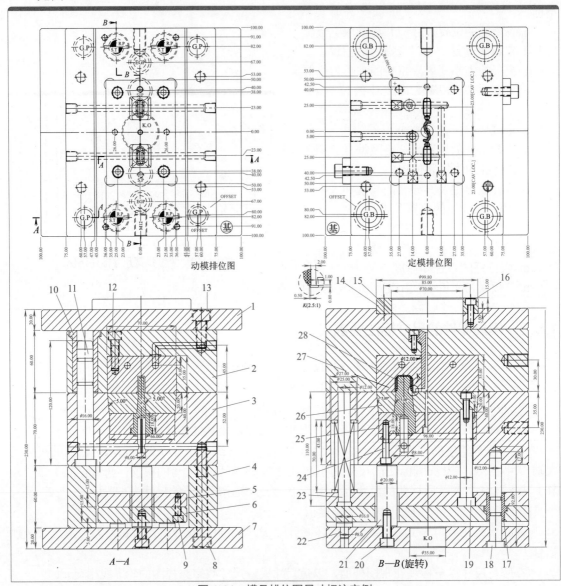

图 1-14　模具排位图尺寸标注实例

1—面板；2—定模 A 板；3—动模 B 板；4—方铁；5—推杆固定板；6—推杆底板；7—底板；8,9,12,13,16,20,24—螺钉；
10—导套；11—导柱；14—定位圈；15—浇口套；17—推杆板导套；18—推杆板导柱；19—推杆；21—撑柱；
22—推杆板限位钉；23—复位杆；25—动模镶件；26—埋入式推块；27—定模镶件；28—动模型芯

注意：由于装配图要标注的尺寸多，为清楚起见，在实际工作中装配图中主要剖视图都不画剖面线。

（2）定模 A 板尺寸标注实例

定模 A 板的结构包括模框、冷却水路、螺钉孔、浇口套孔、定距分型机构各孔，有时还有侧向抽芯机构等。尺寸标注实例见图 1-15。

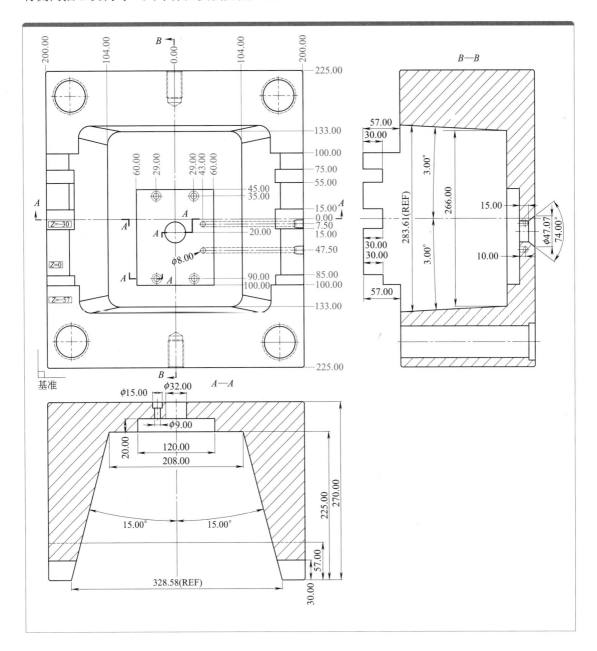

图 1-15　定模 A 板尺寸标注

X、*Y* 方向用坐标标注法，基准是模具的中心线。高度尺寸用线性标注法，以模板底面为基准。

不同推杆过孔用不同的符号表示，并用变革形式列明其大小和数量。

（3）内模镶件尺寸标注实例

见图 1-16。

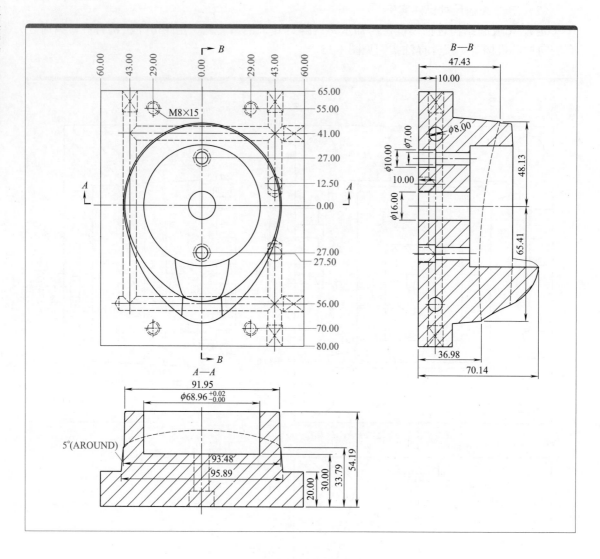

图 1-16　内模镶件尺寸标注实例

通常镶件图分为镶件螺孔、冷却水路图和镶件加工图。镶件形状简单的，其螺孔、冷却水路图与加工图在一张图面反映。

镶件标注时注意事项：

① 方向与基准角要按动模侧准确标出。

② 用最少的视图把图面表达完整，一个形状的尺寸尽量在一个视图上标注清楚。

③ 碰穿面和擦穿面要用文字标出。

④ 分型面按照装配图的位置标出，基准角要注明，基准要与装配图一致。

⑤ 淬火的镶件要注明硬度（HRC）和粗加工余量。

⑥ 要在技术要求中注明内模镶件成型面的脱模斜度，如：型腔脱模斜度为 1.5°，所注尺寸为大头（端）尺寸。

（4）滑块尺寸标注实例

滑块可分中标注，不好分中的可选一较大的平面作基准，高度方向以底面为基准，前面有平面的以前面为基准，详见图1-17。

注意事项：

① 滑块的长、宽、高要标注；

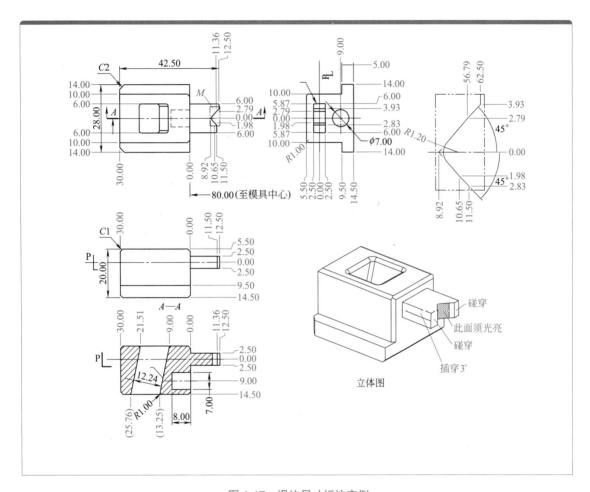

图1-17　滑块尺寸标注实例

② 滑块的标注采用坐标标注法，长、宽、高三个原点分别定在中心线、与镶件紧靠的直面和分型线上；

③ 需标出分型面、模具中心或滑块中心与模具中心的距离；

④ 滑块周边要倒C角，不能倒R角；

⑤ 应有一立体示意图，且标出其插、碰穿面。

（5）锁紧块和弯销尺寸标注实例

锁紧块和弯销尺寸标注采用直线标注法，见图1-18和图1-19。

（6）斜顶尺寸标注实例

见图1-20。

（7）模具型芯尺寸标注实例

见图1-21。

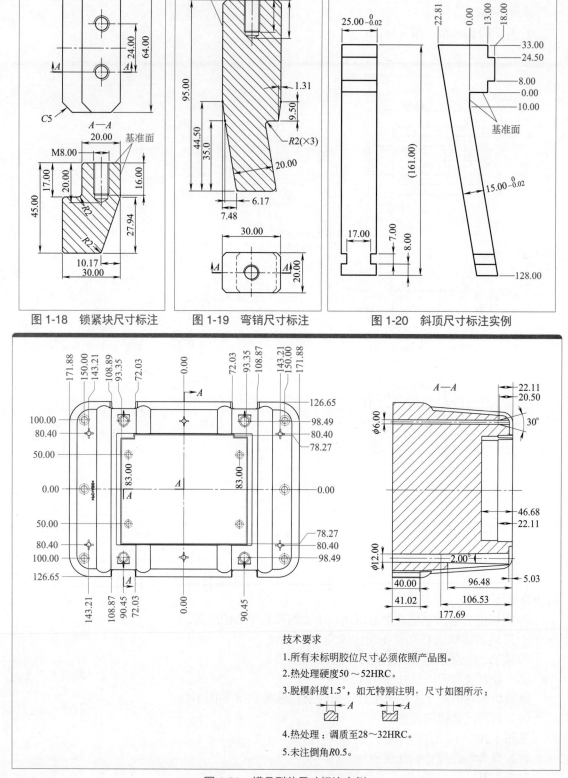

图 1-18　锁紧块尺寸标注

图 1-19　弯销尺寸标注

图 1-20　斜顶尺寸标注实例

技术要求

1.所有未标明胶位尺寸必须依照产品图。

2.热处理硬度50～52HRC。

3.脱模斜度1.5°，如无特别注明，尺寸如图所示：

4.热处理：调质至28～32HRC。

5.未注倒角R0.5。

图 1-21　模具型芯尺寸标注实例

注意事项：

① 可以分中的要分中标注；

② 不能分中的以一个较大的平面为基准标注；

③ 高度方向以底面为基准标注；

④ 热处理零件要注明硬度，若要淬火还需注明粗加工余量；

⑤ 要在技术要求中注明型芯成型面的脱模斜度，如：型芯脱模斜度为1°，所注尺寸为小头（端）尺寸。也可按图例中标示。

（8）订购模架参考图

订购的模架精加工厚度公差参考图1-22，模板的长宽尺寸公差要求 ±0.2mm。

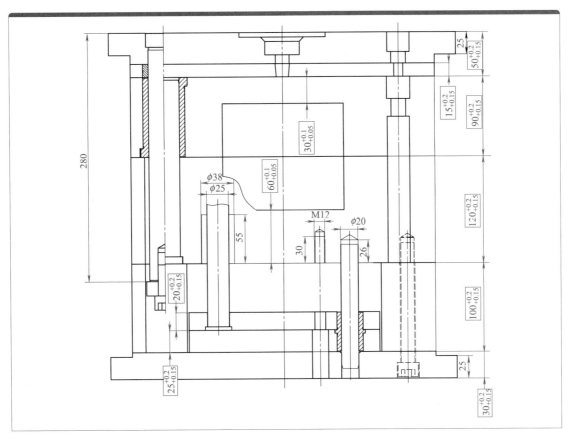

图 1-22　订购模架图

1.6　注塑模具中的公差与配合

1.6.1　注塑模具装配图中常用的公差与配合

注塑模具根据塑件精度要求、模具寿命以及模具零件的功能常采用 IT5 ～ IT8 的公差精度等级，具体见表 1-2。

表1-2　模具装配图上各零件配合公差及应用

常见配合	配合形式	公差代号与等级	
		一般模具	精密模具
①内模镶件与推杆、推管的配合 ②导柱与导套的配合 ③侧抽芯滑块与滑块导向槽的配合 ④斜推杆与内模镶件导滑槽的配合	配合间隙小，零件在工作中相对运动但能保证零件同心度或紧密性。一般工件的表面硬度比较高和粗糙度较小	H7/g6	H6/g5
内模镶件与定位销的配合	配合间隙小，能较好地对准中心，用于常拆卸、对同心度有一定要求的零件	H7/h6	H6/h5
①模架与定位销的配合；齿轮与轴承的配合 ②内模镶件之间的配合 ③导柱、导套与模架的配合	过渡配合，应用于零件必须绝对紧密且不经常拆卸的地方，同心度好	H7/m6	H6/m5
推杆、复位杆与推杆板的配合	配合间隙大，能保证良好的润滑，允许在工作中发热	H8/f8	H7/f7

　　注意：注塑模具各孔和各轴之间的位置公差代号分别为 JS 和 js，公差等级根据模具的精度等级取 IT5 ~ IT8。

1.6.2　注塑模具成型尺寸公差

（1）模具尺寸分类

　　模具的尺寸按照模具构造的实际情况分为成型尺寸、装配尺寸、结构尺寸三种。其中与成型塑件或流道的成型表面有关的尺寸称为成型尺寸；与塑件或流道表面的夹线有关的尺寸称为装配尺寸；其他与成型塑件或流道无直接关系的各类形状或位置尺寸统称为结构尺寸。

（2）结构尺寸

①结构尺寸的一般公差。

　　对于普通模具和精密模具技术文件中结构尺寸的一般公差，包括线性尺寸和角度尺寸，按国标 GB/T 1804—2014《一般公差　未注公差的线性和角度尺寸的公差》中公差等级为精密等级执行，详见表1-3 ~ 表1-5。

表1-3　一般公差的线性尺寸的极限偏差数值（参考国标 GB/T 1804—2014）　　　　mm

公差等级	基本尺寸分段							
	0.5 ~ 3	> 3 ~ 6	> 6 ~ 30	> 30 ~ 120	> 120 ~ 400	> 400 ~ 1000	> 1000 ~ 2000	> 2000 ~ 4000
精密 f	±0.05	±0.05	±0.1	±0.15	±0.2	±0.3	±0.5	—
中等 m	±0.1	±0.1	±0.2	±0.3	±0.5	±0.8	±1.2	±2
粗糙 c	±0.2	±0.3	±0.5	±0.8	±1.2	±2	±3	±4
最粗 v	—	±0.5	±1	±1.5	±2.5	±4	±6	±8

表1-4　一般公差的倒圆半径和倒角高度尺寸的极限偏差数值（参考国标 GB/T 1804—2014）　　　mm

公差等级	基本尺寸分段			
	0.5 ~ 3	> 3 ~ 6	> 6 ~ 30	> 30
精密 f 中等 m	±0.2	±0.5	±1	±2
粗糙 c 最粗 v	±0.4	±1	±2	±4

注：倒圆半径和倒角高度的含义参见 GB/T 6403.4。

表 1-5　一般角度公差的极限偏差数值（参考国标 GB/T 1804—2014）

公差等级	长度分段				
	0～10mm	>10～50mm	>50～120mm	>120～400mm	>400mm
精密 f	±1°	±30'	±20'	±10'	±5'
中等 m					
粗糙 c	±1°30'	±1°	±30'	±15'	±10'
最粗 v	±3°	±2°	±1°	±30'	±20'

② 结构尺寸的标注偏差。

结构尺寸的配合件为外购件时，其配合关系应在考虑模具要求和供应商提供的外购件的尺寸极限偏差情况下，在符合成本及制造能力的范围内合理制定自制零件的尺寸公差范围（例如销钉与销钉孔的配合）。

a. 结构尺寸为镶件配合。

对于普通模具和精密模具：基本尺寸 $L \leqslant 18mm$ 时，H8/h7；基本尺寸 $18mm < L \leqslant 80mm$ 时，H7/h6；基本尺寸 $80mm < L \leqslant 500mm$ 时，H6/h5。

b. 结构尺寸为滑动配合（例如行位与行位压片、斜顶滑块与顶针板的配合）。

对于普通模具和精密模具：基本尺寸 $L \leqslant 18mm$ 时，H8/g7；基本尺寸 $18mm < L \leqslant 50mm$ 时，H7/g6；基本尺寸 $50mm < L \leqslant 250mm$ 时，H6/g5；基本尺寸 $L > 250mm$ 时，采用配制配合，H6/g5 MF（先加工件为孔）。

（3）装配尺寸

装配尺寸的配合件为外购件时，其配合关系应在考虑模具要求和供应商提供的外构件的尺寸极限偏差情况下，在符合成本及制造的范围内合理制定自制散件的尺寸公差范围（例如顶针与顶针孔的配合）。

① 装配尺寸为镶件配合（例如型芯与镶件的配合）。

普通模具：基本尺寸 $L \leqslant 50mm$ 时，H7/js7；基本尺寸 $50mm < L \leqslant 250mm$ 时，H7/k6；基本尺寸 $250mm < L \leqslant 630mm$ 时，采用配制配合，H6/h5 MF（先加工件为孔）。

精密模具：基本尺寸 $L \leqslant 30mm$ 时，H7/js7；基本尺寸 $30mm < L \leqslant 180mm$ 时，H6/js6；基本尺寸 $180mm < L \leqslant 400mm$ 时，采用配制配合，H6/h5 MF（先加工件为孔）。

② 装配尺寸为滑动配合（例如镶件与斜顶、镶件与直顶的配合）。

普通模具：基本尺寸 $L \leqslant 10mm$ 时，H7/g7；基本尺寸 $10mm < L \leqslant 30mm$ 时，H7/g6；基本尺寸 $30mm < L \leqslant 50mm$ 时，H6/g5；基本尺寸 $50mm < L \leqslant 120mm$ 时，采用配制配合，H6/g5 MF（先加工件为孔）。

精密模具：基本尺寸 $L \leqslant 18mm$ 时，H6/g6；基本尺寸 $18mm < L \leqslant 30mm$ 时，H6/g5；基本尺寸 $30mm < L \leqslant 80mm$ 时，采用配制配合，H6/g5 MF（先加工件为孔）。

（4）成型尺寸

对于普通模具和精密模具的模具型腔成型尺寸，均要求按塑件上相应尺寸的中间值计算，以便在制造过程中按正、负方向波动。即型腔成型尺寸的公差值为成型塑件公差值的 $1/3 \sim 1/2$，型腔的下偏差为零，上偏差等于公差值；型芯的上偏差为零，下偏差为公差值的负值，详见本书第 7 章注塑模具成型零件设计。

1.6.3　注塑模具零件常用的形位公差

形位公差包括形状公差和位置公差，其中形状公差包括直线度、平面度、圆度和圆柱度等，位置公差又包括平行度、垂直度、倾斜度、同轴度、对称度、位置度和跳动公差等。形位公差需根据模具的使用和装配要求合理选用。

（1）未注形位公差

关于精密模具和普通模具的未注形位公差，直线度、平面度、平行度、垂直度、倾斜度的未注形位公差按表1-6、表1-7中公差等级10级确定公差值。

（2）模具型腔的标注形位公差

对于客户模塑件上有形位公差要求的部位，在其模具相对应的位置上应考虑其形状或位置要求，具体形位公差数值根据产品的塑料特性和结构情况，一般取模塑件形位公差要求的1/3～1/4。

（3）其他部位的标注形位公差

精密模具的标注形位公差，直线度、平面度、平行度、垂直度、倾斜度的未注形位公差按表1-6、表1-7中公差等级6级确定公差值，面轮廓度公差数值0.02mm。

普通模具的标注形位公差，直线度、平面度、平行度、垂直度、倾斜度的未注形位公差按表1-6、表1-7中公差等级7级确定公差值，面轮廓度公差数值0.05mm。

（4）图样上标注形状和位置公差值的规定

① 表1-6和表1-7制定的形状或位置公差值以标准GB/T 1184—2008，零件和量具在标准温度20℃±5℃下测量为准。

② 形状或位置公差值的选用原则。

根据零件的功能要求，并考虑加工的经济性和零件的结构、刚性等情况，按表1-6和1-10确定要素的形状或位置公差值。并考虑以下情况：

a. 在同一要素上给出的形状公差值应小于位置公差值。如要求平行的两个表面，其平面度公差值应小于平行度公差值。

b. 圆柱形零件的形状公差值（轴线的直线度除外）一般情况下应小于其尺寸公差值。

c. 平行度公差值应小于其相应的距离公差值。

对于下列情况，考虑到加工的难易程度和除主参数以外其他参数的影响，在满足零件功能的要求下，适当降低1～2级选用。

a. 孔相对于轴；

b. 长径比大于20的细长轴和孔，以及直径比较大的轴和孔；

表1-6　直线度、平面度

基本尺寸 /mm	公差等级											
	1	2	3	4	5	6	7	8	9	10	11	12
	公差值 /μm											
≤ 10	0.2	0.4	0.8	1.2	2	3	5	8	12	20	30	60
> 10 ~ 16	0.25	0.5	1	1.5	2.5	4	6	10	15	25	40	80
> 16 ~ 25	0.3	0.6	1.2	2	3	5	8	12	20	30	50	100
> 25 ~ 40	0.4	0.8	1.5	2.5	4	6	10	15	25	40	60	120
> 40 ~ 63	0.5	1	2	3	5	8	12	20	30	50	80	150
> 63 ~ 100	0.6	1.2	2.5	4	6	10	15	25	40	60	100	200
> 100 ~ 160	0.8	1.5	3	5	8	12	20	30	50	80	120	250
> 160 ~ 250	1	2	4	6	10	15	25	40	60	100	150	300
> 250 ~ 400	1.2	2.5	5	8	12	20	30	50	80	120	200	400
> 400 ~ 630	1.5	3	6	10	15	25	40	60	100	150	250	500
> 630 ~ 1000	2	4	8	12	20	30	50	80	120	200	300	600
> 1000 ~ 1600	2.5	5	10	15	25	40	60	100	150	250	400	800
> 1600 ~ 2500	3	6	12	20	30	50	80	120	200	300	500	1000
> 2500 ~ 4000	4	8	15	25	40	60	100	150	250	400	600	1200
> 4000 ~ 6300	5	10	20	30	50	80	120	200	300	500	800	1500
> 6300 ~ 10000	6	12	25	40	60	100	150	250	400	600	1000	2000

注：对于直线度应按其相应的线形长度选择，对于平面度应按其表面的较长一侧或圆表面的直径选择。

表 1-7　平行度、垂直度、倾斜度

基本尺寸 /mm	公 差 等 级											
	1	2	3	4	5	6	7	8	9	10	11	12
	公差值 / μm											
≤ 10	0.4	0.8	1.5	3	5	8	12	20	30	50	80	120
> 10 ～ 16	0.5	1	2	4	6	10	15	25	40	60	100	150
> 16 ～ 25	0.6	1.2	2.5	5	8	12	20	30	50	80	120	200
> 25 ～ 40	0.8	1.5	3	6	10	15	25	40	60	100	150	250
> 40 ～ 63	1	2	4	8	12	20	30	50	80	120	200	300
> 63 ～ 100	1.2	2.5	5	10	15	25	40	60	100	150	250	400
> 100 ～ 160	1.5	3	6	12	20	30	50	80	120	200	300	500
> 160 ～ 250	2	4	8	15	25	40	60	100	150	250	400	600
> 250 ～ 400	2.5	5	10	20	30	50	80	120	200	300	500	800
> 400 ～ 630	3	6	12	25	40	60	100	150	250	400	600	1000
> 630 ～ 1000	4	8	15	30	50	80	120	200	300	500	800	1200
> 1000 ～ 1600	5	10	20	40	60	100	150	250	400	600	1000	1500
> 1600 ～ 2500	6	12	25	50	80	120	200	300	500	800	1200	2000
> 2500 ～ 4000	8	15	30	60	100	150	250	400	600	1000	1500	2500
> 4000 ～ 6300	10	20	40	80	120	200	300	500	800	1200	2000	3000
> 6300 ～ 10000	12	25	50	100	150	250	400	600	1000	1500	2500	4000

注：对于垂直度的未注公差值，取形成直角的两边中较长的一边作为基准，较短的一边作为被测要素；若两边的长度相等则可取其中的任意一边作为基准。

c. 距离较大的轴或孔；

d. 宽度较大（一般大于 1/2 长度）的零件表面；

e. 线对线和线对面相对于面对面的平行度；

f. 线对线和线对面相对于面对面的垂直度。

塑料盆注塑模
具全套设计图

第2章 塑料基本知识

注塑模具是用来生产塑料制品的工具，在设计模具之前，必须对塑料的性能有充分了解和掌握，只有充分熟悉塑料成型工艺性能，才能准确控制模具尺寸和塑料制品尺寸，才能设计出优良的模具。

2.1 塑料及其优缺点

2.1.1 什么是塑料

按照国家标准（GB/T 2035—2008），塑料的定义是：塑料是指以有机合成树脂为主要成分，加入或不加入其他配合材料（添加剂）而构成的高分子人造材料。它通常在加热、加压条件下可模塑成具有一定形状的产品，在常温下这种形状保持不变。

有些树脂可以直接作为塑料使用，如聚乙烯、聚苯乙烯、尼龙等，但多数树脂必须在其中加入一些添加剂，才能作为塑料使用，如酚醛树脂、氨基树脂、聚氯乙烯等。

塑料用途广泛，制品呈现多样化。塑料种类繁多，不同塑料具有不同的性质。塑料可以以玻璃态、高弹态、黏流态等三种形态存在。塑料一般采用模具成型，成型方法包括注塑成型、挤塑成型、吹塑成型、压塑成型和压注成型等。

2.1.2 塑料的优点

塑料的优点包括：

① 易于加工，易于成型，适于全自动大批量生产，成本低。

即使塑料制品的几何形状相当复杂，也可以模塑成型，其生产效率远胜于金属加工，特别是注射成型塑料制品，只要一道工序，即可制造出很复杂的塑料制品。

由于塑料易于加工，可以进行大批量生产，设备费用比较低廉，所以制品成本较低。

② 可根据需要随意着色，或制成透明塑料制品。

利用塑料可制作五光十色、透明美丽的塑料制品，通过塑料之间的共混，还可以做出具有珠光宝气效果的塑料制品，大大提高其商品附加值，并给人一种清新明快的感觉。

③ 质量轻、比强度高。

大多数塑料的密度与水相当，在 $1.0g/cm^3$ 左右，与金属、陶瓷塑料制品相比，质量轻。塑料的机械强度虽不及金属及陶瓷，但比强度（强度与密度的比值）比较高，故可制作轻质高强度的塑料制品。如果在塑料中填充玻璃纤维后，其强度和耐磨性能还可大大提高。

④ 不生锈、不易腐蚀。

塑料不会像金属那样易生锈或受到化学药品腐蚀，使用时不必担心酸、碱、盐、油类、药品、潮湿及霉菌等的侵蚀。

⑤ 不易传热、保温性能好。

由于塑料比热容大，热导率小，不易传热，故其保温及隔热效果良好。

⑥ 既能制作导电部件，又能制作绝缘产品。

塑料本身是很好的绝缘物质，目前可以说没有哪一种电气元件是不使用塑料的。且在塑料中填充金属粉末或碎屑加以成型，还可制成导电良好的产品。

⑦ 减震、消音性能优良，透光性好。

塑料具有优良的减震、消音性能；透明塑料（如 PMMA、PS、PC 等）可制作透明的塑料制品，如镜片、标牌、罩板等。

2.1.3 塑料的缺点

塑料的缺点包括：

① 耐热性差、易于燃烧。这是塑料最大的缺点，与金属和陶瓷相比，其耐热性远为低劣，温度稍高，就会变形，而且易于燃烧。燃烧时多数塑料能产生大量的热、烟和有毒气体。即使是热固性树脂，超过 200℃ 也会冒烟，并产生剥落。

② 随着温度的变化，性质会有所改变。高温自不必说，即使遇到低温，各种性质也会有所改变。

③ 机械强度较低。与同样体积的金属相比，机械强度低得多，特别是薄壁塑料制品，这种差别尤为明显。

④ 易受特殊溶剂及药品的腐蚀。一般来说，塑料不容易受化学药品的腐蚀，但有些塑料易受特殊溶剂及药品的腐蚀，比如 PC、ABS、PS 等，在这方面的性质特别差；在一般情况下热固性树脂在这方面就比较好，不易腐蚀。

⑤ 耐候性差，易老化。无论是强度、表面光泽或透明度，都不耐久，受负荷有蠕变现象。另外，所有的塑料均怕紫外线及太阳光照射，在光、氧、热、水及大气环境作用下易老化。

⑥ 易受损伤，也容易沾染灰尘及污物。塑料的表面硬度都比较低，容易受损伤；另外，由于是绝缘体，故带有静电，因此容易沾染灰尘。

⑦ 尺寸稳定性差。与金属相比，塑料收缩率很高，而且易受注射成型工艺参数的影响，波动性较大，不易控制，故模塑料制品的尺寸精度比较低。另外，在使用期间塑料制品受潮、吸湿或温度发生变化时，尺寸易随时间发生变化。

2.2 塑料的组成

塑料的主要成分是各种各样的树脂，而树脂又是一种聚合物，但塑料和聚合物是不同的。

单纯的聚合物性能往往不能满足加工成型和实际使用的要求，一般不单独使用，只有在加入添加剂后在工业中才有使用价值。因此，塑料是以合成树脂为主要成分，再加入其他的各种各样的添加剂（也称助剂）制成的。合成树脂决定了塑料制品的基本性能，其作用是将各种助剂黏结成一个整体，添加剂是为改善塑料的成型工艺性能，改善制品的使用性能或降低成本而加入的一些物质。

塑料材料所使用的添加剂品种很多，如填充剂、增塑剂、着色剂、稳定剂、固化剂、抗氧剂等。在塑料中，树脂虽然起决定性的作用，但添加剂也有着不能忽略的作用。

2.2.1　树脂

树脂是在受热时软化，在外力作用下有流动倾向的聚合物。它是塑料中最重要的成分，在塑料中起黏结作用，也叫黏料，它决定了塑料的类型和基本性能，如热性能、物理性能、化学性能、力学性能及电性能等。

2.2.2　添加剂

（1）填充剂

填充剂又称填料，是塑料中重要的但并非每种塑料必不可少的成分。填充剂一般都是粉末状的物质，而且对聚合物都呈惰性。配制塑料时加入填充剂的目的是改善塑料的成型加工性能，提高制品的某些性能，赋予塑料新的性能和降低成本。例如在酚醛树脂中加入木粉后，既克服了它的脆性，又降低了成本。在聚乙烯、聚氯乙烯等树脂中加入钙质填充剂，便成为价格低廉的刚性强、耐热好的钙塑料；用玻璃纤维作为塑料的填充剂，大幅度提高塑料的力学性能，有的填充剂还可以使塑料具有树脂所没有的性能，如导电性、导磁性、导热性等。

填充剂有无机填充剂和有机填充剂。常用的填充剂的形态有粉状、纤维状和片状三种。粉状填充剂有木料、纸浆、大理石、滑石粉、云母粉、石棉粉、石墨等；纤维状填充剂有棉花、亚麻、玻璃纤维、石棉纤维、碳纤维、硼纤维和金属须等；片状填充剂有纸张、棉布、麻布和玻璃布等。填充剂的用量通常占塑料全部成分的40％以下。

填充剂形态为球状、正方体状的，通常可提高成型加工性能，但机械强度差，而鳞片状的则相反。粒子愈细时，对塑料制品的刚性、冲击性、拉伸强度、稳定性和外观等改进作用愈大。

（2）增塑剂

增塑剂是能与树脂相溶的、低挥发性的高沸点的有机化合物，它能够增加塑料的可塑性和柔软性，改善其成型性能，降低刚性和脆性。其作用是降低聚合物分子间的作用力，使树脂高分子容易产生相对滑移，从而使塑料在较低的温度下具有良好的可塑性和柔软性。例如，聚氯乙烯树脂中加入邻苯二甲酸二丁酯，可变为像橡胶一样的软塑料。但加入增塑剂在改善塑料成型加工性能的同时，有时也会降低树脂的某些性能，如塑料的稳定性、介电性能和机械强度等。因此，在增塑剂中应尽可能地减少增塑剂的含量，大多数塑料一般不添加增塑剂。

对增塑剂的要求：

① 与树脂有良好的相溶性；

② 挥发性小，不易从塑料制品中析出；

③ 无毒、无色、无臭味；

④ 对光和热比较稳定；

⑤ 不吸湿。

常用的增塑剂有邻苯二甲酸二丁酯、邻苯二甲酸二辛酯、樟脑等。

（3）着色剂

大多合成树脂的本色是白色半透明或无色透明。为使塑料制品获得各种所需色彩，在工业生产中常常加入着色剂来改变合成树脂的本色，从而得到颜色鲜艳漂亮的制品。有些着色剂还能提高塑料的光稳定性、热稳定性。如本色聚甲醛塑料用炭黑着色后能在一定程度上有助于防止光老化。

着色剂主要分颜料和染料两种。颜料是不能溶于普通溶剂的着色剂，故要获得理想的着色性能，需要用机械方法将颜料均匀分散于塑料中。按结构可分为有机颜料和无机颜料。无机颜料热稳定性、光稳定性优良，价格低，但着色力相对差，相对密度大，如猩红酸钠、黄光硫靛红棕、颜料蓝、炭黑等。有机颜料着色力高、色泽鲜艳、色谱齐全、相对密度小；缺点为耐热性、耐候性和遮盖力方面不如无机颜料，如铬黄、氧化铬、铅粉末等。染料是可用于大多数溶剂和被染色塑料的有机化合物，优点为密度小、着色力高、透明度好，但其一般分子结构小，着色时易发生迁移，如士林蓝。

对着色剂的一般要求是：着色力强，与树脂有很好的相溶性，不与塑料中其他成分起化学反应，性质稳定，成型过程中不因温度、压力变化而降解变色，而且在塑料制品的长期使用过程中能够保持稳定。

（4）稳定剂

树脂在加工过程和使用过程中会产生老化，即降解。所谓降解是指聚合物在热、力、氧、水、光、射线等作用下，大分子断链或化学结构发生有害变化的反应。为防止塑料在热、光、氧和霉菌等外界因素作用时产生降解和交联，在聚合物中添加的能够稳定其化学性质的添加剂称为稳定剂。

根据稳定剂所发挥的作用的不同，可分为热稳定剂、光稳定剂和抗氧化剂等。

① 热稳定剂。主要作用是抑止塑料成型过程中可能发生的热降解反应，保证塑料制品顺利成型并得到良好的质量。如有机锡化合物常用于聚氯乙烯，无毒，但价格高。

② 光稳定剂。防止塑料在阳光、灯光和高能射线辐照下出现降解和性能降低添加的物质。其种类有紫外线吸收剂、光屏蔽剂等，苯甲酸酯类及炭黑等常用作紫外线吸收剂。

③ 抗氧化剂。防止塑料在高温下氧化降解的添加物，酚类及胺类有机物常用作抗氧化剂。在大多数塑料中都要添加稳定剂，稳定剂的含量一般为塑料的 0.3%～0.5%。对稳定剂的要求：与树脂有很好的相溶性，对聚合物的稳定效果好，能耐水、耐油、耐化学药品腐蚀，并在成型过程中不降解、挥发小、无色。

（5）固化剂

固化剂又称硬化剂、交联剂。用于成型热固性塑料、线型高分子结构的合成树脂需发生交联反应转变成体型高分子结构。固化剂添加的目的是促进交联反应。例如在环氧树脂中加入乙二胺、三乙醇胺等。

此外，在塑料中还可加入一些其他的添加剂，如发泡剂、阻燃剂、防静电剂、导电剂和导磁剂等。例如，阻燃剂可降低塑料的燃烧性；发泡剂可制成泡沫塑料；防静电剂可使塑料制品具有适量的导电性能以消除带静电的现象。在实际工作中，塑料要不要加添加剂，加何种添加剂应根据塑料的品种和塑料制品的使用要求来确定。

2.3 塑料的分类

塑料的品种很多，目前，世界上已制造出上万种可加工的塑料原料（包括改性塑料），常用的 300 多种。塑料分类的方式也很多，常用的分类方法有以下几种：

（1）按树脂分子结构和受热后表现的性能分

根据树脂的分子结构和受热后表现的性能，可分成两大类：热塑性塑料和热固性塑料。

①热塑性塑料。

热塑性塑料中树脂的分子结构呈线型或支链型结构，常称为线性聚合物。它在加热时可塑制成一定形状的塑料制品，冷却后保持已定形的形状。如再次加热，又可软化熔融，可再次制成一定形状的塑料制品，可反复多次进行，具有可逆性。在上述成型过程中一般无化学变化，只有物理变化。由于热塑性塑料具有上述可逆的特性，因此在塑料加工中产生的边角料及废品可以回收粉碎成颗粒后掺入原料中利用。

热塑性塑料又可分为结晶型塑料和无定形塑料两种。结晶型塑料分子链排列整齐、稳定、紧密，而无定形塑料分子链排列则杂乱无章。因而结晶型塑料一般都较耐热、不透明和具有较高的力学强度，而无定形塑料则与此相反。常用的聚乙烯、聚丙烯和聚酰胺（尼龙）等属于结晶型塑料；常用的聚苯乙烯、聚氯乙烯和 ABS 等属于无定形塑料。

从表观特征来看，一般结晶型塑料是不透明或半透明的，无定形塑料是透明的。但也有例外，如聚 4- 甲基戊烯 -1 为结晶型塑料，却有高透明性，而 ABS 为无定形塑料，却是不透明的。

② 热固性塑料。

热固性塑料在受热之初也具有链状或树枝状结构，同样具有可塑性和可熔性，可塑制成一定形状的塑料制品。当继续加热时，这些链状或树枝状分子主链间形成化学键，逐渐变成网状结构，称之为交联反应。当温度升高到达一定值后，交联反应进一步进行，分子最终变为体型结构，成为既不熔化又不熔解的物质，称为固化。当再次加热时，由于分子的链与链之间产生了化学反应，塑料制品形状固定下来不再变化。塑料不再具有可塑性，直到在很高的温度下被烧焦炭化，其具有不可逆性。在成型过程中，既有物理变化又有化学变化。热固性塑料不可回收再生利用。

显然，热固性塑料的耐热性能比热塑性塑料好。常用的酚醛、三聚氰胺 - 甲醛、不饱和聚酯等均属于热固性塑料。

热塑性塑料常采用注射、挤出或吹塑等方法成型。热固性塑料常用于压缩成型和压注成型，也可以采用注射成型。

由于塑料的主要成分是高分子聚合物，故塑料常常用聚合物的名称命名，因此，塑料的名称大都烦琐，说与写均不方便，所以常用国际通用的英文缩写字母来表示。热固性塑料和热塑性塑料的缩写和名称见附录 1。

（2）按塑料性能及用途分

根据塑料性能及用途分类可分为通用塑料、工程塑料和特种塑料等。

① 通用塑料。

通用塑料指的是产量大、用途广、价格低、性能普通的一类塑料，通常用作非结构材料。世界上公认的六大类通用塑料有聚乙烯、聚丙烯、聚氯乙烯、聚苯乙烯、酚醛塑料和氨基塑料，其产量约占世界塑料总产量的 75% 以上。构成了塑料工业的主体。

② 工程塑料。

工程塑料泛指一些能制造机械零件或工程结构材料等工业品质的塑料。除具有较高的机械强度外，这类塑料的耐磨性、耐腐蚀性能、耐热性、自润滑性及尺寸稳定性等均比通用塑料优良。它们具有某些金属特性，因而在机械制造、轻工、电子、日用、宇航、导弹、原子能等工程技术部门得到了广泛应用，越来越多地代替金属作某些机械零件。

目前工程上使用较多的塑料包括聚酰胺、聚甲醛、聚碳酸酯、ABS、聚砜、聚苯醚、聚四氟乙烯等，其中前四种发展最快，为国际上公认的四大工程塑料。

③ 特种塑料（功能塑料）。

指那些具有特殊功能、适合某种特殊场合用途的塑料，主要有医用塑料、光敏塑料、导磁塑料、超导电塑料、耐辐射塑料、耐高温塑料等。其主要成分是树脂，有的是专门合成的树脂，也有一些是采用上述通用塑料和工程塑料用树脂经特殊处理或改性后获得特殊性能。这类塑料产量小，性能优异，价格昂贵。

随着塑料应用的范围越来越广，工程塑料和通用塑料之间的界限已难以划分，例如通用塑料聚氯乙烯作为耐腐蚀材料已大量应用于化工机械中。

（3）按塑料的结晶形态分

按塑料的结晶形态不同一般分为结晶性塑料和非结晶性塑料（无定性塑料）。

结晶性塑料是指在适当的条件下，分子能产生某种几何结构的塑料（如 PE、PP、PA、POM、PET、PBT 等），大多数属于部分结晶态。非结晶性塑料是指分子形状和分子相互排列不呈晶体结构而呈无序状态的塑料，如 ABS、PC、PVC、PS、PMMA、EVA、AS 等。非结晶性塑料又称无定形塑料，非结晶性塑料在各个方向上表现的力学特性是相同的，即各向同性。

结晶性塑料对注塑机和注塑模的要求：

① 结晶性塑料熔解时需要较多的能量来摧毁晶格，所以由固体转化为熔融的熔体时需要输入较多的热量，所以注塑机的塑化能力较大，额定注射量也要相应提高。

② 结晶性塑料熔点范围窄，为防止喷嘴温度降低时胶料结晶堵塞喷嘴，喷嘴孔径应适当加大，并加装能单独控制喷嘴温度的发热圈。

③ 由于模具温度对结晶度有重要影响，所以模具冷却水路应尽可能多，保证成型时模具温度均匀。

④ 结晶性塑料在结晶过程中发生较大的体积收缩，引起较大的成型收缩率，因此在模具设计中要认真考虑其成型收缩率。

⑤ 结晶性塑料由于各向异性显著，内应力大，在模具设计中要注意浇口的位置和大小、加强筋的位置与大小，否则容易发生翘曲变形，而后要靠调整成型工艺去改善是相当困难的。

⑥ 结晶度与塑料制品壁厚有关，壁厚冷却慢结晶度高，收缩大，易发生缩孔、气孔，因此模具设计中要注意对塑料制品壁厚的控制。

结晶性塑料的成型工艺特点：

① 冷却时释放出的热量大，要充分冷却，高温成型时注意冷却时间的控制。

② 熔态与固态时的密度差大，成型收缩大，易发生缩孔、气孔，要注意保压压力的设定。

③ 模温低时，冷却快，结晶度低，收缩小，透明度高。结晶度与塑料制品壁厚有关，塑料制品壁厚大时冷却慢结晶度高，收缩大，物性好，所以结晶性塑料应按要求必须控制模温。

④ 塑料制品脱模后因未结晶的分子有继续结晶化的倾向，处于能量不平衡状态，易发生变形、翘曲，应适当提高料温和模具温度，采用中等的注射压力和注射速度。

2.4 塑料的性能

塑料的性能包括塑料的使用性能和塑料的成型性能，使用性能体现了塑料的使用价值，成型性能体现了塑料在成型过程中所表现出来的特性。

2.4.1 塑料的使用性能

塑料的使用性能即塑料制品在实际使用中需要的性能。主要有物理性能、化学性能、力学性能、热性能、电性能等。这些性能都可以用一定的指标衡量并可用一定的实验方法测得。

（1）塑料的物理性能

塑料的物理性能主要有密度、表观密度、透湿性、吸水性、透明性等。

密度是指单位体积中塑料的质量。而表观密度是指单位体积的试验材料（包括空隙在内）的质量。

透湿性是指塑料透过蒸汽的性质。它可用透湿系数表示。透湿系数是在一定温度下，试样两侧在单位压力差情况下，单位时间内在单位面积上通过的蒸汽量与试样厚度的乘积。

吸水性是指塑料吸收水分的性质。它可用吸水率表示。吸水率是指在一定温度下，把塑料放在水中浸泡一定时间后质量增加的百分率。

透明性是指塑料透过可见光的性质。它可用透光率来表示。透光率是指透过塑料的光通量占其入射光通量的百分率。

（2）塑料的化学性能

塑料的化学性能有耐化学性、耐老化性、耐候性、光稳定性、抗霉性等。

耐化学性是指塑料耐酸、碱、盐、溶剂和其他化学物质的能力。

耐老化性是指塑料暴露于自然环境中或人工条件下，随着时间推移而不产生化学结构变化，从而保持其性能的能力。

耐候性是指塑料暴露在日光、冷热、风雨等气候条件下，保持其性能的性质。

光稳定性是指塑料在日光或紫外线照射下，抵抗褪色、变黑或降解等的能力。

抗霉性是指塑料对霉菌的抵抗能力。

（3）塑料的力学性能

塑料的力学性能主要有拉伸强度、压缩强度、弯曲强度、断裂伸长率、冲击韧性、疲劳强度、耐蠕变性、摩擦因数及磨耗、硬度等。

与金属相比，塑料的强度和刚度绝对值都比较小。未增强的塑料、通用塑料的抗拉强度一般约 20～50MPa，工程塑料一般约 50～80MPa，很少有超过 100MPa 的品种。经玻璃纤维增强后，许多工程塑料的抗拉强度可以达到或超过 150MPa，但仍明显低于金属材料，如碳钢的抗拉强度高限可达 1300MPa，高强度钢可达 1860MPa，而铝合金的抗拉强度也在 165～620MPa 之间。但由于塑料密度小，塑料的比强度和比刚度高于金属。

塑料是高分子材料，长时间受载与短时间受载时有明显区别，主要表现在蠕变和应力松弛。蠕变是指当塑料受到一个恒定载荷时，随着时间的增长，应变会缓慢地持续增大。所有的塑料都会不同程度地产生蠕变。耐蠕变性是指材料在长期载荷作用下，抵抗应变随时间而变化的能力。它是衡量塑料制品尺寸稳定性的一个重要因素。分子链间作用力大的塑料，特别是分子链间具有交联的塑料，耐蠕变性就好。

应力松弛是指在恒定的应变条件下，塑料的应力随时间而逐渐减小。例如，塑料制品作为螺纹紧固件，往往由于应力松弛使紧固力变小甚至松脱，带螺纹的塑料密封件也会因应力松弛失去密封性。针对这类情况，应选用应力松弛较小的塑料或采用相应的防范措施。

磨耗量是指两个彼此接触的物体（实验时用塑料与砂纸）因为摩擦作用而使材料（塑料）表面造成的损耗。它可以用摩擦损失的体积表示。

（4）塑料的热性能

塑料的热性能主要是线胀系数、热导率、玻璃化温度、耐热性、热变形温度、热稳定性、热降解温度、耐燃性、比热容等。

耐热性是指塑料在外力作用下，受热而不变形的性质，它可用热变形温度或马丁耐热温度来度量。方法是将试样浸在一种等速升温的适宜传热介质中，在一定的弯矩负荷作用下，测出试样弯曲变形达到规定值的温度。马丁耐热温度和热变形温度测定的装置和测定方法不同，应用场合也不同。前者适用于量度耐热性小于60℃的塑料的耐热性；后者适用于量度常温下是硬质的模塑材料和板材的耐热性。

热稳定性是指高分子化合物在加工或使用过程中受热而不降解变质的性质。它可用一定量的聚合物以一定压力压成一定尺寸的试片，然后将其置于专用的实验装置中，在一定温度下恒温加热一定时间，测其重量损失，并以损失的重量和原来重量的百分率表示热稳定性的大小。

热降解温度是高分子化合物在受热时发生降解的温度。它是反映聚合物热稳定性的一个量值。它可以用压力法或试纸鉴别法测试。压力法是根据聚合物降解时产生气体，从而产生压力差的原理进行测试；试纸鉴别是根据聚合物发生降解放出的气体使试纸变色的原理进行测试。

耐燃性是指塑料接触火焰时抵制燃烧或离开火焰时阻碍继续燃烧的能力。

（5）塑料的电性能

塑料的电性能主要有介电常数、介电强度、耐电弧性等。

介电常数是以绝缘材料（塑料）为介质与以真空为介质制成的同尺寸电容器的电容量之比。介电强度是指塑料抵抗电击穿能力的量度，其值为塑料击穿电压值与试样厚度之比，单位为kV/mm。

耐电弧性是塑料抵抗由于高压电弧作用引起变质的能力，通常用电弧焰在塑料表面引起碳化至表面导电所需的时间表示。

2.4.2　塑料的成型性能

塑料的成型性能，直接影响模具的结构和模具钢材的选用，关系到塑料能否顺利成型和塑料制品质量如何。下面分别介绍热塑性塑料和热固性塑料主要的成型性能和工艺要求。

（1）热塑性塑料成型性能

热塑性塑料的成型性能除了热力学性能、结晶性、取向性外，还有收缩性、流动性、热敏性、水敏性、吸湿性、相容性等。

① 收缩性。

塑料通常是在高温熔融状态下在注射压力下充满模具型腔而成型，当塑料制品从模具中取出冷却到室温后，其尺寸会比原来在模具中的尺寸减小，这种特性称为收缩性。它可用单位长度塑料制品收缩量的百分数来表示，即收缩率，用S表示。

塑料的收缩性不仅与塑料制品本身的热胀冷缩有关，还与各种成型工艺条件及模具结构有关，因此成型后塑料制品的收缩称为成型收缩。可以通过调整工艺参数或修改模具结构，以缩小或改变塑料制品尺寸的变化情况。

成型收缩分为尺寸收缩和后收缩两种形式，而且同时都具有方向性。

a. 塑料制品的尺寸收缩。由于塑料制品的热胀冷缩以及塑料制品内部的物理化学变化等原因，导致塑料制品脱模冷却到室温后发生尺寸缩小现象，为此在设计模具的成型零部件时必须考虑通过设计对它进行补偿，避免塑料制品尺寸出现超差。

b. 塑料制品的后收缩。塑料制品成型时，因其内部物理、化学及力学变化等因素产生一系列应力，塑料制品成型固化后存在残余应力，塑料制品脱模后，因各种残余应力的作用将会使塑料制品尺寸产生再次缩小的现象。通常，一般塑料制品脱模后10h内的后收缩较大，48h后基本定型，但要达到最终定型，则需要很长时间，一般热塑性塑料的后收缩大于热固性塑料。注射和压注成型的塑料制品后收缩大于压缩成型塑料制品。

为减小塑料制品内部的应力，稳定塑料制品成型后的尺寸，有时根据塑料的性能及工艺要求，塑料制品在成型后需进行热处理，热处理后也会导致塑料制品的尺寸发生收缩，称为后处理收缩。塑料制品后处理工序包括退火处理和调湿处理。

在对高精度塑料制品的模具设计时应补偿后收缩和后处理收缩产生的误差。

c. 塑料制品收缩的方向性。塑料在成型过程中高分子沿流动方向的取向效应会导致塑料制品的各向异性，塑料制品的收缩必然会因方向的不同而不同：通常沿料流的方向收缩大、强度高，而与料流垂直的方向收缩小、强度低。同时，由于塑料制品各个部位添加剂分布不均匀，密度不均匀，故收缩也不均匀，从而塑料制品收缩产生收缩差，容易造成塑料制品产生翘曲变形甚至开裂。

塑料制品成型收缩率分为实际收缩率与计算收缩率。实际收缩率表示模具或塑料制品在成型温度的尺寸与塑料制品在常温下的尺寸之间的差别，计算收缩率则表示在常温下的模具的尺寸与塑料制品的尺寸之间的差别。计算公式如下：

$$S' = \frac{L_C - L_S}{L_S} \times 100\% \tag{2-1}$$

$$S = \frac{L_m - L_S}{L_S} \times 100\% \tag{2-2}$$

式中　S'——实际收缩率；

　　　S——计算收缩率；

　　　L_C——塑料制品或模具在成型温度时的尺寸；

　　　L_S——塑料制品在常温时的尺寸；

　　　L_m——模具在常温时与 L_S 对应的成型尺寸。

实际收缩率与计算收缩率数值相差很小。塑料制品在模具型腔内成型的过程存在两次收缩，第一次是黏流态的收缩，这种收缩因为浇口的补缩，不会影响成型制品尺寸。第二种收缩是玻璃态的收缩，即塑料熔体固化后由高温至低温的收缩，这种收缩会直接影响成型制品的尺寸。因此当成型制品脱模时，它的尺寸并不等于模具的型腔尺寸，塑料制品或模具在成型温度时的尺寸 L_C 就很难测量，也没有多大意义，因为成型制品脱模后还要继续收缩。在模具设计时通常都采用计算收缩率来计算型腔及型芯等的尺寸。根据公式（2-2）得：

$$L_m = (1+S) L_S \tag{2-3}$$

公式（2-3）就是我们在模具设计时计算成型尺寸公称值的公式，成型尺寸公差一般取塑料制品公差的 $1/3 \sim 1/2$。

不同的塑料品种其收缩率往往不同，同一品种塑料因厂家不同、批号不同收缩率也有所不同。另外，同一塑料制品的不同部位的收缩值也常不同。影响收缩率变化的主要因素有以下四个方面：

a. 塑料的品种。各种塑料都有其各自的收缩率范围，但即使是同一种塑料由于相对分子质量、填料及配比等不同，其收缩率及各向异性也各不相同。无定形塑料的收缩率小于 1%，结晶性塑料的收缩率均超过 1%，结晶性塑料注塑的塑料制品，具有后收缩现象，需在冷却 24h 后进行测量其尺寸，精确度可达 0.02mm。常用塑料收缩率见表 2-1。

表 2-1　常用塑料收缩率

类别	塑料名称	成型收缩率 /%	
		非增强	玻璃纤维增强
非结晶性塑料	聚苯乙烯	0.3 ～ 0.6	—
	苯乙烯 - 丁二烯共聚物（SB）	0.4 ～ 0.7	—
	苯乙烯 - 丙烯腈共聚物（SAN）	0.4 ～ 0.7	0.1 ～ 0.3

类别	塑料名称	成型收缩率 /%	
		非增强	玻璃纤维增强
非结晶性塑料	ABS	0.4 ~ 0.7	0.2 ~ 0.4
	有机玻璃（PMMA）	0.3 ~ 0.7	—
	聚碳酸酯	0.6 ~ 0.8	0.2 ~ 0.5
	硬聚氯乙烯	0.4 ~ 0.7	—
	改性聚苯乙烯	0.5 ~ 0.9	0.2 ~ 0.4
	聚砜	0.6 ~ 0.8	0.2 ~ 0.5
	纤维素塑料	0.4 ~ 0.7	—
结晶性塑料	聚乙烯	1.2 ~ 3.8	—
	聚丙烯	1.2 ~ 2.5	0.5 ~ 1.2
	聚甲醛	1.8 ~ 3.0	0.2 ~ 0.8
	聚酰胺 6（尼龙 -6）	0.5 ~ 2.2	0.7 ~ 1.2
	聚酰胺 66（尼龙 -66）	0.5 ~ 2.5	—
	聚酰胺 610（尼龙 -610）	0.5 ~ 2.5	—
	聚酰胺 11（尼龙 -11）	1.8 ~ 2.5	—
	PET 树脂	1.2 ~ 2.0	0.3 ~ 0.6
	PBT 树脂	1.4 ~ 2.7	0.4 ~ 1.3

b. 塑料制品结构。塑料制品的形状、尺寸、壁厚、有无嵌件、嵌件数量及布局等，对收缩率值有很大影响，一般塑料制品壁厚越大收缩率越大，形状复杂的塑料制品小于形状简单的塑料制品的收缩率，有嵌件的塑料制品因嵌件阻碍和激冷收缩率减小。

c. 模具结构。塑模的分型面、加压方向及浇注系统的结构形式、布局及尺寸等直接影响料流方向、密度分布、保压补缩作用及成型时间，对收缩率及方向性影响很大，尤其是挤出和注射成型更为突出。

d. 成型工艺条件。模具的温度、塑料熔体温度、注射压力、保压时间和注射周期等成型条件对塑料制品收缩均有较大影响。模具温度高，熔体冷却慢，密度高，收缩大。尤其对结晶塑料，因其体积变化大，其收缩更大，模具温度分布是否均匀也直接影响塑料制品各部分收缩量的大小和方向性，注射压力高，熔体黏度差小，脱模后弹性恢复大，收缩小。保压时间长则收缩小，但方向性明显。

由于收缩率不是一个固定值，而是在一定范围内波动，收缩率的变化将引起塑料制品尺寸变化，因此，在模具设计时应根据塑料的收缩范围、塑料制品壁厚、形状、浇口形式、尺寸、位置成型因素等综合考虑确定塑料制品各部位的收缩。对精度高的塑料制品应选取收缩率波动范围小的塑料，并留有修模余地，试模后逐步修正模具，以达到塑料制品尺寸精度的要求。有装配要求的尺寸，在收缩率难以准确预测的情况下，装配间隙宜大不宜小。谨记：加胶容易减胶难。

② 流动性。

在成型过程中，塑料熔体在一定的温度、压力下充填模具型腔的能力称为塑料的流动性。塑料流动性的好坏，在很大程度上直接影响成型工艺的参数，如成型温度、压力、周期、模具浇注系统的尺寸及其他结构参数。在决定塑料制品大小和壁厚时，也要考虑流动性的影响。

流动性的大小与塑料的分子结构有关，具有线型分子而没有或很少有交联结构的树脂流动性大。塑料中加入填料，会降低树脂的流动性，而加入增塑剂或润滑剂，则可增加塑料的流动性。塑料制品合理的结构设计也可以改善流动性，例如在流道和型腔的拐角处采用圆角结构就可以改善熔体的流动性。

塑料的流动性对塑料制品质量、模具设计以及成型工艺影响很大。流动性差的塑料，不容易充满型腔，易产生缺料或熔接痕等缺陷，因此需要较大的成型压力才能成型。相反，流动性好的塑料，可以用较小的注射压力充满型腔。但流动性太好，易在成型时产生溢料飞边，需提高模具成型零件的制造精度。因此，在塑料制品成型过程中，选用塑料制品材料时，应根据塑料制品的结构、尺寸及成型方法选择适当流动性的塑料，以获得满意的塑料制品。此外，模具设计时应根据塑料流动性来考虑分型面和浇注系统及料流方向；选择成型温度也应考虑塑料的流动性，流动性好的塑料，成型温度应低一些；流动性差的塑料，成型温度应该高一些。

热塑性塑料的流动性可分为三类：

流动性好的塑料：如聚酰胺（PA）、聚乙烯（PE）、聚苯乙烯（PS）、聚丙烯（PP）和醋酸纤维素（CA）等。

流动性中等的塑料：如改性聚苯乙烯（HIPS）、ABS、AS、聚甲基丙烯酸酯（PMMA）、聚甲醛（POM）和氯化聚醚等。

流动性差的塑料：如聚碳酸酯（PC）、硬聚氯乙烯（PVC）、聚苯醚（PPO）、聚砜（PS）、聚芳砜（PASF）和氟塑料等。

影响塑料流动性的因素主要有：

a. 温度。料温高，则塑料流动性增大，但料温对不同塑料的流动性影响各有差异，聚苯乙烯、聚丙烯、聚酰胺、聚甲基丙烯酸甲酯、ABS、AS、聚碳酸酯、醋酸纤维素等塑料流动性对温度变化的影响较大；而聚乙烯、聚甲醛的流动性受温度变化的影响较小。

b. 压力。注射压力增大，则熔体受剪切作用大，流动性也增大，尤其是聚乙烯、聚甲醛十分敏感。但过高的压力会使塑料制品产生应力，并且会降低熔体黏度，形成飞边。

c. 模具结构。浇注系统的形式、尺寸、布置、型腔表面粗糙度、流道截面厚度、型腔形式、排气系统、冷却系统设计、熔体流动阻力等因素都直接影响熔体的流动性。

凡促使熔体温度降低、流动阻力增大的因素（如塑料制品壁厚太薄，转角处采用尖角等），都会降低流动性。表2-2列出了常用塑料改进流动性能的方式。

表2-2　常用塑料改进流动性能的方式

塑料代号	俗名	改进方式	塑料代号	俗名	改进方式
PE	聚乙烯	提高螺杆速度	PS	聚苯乙烯	提高螺杆速度或提高温度
PP	聚丙烯	提高螺杆速度	ABS	—	提高温度
PA	聚酰胺（尼龙）	提高温度	PVC	聚氯乙烯	提高温度
POM	聚甲醛	提高螺杆速度	PMMA	聚甲基丙烯酸甲酯	提高温度
PC	聚碳酸酯	提高温度			

③ 热敏性。

各种塑料的化学结构在热作用下均有可能发生变化，某些热稳定性差的塑料，在温度较高或受热时间较长的情况下会产生分解、降解、变色，塑料的这种特性称为塑料的热敏性。热敏性很强的塑料（即热稳定性很差的塑料）通常简称为热敏性塑料，如硬聚氯乙烯（HPVC）、聚三氟氯乙烯（PCTFE）和聚甲醛（POM）等。这种塑料在成型过程中很容易在不太高的温度下发生热分解、热降解或在受热时间较长的情况下发生过热降解，从而影响塑料制品的性能和表面质量。

热敏性塑料熔体在发生热分解或热降解时，会产生各种降解物及刺激性气体，有的降解物和气体有一定毒性和腐蚀性，模具设计时成型零件需采用不锈钢。有的降解物还会是加速该塑料降解的催化剂，如聚氯乙烯降解产生氯化氢，能起到进一步加剧高分子降解的作用。

为了避免热敏性塑料在加工成型过程中发生热降解现象，在模具设计、选择注塑机及成型时，可在塑料中加入热稳定剂；也可采用合适的设备（螺杆式注塑机），严格控制成型温度、模温、加热时间、螺杆转速及背压等；还可清除降解产物，对设备和模具采取防腐等措施。

④ 水敏性。

塑料的水敏性是指它在高温、高压下对水降解的敏感性。如聚碳酸酯即是典型的水敏性塑料，即使含有少量水分，在高温、高压下也会发生降解。因此，水敏性塑料成型前必须严格控制水分含量，进行干燥处理。

⑤ 吸湿性。

吸湿性是指塑料对水分的亲疏程度。依此，塑料大致可分为两类：一类是具有吸水或黏附水分性能的塑料，如聚酰胺、聚碳酸酯、ABS等；另一类是既不吸水也不易黏附水分的塑料，如聚乙烯、聚丙烯、聚甲醛等。

凡是具有吸水性倾向的塑料，如果在成型前水分没有去除，含量超过一定限度，在成型加工时，水分将会变为气体并促使塑料发生降解，导致塑料起泡和流动性降低，造成成型困难，而且使塑料制品的表面质量和力学性能降低。因此，为保证成型的顺利进行和塑料制品的质量，对吸水性和黏附水分倾向大的塑料，在成型前必须以除去水分，进行干燥处理，必要时还应在注塑机的料斗内设置红外线加热。常用塑料的含水量与干燥温度见表2-3。

表 2-3　常用塑料的允许含水量与干燥温度

塑料名称	允许含水量 /%	干燥温度 /℃
ABS	0.3	80 ~ 90
聚苯乙烯	0.05 ~ 0.10	60 ~ 75
纤维素塑料	最高 0.40	65 ~ 87
聚氯乙烯	0.08	60 ~ 93
聚碳酸酯	最高 0.02	100 ~ 120
聚丙烯	0.10	65 ~ 75
酯类纤维塑料	0.10	76 ~ 87
尼龙	0.04 ~ 0.08	80 ~ 90

引起塑料中水分和挥发物多的原因主要有以下三个方面：

a. 塑料树脂的平均分子量低；

b. 塑料树脂在生产时没有得到充分的干燥；

c. 吸水性大的塑料因存放不当而使之吸收了周围空气中的水分，不同塑料有不同的干燥温度和干燥时间的规定。

⑥ 相容性。

相容性是指两种或两种以上不同品种的塑料，在熔融状态下不产生相分离现象的能力。如果两种塑料不相容，则混熔时制件会出现分层、脱皮等表面缺陷。不同塑料的相容性与其分子结构有一定关系，分子结构相似者较易相容，例如高压聚乙烯、低压聚乙烯、聚丙烯彼此之间的混熔等；分子结构不同时较难相容，例如聚乙烯和聚苯乙烯之间的混熔。塑料的相容性又俗称为共混性。通过塑料的这一性质，可以得到类似共聚物的综合性能，是改进塑料性能的重要途径之一。

⑦ 塑料的加工温度。

塑料的加工温度就是达到黏流态的温度，加工温度不是一个点而是一个范围（从熔点到降解温度之间）。在对塑料进行热成型时应根据塑料制品的大小、复杂程度、厚薄、嵌件情况、所用着色剂对温度的耐受性、注塑机性能等因素选择适当的加工温度。

常用塑料的加工温度范围见表2-4。

⑧ 塑料降解。

塑料在高温、应力、氧气和水分等外部条件作用下，发生化学反应，导致聚合物分子链断裂，使弹性消失，强度降低，制品表面粗糙，使用寿命减短的现象叫降解。常用塑料的降解温度见表 2-4。避免发生降解的措施如下。

表 2-4　常用塑料的熔点、加工温度范围和降解温度　　　　　　　　℃

塑料名称	熔点	加工温度范围	降解温度（空气中）
聚苯乙烯	165	180 ～ 260	260
ABS	160	180 ～ 250	250
高压聚乙烯	110	160 ～ 240	280
低压聚乙烯	130	200 ～ 280	280
聚丙烯	164	200 ～ 300	300
尼龙 66	250 ～ 260	260 ～ 290	300
尼龙 6	215 ～ 225	260 ～ 290	300
有机玻璃	180	180 ～ 250	260
聚碳酸酯	250	280 ～ 310	330

a. 提高塑料质量；

b. 烘料，严格控制水分含量；

c. 选择合理的注射工艺参数；

d. 对热、氧稳定性差的塑料加稳定剂。

（2）热固性塑料成型性能

热固性塑料成型前先在机筒中加热至 120 ～ 260°F，以降低黏度，再利用螺杆或柱塞把聚合物注入已加热至 300 ～ 450°F 的模具型腔中。一旦塑料充满模具，即对其保压。此时产生化学交联，使聚合物变硬。硬的（即固化的）塑料制品趁热即可自模具中顶出，它不能再成型或再熔融。

成型设备有一个用以闭合模具的液压驱动合模装置和一个能输送物料的注射装置。多数热固性塑料都是在颗粒态或片状下使用的，可由重力料斗送入螺杆注射装置。当加工聚酯整体模塑料（BMC）时，它有如"面包团"，采用一个供料活塞将物料压入螺纹槽中。

采用这种工艺方法的加工聚合物是（依其用量大小排列）：酚醛塑料、聚酯整体模塑料、三聚氰胺、环氧树脂、脲醛塑料、乙烯基酯聚合物和邻苯二甲酸二烯丙酯（DAP）。

多数热固性塑料都含有大量的填充剂（含量达 70%），以降低成本或提高其低收缩性能，增加强度或特殊性能。常用填充剂包括玻璃纤维、矿物纤维、陶土、木纤维和炭黑。这些填充物可能有很强的磨损性，并产生高黏度，它们必须为加工设备所克服。

热塑性塑料和热固性塑料在加热时都会降低黏度。但和热塑性塑料不同的是，热固性塑料的黏度会随时间和温度而增加，这是因为发生了化学交联反应。这些作用的综合结果是黏度随时间和温度而呈 U 形曲线变化。在最低黏度区域完成充填模具的操作，这是热固性注射模塑的目的，因为此时物料成型为模具形状所需压力是最低的。这也有助于对聚合物中的纤维损害达到最低。

热固性塑料和热塑性塑料相比，塑料制品具有尺寸稳定性好、耐热好和刚性大等特点，更广泛地应用于工程塑料。热固性塑料的工艺性能明显不同于热塑性塑料，其主要性能指标有收缩率、流动性、水分及挥发物含量与固化速度等。

① 收缩率。

同热塑性塑料一样，热固性塑料经成型冷却也会发生尺寸收缩，其收缩率的计算方法与热塑性塑料相同。产生收缩的主要原因有：

a. 热收缩。热收缩是由于热胀冷缩而使塑料制品成型冷却后所产生的收缩。由于塑料主要成分是树脂，线膨胀系数比钢材大几倍至几十倍，塑料制品从成型加工温度冷却到室温时，会远远大于模具尺寸收缩量的收缩，收缩量大小可以用塑料线膨胀系数的大小来判断。热收缩与模具的温度成正比，是成型收缩中主要的收缩因素之一。

b. 结构变化引起的收缩。热固性塑料在成型过程中由于进行了交联反应，分子由线型结构变为网状结构，由于分子链间距的缩小，结构变得紧密，故产生了体积变化。这种由结构变化而产生的收缩，在进行到一定程度时就不会继续产生。

c. 弹性恢复。塑料制品从模具中取出后，作用在塑料制品上的压力消失，由于塑料制品固化后并非刚性体，脱模时产生弹性恢复，会造成塑料制品体积的负收缩（膨胀）。在成型以玻璃纤维和布质为填料的热固性塑料时，这种情况尤为明显。

d. 塑性变形。塑料制品脱模时，成型压力迅速降低，但模壁紧压在塑料制品的周围，使其产生塑性变形。发生变形部分的收缩率比没有变形部分的大，因此塑料制品往往在平行加压方向收缩较小，在垂直加压方向收缩较大。为防止两个方向的收缩率相差过大，可采用迅速脱模的方法补救。

影响收缩率的因素与热塑性塑料也相同，有原材料、模具结构、成型方法及成型工艺条件等。塑料中树脂和填料的种类及含量，也将直接影响收缩率的大小。当所用树脂在固化反应中放出的低分子挥发物较多时，收缩率较大；放出的低分子挥发物较少时，收缩率较塑料中填料含量较多或填料中无机填料增多时，收缩率较小。

凡有利于提高成型压力，增大塑料充模流动性，使塑料制品密实的模具结构，均能减小塑料制品的收缩率，例如用压缩或压注成型的塑料制品比注射成型的塑料制品收缩率小。凡能使塑料制品密实，成型前使低分子挥发物溢出的工艺因素，都能使塑料制品收缩率减小，例如成型前对酚醛塑料的预热、加压等。

② 流动性。

热固性塑料流动性的意义与热塑性塑料流动性类同，但热固性塑料通常以拉西格流动性来表示。热固性塑料的流动性可分为三个不同等级：

a. 拉西格流动值为 100～131mm，用于压制无嵌件、形状简单、厚度一般的塑料制品；

b. 拉西格流动值为 131～150mm，用于压制中等复杂程度的塑料制品；

c. 拉西格流动值为 150～180mm，用于压制结构复杂、型腔很深、嵌件较多薄壁塑料制品或用于压注成型。

塑料的流动性除了与塑料性质有关外，还与模具结构、表面粗糙度、预热及成型工艺条件有关。

③ 比体积与压缩率。

比体积是单位质量的松散塑料所占的体积，单位 cm^3/g。压缩率为塑料与塑料制品两者体积之比值，其值恒大于 1。比体积与压缩率均表示粉状或短纤维塑料的松散程度，均可用来确定压缩模加料腔容积的大小。

比体积和压缩率较大时，则要求加料腔体积大，同时也说明塑料内充气多，排气困难，成型周期长，生产率低；比体积和压缩率较小时，有利于压锭和压缩、压注。但比体积太小，则以容积法装料则会造成加料量不准确。各种塑料的比体积和压缩率是不同的，即使同一种塑料，其比体积和压缩率也因塑料形状、颗粒度及其均匀性不同而异。

④ 水分和挥发物的含量。

塑料中的水分和挥发物来自两方面：一是生产过程中遗留下来及成型之前在运输、保管期间吸收的；二是成型过程中化学反应产生的副产物。如果塑料中的水分和挥发物含量大，会促使流动性增大，易产生溢料，成型周期增长，收缩率增大，塑料制品易产生气泡、组织疏松、变形翘曲、波纹等缺陷。塑料中的水分和挥发物含量过小，也会造成流动性降低，成型困难，同时也不利于压锭。

对第一种来源的水分和挥发物，可在成型前进行预热干燥；而对第二种来源的水分和挥发物（包括预热干燥时未除去的水分和挥发物），应在模具设计时采取相应措施（如开排气槽或压制操作时设排气工步等）。

水分和挥发物的测定，采用（12±0.12）g 实验用料在 103～105℃烘箱中干燥 30min 后，测其前后质量差求得，其计算公式为：

$$X = \frac{\Delta m}{M} \times 100\%$$ (2-4)

式中　X——挥发物含量的百分比；

　　　Δm——塑料干燥的质量损失，g；

　　　M——塑料干燥前的质量，g。

⑤ 固化特性。

固化特性是热固性塑料特有的性能，是指热固性塑料成型时完成交联反应的过程。固化速度通常以塑料试样固化 1mm 厚度所需要的时间来表示，单位为 s/mm，数值越小，固化速度就越快。固化速度不仅与塑料品种有关，而且与塑料制品形状、壁厚、模具温度和成型工艺条件有关，如采用预压的锭料、预热、提高成型温度、增加加压时间都能显著加快固化速度。此外，固化速度还应适应成型方法的要求。例如压注或注射成型时，应要求在塑化、填充时交联反应慢，以保持长时间的流动状态。但当充满型腔后，在高温、高压下应快速固化。固化速度慢的塑料，会使成型周期变长，生产率降低；固化速度快的塑料，则不易成型大型复杂的塑料制品。

2.5　常用塑料性能及成型工艺条件

人类自 20 世纪初发明第一种塑料后，至今大约一百年，塑料的发展已取得飞速的进步，据不完全统计，目前正在使用的塑料品种有几万种，常用的也有三百多种。在科学技术最发达的美国，塑料的体积使用量已经超过钢铁，在工程材料中跃居第一。在世界汽车工业中，塑件约占 1/10，在各类航天飞机中，塑件约占 1/2。

2.5.1　聚氯乙烯（PVC）

聚氯乙烯为人类最早生产的塑料品种之一，其品种很多，分为软质、半软质及硬质 PVC。材料中增塑剂含量决定软硬程度及力学性能。一般含 15% 以下增塑剂的 PVC 称为硬 PVC，而含 15% 以上增塑剂的 PVC 称为软 PVC。

（1）化学和物理特性

塑件表面光泽性差，刚性 PVC 是使用最广泛的塑料材料之一，PVC 材料是一种非结晶性材料，透明，着色容易。PVC 材料在实际使用中经常加入增塑剂、稳定剂、润滑剂、辅助加工剂、色料、抗冲击剂及其他添加剂。PVC 材料具有不易燃性、高强度、耐气候变化性以及优良的几何稳定性。PVC 对氧化剂、还原剂都有很强的抵抗力。对强酸也有很强的抵抗力，但浓硫酸、浓硝酸对它有腐蚀作用。另外，PVC 也不适用于与芳香烃、氯化烃接触的场合。PVC 在加工时熔化温度是一个非常重要的工艺参数，如果此参数不当将导致材料分解的问题。

PVC 的流动特性相当差，其工艺范围很窄。特别是大分子量的 PVC 材料更难以加工，因此通常使用的都是小分子量的 PVC 材料。

硬 PVC 的收缩率相当低，一般为 0.2%～0.6%。软 PVC 收缩率为 1.5%～2.5%。

清洁良好的浇注系统凝料（水口料）可百分之百回收利用。PVC 是热敏性塑料，受热会分解出一种对人体有毒、对模具有腐蚀性的气体。含氯的 PVC 有毒，不能做食物包装材料及玩具。

（2）模具设计方面

① 流道和浇口。PVC 流动性很差，必须设计流动阻力小的浇注系统，并避免系统内流道有死角。注塑模的浇口及流道应尽可能粗、短、厚，且制件壁厚应在 1.5mm 以上，以减少压力损失，使料流尽快充满型腔。

② 温度调节系统灵敏度应高，控制应可靠。

③ PVC 分解时会产生对模腔具有腐蚀作用的挥发性气体，模腔表壁需镀铬或采用耐腐蚀钢料，如 S136H 和 PAK90 等。

④ 注意设计合理的排气结构。

（3）注射工艺条件

① 干燥处理。原料必须干燥（氯乙烯分子易吸水），干燥温度 85℃左右，时间 2h 以上。

② 料筒温度：料筒前段 160 ～ 170℃，中段 160 ～ 165℃，后段 140 ～ 150℃。由于 PVC 本身耐热性差，料在料筒内长时间受热，会分解析出氯化氢（HCl）使塑件变黄甚至产生黑点，并且氯化氢对模腔有腐蚀作用，所以要经常清洗模腔及机头死角部位。

③ 模具温度：模具温度尽可能低（通常用冻水，控制模温在 30 ～ 45℃之间），以缩短成型周期及减小塑件出模后的变形，必要时借助定型夹具来校正控制变形。PVC 宜采用高压低温。

④ 注射压力：70 ～ 180MPa。

⑤ 保压压力：可大到 150MPa。

⑥ 注射速度：为避免材料降解，一般要用相当大的注射速度。

（4）共混改性塑料

① PVC+EVA → 提高冲击强度（长效增塑作用）。

② PVC+ABS → 增加韧性，提高冲击强度。

（5）典型用途

供水管道，家用管道，房屋墙板，商用机器壳体，电子产品包装，医疗器械，食品包装等。

2.5.2 聚乙烯（PE）

聚乙烯（PE）是世界上产量最大的塑料品种，它按聚合时所采用压力的不同，可分为高压低密度聚乙烯（LDPE）和低压高密度聚乙烯（HDPE）。PE 的特点是软性，无毒，价廉，加工方便，吸水性小，可不用干燥，流动性好等。但其制件成型收缩率大，易产生收缩凹陷和变形。LDPE 模温尽量前后一致，冷却水道离型腔不要太近，用 PE 料的塑件可强行脱模。

（1）化学和物理特性

LDPE 分子量较低，分子链有支链，结晶度较低（55% ～ 60%），故密度小，质地柔软，透明性较 HDPE 好。耐冲击、耐低温性极好，但耐热性及硬度都低。

密度在 0.89 ～ 0.925g/cm³ 之间的 LDPE，其收缩率一般在 2% ～ 5% 之间；密度在 0.926 ～ 0.94g/cm³ 之间的 LDPE，其收缩率一般在 1.5% ～ 4% 之间。当然实际的收缩率还要取决于注射工艺参数。

LDPE 在室温下可以抵抗多种溶剂，但是芳香烃和氯化烃例外，LDPE 容易发生环境应力开裂现象。

LDPE 是半结晶材料，成型后收缩率较高，在 1.5% ～ 4% 之间。HDPE 结晶度为 85% ～ 90%，远高于 LDPE，这决定了它具有较高的机械强度、密度、拉伸强度、高温扭曲温度，黏性以及化学稳定性等。

HDPE 比 LDPE 有更强的抗渗透性，但抗冲击强度较低。HDPE 的特性主要由密度和分子量分布所控制。适用于注塑模的 HDPE 分子量分布很窄。密度为 $0.91 \sim 0.925\text{g/cm}^3$，称之为低密度聚乙烯；密度为 $0.926 \sim 0.94\text{g/cm}^3$，称之为中密度聚乙烯；密度为 $0.94 \sim 0.965\text{g/cm}^3$，称之为高密度聚乙烯。

HDPE 很容易发生环境应力开裂现象，可以通过使用很低流动特性的材料以减小内部应力，从而减轻开裂现象。HDPE 当温度高于 60℃时很容易在烃类溶剂中溶解，但其抗溶解性比LDPE 还要好一些。

（2）模具设计方面

① 应设计能使熔体快速充模的浇注系统。

② 温度调节系统应保证模具具有较高冷却效率，并使塑件具有均匀冷却速度。 冷却管道直径应不小于 6mm，并且距模具表面的距离应在（$3 \sim 5$）d 之内（这里"d"是冷却管道的直径）。

③ 对于较浅的侧向凸凹结构可采取强制脱模方法。

④ 尽量不用直接浇口，尤其对于成型面积较大的扁平塑件宜用点浇口。直接浇口附近易产生较大取向应力，导致塑件发生翘曲变形。

⑤ 流道和浇口：流道直径在 $4 \sim 7.5\text{mm}$ 之间，流道长度应尽可能短。可以使用各种类型的浇口，浇口长度不要超过 0.75mm。特别适用于热流道模具。

（3）注射工艺条件

① 干燥：如果存储恰当则无需干燥。

② 料筒温度：LDPE 成型温度 $180 \sim 240$℃；HDPE 成型温度 $180 \sim 250$℃。

③ 模具温度：LDPE $50 \sim 70$℃；HDPE $50 \sim 95$℃。6mm 以下壁厚的塑件应使用较高的模具温度，6mm 以上壁厚的塑件使用较低的模具温度。塑件冷却温度应当均匀，以减小收缩率的差异。

④ 注射压力：$70 \sim 105\text{MPa}$。注塑 PE 一般不需高压，保压取注射压力的 $30\% \sim 60\%$。

⑤ 注射速度：建议使用高速注射。

（4）共混改性塑性

① PE+EVA →改善环境应力开裂，但机械强度有所下降。

② PE+PP →提高塑料硬度。

③ PE+PE →不同密度 PE 共混以调节柔软性和硬度。

④ PE+PB（顺丁二烯）→提高其弹性。

（5）典型用途

HDPE：电冰箱容器、存储容器、家用厨具、密封盖等。另外还可用于制造塑料管、塑料板、塑料绳以及承载不高的零件，如齿轮、轴承等。

LDPE：日用品中用于制作塑料薄膜（理想的包装材料）、软管、塑料瓶、碗、箱柜、管道连接器，电气工业中用于绝缘零件和包覆电缆等。

2.5.3 聚丙烯（PP）

（1）化学和物理特性

聚丙烯是一种高结晶度材料，是常用塑料中最轻的，密度仅为 $0.89 \sim 0.91\text{g/cm}^3$（比水小），产品质轻、韧性好、耐化学性好。PP 耐磨性好，优于 HIPS，高温冲击性好。硬度低于 ABS 及 HIPS，但优于 PE，并且有较高的熔点。由于均聚物型的聚丙烯温度高于

0℃以上时非常脆，因此许多商业的聚丙烯材料是加入 1%～4% 乙烯的无规则共聚物，或更高比例乙烯含量的嵌段式共聚物。共聚物型的聚丙烯材料有较低的热扭曲温度（100℃）、低透明度、低光泽度、低刚性，但是具有更强的抗冲击强度。聚丙烯的强度随着乙烯含量的增加而增大。

聚丙烯的软化温度为 150℃。由于结晶度较高，这种材料的表面刚度和抗划痕特性很好。聚丙烯不存在环境应力开裂问题。通常，采用加入玻璃纤维、金属添加剂或橡胶的方法对聚丙烯进行改性。由于结晶，聚丙烯的收缩率较高，一般为 1.8%～2.5%。并且收缩率的方向均匀性比 HDPE 等材料要好得多。加入 30% 的玻璃纤维可以使收缩率降到 0.7%。均聚物型和共聚物型的聚丙烯材料都具有优良的抗吸湿性、抗酸碱腐蚀性、抗溶解性。然而，它对芳香烃（如苯）溶剂、氯化烃（四氯化碳）溶剂等没有抵抗力。PP 也不像 PE 那样在高温下仍具有抗氧化性。

PP 流动性好，成型性能好，适合扁平大型塑件。PP 塑料是通用塑料中耐热性最好的，其热变形温度为 80～100℃，能在沸水中煮。

聚丙烯具有突出的延伸性和抗疲劳性能，屈服强度高，有很高的疲劳寿命，俗称百折软胶。聚丙烯塑料缺点：尺寸精度低、刚性不足、耐候性差，具有后收缩现象，脱模后，易老化、变脆、易变形；装饰性和装配性都差，表面涂漆、粘贴、电镀加工相当困难。PP 塑件表面若需喷油或移印等装饰，须先用 PP 底漆（俗称 PP 水）擦拭。低温下表现脆性，对缺口敏感，产品设计时避免尖角，壁厚件所需模温较薄壁件低。

（2）模具设计方面

① 温度调节系统应能较好控制塑件冷却速度，并保证冷却速度均匀。

② 对于冷流道，典型的流道直径范围是 4～7mm。建议使用截面为圆形的分流道。所有类型的浇口都可以使用。但对于成型面积较大的扁平塑件尽量不用直接浇口，而用点浇口，典型的点浇口直径范围是 1～1.5mm，但也可以使用小到 0.7mm 的浇口。对于侧浇口，最小的浇口深度应为壁厚的一半，最小的浇口宽度应至少为壁厚的两倍。

③ 对于带有条形纹路的塑件，合理设计浇注系统及熔体充模方向尤为重要。

④ PP 材料适合热流道系统。

（3）注塑模工艺条件

① 干燥处理：如果储存适当则不需要干燥处理。

② 熔化温度：因 PP 高结晶，所以加工温度需要较高。前料筒 200～240℃，中料筒170～220℃，后料筒 160～190℃，注意不要超过 275℃。 实际上为减少飞边、收缩等缺陷，往往取偏下限料温。

③ 模具温度：40～80℃，建议使用 50℃左右。结晶程度主要由模具温度决定。模温太低（＜40℃），塑件表面光泽差，甚至无光泽；模温太高（＞90℃），则易发生翘曲变形、收缩凹陷等。

④ 注射压力：PP 成型收缩率大，尺寸不稳定，塑件易变形收缩，可采用提高注射压力及注射速度、减小层间剪切力的方法使成型收缩率降低。但 PP 流动性很好，注射压力大时易出现飞边且方向性强的缺陷，注射压力一般为 70～140MPa（太小压力会收缩明显），保压压力取注射压力的 80% 左右，宜取较长的保压时间补缩及较长的冷却时间保证塑件尺寸、变形程度。

⑤ 注射速度：PP 冷却速度快，宜快速注射，适当加深排气槽来改善排气不良。如果塑件表面出现了缺陷，也可使用较高温度下的低速注射。注意：高结晶的 PP 高分子在熔点附近，其容积会发生很大变化，冷却时收缩及结晶化导致塑件内部产生气泡甚至局部空心（这会影响制件机械强度），所以调节注射工艺参数要有利于补缩。

（4）共混改性塑料

① PP+EVA（10%）→改善加工性，帮助提高冲击强度。

② PP+LDPE（10%）→提高流动性及耐冲击性。

③ PP+橡胶→提高耐冲击性。

（5）典型用途

汽车工业（主要使用含金属添加剂的 PP）：挡泥板、通风管、风扇等。工业器械：洗碗机门衬垫、干燥机通风管、洗衣机框架及机盖、冰箱门衬垫等。日用消费品：草坪和园艺设备如剪草机和喷水器等。

2.5.4 聚苯乙烯（PS）

（1）化学和物理特性

大多数商业用的聚苯乙烯（PS）都是透明的、非晶体材料。聚苯乙烯具有非常好的化学稳定性、热稳定性、透光性（透光率88%～92%）、电绝缘特性（是目前最理想的高频绝缘材料）以及很微小的吸湿倾向，能够抵抗浓度较低的无机酸，但能够被强氧化酸如浓硫酸所腐蚀，并且能够在一些有机溶剂中膨胀变形。典型的聚苯乙烯收缩率在 0.4%～0.7% 之间，常用收缩率 0.5%。PS 的流动性极好，成型加工容易，易着色，装饰性能好。聚苯乙烯的最大缺点：质地硬而脆，塑件由于内应力而易开裂。它的耐热性低，只能在不高的温度下使用，易老化。

（2）模具设计方面

① 除潜伏式浇口外，可以使用其他所有常规类型的浇口。若用点浇口，直径为0.8～1.0mm。

② 聚苯乙烯性脆易开裂，设计恰当合理的顶出脱模机构，防止因顶出力过大或不均匀而导致塑件开裂，选择较大的脱模斜度。

（3）注射工艺条件

① 干燥处理：除非储存不当，通常不需要干燥处理。如果需要干燥，建议干燥条件为80℃、2～3h。

② 料筒温度：180～280℃。对于阻燃型材料其上限为250℃。

③ 模具温度：40～60℃。

④ 注射压力：50～140MPa。

⑤ 注射速度：注射速度宜适当高些以减弱熔接痕，但因注射速度受注射压力影响大，过高的速度可能会导致飞边或出模时粘模以及顶出时顶白顶裂等问题。

（4）共混改性塑料

① PS+PVC→共混成为性能较好的不燃塑料。

② PS+PPO→改善 PPO 加工性，降低吸湿性，降低成本，提高 PS 耐热性、冲击性。

（5）典型用途

聚苯乙烯在工业上可作仪表外壳、灯罩、化学仪器零件、透明模型、产品包装等；在电气方面用作良好的绝缘材料、接线盒、电池盒、光源散射器、绝缘薄膜、透明容器等；在日用品方面广泛用于包装材料、各种容器、玩具及餐具、托盘等。

2.5.5 耐冲击性聚苯乙烯（HIPS）

（1）化学和物理特性

在聚苯乙烯中添加 5%～20% 聚丁基橡胶颗粒就得到一种抗冲击的聚苯乙烯产品，叫耐冲击聚苯乙烯，代号为 HIPS。HIPS 的冲击强度和弹性与 PS 相比有明显改善，其韧性也是 PS 的四倍左右，但流动性比 PS 稍差，也不透明。

耐冲击聚苯乙烯除冲击韧性有大幅度提高外，耐化学试剂、耐溶剂性也有一定改善，对制品连接性能有很大改善，例如可采用自攻螺纹直接连接，而无需使用金属螺纹嵌件，这也是因为材料韧性提高并具有了弹性恢复所致。

（2）模具设计方面

抗冲击性聚苯乙烯的加工性能良好，其流动性虽比聚苯乙烯有所减小，但优于丙烯酸塑料和绝大部分热塑性工程塑料，与 ABS 成型性能相近，可以进行注塑、挤出、热成型、旋塑、吹塑、泡沫成型等。模具设计方面，各种浇口都可以采用，但分流道尽量采用圆形截面，减小流道阻力。

（3）注射工艺条件

注塑成型温度约在 150~220℃，模具温度可在室温或略高于室温，注射压力为 70～200MPa。

（4）共混改性塑料

HIPS 强度和韧性均优于 PS，但表面光泽度明显比 PS 差，HIPS+PS 可以得到表面光泽度和强度和韧性都较好的制品。

（5）典型用途

抗冲击聚苯乙烯可用来制备家用电容壳体或部件、电冰箱内衬材料、空调设备零部件、洗衣机缸体、电话听筒、玩具、吸尘器、照明装置、办公用具零部件，也可以与其他材料复合制备多层片状复合包装材料，制备纺织纱管、镜框、文教用品等。

2.5.6　丙烯腈 - 丁二烯 - 苯乙烯共聚物（ABS）

丙烯腈 - 丁二烯 - 苯乙烯共聚物代号 ABS，俗称超不碎胶。可以看作是 PB（聚丁二烯）、BS（丁苯橡胶）、PBA（丁腈橡胶）分散于 AS（丙烯腈、苯乙烯的共聚物）或 PS（聚苯乙烯）中的一种多组分聚合物。三种组分的作用：

A（丙烯腈）：占 20%～30%，使塑料件表面有较高硬度，提高耐磨性、耐热性。

B（丁二烯）：25%～30%，加强柔顺性，保持材料弹性及耐冲击强度。

S（苯乙烯）：40%～50%，保持良好成型性（流动性，着色性）、高光洁度及保持材料刚性。

（1）化学和物理特性

ABS 的特性主要取决于三种单体的比率以及两相中的分子结构。这就可以在产品设计上具有很大的灵活性，并且由此产生了市场上百种不同品质的 ABS 材料。这些不同品质的材料提供了不同的特性，例如从中得到高抗冲击性、从低到高的光洁度和高温扭曲特性等。

ABS 的收缩率在 0.4%～0.7% 之间。常用收缩率 0.5%。

ABS 材料具有优越的综合性能：ABS 塑件强度高、刚性好，硬度、耐冲击性、塑件表面光泽性好，耐磨性好。ABS 耐热可达 90℃（甚至可在 110～115℃ 使用），比聚苯乙烯、聚氯乙烯、尼龙等都高。耐低温，可在 -40℃ 下使用。同时耐酸、碱、盐，耐油，耐水。具有一定的化学稳定性和良好的介电性能。不易燃。

ABS 有优良的成型加工性，尺寸稳定性好，着色性能、电镀性能都好（是所有塑料中电镀性能最好的）。ABS 缺点：不耐有机溶剂，耐气候性差，在紫外线下易老化。

（2）模具设计方面

① 需要采用较高的料温与模温，浇注系统的流动阻力要小。为了在较高注射压力下避免

浇口附近产生较大应力导致塑件翘曲变形，可采用护耳式浇口。

② 注意选择浇口位置，避免浇口与熔接痕位于影响塑件外观的部位。

③ 合理设计顶出脱模结构，推出力过大时，塑件表面易"发白（顶白）""变浑"。

（3）注射工艺条件

① 干燥处理：ABS 材料具有吸湿性，要求在加工之前进行干燥处理。建议干燥条件为 80 ～ 90℃下最少干燥 2h。

② 料筒温度：180 ～ 260℃；建议温度：245℃。

③ 模具温度：40 ～ 90℃（模具温度将影响塑件光洁度，温度较低则导致光洁度较低）。

④ 注射压力：70 ～ 100MP。

⑤ 注射速度：中高速度。

（4）共混改性塑料

① ABS+PC →提高 ABS 耐热性和抗冲击强度。

② ABS+PVC →提高 ABS 的韧性、耐热性及抗老化能力。

③ ABS+ 尼龙→提高耐热及抗化学性、流动性、低温冲击性，降低成本。

（5）典型用途

ABS 的应用很广，在机械工业上用来制造齿轮、泵叶轮、轴承、把手、管道、电机外壳、仪表壳、仪表盘、水箱外壳、蓄电池槽、冷藏库和冰箱衬里等；汽车工业上用 ABS 制造汽车仪表板、工具舱门、车轮盖、反光镜盒、挡泥板、扶手、热空气调节导管、加热器等，还有用 ABS 夹层板制小轿车车身；ABS 还可用来制作水表壳、纺织器材、电器零件、文教体育用品、玩具、电子琴、电话机壳体、收录机壳体、打字机键盘、电冰箱、食品包装容器、农药喷雾器及家具等。

2.5.7 聚酰胺（PA）

聚酰胺品种较多，有 PA6、PA66、PA610、PA612 以及 PA1010 等。最常用的 PA66，在尼龙材料中强度最高，PA6 具有最佳的加工性能。它们的化学结构略有差异，性能也不尽相同，但都具有下列共同的特点，其成型性能也是相同的。

（1）化学和物理特性

① 结晶度高。

② 机械强度高、韧性好、耐疲劳、表面硬且光滑、摩擦系数小、耐磨、具有自润滑性、耐热（100℃内可长期使用）、耐腐蚀、制件重量轻、易染色、易成型。冲击强度高（高过 ABS、POM，但比 PC 低），冲击强度随温度、湿度增加而显著增加（吸水后其他强度如拉伸强度、硬度、刚度会有下降）。

③ 缺点主要有：热变形温度低、吸湿性大（加工前要充分干燥，加工后要进行调湿处理）、注塑技术要求较严、尺寸稳定性较差。

④ 流动性好，容易充模成型，也易产生飞边，尼龙模具要有较充分的排气措施。

⑤ 常用于齿轮、凸轮、齿条、联轴器、辊子、轴承类传动零件等。

（2）模具设计方面

① PA 黏度低，流动性好，容易产生飞边，设计时应注意提高对分型面的加工要求，以确保分型面的紧密贴合，但模具又必须有良好的排气系统。

② 浇口设计形式不限。

③ 模温要求较高，以保证结晶度要求。

④ PA 收缩率波动范围大，尺寸稳定性差，模温控制应灵敏可靠，设计模具时应注意从结

构方面防止塑件出现缩孔，并能提高塑件尺寸的稳定性（如采取措施保证模温分布均匀）。

⑤ 选用耐磨性较好的模具材料。

（3）注塑模工艺条件

① 原料需充分干燥，温度 80 ～ 90℃，时间 4h 以上。

② 熔料黏度低，流动性极好，塑件易出飞边，故注射压力取低一些，一般为 60 ～ 90MPa，保压取相同压力（加入玻璃纤维的尼龙相反要用高压）。

③ 料温控制。过高的料温易使塑件出现色变、质脆及银丝，而过低的料温使材料很硬可能损伤模具及螺杆。料筒温度一般为 220 ～ 280℃（加纤维后要偏高），不宜超过 300℃（注：PA6 熔点温度 210 ～ 215℃，PA66 熔点温度 255 ～ 265℃）。

④ 收缩率一般在 0.8% ～ 1.5% 之间，由于其收缩率会随料温变化而波动，故塑件成型尺寸稳定较差。

⑤ 模温控制：一般控制在 40 ～ 90℃，模温直接影响尼龙结晶情况及性能表现，模温高则结晶度大，刚性、硬度、耐磨性提高；模温低则柔韧性好，伸长率高，收缩率小。

⑥ 注射速度：高速注射，因为尼龙料熔点（凝点）高，只有高速注射才能顺利充模，对薄壁、细长件更是如此。高速注射时需要同时注意飞边产生及排气不良引起的外观问题。

⑦ 尼龙类塑件须进行调湿处理，用于消除内应力，达到吸湿平衡，以稳定尺寸。调湿介质一般为沸水或醋酸钾溶液（沸点为 121℃）。调湿温度 100 ～ 120℃。调湿时间、保湿时间与壁厚有关，通常为 2 ～ 9h。

（4）共混改性塑料

① PA+PPO →高温尺寸稳定性、抗化学药品性佳，吸水性低。

② PA+PTFE →增加尼龙润滑性，减少磨耗。

（5）典型用途

由于有很好的机械强度和刚度，PA6 被广泛应用于结构部件。又由于 PA6 有很好的耐磨损特性，还用于制造轴承和齿轮等零件。PA66 更广泛应用于汽车工业、仪器壳体以及其他需要有抗冲击性和高强度要求的产品。PA12 常用于水表和其他商业设备，如电缆套、机械凸轮、滑动机构以及轴承等。

2.5.8 聚甲醛（POM）

（1）化学和物理特性

聚甲醛为高结晶、乳白色料粒，它是一种坚韧有弹性的材料，即使在低温下仍有很好的抗蠕变特性、化学稳定性和抗冲击特性。聚甲醛的耐反复冲击性好过 PC 及 ABS。聚甲醛制品硬度高、刚性好、耐磨、强度高；塑件表面光泽性好，手摸时有一种油腻感，聚甲醛是一种刚性很高的工程塑料，与金属性能相似。

聚甲醛的耐疲劳性是所有塑料中最好的。耐磨性及自润滑性仅次于尼龙（但价格比尼龙便宜），并具有较好韧性，温度、湿度对其性能影响不大，加工前不用烘料。

聚甲醛的热变形温度很高，约为 172℃。聚甲醛既有均聚物材料也有共聚物材料。均聚物材料具有很好的拉伸强度、抗疲劳强度，但不易于加工。共聚物材料有很好的热稳定性、化学稳定性并且易于加工。无论均聚物材料还是共聚物材料，都是结晶性材料并且不易吸收水分。

聚甲醛的高结晶程度导致它有相当高的收缩率，可高达 2% ～ 3.5%。对于各种不同的增强型材料有不同的收缩率。POM 的收缩率对注塑参数反应敏感，尺寸难控制。对模具腐蚀性大。

（2）模具设计方面

① 聚甲醛具有高弹性，浅的侧凹可以强行脱模。

② 流道和浇口：POM 可以使用任何类型的浇口。如果使用潜伏式浇口，则最好使用较短的类型。

③ 对于均聚物材料，建议使用热流道。对于共聚物材料既可使用内部的热流道也可使用外部热流道。

④ 流动性中等，易分解，必须设计流动阻力小的浇注系统，并避免系统内流道有死角。

⑤ 合理设计顶出脱模机构，防止顶出零件在高温下因热膨胀而发生卡死现象。

⑥ 聚甲醛高温下会分解出一种对模腔具有腐蚀作用的挥发性气体，模腔表壁需镀铬或采用耐腐蚀材料，并注意设计合理的排气结构。

（3）注射工艺条件

① 干燥处理：结晶性塑料，原料一般不干燥或短时间干燥（100℃，1～2h）。

② 加工温度：均聚物材料为 190～230℃；共聚物材料为 190～210℃。注意料温不可太高，240℃以上会分解出甲醛单体（熔料颜色变暗），使塑件性能变差及腐蚀模腔。

③ 模具温度：80～100℃。为了减小成型后收缩率可选用高一些的模具温度。

④ 注射压力：注射压力 85～150MPa，背压 0.5MPa，正常宜采用较高的注射压力，因流体流动性对剪切速率敏感，不宜单靠提高料温来提高流动性，否则有害无益。

⑤ 注射速度：流动性中等，注射速度宜用中、高速。

⑥ 聚甲醛收缩率很大（2%～2.5%），须尽量延长保压时间来补缩，改善缩水现象。

（4）共混改性塑料

POM+PUR（聚氨酯）→超韧 POM，冲击强度可提高几十倍。

（5）典型用途

POM 具有很低的摩擦系数和很好的几何稳定性，特别适合于制作齿轮、轴承、凸轮、齿条、联轴器和辊子等。由于它还具有耐高温特性，因此还用于管道器件（管道阀门、泵壳体）、草坪设备等。

2.5.9 聚碳酸酯（PC）

（1）化学和物理特性

聚碳酸酯（PC）是一种高透明度（接近 PMMA）、非晶体工程材料，外观透明微黄，刚硬而带韧性，具有特别好的抗冲击强度（俗称防弹玻璃胶）、热稳定性、光泽度、抑制细菌特性、阻燃特性以及抗污染性。

聚碳酸酯收缩率较低，一般为 0.5%～0.7%，塑件的尺寸稳定性好，塑件精度高。

聚碳酸酯优点非常突出：机械强度高，耐冲击性是塑料之冠，弹性模量高，受温度影响小，抗蠕变性突出；耐热性好，热变形温度 135～143℃，长期工作温度达 120～130℃；耐气候性好，任由风吹雨打，三年不会变色；成型精度高，尺寸稳定性好；透光性好，着色性好；吸水率低，浸泡 24h 后增重 0.13%。但对水分极敏感，易产生应力开裂现象；耐稀酸、氧化剂、还原剂、盐类、油脂等，但不耐碱、酮等有机溶剂。PC 料最大缺点是流动性较差，因此这种材料的注塑过程较困难。在选用 PC 材料时，要以产品的最终期望为基准。如果塑件要求有较高的抗冲击性，那么就使用低流动率的 PC 材料；反之，可以使用高流动率的 PC 材料，这样可以优化注塑过程。

聚碳酸酯对压力不敏感，对温度敏感，可采用提高成型温度的方法来提高流动性。PC 料耐疲劳强度差，耐磨性不好，对缺口敏感，而应力开裂性差。

聚碳酸酯对模具设计要求高，塑件表面易出现银纹，浇口位置产生气纹。

（2）模具设计方面

① 流道和浇口。PC 黏度高，流动性差，流道设计尽可能粗而短，转折尽可能少，且须设冷料井。为降低熔料的流动阻力，分流道截面用圆形，并且流道需研磨抛光。注射浇口可采用任何形式的浇口，但采用直接浇口、环形浇口、扇形浇口等最好。浇口尺寸宜大些。

② 聚碳酸酯较硬，易损伤模具，成型零部件应采用耐磨性较好的材料，并进行淬火处理或镀硬铬。

（3）注射工艺条件

① 干燥处理：PC 材料具有吸湿性，加工前的干燥很重要。建议干燥条件为 100 ～ 120℃，时间 2h 以上。加工前的湿度必须小于 0.02%。

② 料筒温度：270 ～ 320℃（不超过 350℃）。PC 对温度很敏感，熔体黏度随温度升高而明显下降，适当提高料筒后段温度对塑化有利。

③ 模具温度：80 ～ 120℃。模温宜高以减小模温及料温的差异从而降低塑件内应力。注意，模温高虽然降低了内应力，但过高会易黏模，且使成型周期加长。

④ 注射压力：100 ～ 150MPa。PC 流动性差，需用高压注射，但要注意注射压力太高时塑件会残留内应力，这种内应力有时会导致塑件开裂。

⑤ 注射速度：壁厚取中速，壁薄取高速。对于较小的浇口使用低速注射，对其他类型的浇口使用高速注射。

⑥ 必要时退火降低内应力：烘炉温度 125 ～ 135℃，时间 2h，自然冷却到常温。

（4）共混改性塑料

① PC+ABS →随着 ABS 的增加，加工性能得到改善，成型温度有所下降，流动性变好，内应力有改善，但机械强度随之下降。

② PC+POM →可直接以任何比例混合，其中比例在 PC ∶ POM=（50 ～ 70）∶（50 ～ 30）时，塑件在很大程度上保持了 PC 的优良力学性能，而且应力开裂能力显著提高。

③ PC+PE →目的是降低熔体黏度，提高流动性，也可使 PC 的冲击强度、拉伸强度及断裂强度得到一定程度改善。

④ PC+PMMA →可使塑件呈现珠光效果。

（5）典型用途

电气和商业设备：计算机元件、连接器等；器具：食品加工机、电冰箱抽屉等；交通运输行业：车辆的前后灯、仪表板等。

2.5.10　聚甲基丙烯酸甲酯（PMMA）

（1）化学和物理特性

聚甲基丙烯酸甲酯，俗称有机玻璃，又称亚加力，具有最优秀的透明度（仅 PS 可与之相比）及耐气候变化特性。白光的穿透性高达 92%。PMMA 塑件具有很低的双折射，特别适合制作影碟等。

PMMA 常温下具有较高的机械强度、抗蠕变特性及较好的抗冲击特性。但随着负荷加大、时间增长，可导致应力开裂现象。

PMMA 收缩率较小，在 0.3% ～ 0.4% 之间。

PMMA 耐热性较好，变形温度 98℃，表面硬度低，易被刮伤而留下痕迹，故包装要求很高。对水分和温度敏感，加工前要烘料。

PMMA 最大的缺点是脆（但比 PS 好）。

（2）模具设计方面

① PMMA 流动性较差，必须设计流动阻力小的浇注系统。浇口宜采用侧浇口，尺寸取大些。模腔、流道表面应光滑，对料流阻力小。

② 在高压充模时，容易产生喷射流动，影响塑件透明度，可采用护耳式浇口（此类浇口还有防止其附近产生较大应力的作用）。

③ 脱模斜度要足够大以使脱模顺利。

④ 注意设计合理的排气结构和冷料井，防止出现气泡、银纹（温度太高影响）、熔接痕等缺陷。

（3）注射工艺条件

① 干燥处理：PMMA 原料必须经过严格干燥，建议干燥条件为 95 ～ 100℃，时间 4 ～ 6h，料斗应持续保温以免回潮。

② 料筒温度：220 ～ 270℃。料温、模温需取高，以提高流动性，减少内应力，改善透明性及机械强度（料筒温度：前 200 ～ 230℃，中 215 ～ 235℃，后 140 ～ 160℃）。

③ 模具温度：40 ～ 70℃。

④ 注射速度：注塑速度不能太快以免气泡明显，但速度太慢会使熔接线变粗。

⑤ 流动性中等，宜采用高压成型（80 ～ 140MPa），还可以适当增加注射时间或提高保压压力（注射压力的 80%）。

⑥ PMMA 极易出现黑点，请从以下方面控制。

• 保证原料洁净（尤其是再用的流道料）。

• 定期清洁模具。

• 注射机台面保持清洁（清洁料筒前端、螺杆及喷嘴等）。

（4）共混改性塑料

① PMMA+PC → 可获得珠光色泽，能代替添加有毒的 Cd 类无机物制成珠光塑料。

② PMMA+PET → 增加 PET 结晶速率。

（5）典型用途

汽车工业：信号灯设备、仪表盘等；

医药行业：储血容器等；

工业应用：影碟、灯光散射器；

日用消费品：饮料杯、文具等。

2.5.11　热塑性增强塑料

热塑性增强塑料一般由树脂及增强材料组成。目前常用的树脂主要为尼龙、聚苯乙烯、ABS、AS、聚碳酸酯、线型聚酯、聚乙烯、聚丙烯、聚甲醛等。增强材料一般为无碱玻璃纤维（有长短两种，长纤维料一般与粒料长一致，为 2 ～ 3mm，短纤维料长一般小于 0.8mm）经表面处理后与树脂配制而成。玻纤含量一般为 20% ～ 40% 之间。由于各种增强塑料所选用的树脂不同，玻纤长度、直径、是否含碱及表面处理剂也不同，故增强效果不一，成型特性也不一。如前所述增强料可改善一系列力学性能，但也存在一系列缺点，如冲击强度与冲击疲劳强度低（但缺口冲击强度高）；透明性、焊接点强度也低，收缩、强度、热膨胀系数、热传导率的异向性大。故目前该塑料主要用于小型、高强度、耐热、工作环境差及高精度要求的塑件。

（1）成型工艺特点

增强塑料熔体指数比普通料低 30% ～ 70%，故流动性不良，易产生填充不良、熔接不良、玻纤分布不匀等缺陷。尤其对长纤维料更易发生上述缺陷，并容易损伤纤维而影响力学性能。成型收缩小、异向性明显。成型收缩比未增强塑料小，但异向性增大，沿料流方向的收缩小，垂直方向大，近进料口处小，远处大，塑件易发生翘曲、变形。脱模不良、磨损大、不易脱模，并对模具磨损大，在注射时料流对浇注系统、型芯等磨损也大。气体成型时由于纤维表面处理剂易挥发成气体，必须予以排出，不然易发生熔接不良、缺料及烧伤等缺陷。

（2）成型注意事项

为了解决增强塑料的上述工艺弊病，在成型时应注意下列事项。

① 宜用高温、高压、高速注射。

② 对结晶性料应按要求调节，同时应防止树脂、玻纤分头聚积，玻纤外露及局部烧伤。

③ 保压补缩应充分。

④ 塑件冷却应均匀。

⑤ 料温、模温变化对塑件收缩影响较大，温度高收缩大，保压及注射压力增大，可使收缩变小但影响较小。

⑥ 由于增强料刚性好，热变形温度高，可在较高温度时脱模，但要注意脱模后均匀冷却。

⑦ 应选用适当的脱模剂。

⑧ 宜用螺杆式注射机成型，对于长纤维的增强料，则必须用螺杆式注射机加工。

（3）对模具设计的要求

① 塑件形状及壁厚设计特别应考虑有利于料流畅通填充型腔，尽量避免尖角、缺口。

② 脱模斜度应取大，含玻璃纤维 15% 的可取 1°～2°，含玻璃纤维 30% 的可取 2°～3°。当不允许有脱模斜度时则应避免强行脱模，宜采用侧向分型结构。

③ 浇注系统截面宜大，流程平直而短，以利于纤维均匀分散。

④ 设计进料口应考虑防止填充不足、异向性变形、玻璃纤维分布不匀、产生熔接痕等不良后果。进料口宜取宽薄、扇形、环形及多点形式，以使玻璃纤维均匀分散，减少异向性，最好不采用点浇口进料。进料口截面可适当增大，其长度宜短。

⑤ 模具型芯、型腔应有足够刚性及强度。

⑥ 模具应淬硬、抛光、选用耐磨钢种，易磨损部位应便于修换。

⑦ 推出应均匀有力。

⑧ 模具应设有排气溢料槽，并宜设于易出现熔接痕的部位。

2.5.12 透明塑料

由于塑料具有重量轻、韧性好、成型易、成本低等优点。因此在现代工业和日用产品中，越来越多用透明塑料代替玻璃，特别应用于光学仪器和包装工业方面，发展尤为迅速。但是由于要求其透明性要好，耐磨性要高，抗冲击韧性要好，因此对塑料的成分，注塑整个过程的工艺、设备、模具等，都要作出大量工作，以保证这些用于代替玻璃的透明塑料表面质量良好，从而达到使用的要求。

目前市场上一般使用的透明塑料有聚甲基丙烯酸甲酯（PMMA）、聚碳酸酯（PC）、聚对苯二甲酸乙二醇酯（PET）、透明尼（PA）、丙烯腈 - 苯乙烯共聚物（AS）、聚砜（PSF）等。

透明塑料由于透光率要求高，塑料制品表面有任何斑纹、气孔、泛白、雾晕、黑点、变色、光泽不佳等缺陷，都看得一清二楚。因此在整个生产过程中对原料、设备、模具，甚至产品的设计，都要求十分严格。其次由于透明塑料多熔点高、流动性差，因此为保证产品的表面质量，往往要在提高温度、注射压力、注射速度等工艺参数方面做细微调整，使熔胶既能充满型腔，又不会产生内应力而引起产品变形和开裂。

（1）透明塑料对制品的设计和模具设计的要求

① 在制品的设计方面

a. 壁厚应尽量均匀一致，脱模斜度要足够大。

b. 过渡部分应平缓圆滑过渡，防止有尖角、锐边产生，特别是 PC 产品一定不要有缺口。

c. 除 PET 外，壁厚不要太薄，一般不得小于 1mm。

② 在模具设计方面

a. 浇口、流道尽可能宽大、粗短，且应根据收缩冷凝过程设置浇口位置，必要时应加冷料井。浇口设计不合理，注塑时会有蛇纹、黑点、黑斑等缺陷。

b. 布置推杆时不能影响外观，任何推杆都会留下顶出痕迹。

c. 尽量少用镶件，任何镶拼都会留下镶拼痕迹。

d. 模具表面应光洁，粗糙度一般应低于 0.2μm。

e. 排气孔、槽必须足够，以及时排出空气和熔体中的气体。

f. 尽量不用斜推杆。斜推杆侧向运动时易将胶件表面刮花，或留下擦痕。

g. 内模镶件（包括型芯、侧抽芯等）应选用抛光性好的钢材，如 S136H、NAK80 等，进行镜面抛光。

（2）对注塑成型工艺的要求

① 应选用专用螺杆、带单独温控射嘴的注塑机。

② 注射温度在塑料树脂不分解的前提下，宜用较高注射温度。

③ 注射压力：一般较高，以克服熔料黏度大的缺陷，但压力太高会产生内应力造成脱模困难和变形，甚至飞边（披锋）等缺陷。

④ 注射速度：在满足充模的情况下，一般宜低，最好能采用慢—快—慢多级注射。

⑤ 保压时间和成型周期：在满足产品充模，不产生凹陷、气泡的情况下，宜尽量短，以尽量减少熔料在机筒停留时间。

⑥ 螺杆转速和背压：在满足塑化质量的前提下，应尽量低，防止产生降解的可能。

⑦ 模具温度：制品的冷却好坏，对质量影响极大，所以模温一定要能精确控制其过程，有可能的话，模温宜高一些好。

（3）其他方面的问题

① 为防止表面质量恶化，一般注塑时尽量少用脱模剂；

② 当用回用料时不得大于 20%；

③ 除 PET 外，制品都应进行后处理，以消除内应力，PMMA 应在 70～80℃热风循环干燥 4h；

④ PC 应在清洁空气、甘油、液体石蜡等中加热 110～135℃，时间按产品而定，最高需要十多小时；

⑤ PET 必须经过双向拉伸的工序，才能得到良好的力学性能。

第**3**章　塑件设计基本知识

3.1　塑件结构设计一般原则

壁厚均匀

3.1.1　壁厚均匀

　　壁厚均匀为塑件设计第一原则，应尽量避免出现过厚或过薄的壁厚。这一点即使在转角部位也要注意。因为壁厚不均会使塑件冷却后收缩不均，造成收缩凹陷，产生内应力、变形及破裂等，见图 3-1～图 3-3；另外，成型塑件的冷却时间取决于壁厚较大的部分，壁厚不均会

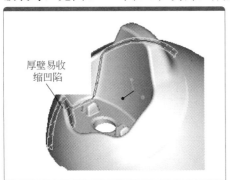

图 3-1　壁厚均匀可防止凹陷

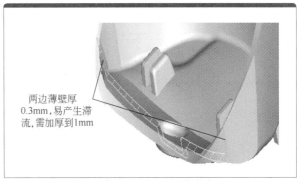

图 3-2　壁厚均匀有利于熔体流通

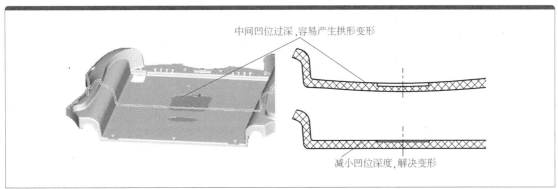

图 3-3　壁厚均匀可防止变形

使成型周期延长，生产效率降低。

当塑件存在较大的壁厚时，应改良塑件的结构，见表 3-1。在减胶时，应尽可能地加大内模型芯，这是因为内模型芯太小的话强度较差，且不易冷却。厚壁减胶后，若引起强度或装配的问题，可以增加加强筋或凸起去解决。如果厚壁难以避免，应该用渐变去代替壁厚的突然变化。见表 3-2。

表 3-1　壁厚改进的方法

不合理	合理

3.1.2　塑件应力求结构简单，易于成型

与金属等其他材料相比，塑料成型容易，成型方法多样。因此塑件的结构、形状可以做到比金属零件更加复杂多变。但复杂的塑件必将增加模具的制造难度和成本，也会增加塑件的

注射成型成本，这对产品开发成本的控制当然不利。

设计塑件时，应在满足产品功能要求的前提下，力求使塑件结构简单，尤其要尽量避免侧向凹凸结构，见表 3-2。因为侧向凹凸结构需要模具增加侧向抽芯机构，使模具变得复杂，增加了制作成本。

表 3-2　避免侧向凹凸

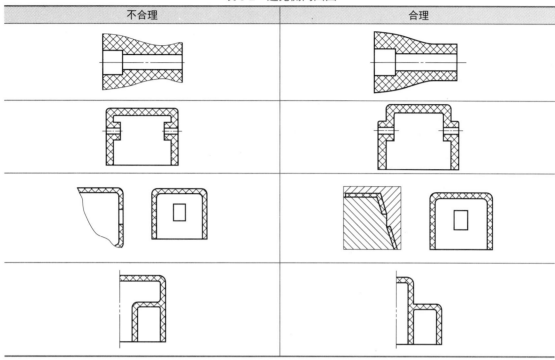

不合理	合理

如果侧向凹凸结构不可避免，则应该使侧向凹凸结构尽量简化，避免采用侧向抽芯机构，图 3-4 所示的两个塑件，改进前需要斜推杆侧向抽芯，当塑件上方增加两个方孔后就可以采用

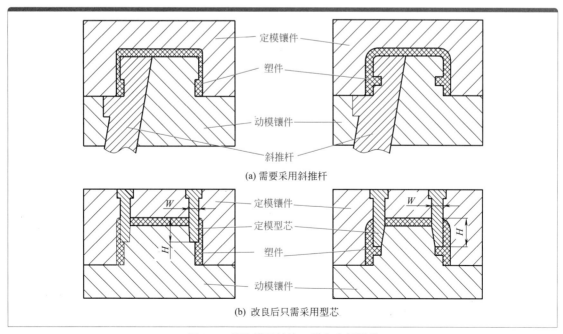

(a) 需要采用斜推杆

(b) 改良后只需采用型芯

图 3-4　简化模具结构，避免内侧抽芯

型芯插穿的结构，模具大为简化。图中的 W 应大于或等于 $H/3$。但增加方孔后如果会影响外观，则需征得客户同意。

塑件设计时除了尽量避免侧向抽芯外，还要力求使模具的其他结构也简单耐用，包括以下几方面：

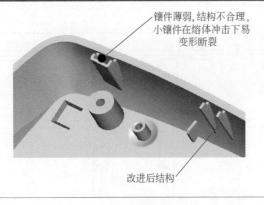

镶件薄弱，结构不合理。小镶件在熔体冲击下易变形断裂

改进后结构

图 3-5　塑件图

（1）模具成型零件上不得有尖角或薄弱结构

模具上的尖角或薄弱结构会影响模具强度及使用寿命。塑件设计时应尽量避免这种现象出现。如图 3-5 所示的塑件，因有封闭加强筋，会使模具上产生薄弱结构。应改为开放式或加大封闭空间，避免模具产生尖、薄结构。

（2）尽可能地使分型面变得容易

简单的分型面使模具加工容易，注射成型时不易产生飞边，浇口切除也容易。如图 3-6（a）所示分型线为阶梯形状，模具加工较为困难。图 3-6（b）改用直线或曲面，使模具加工变得较为容易。

（3）尽可能使成型零件简单易于加工

图 3-7（a）的型芯复杂，难以加工，图 3-7（b）的型芯则较易加工。

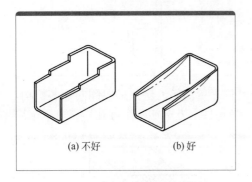

(a) 不好　　　(b) 好

图 3-6　简化分型面

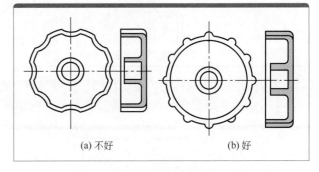

(a) 不好　　　(b) 好

图 3-7　简化型芯结构

3.1.3　充分保证强度和刚度

塑件的缺点之一是其强度和刚度远不如钢铁制品。如何提高塑件的强度和刚度，使其满足产品功能的要求，是设计者必须考虑的。提高塑件强度和刚度最简单实用的方法就是设计加强筋，而不是简单用增加壁厚的办法。因为增加壁厚不仅大幅增加了塑件的重量，而且易产生缩孔、凹痕等缺陷，而设置加强筋，不但能提高塑件的强度和刚度，还能防止和避免塑料的变形和翘曲。

设置加强筋的方向应与料流方向尽量保持一致，以防止充模时料流受到搅乱，降低塑件的韧性或影响塑件外观质量。加强方式有侧壁加强、底部加强和边缘加强等，见图 3-8 和图 3-9。

对于容器类塑件，提高强度和刚度的方法通常都是边缘加强，同时底部加圆骨或做拱起等结构，见图 3-10。

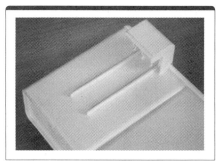

图 3-8　侧壁加强

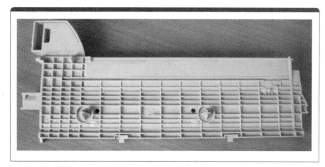

图 3-9　底部加强

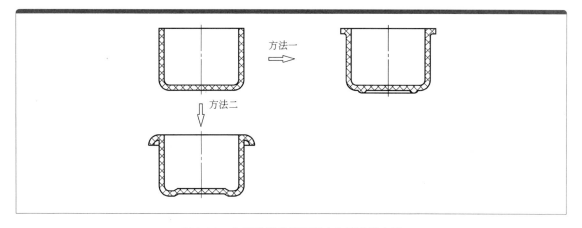

图 3-10　容器类塑件提高强度和刚度的方法

3.1.4　合理的配合间隙

各塑件之间的装配间隙应均匀合理，一般塑件间隙（单边）如下：
① 固定件之间配合间隙一般取 0.05 ～ 0.1mm，如图 3-11 所示。
② 面、底盖止口间隙一般取 0.05 ～ 0.1mm，如图 3-12 所示。

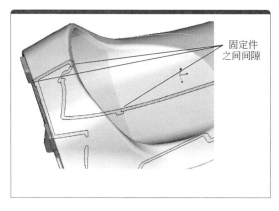

图 3-11　固定件之间的配合

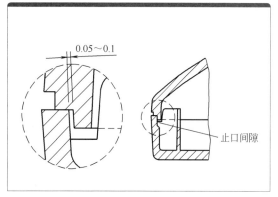

图 3-12　面、底盖止口间隙

③ 直径 $\phi \leqslant$ 15mm 的按钮，活动间隙（单边）0.1 ～ 0.2mm；直径 $\phi >$ 15mm 的按钮，活动间隙（单边）0.15 ～ 0.25mm；异形按钮的活动间隙 0.3 ～ 0.4mm，如图 3-13 所示。

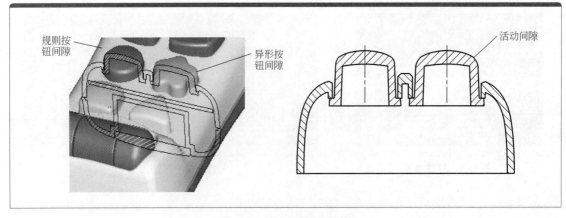

图 3-13　按键的活动间隙

3.1.5　其他原则

① 根据塑件所要求的功能决定其形状、尺寸、外观及材料，当塑件外观要求较高时，应先通过外观造型再设计内部结构。

② 尽量将塑件设计成回转体或对称形状。这种形状结构工艺性好，能承受较大的力，模具设计时易保证温度平衡，塑件不易产生翘曲等变形。

③ 设计塑件时应考虑塑料的流动性、收缩性及其他特性，在满足使用要求的前提下塑件的所有的转角尽可能设计成圆角，或者用圆弧过渡。

3.2　塑件的尺寸与精度

3.2.1　塑件的尺寸

塑件的尺寸首先受到塑料的流动性限制。在一定的设备和工艺条件下，流动性好的塑料可以成型较大尺寸的塑件；反之能成型的塑件尺寸就较小。其次，塑件尺寸还受成型设备的限制。比如注塑机的注射量、锁模力和模板尺寸等；压缩和压注成型的塑件尺寸要受到压机最大压力和压机工作台面最大尺寸的限制。目前，世界上最大的注塑机在法国，该机可以注射出总质量达 170kg 的塑件；世界上最小的注塑机在德国，该机的注射量只有 0.1g，用于生产 0.05g 的塑件。

3.2.2　塑件的精度

塑件尺寸精度包括尺寸精度、形状精度、位置精度和表面粗糙度。影响塑件精度的因素很多，包括以下几方面。

① 模具的制造精度。

② 塑料收缩率的波动。一般结晶型和半结晶型的塑料（POM 和 PA 等）的收缩率比无定形塑料的大，范围宽，波动性也大。因此塑件尺寸精度也较差。

③ 成型工艺参数。成型工艺条件如料温、模温、注射压力、保压压力、塑化背压、注射速度、成型周期等都会对塑件的收缩率产生影响。

④ 模具的结构。如多型腔模一般比单型腔模的塑件尺寸波动大。对于多腔注射模，为了减少尺寸波动，需要进行一些其他方面的努力，如：分流道采用平衡布置，模具各部位的温度应尽量均匀等。另外，模具的结构如分型面选择、浇注系统的设计、排气、模具的冷却和加热等以及模具的刚度等都会影响塑件尺寸精度。

⑤ 塑件的结构形状。壁厚不均匀的塑件，严重不对称的塑件，很高很深的塑件，塑件的精度都会受到一定的影响。

⑥ 模具在使用过程中的磨损和模具导向部件的磨损。

对于工程塑件，尤其是以塑代钢的制品，设计者往往简单地套用机械零件的尺寸公差，这是很不合理的，许多工业化国家都根据塑料特性制定了模塑件的尺寸公差。我国也于2008年修订了《模塑塑料件尺寸公差》（GB/T 14486—2008），见附录2。设计者可根据所用的塑料原料和产品使用要求，根据标准中的规定确定塑件的尺寸公差。由于影响塑件尺寸精度的因素很多，因此在塑件设计中正确合理确定尺寸公差是非常重要的。一般来说，在保证使用要求的前体下，精度应设计得尽量低一些，请参考表3-3。

表3-3 常用材料模塑件公差等级的使用（GB/T 14486—2008）

材料代号	模塑材料		公差等级		
			标注公差尺寸		未注公差尺寸
			高精度	一般精度	
ABS	（丙烯腈 - 丁二烯 - 苯乙烯）共聚物		MT2	MT3	MT5
CA	乙酸纤维素		MT3	MT4	MT6
EP	环氧树脂		MT2	MT3	MT5
PA	聚酰胺	无填料填充	MT3	MT4	MT6
		30% 玻璃纤维填充	MT2	MT3	MT5
PBT	聚对苯二甲酸丁二酯	无填料填充	MT3	MT4	MT6
		30% 玻璃纤维填充	MT2	MT3	MT5
PC	聚碳酸酯		MT2	MT3	MT5
PDAP	聚邻苯二甲酸二烯丙酯		MT2	MT3	MT5
PEEK	聚醚醚酮		MT2	MT3	MT5
PE-HD	高密度聚乙烯		MT4	MT5	MT7
PE-LD	低密度聚乙烯		MT5	MT6	MT7
PESU	聚醚砜		MT2	MT3	MT5
PET	聚对苯二甲酸乙二酯	无填料填充	MT3	MT4	MT6
		30% 玻璃纤维填充	MT2	MT3	MT5
PF	苯酚 - 甲醛树脂	无机填料填充	MT2	MT3	MT5
		有机填料填充	MT3	MT4	MT6
PMMA	聚甲基丙烯酸甲酯		MT2	MT3	MT5
POM	聚甲醛	≤ 150mm	MT3	MT4	MT6
		> 150mm	MT4	MT5	MT7
PP	聚丙烯	无填料填充	MT4	MT5	MT7
		30% 无机填料填充	MT2	MT3	MT5
PPE	聚苯醚；聚亚苯醚		MT2	MT3	MT5
PPS	聚苯硫醚		MT2	MT3	MT5
PS	聚苯乙烯		MT2	MT3	MT5

材料代号	模塑材料		公差等级		
			标注公差尺寸		未注公差尺寸
			高精度	一般精度	
PSU	聚砜		MT2	MT3	MT5
PUR-P	热塑性聚氨酯		MT4	MT5	MT7
PVC-P	软质聚氯乙烯		MT5	MT6	MT7
PVC-U	未增塑聚氯乙烯		MT2	MT3	MT5
SAN	(丙烯腈-苯乙烯)共聚物		MT2	MT3	MT5
UF	脲甲醛树脂	无机填料填充	MT2	MT3	MT5
		有机填料填充	MT3	MT4	MT6
UP	不饱和聚酯	30%玻璃纤维填充	MT2	MT3	MT5

3.2.3 塑件的表面质量

塑件的表面质量指的是塑件成型后的表面缺陷状态，如常见的填充不足、飞边、收缩凹陷、气孔、熔接痕、银纹、翘曲变形、顶白、黑斑，尺寸不稳定及粗糙度不合格等。塑件的表面粗糙度应遵循表 3-4。一般模具型腔粗糙度要比塑件的要求低 1～2 级。

表 3-4　不同加工方法和不同材料所能达到的表面粗糙度（GB/T 14234—1993）

加工方法	材料		Ra 参数值范围 / μm										
			0.025	0.050	0.100	0.200	0.40	0.80	1.60	3.20	6.30	12.50	25
注射成型	热塑性塑料	PMMA	●	●	●	●	●	●	●	●			
		ABS	●	●	●	●	●	●	●	●			
		AS		●	●	●	●	●	●	●			
		PC			●	●	●	●	●	●			
		PS		●	●	●	●	●	●	●	●		
		PP			●	●	●	●	●	●			
		PA			●	●	●	●	●	●			
		PE			●	●	●	●	●	●	●		
		POM		●	●	●	●	●	●	●			
		PSF				●	●	●	●	●			
		PVC				●	●	●	●	●			
		PPO				●	●	●	●	●			
		CPE				●	●	●	●	●			
		PBP				●	●	●	●	●			
	热固性塑料	氨基塑料				●	●	●	●				
		酚醛塑料				●	●	●	●				
		硅酮塑料				●	●	●	●				
压缩和传递成型		氨基塑料					●	●	●				
		蜜胺塑料			●		●	●					
		酚醛塑料				●	●	●	●				
		DAP					●	●	●				
		不饱和聚酯					●	●					
		环氧塑料					●	●					
机械加工		有机玻璃	●	●	●	●	●	●			●		
		尼龙						●	●	●		●	
		聚四氟乙烯				●	●	●	●	●	●	●	
		聚氯乙烯							●	●	●	●	
		增强塑料							●	●	●	●	●

注：模具型腔粗糙度 Ra 数值应相应增大两级。

3.3 塑件的常见结构

脱模斜度

3.3.1 脱模斜度

为了便于脱模，防止塑件表面在脱模时划伤等，塑件内外表面沿脱模方向应具有合理的脱模斜度。确定脱模斜度时要注意以下几点。

① 为不影响塑件装配，一般往减胶方向做脱模斜度。因此，设计脱模斜度后所标的尺寸外部（型腔）尺寸为大端尺寸；内部（型芯）尺寸为小端尺寸。

② 动、定模脱模斜度宜相同。一般来说，定模型腔脱模斜度 a 大于动模型芯脱模斜度 b 可以保证塑件在开模时留在动模部分，但塑件较高时，这样会导致壁厚不均。由于在冷却过程中塑件对动模型芯的包紧力通常都大于对定模型腔的黏附力，在实际设计中大多都取 $a=b$。脱模斜度及大小头的尺寸见图 3-14。

③ 不同品种的塑料其脱模斜度往往不同。硬质塑料比软质塑料的脱模斜度大；收缩率大的塑料比收缩率小的脱模斜度大；增强塑料，宜取大一点的脱模斜度；自润滑性塑料，脱模斜度可取小一些。常用塑料的脱模斜度见表 3-5。

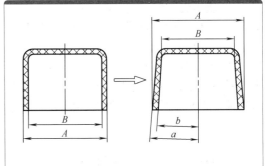

图 3-14 脱模斜度及大小头的尺寸

表 3-5 常用塑料的脱模斜度

塑料名称	斜度	
	型腔 a	型芯 b
聚乙烯（PE）、聚丙烯（PP）、软聚氯乙烯	$45' \sim 1°$	$30' \sim 45'$
ABS、尼龙（PA）、聚甲醛（POM）、氯化聚醚、聚苯醚	$1° \sim 1°30'$	$40' \sim 1°$
硬聚氯乙烯、聚苯乙烯（PS）、聚甲基丙烯酸甲酯（PMMA）、聚碳酸酯（PC）、聚砜	$1° \sim 2°$	$50' \sim 1°30'$
热固性塑料	$40' \sim 1°$	$20' \sim 50'$

④ 塑件的几何形状对脱模斜度也有一定的影响。塑件高度越高，孔越深。为保证精度要求，脱模斜度宜取小一点；形状较复杂，或成型孔较多的塑件取较大的脱模斜度；壁厚大的塑件，可取较大值。

⑤ 精度要求越高，脱模斜度要越小。在不影响塑件品质的前提下，脱模斜度愈大愈好。

⑥ 型腔表面粗糙度不同，脱模斜度也不同。

a. 透明塑件，模具型腔表面镜面抛光：小塑件脱模斜度 ≥ 1°；大塑件脱模斜度 ≥ 3°。

b. 塑件表面要求蚀纹，模具型腔侧表面要喷砂或腐蚀：$Ra < 6.3\mu m$，脱模斜度 ≥ 3°；$Ra ≥ 6.3\mu m$，脱模斜度 ≥ 4°。

c. 塑件表面要求火花纹，模具型腔侧表面在电极加工后不再抛光：$Ra < 3.2\mu m$，脱模斜度 ≥ 3°；$Ra ≥ 3.2\mu m$，脱模斜度 ≥ 4°。

3.3.2 塑件外形及壁厚

塑件外形尽量采用光滑弧形外形，避免尖角锐边等急剧的变化的结构，保证塑料熔体流动顺畅。确定壁厚大小及形状时，需考虑塑料的流动性、塑件的构造、强度及脱模斜度等因素。在满足塑件性能及塑料成型工艺的情况下，尽量薄一些。因为壁薄对于成型周期更为有利，且节省塑料。

（1）决定壁厚的主要因素

①结构强度和刚度是否足够；

②脱模时能经受推出机构的推出力而不变形；

③能否均匀分散所受的冲击力；

④有嵌入件时，能否防止破裂，如产生熔接痕是否会影响强度；

⑤成型孔部位的熔接痕是否会影响强度；

⑥能承受装配时的紧固力；

⑦棱角及壁厚较薄部分是否会阻碍材料流动，从而引起填充不足。

（2）壁厚必须合理

壁厚太小，熔融塑料在模具型腔中的流动阻力较大，难填充，强度刚度差；壁厚太大，内部易生气泡，外部易生收缩凹陷，且冷却时间长，料多亦增加成本。塑件壁厚的大小取决于塑料流动性和塑件大小，见表 3-6。

表 3-6　常用塑料的壁厚值　　　　　　　　　　　　　　mm

塑料	最小壁厚	小型塑胶塑件推荐壁厚	中型塑胶塑件推荐壁厚	大型塑胶塑件推荐壁厚
聚酰胺（PA）	0.45	0.75	1.6	2.4～3.2
聚乙烯（PE）	0.6	1.25	1.6	2.4～3.2
聚苯乙烯（PS）	0.75	1.25	1.6	3.2～5.4
改性聚苯乙烯（HIPS）	0.75	1.25	1.6	3.2～5.4
有机玻璃（PMMA）	0.8	1.5	2.2	4～6.5
硬聚氯乙烯（PVC）	1.15	1.6	1.8	3.2～5.8
聚丙烯（PP）	0.85	1.45	1.75	2.4～3.2
聚碳酸酯（PC）	0.95	1.8	2.3	3～4.5
聚苯醚（PPO）	1.2	1.75	2.5	3.5～6.4
醋酸纤维素（CA）	0.7	1.25	1.9	3.2～4.8
聚甲醛（POM）	0.8	1.40	1.6	3.2～5.4
聚砜（PSF）	0.95	1.80	2.3	3～4.5
ABS	0.75	1.5	2	3～3.5

通常塑件壁厚小于 1mm，或塑件最大尺寸与平均壁厚之比大于 200 时称为薄壁塑件。薄壁塑件要用高压高速来注塑，其热量很快被模具镶件带走，有时无须采用冷却水冷却。

3.3.3　圆角

（1）圆角的作用

塑件的尖角锐边既不安全，又对成型不利，在尖角处模具容易产生应力开裂（见图 3-15）。

合理的圆角，不但可以降低该处的应力集中，提高塑件的结构强度，还可以使得塑料熔体成型时流动顺畅，以及成品更易于脱模。另外，从模具的角度去看，圆角也有益于模具成型，见图 3-16。

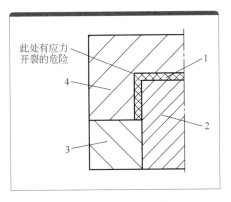

此处有应力开裂的危险

图 3-15 尖角不利于成型

1—塑件；2—型芯；3—凸模；4—凹模

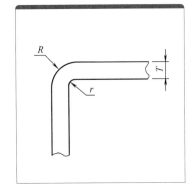

图 3-16 圆角有利于成型

（2）圆角大小的确定

① 圆弧大小设计：$R = 1.5T$，$r = 0.5T$。T 为壁厚。见图 3-16。

② 若 $R/T < 0.3$，则易产生应力集中；若 $R/T > 0.8$，则不会产生应力集中。

圆角对于成型塑件的设计会有以下的一些优点。

① 圆角使得成型塑件强度提高以及应力降低。

② 尖锐转角的消除，降低了龟裂的可能性，可以提高对突然的振动或冲击的抵抗能力。

③ 塑料的流动阻力将大为降低，圆形的转角，使得塑料熔体能够均匀，没有滞留现象，以及较小应力地流入型腔内的所有断面，并且改善成型制品断面密度的均匀性。

④ 模具强度获得改善，以避免模具内产生尖角，造成应力集中，导致龟裂等，特别是对于需要热处理或受力较高的部分，圆弧转角更为重要。

⑤ 圆弧还使塑件变得安全美观。

塑件外形转角处的圆弧半径应满足外形美观要求。塑件内部圆角除了要满足装配要求，还要避免因圆弧太大可能造成的收缩，特别是在加强筋或凸柱根部的转角圆弧。原则上，最小的转角圆弧为 0.5 ～ 0.8 mm。

3.3.4 加强筋

（1）加强筋的作用

① 增加塑件的强度和刚度：在不增加壁厚的情况下，加强筋可以提高塑件的刚度，避免塑件翘曲变形。详见图 3-17。

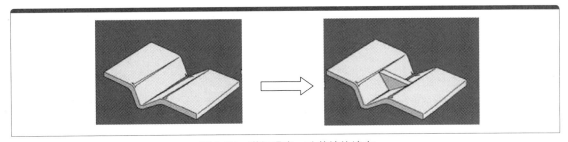

图 3-17 增加强度，改善熔体填充

② 改善熔体填充：合理布置加强筋还可以改善充模流动性，减少塑件内应力，避免气孔、缩孔和凹陷等缺陷。

③用于装配：在装配中用于固定或支撑其他零件。见图3-18。

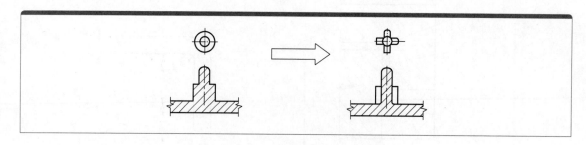

图3-18　固定或支撑其他零件

④加强筋应用实例：见图3-19。

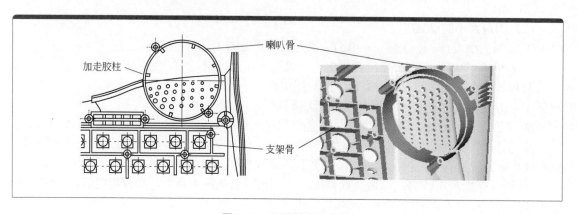

喇叭骨

加走胶柱

支架骨

图3-19　加强筋应用实例

（2）加强筋设计要点（见图3-20）

①加强筋的尺寸。

a. 加强筋间距：$L \geqslant 4T$。T为塑件壁厚。

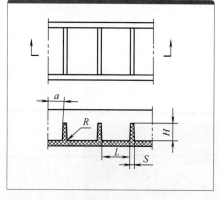

图3-20　加强筋设计

b. 加强筋高H宜小于$5T$。加强筋太高还会增加模具的排气负担，同时增加塑料还不利于控制生产成本。

c. 加强筋宽（大端）：$S=（0.5 \sim 0.8）T$，加强筋太厚时，背面易产生收缩凹痕。

d. 加强筋根倒角：$R=T/8$。倒角可以改善熔体流动性，避免塑件产生应力开裂。但倒角太大塑件背面也会产生收缩凹痕。

e. 加强筋尽量使用最大的脱模斜度，以利脱模。加强筋的脱模角一般取$0.5° \sim 2°$，塑件表面有蚀纹或是结构复杂的应加大脱模角，最大可达到$2°$，这是因为形状复杂的塑件脱模阻力大，如脱模斜度不够大时会出现拉花现象。

②加强筋尽量对称分布，避免塑件局部应力集中。

③加强筋交叉处易产生过厚胶位，导致反面产生收缩凹痕，应注意在此处减料，见图3-21。

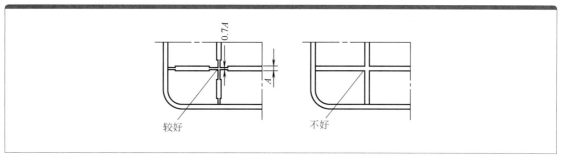

图 3-21　加强筋交叉处宜减胶

3.3.5　凸起

凸起的作用：减小配合接触面积，不至于因塑件变形而造成装配困难。同时也使模具制作和修改更加方便。见图 3-22。

凸起的高度约为 0.4mm，一般 3 ～ 4 个。当凸起或骨位引起塑件内部收缩，表面出现凹陷时，可在凹陷位增设花纹等造型。

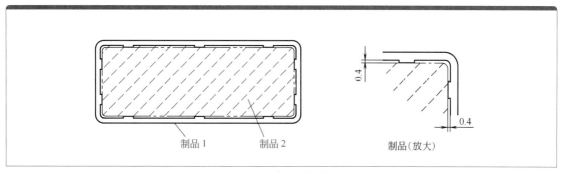

图 3-22　凸起设计

3.3.6　孔的设计

（1）孔的分类

孔包括圆孔、异形孔及螺纹孔，而任何一种孔又包括通孔、台阶孔和盲孔（不通孔）。见图 3-23 和图 3-24。

斜面上的孔如何成型

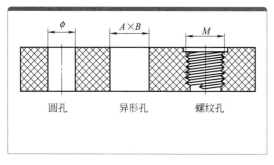

图 3-23　孔的形式

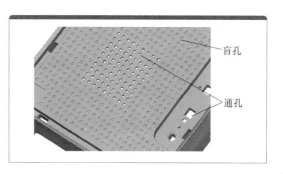

图 3-24　通孔和盲孔

孔的形状和位置的选择，必须以避免造成塑件在强度上的减弱以及在生产上的复杂化为原则。

不管从模具结构上看，还是从熔体流动性来看，圆孔都比异形孔好，因此能用圆孔则不用异形孔。螺孔用于塑件间的联结，从模具结构上看，它是最复杂的，因此有时也用金属嵌件来替代。

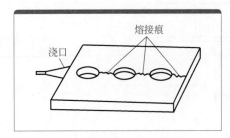

图3-25　通孔易产生熔接痕

从模具结构上看，通孔比盲孔好，因为前者的型芯可以采用插穿，而后者的型芯只能做成悬臂结构，在熔体的冲击下容易变形。据测试，只有一端固定的型芯，在熔体冲击下所产生的变形量，是两端都有固定的型芯的48倍。

但从熔体填充角度去看，盲孔比通孔要好，因为塑件常会在通孔旁形成熔接痕，影响外观，见图3-25。

要解决这个问题，可以先将通孔做成盲孔，成型后再以钻刀钻通，但这样会增加加工成本。

（2）圆形通孔设计要点

见图3-26。

① 孔与孔之间距离 B 宜为孔径 A 的2倍以上。

② 孔与成品边缘之间距离 F 宜为孔径 A 的3倍以上。

③ 孔与侧壁之间距离 C 不应小于孔径 A。

④ 通孔周边的壁厚宜加强（尤其针对有装配性、受力的孔），开口的孔周边也宜加强。见图3-27。

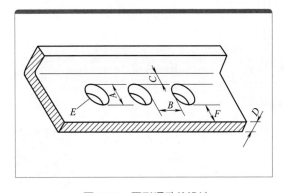

图3-26　圆形通孔的设计

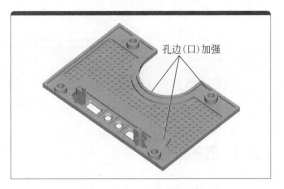

图3-27　孔边（口）加强实例

（3）盲孔设计要点

盲孔深不宜超过孔径的4倍，而对于孔径在1.5mm以下的盲孔，孔深更不得超过孔径的2倍。若要加深盲孔深度则可用台阶孔，如图3-28所示。

若孔径又小又深时，可在成型后再进行机械加工。

塑件上的空心螺柱通常情况下是盲孔，但其孔深往往大于4倍的直径，由于自攻螺钉攻入孔内深度只有6～8mm，型芯上端有点变形不会影响装配。

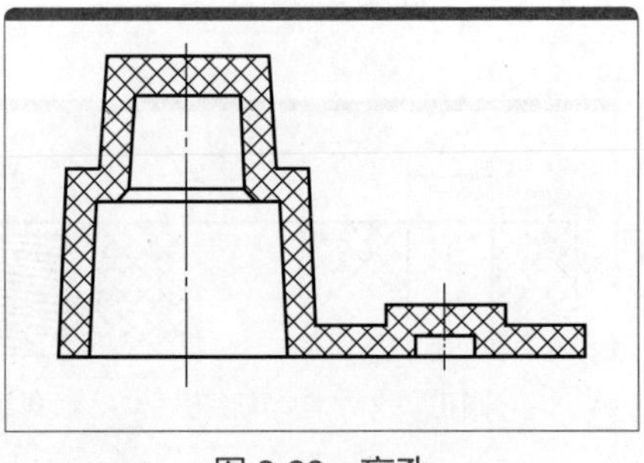

（4）异形孔设计要点

除圆孔以外的孔都称为异形孔，成型时应尽量采用碰穿。异形孔拐角要做圆角，否则会因应力集中而开裂。异形孔孔口加倒角而不加圆角，目的是有利于装配。见图3-29。

图3-28　盲孔

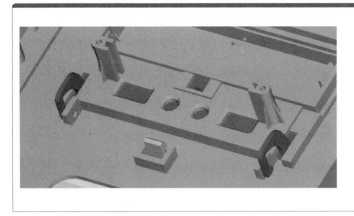

图 3-29　异形孔

3.3.7　螺纹设计

塑件上的螺纹用于连接，形状见图 3-30。加工方法有注射成型、机械加工、自攻及嵌件。

螺纹设计注意事项：

① 避免使用 32 牙 /in（螺距 0.75mm）以下的螺纹，最大螺距可采用 5mm。

② 长螺纹会因收缩的关系使螺距失真，应避免使用，如结构需要时可采用自攻螺钉的方法。

③ 当螺纹公差小于成型材料的收缩量时应避免使用。

④ 螺纹不得延长至成品末端，因为这样产生的尖锐部位会使模具及螺纹的端面崩裂，寿命降低，一般至少要留 0.8mm 的直身部分。见图 3-30。

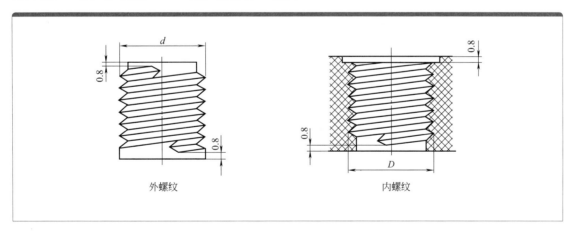

外螺纹　　　　　　　　　　　内螺纹

图 3-30　塑件螺纹结构

3.3.8　自攻螺柱的设计

自攻螺柱与自攻螺钉配合，用于塑件的连接。螺柱内孔并无螺纹，而是一段光孔，装配时金属螺钉强行旋入达到连接的目的，见图 3-31。

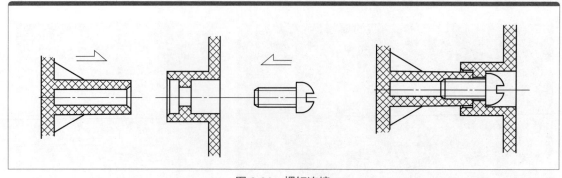

图 3-31　螺钉连接

设计要点如下：

① 螺柱的长度 H 一般不超过本身直径的 3 倍，否则必须设计加强筋（长度太长时会引起困气、充填不足、推出变形等）。见图 3-32。

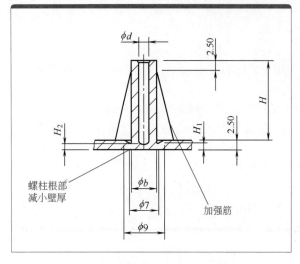

图 3-32　螺柱根部减胶防止背面收缩

② 螺柱的作用是用于连接两个塑件，其位置不能太接近转角或侧壁（模具易破边），也不能离边及角太远（连接效果不好）。

③ 由于柱子根部与塑件壁连接处的壁厚会突然变厚，会导致塑件表面产生缩痕。这时，模具上需在柱子根部加钢减小壁厚，这种结构在模具上俗称火山口，如图 3-32。设计火山口要注意三点：

a. 火山口直径通常取 ϕ9mm，深度取 0.3 ~ 0.5mm。

b. 对小于 M2.6 的螺柱，原则上不设火山口，但型芯底料厚 H_2 应在 1.2 ~ 1.4mm。

c. 对有火山口的螺柱，原则上都应设置火箭脚，以提高强度及便于胶料流动。

④ 螺柱预留攻螺纹的尺寸，前端宜设计倒角，以便于金属螺钉旋入。见图 3-32。

⑤ 自攻螺钉直径与空心螺柱各直径的关系见表 3-7。

表 3-7　自攻螺钉直径与螺柱各直径的关系

自攻螺钉直径	螺柱大小
M2.0	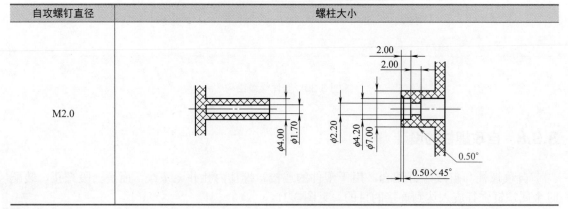

自攻螺钉直径	螺柱大小
M2.3	
M2.6	
M3.0	
M3.5	

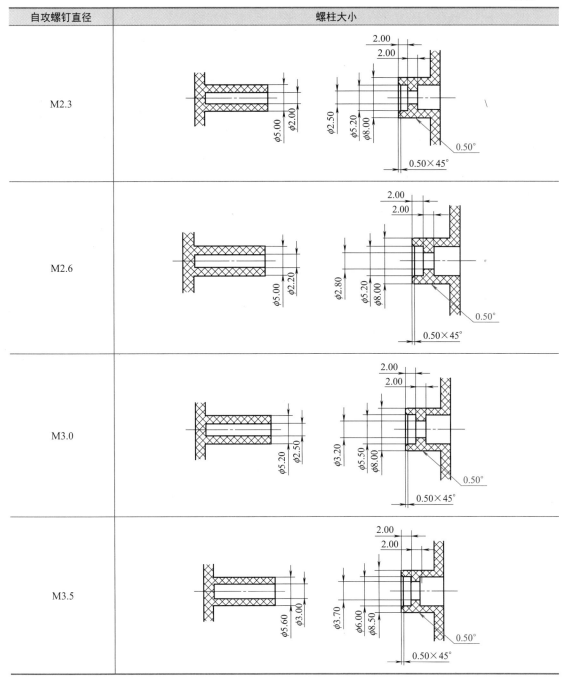

3.3.9 嵌件设计

　　在塑件内嵌入金属或其他材料零件形成不可拆卸的连接，所嵌入的零件即为嵌件。塑件中镶入嵌件的目的是提高塑件局部的强度、硬度、耐磨性、导电性、导磁性等，或者是增加塑件的尺寸和形状的稳定性，或者是降低塑料的消耗，降低成本。

　　嵌件包括金属（铜和铝）、玻璃、木材、纤维、橡胶和已成型的塑件等。

嵌件设计要点：

① 嵌件四周易产生应力开裂，与塑件结合处不能有尖角锐边。

② 嵌件最好要预热。

③ 嵌件在模具中必须可靠地定位。模具中的嵌件在成型时要受到高压熔体的冲击，可能发生位移和变形，同时熔体还可能挤入嵌件上预制的孔或螺纹线中，影响嵌件使用，因此嵌件必须可靠定位，并要求嵌件的高度不超过其定位部分直径的2倍。

④ 嵌件应有防转结构，嵌件应牢固地固定在塑件中。为了防止嵌件受力时在塑件内转动或脱出，嵌件表面必须设计有适当的凹凸状，如滚菱形花、六角形等。见表3-8。

⑤ 嵌件周围的壁厚应足够大。由于金属嵌件与塑件的收缩率相差较大，致使嵌件周围的塑料存在很大的内应力，如果设计不当，则会造成塑件的开裂，而保持嵌件周围适当的塑料层厚度可以减小塑件的开裂倾向。

⑥ 使用嵌件成型时，会使周期延长。

⑦ 嵌件高出成型塑件少许，可避免在装配时被拉动而松脱。

⑧ 嵌件可在塑件成型时嵌入，也可在塑件成型后压入。

表 3-8　嵌件的安装与定位

图	说　明	图	说　明
	嵌件表面滚花定位		圆形嵌件侧面切削平面定位
	嵌件外侧突起定位		板类嵌件钻孔定位
	侧面切削凹槽定位		表面局部滚直纹定位
	端面开槽定位		表面局部滚网纹定位

图	说 明	图	说 明
	圆周局部加工圆槽定位 注:(受扭应力的嵌件不适用)		表面滚花加圆槽定位,效果最好
	六角螺母嵌件的定位		表面滚花的内螺纹嵌件定位(通孔)
	表面滚花的内螺纹嵌件定位(盲孔)		表面开圆槽的内螺纹六角嵌件定位
	有盖滚花嵌件的定位		六角内螺纹(通)嵌件定位,用盖对螺纹进行保护

3.3.10 塑件上的标记符号

标记符号应放在分型面的平行方向上,并有适当的斜度以便脱模。

最为常用的是在凹框内设置凸起的标记符号,它可把凹框制成镶块嵌入模具内,这样既易于加工,标记符号在使用时又不易被磨损破坏。采用凸形文字、图案,在模具上则为凹形,加工方便。因此塑件上直接用模具成型的文字、图案,如客户无要求,均做成凸形。见图 3-33。

塑件上成型的标记符号,凹入的高度不小于 0.2mm,线条宽度不小于 0.3mm,通常以 0.8mm 为宜。两条线间距离不小于 0.4mm,边框可比图案纹高出 0.3mm 以上,标记符号的脱模斜度应大于 10°以上。

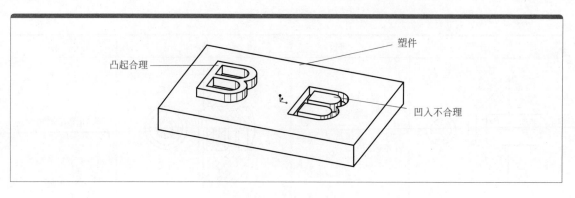

图 3-33　塑件上的文字

模具上文字、图案的制作方法通常有三种：

① 蚀纹，也称化学腐蚀；

② 电极加工，电极由雕刻或 CNC 加工制作；

③ 雕刻或 CNC 直接加工模具型腔。

若采用电极加工文字、图案，其塑件上文字、图案的设计要求如下：

① 塑件上为凸形文字、图案，凸出的高度 0.2 ～ 0.4mm 为宜，线条宽度不小于 0.3mm，两条线间距离不小于 0.4mm，如图 3-34 所示。

② 塑件上为凹形文字或图案，凹入的深度为 0.2 ～ 0.5mm，一般凹入深度取 0.3mm 为宜；线条宽度不小于 0.3mm，两条线间距离不小于 0.4mm，如图 3-35 所示。

塑件表面浮雕的制作，常用雕刻方法加工模具。由于塑件 3D 文件不会有浮雕造型，2D 文件上浮雕的大小也是不准确的，其浮雕的形状是依照样板为标准，先放大样品，再雕刻型腔。

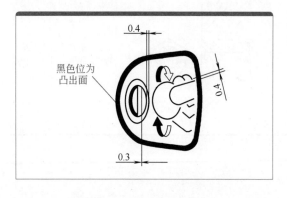

图 3-34　塑件上的凸起图案

图 3-35　塑件上的凹入图案

3.3.11　搭扣的设计

（1）搭扣的作用

搭扣又叫锁扣，直接在塑件上成型，主要用于装配。因为搭扣装配方法快捷而且经济实用，装配时无须配合其他如螺钉、介子等锁紧配件，所以这一结构在塑件中被广泛使用。搭扣的装配过程见图 3-36。

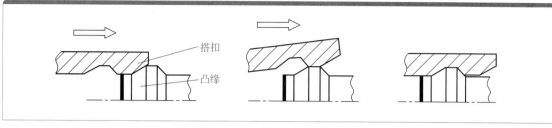

图 3-36　搭扣的装配

（2）搭扣的分类

① 按搭扣功能分类。

根据搭扣功能可分为永久型和可拆卸型两种。永久型搭扣的设计方便装配但不容易拆下，可拆卸型搭扣的设计则装上、拆下均十分方便。其原理是可拆卸型搭扣的钩形伸出部分附有适当的导入角及导出角，方便扣上及分离的动作，导入角及导出角的大小直接影响扣上及分离时所需的力度，永久型的搭扣则只有导入角而没有导出角的设计，所以一经扣上，相接部分即形成自我锁上的状态，不容易拆下，见图 3-37。

② 按搭扣形状分类。

根据搭扣形状可分为单边搭扣、环形搭扣、球形搭扣等，其设计可参阅图 3-37。

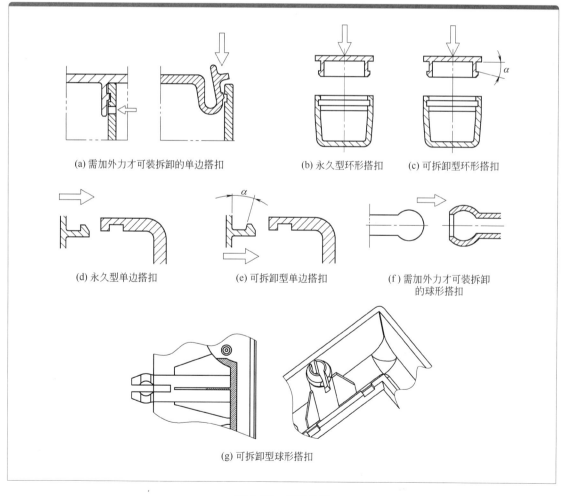

图 3-37　搭扣类型

（3）搭扣的缺点及解决办法

第一个缺点及解决办法：搭扣装置的是搭扣的两个组合部分，钩形伸出部分及凸缘部分经多次重复使用后容易产生变形，甚至出现断裂的现象，断裂后的搭扣很难修补，此情况较常出现于脆性或掺入纤维的塑料制品上。因为搭扣与塑件同时成型，所以搭扣的损坏亦即塑件的损坏。解决的办法是将搭扣装置设计成多个搭扣同时共享，使整体的装置不会因为个别搭扣的损坏而不能运作，从而增加其使用寿命，再就是增加圆角，提高强度。

第二个缺点及解决办法：搭扣相关尺寸的公差要求十分严格，倒搭扣置过多容易形成搭扣损坏；相反，倒搭扣置过少则装配位置难以控制或组合部分出现过松的现象。解决办法是要预留一定间隙，试模后逐步加胶，最后达到理想的装配状态。

（4）搭扣应用实例

见图 3-38 和图 3-39。

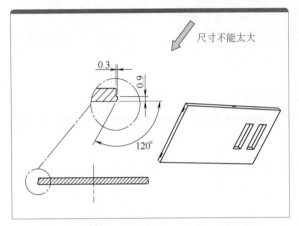

图 3-38　搭扣应用实例一：永久型四边搭扣

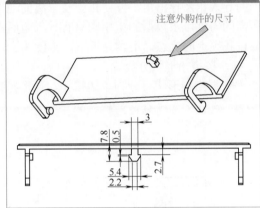

图 3-39　搭扣应用实例二：可拆卸型门搭扣

3.3.12　塑件超声波焊接线设计

（1）超声波塑料焊接原理

当超声波作用于热塑性的塑料接触面时，会产生每秒几万次的高频振动，这种达到一定振幅的高频振动，通过焊件把超声能量传送到焊区，由于焊区即两个焊接的交界面处声阻大，因此会产生局部高温。又由于塑料导热性差，一时还不能及时散发，热量聚集在焊区，致使两个塑料的接触面迅速熔化，加上一定压力后，使其熔合成一体。当超声波停止作用后，让压力持续几秒钟，使其凝固成型，这样就形成一个坚固的分子链，达到焊接的目的，焊接强度能接近于原材料强度。

（2）超声波焊接接线的形状

① 能源定向焊接线。

能源定向焊接线是将热源集中在被称为定向的三角形的凸起部分，利用高速摩擦产生的热焊接两个塑件。其优点是，形状简单，焊接部分的限制较小。

但结晶性塑料，过分的局部发热引起软化、熔融，从而引发出压焊应力损失、气密不良等问题，必须引起注意。

能源定向焊接线凸起部分截面为等腰三角形或等边三角形，前端部的角度设定为 60°～90°为最佳。焊接量的高度方向尺寸与设定角度有关，见图 3-40。

图 3-41 是改良型能源定向焊接线，其优点一是可以有效保证焊接的两塑件的位置精度，二是可以防止焊接时熔料溢出而影响外观。图中，$A=B=H/3$，$C=0.05 \sim 0.10\text{mm}$，$h=H/8$ 或取 $0.20 \sim 0.60\text{mm}$。

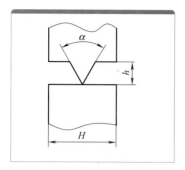

图 3-40　能源定向接合线形状及尺寸

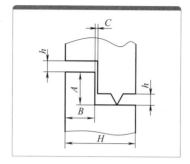

图 3-41　改良型能源定向焊接线

② 剪切焊接线。

剪切焊接线是利用斜面以达到完全的面接合。由于可获得均一的热能及较大的焊接面积，故焊接强度高，气密性好。详见图 3-42。

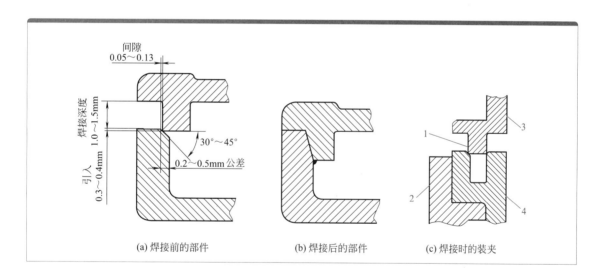

图 3-42　剪切焊接线

1—槽舌剪切接头：有助于阻止部件向内弯曲；2—支撑夹具：目的是在焊接过程中阻止下面部件壁向外弯曲；
3—上面的部件；4—下面的部件

剪切焊接线的倾斜角度视塑件的厚度而定，倾斜角度越大则焊接面积也就越大，但由于结合面不易产生滑动，故需要较大的能源。

当焊接半结晶聚合物（或其他难以焊接的聚合物）和需要密封接头号时，一般推荐使用剪切焊接线。

③ 斜坡焊接线。

斜坡焊接线设计可以为非结晶性塑料提供高强度密封焊接。斜坡焊接是自固定的且最适合小尺寸的圆形或椭圆形塑件。斜坡焊接的焊接能量要求很高。结构及尺寸详见图 3-43。图中 $Y=X-（0.10 \sim 0.25）$，$\alpha=\beta=30° \sim 60°$，$M \geqslant 0.75\text{mm}$，$A=B+（0.10 \sim 0.15）$。

④ 槽舌焊接线。

槽舌接合不但提供了剪切强度而且提供了拉伸强度，这种接合是自对中的，接合区域的壁厚必须相对大些，以适应槽舌接合尺寸设计。另外，塑件公差要求相对较高。

槽舌焊接线结构及尺寸详见图3-44。图中，$A=H/5 \sim H/4$，$B=H/2$，$C=D=0.20 \sim 0.60mm$，$E=H/3$，$h=0.05 \sim 0.13mm$，$\beta=3° \sim 5°$。

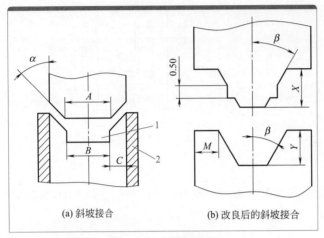

图 3-43　斜坡焊接线
1—溢料槽；2—夹具

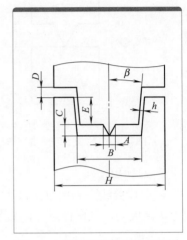

图 3-44　槽舌焊接线结构及尺寸

（3）超声波焊接塑件设计的注意事项

① 接合部的形状：接合部的形状以圆形为最佳。在不得已的情况下，一定要设计成角形或异形形状时，各边缘也要倒 R 角，或尽可能地设计成对称形状。见图3-45。

② 传递距离：到焊接部的距离越短，焊接能源的损失就越小，就可进行良好的焊接作业。见图3-46。

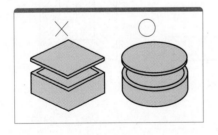

图 3-45　接合部的形状以圆形为最佳

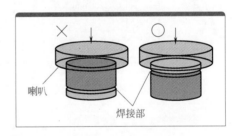

图 3-46　传递距离越短越好

③ 与圆柱形工具相接触的塑件：与圆柱形工具相接触的塑件，尽可能地轻量化，且形状越简单越好。当与圆柱形工具相接触的塑件含有金属嵌件、轮毂等附件时，因焊接能源传递不及时，很容易导致焊接不良，有时还会因共振造成金属嵌件部分的熔化，轮毂等凸出塑件发生破裂。所以，凸出部分、嵌件等必须放在固定的夹具上，在万不得已的情况下，请倒 R 角，以增大塑件的强度。见图3-47。

④ 圆柱形工具的接触面：请将圆柱形工具的接触面及接合面设计为平面。若设计为阶梯形的话，则会引发焊接能源的传递不均匀，容易造成焊接不良。见图3-48。

⑤ 变形：必须控制被焊接塑件的翘曲变形。若发生翘曲变形时，就会导致焊接面的结合不良、焊接状态不均匀、强度下降、密封性不良等问题。

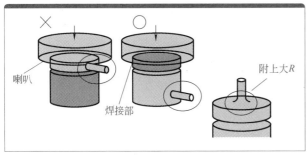

图 3-47　靠近焊接线处结构越简单越好

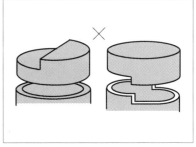

图 3-48　焊接面及安装面宜为平面

第4章 认识注塑模具

4.1 什么叫注塑模具

注塑模具又称塑料注射模具，它是一种可以重复地大批量地生产塑料零件或成品的生产工具。这种模具是靠成型零件在装配后形成的一个或多个型腔，来成型我们所需的塑件形状。注塑模具是所有塑料模具中结构最复杂，设计、制造和加工精度最高，应用最普遍的一种模具。图4-1是一款常见的注塑模具。

注塑模具工作时必须安装在注塑机上，由注塑机来实现模具动、定模的开合，并按下面的顺序成型所需的塑件：

合模→塑料熔体注射进入型腔→保压并冷却→开模→推出塑件→再合模。

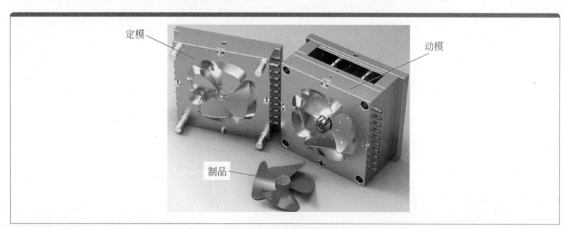

图 4-1 注塑模具

4.2 注塑模具分类

注塑模具的分类方法有很多。根据注塑模具浇注系统基本结构的不同可分为三类：第一类是二板模具，也称大水口模具；第二类是三板模具，也称细水口模具；第三类是热流道模具，也称无流道模具。其他模具如有侧向抽芯机构的模具、内螺纹机动脱模机构的模具、定模推出的模具和复合脱模的模具等，都是由这三类模具演变而得的。

4.2.1　二板模具

二板模具又称大水口模具或单分型面模具，典型结构见图 4-2。二板模具的浇注系统一般为侧浇口。二板模具是注塑模具中最简单、应用最普遍的一种模具，它以分型面为界将整个模具分为动模和定模两部分。一部分型腔在动模，一部分型腔在定模。主流道在定模，分流道开设在分型面上。开模后，塑件和流道凝料留在动模，塑件和浇注系统凝料从同一分型面内取出，动模部分设计推出系统，开模后将塑件推离模具。其他模具都是二板模具的发展。

二板模具设计注意事项：

① K.O 孔不能小于注塑机的顶棍直径。

② 推出行程要保证塑件能完全脱出。

③ 在要求自动注塑生产时，要保证塑件和浇注系统凝料能完全安全脱出模腔；在半自动或手动时，要保证塑件能轻易取出。

④ 浇口套球形半径 SR 必须大于注塑机的喷嘴半径。

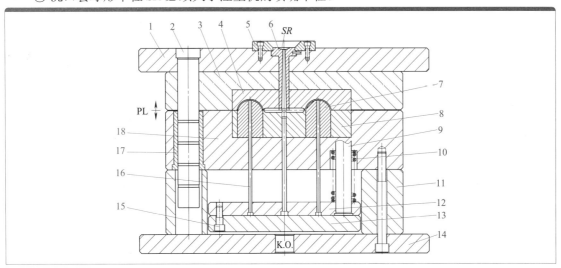

图 4-2　二板模具典型结构图

1—定模固定板；2—导柱；3—定模 A 板；4—定模镶件；5—定位圈；6—浇口套；7—动模型芯；8—动模镶件；
9—复位杆；10—复位弹簧；11—方铁；12—推杆固定板；13—推杆底限位钉；14—动模固定板；
15—螺钉；16—推杆；17—导套；18—动模 B 板

4.2.2　三板模具

三板模具又称细水口模具或双分型面模具。三板模具的浇注系统一般为点浇口。三板模具开模后分成三部分，比二板模具增加了一块脱料板（俗称水口板），适用于塑件的四周不能有浇口痕迹或投影面积较大，需要多点进料的场合。这种模具结构较复杂，需要设计定距分型机构。

三板模具又分为标准型三板模具和简化型三板模具。

（1）标准型三板模具

标准型三板模具典型结构见图 4-3。模具设计时需注意：

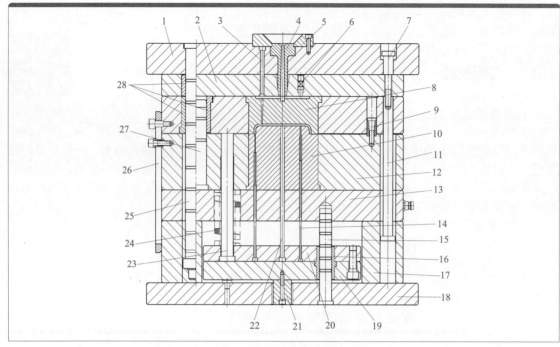

图 4-3　标准型三板模具

1—定模固定板；2—脱料板；3—流道拉杆；4—浇口套衬套；5—定位圈；6—开模弹簧；7—限位螺钉；8—定模镶件；9—尼龙塞；10—动模镶件；11—小拉杆；12—动模 B 板；13—托板；14—推杆；15—推杆板导柱；16，28—导套；17—方铁；18—动模固定板；19—推杆底板；20—推杆固定板；21—顶棍；22—推杆；23—复位杆；24—复位弹簧；25—定模导柱；26—拉环；27—动、定模导柱

① $B \leqslant S+(20 \sim 30)$；

② $B \geqslant 100mm$；

③ A 取 $8 \sim 12mm$；

④ 其他注意事项同二板模具。

其中，A 为分型面 2 开模距离；B 为分型面 1 开模距离；S 为流道凝料高度。

（2）简化型三板模具

简化型三板模具只是比标准型三板模具少四根动、定模板之间的导柱，典型结构见图4-4。

由于简化型三板模具比标准型三板模具减少了四根动模导柱，所以定模导柱必须同时对脱浇板、定模 A 板和动模 B 板导向，$L \geqslant A+B+20$，其他注意事项同标准型三板模具。简化型三板模具的精度和刚度比标准型三板模具差，寿命也比不过标准型三板模具。

4.2.3　热流道模具

热流道模具又叫无流道模具，包括绝热流道模具和加热流道模具。这种模具浇注系统内的塑料始终处于熔融状态，故在生产过程中不会（或者很少）产生二板模具和三板模具那样的浇注系统凝料。热流道模具既有二板模具结构简单的优点，又有三板模具熔体可以直接从型腔内任一点进入的优点。加之热流道模具无熔体在流道中的压力、温度和时间的损失，所以它既提高了模具的成型质量，又缩短了模具的成型周期，是注塑模浇注系统技术的重大革新。在注塑模具技术高度发达的日本、美国和德国等国家，热流道注塑模具的使用非常普及，所占比例约在 70% 左右。由于经济和技术方面的原因，热流道模具在我国目前使用并不普及，但随着我国注塑模具技术的发展，热流道一定是我国注塑模浇注系统未来发展的主要方向。图4-5 是一副典型的热流道注塑模具。

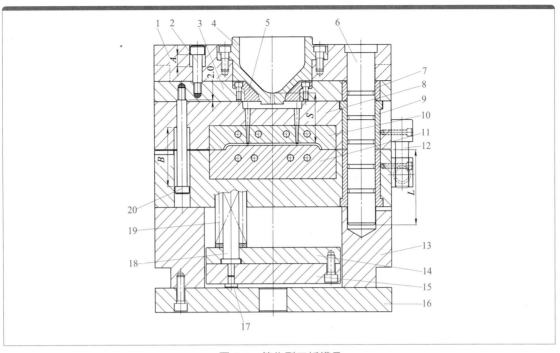

图 4-4 简化型三板模具

1—定模固定板；2—限位螺钉；3—脱浇板；4—浇口套；5—衬套；6—导柱；7，9—导套；8—定模 A 板；
10—定模镶件；11—动模镶件；12—扣基；13—方铁；14—推杆固定板；15—推杆底板；
16 动模固定板；17—限位钉；18—复位杆；19—复位弹簧；20—小拉杆

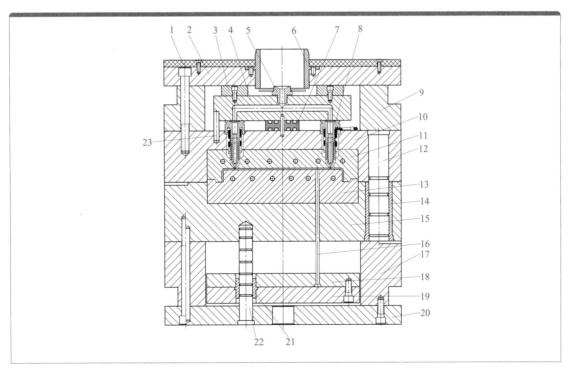

图 4-5 热流道注塑模具

1—隔热板；2—定模面板；3—隔热片；4—热流道板；5——级热射嘴；6—定位圈；7—中心隔热垫片；8—二级热射嘴；9—
定模方铁；10—定模 A 板；11—定模镶件；12—导柱；13—动模镶件；14—导套；15—动模 B 板；16—推杆；17—动模方铁；
18—推杆固定板；19—推杆底板；20—动模底板；21—推件板导柱；22—推件板导套；23—定位销

4.3 注塑模具基本组成

不管是二板模具、三板模具还是热流道模具，都由动模和定模两大部分组成。而根据模具中各个部件的不同作用，注塑模具一般又可以分成八个主要部分：结构件、成型零件、排气系统、侧向抽芯机构、浇注系统、温度控制系统、脱模系统和导向定位系统。见图4-6。

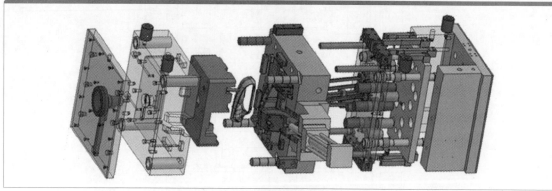

图 4-6 注塑模具爆炸图

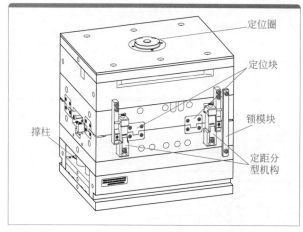

图 4-7 注塑模结构件

（1）注塑模具结构件

结构件包括模架（胚）、模板、支承柱、限位件、锁紧零件和弹簧等。模架（胚）分为定模和动模，其中定模包括面板、流道推板、定模A板；动模包括推板、动模B板、托板、撑铁、底板、推件固定板和推件底板、撑柱等。限位件如定距分型机构、扣基、尼龙塞、限位螺钉、先复位机构、复位弹簧、复位杆等。见图4-7。

（2）注塑模具成型零件

成型零件是构成模具型腔部分的零件，包括定模镶件、动模镶件和型芯等，见图4-8，它们是赋予成型塑件形状和尺寸的零件。成型零件是模具的核心部分，必须用较好的钢材，达到较高的尺寸精度。

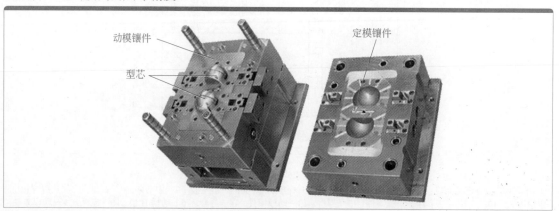

图 4-8 注塑模具

（3）注塑模具排气系统

排气系统是熔体填充时将型腔内空气排出模具以及开模时让空气及时进入型腔，避免产生真空的模具结构，一般来说，能排气的结构也能进气。排气的方式包括分模面排气、排气槽排气、镶件排气、推杆排气、排气针排气、透气金属排气和排气栓排气等。大多数情况下，排气系统的设计是很简单的，但对于那些薄壁塑件，精密塑件，有深骨位、深胶位、深柱位或深腔类塑件，设计时若没有考虑好排气，可能会导致模具设计的失败。

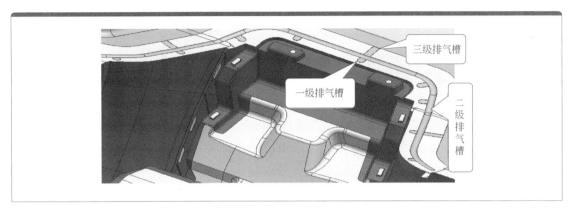

图 4-9　分型面排气实例

图 4-9 是一副利用分型面排气的设计实例。

（4）注塑模具侧向抽芯机构

当塑件的侧向有凹凸及孔等结构时，在塑件被推出之前，必须先抽拔侧向的型芯（或镶件），才能使塑件顺利脱模。侧向抽芯机构包括斜导柱、滑块、斜滑块、斜推杆、弯销、T 形扣、液压缸及弹簧等定位零件。侧向的型芯本身可以看成是成型零件，但因为该部分结构相当复杂，且形式多样，所以把它作为模具的一个重要组成部分来单独研究，是很有必要的。

注塑模具最复杂的结构就是侧向抽芯机构，最容易出安全事故的地方也是侧向抽芯机构。常规的侧向抽芯机构见图 4-10。

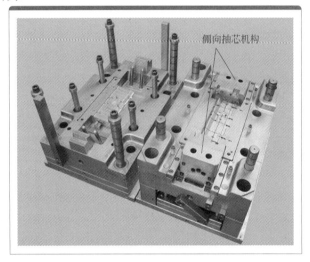

图 4-10　侧向抽芯机构

（5）注塑模具浇注系统

浇注系统是模具中熔体进入型腔之前的一条过渡通道，其作用是将熔融的塑料由注塑机喷嘴引向闭合的模腔。浇注系统的设计直接影响模具的劳动生产率和塑件的成型质量，浇口的形式、位置和数量将决定模架的形式。浇注系统包括普通浇注系统和热流道浇注系统，普通浇注系统包括主流道、分流道、浇口及冷料穴，见图 4-11。热流道浇注系统包括热射嘴和热流道板，见图 4-12。

（6）注塑模具温度控制系统

将模具温度控制在合理范围内的这部分结构就叫温度控制系统。注塑模具的温度控制系统包括冷却和加热两方面，但绝大多数都是要冷却，因为熔体注入模具时的温度一般在 200～300℃之间，塑件从模具中推出时，温度一般在 60～80℃之间。熔体释放的热量都被

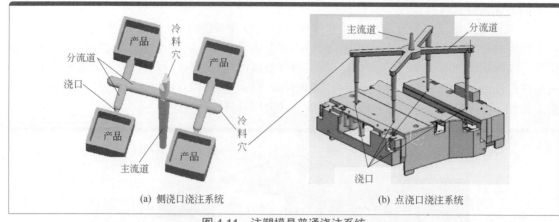

(a) 侧浇口浇注系统　　　　　　(b) 点浇口浇注系统

图 4-11　注塑模具普通浇注系统

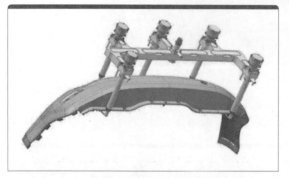

图 4-12　汽车前保险杠注塑模具热流道浇注系统

模具吸收，模具吸收了熔体的热量温度必然升高，为了降低模具的注射成型周期，提高模具的劳动生产率，需要将模具中的热量源源不断地及时带走，以便对模具温度进行较为精确的控制。注塑模具温度控制系统包括冷却水管、冷却水井、铍铜冷却等等，温度控制的介质包括水、油、铍铜和空气等。图 4-13 是汽车门板注塑模具温度控制系统。

（7）注塑模具脱模系统

脱模系统又叫推出系统或顶出系统，是实现塑件安全无损坏地脱离模具的机构，其结构较复杂，形式多样，最常用的有推杆推出、推管推出、推板推出、气动推出、螺纹自动脱模及复合推出等。图 4-14 是注塑模具推杆脱模 3D 模型示意图。

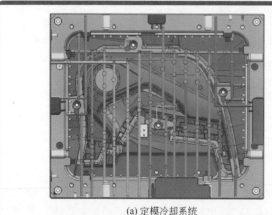

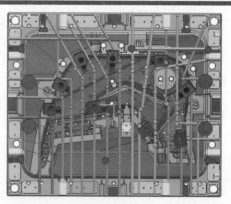

(a) 定模冷却系统　　　　　　　(b) 动模冷却系统

图 4-13　汽车门板注塑模具温度控制系统

（8）注塑模具导向定位系统

导向定位系统包括导向系统和定位系统两部分，导向系统主要包括动、定模的导柱导套和侧向抽芯机构的导向槽等；定位系统主要包括边锁和内模管位等结构，见图 4-15。它们的作用是保证动模与定模闭合时能准确定位，脱模时运动可靠，以及模具工作时承受侧向力。

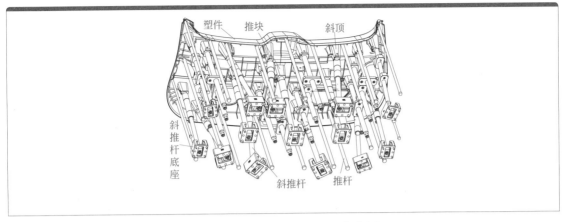

图 4-14 汽车门板注塑模具脱模系统图

　　导向零件的作用是保证模具在进行装配和调模试机时，使动、定模之间具有一定的方向和位置。导向零件应承受一定的侧向力，起了导向和定位双重的作用。

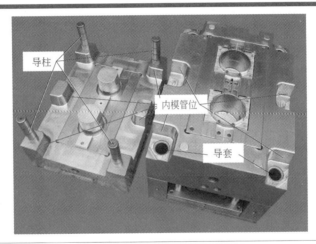

图 4-15 注塑模具导向定位系统

4.4 **注塑模具设计的基本要求**

　　对注塑模具设计的基本要求可概括为如下几方面。

　　（1）保证塑件的质量及尺寸稳定性

　　塑件的质量包括外观质量和内部质量，优良的外观质量包括完整而清晰的结构形状，符合要求的表面粗糙度（包括蚀纹和喷砂等），没有熔接痕、银纹、震纹及黑点黑斑等注塑缺陷。优良的内部质量包括不能存在组织疏松、气泡及烁斑等注塑缺陷。

　　塑件的尺寸精度稳定性取决于模具的制造精度、模具设计的合理性和注射工艺参数。而塑件的尺寸稳定性通常只取决于后面两种因素，塑件的尺寸稳定性不好，通常是收缩率波动造成的。要控制塑件的收缩率不但要有恰当而稳定的注射工艺参数，而且在模具设计方面更要做到以下几点：

　　① 良好的温度调节系统，将模具各部位的温度控制在一个合理的范围之内；

② 在多腔注塑模中，排位要努力使模具达到温度平衡和压力平衡；

③ 要根据塑件的结构和尺寸大小选择合理的浇注系统。

（2）注塑生产时安全可靠

模具是高频率生产的一种工具，在每一次生产过程中，其动作都必须正确协调、稳定可靠。保证模具安全可靠的机构包括：

① 三板模具中的定距分型机构；

② 导向定位机构；

③ 推件固定板的先复位机构；

④ 内螺纹脱模机构中传动机构和塑件的防转机构；

⑤ 二次推出机构；

⑥ 侧向抽芯机构。

（3）便于修理

模具的寿命很高，为方便以后维修，模具在设计时需要做到以下几点：

① 对易损坏的镶件做成组合镶拼的形式，以方便损坏后更换；

② 侧向抽芯应优先选择两侧方向；

③ 冷却水要通过模架进入内模镶件；

④ 斜推杆不应直接在推件固定板上滑动；

⑤ 滑块上的压块做成组合式压块；

⑥ 三板模中的定距分型机构优先采用外置式。

（4）满足大批量生产的要求

模具的特点就是能够反复地大批量地生产同样一个或数个塑件，其寿命通常要求几十万次、数百万次甚至上千万次。要做到这一点，在模具设计时必须注意以下几点：

① 模架必须有足够的强度和刚度；

② 内模镶件材料必须有足够的硬度和耐磨性；

③ 模具必须有良好的温度控制系统，以缩短模具的注射周期；

④ 模具的导向定位系统必须安全、稳定、可靠。

（5）模具零件及装配能满足制造工艺要求

模具结构必须使模具装拆方便，零件的大小和结构必须符合机床的加工工艺要求。做到以最低的成本，生产出符合要求的模具。

第2篇

注塑模具设计

第 5 章　注塑模具设计步骤及内容

5.1　注塑模具设计流程

注塑模具设计的一般流程见表 5-1。

表 5-1　注塑模具设计的一般流程

负责部门 / 人	模具设计流程	相关文件 / 记录

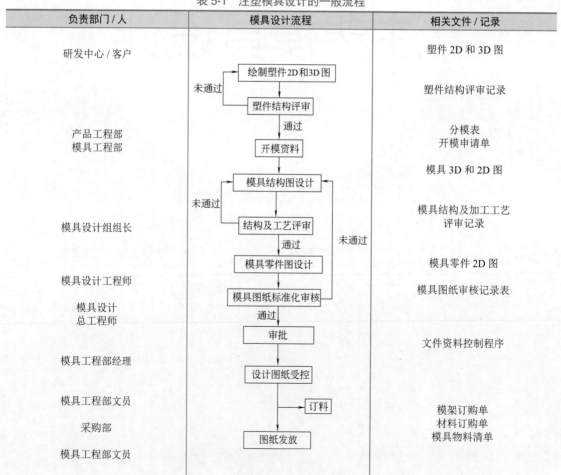

5.2 注塑模具设计步骤及内容

注塑模具设计步骤及具体内容如下：

（1）接受任务书

成型塑件的任务书通常由产品设计者提出，其内容如下：

① 客户名称、国别；

② 产品的生产纲领，即计划期（通常是一年）内的生产数量；

③ 经过审签的正规制品的 2D 和 3D 图纸，并注明采用塑料的牌号、颜色（是否透明）等；

④ 塑件的验收质量标准说明书或技术要求。

通常模具设计任务书由工艺员根据成型塑件的任务书提出，模具设计人员以成型塑件任务书、模具设计任务书为依据来设计模具。

（2）收集、分析、消化原始资料制定设计方案

收集整理有关塑件设计、成型工艺、成型设备、机械加工及特殊加工的资料，以备设计模具时参考。

① 消化塑件图，了解产品的用途，分析塑件的工艺性、尺寸精度等技术要求。例如塑件在外表形状、颜色透明度、使用性能方面的要求是什么，塑件的几何结构、斜度、嵌件等情况是否合理，熔接痕、收缩凹痕等成型缺陷的允许程度，有无印刷、喷油、移印、电镀、胶接、钻孔等后加工。选择塑件尺寸精度最高的尺寸进行分析，看看估计成型公差是否低于塑件的公差，能否成型出合乎要求的塑件来。此外，还要了解塑料的流动性、收缩性、热敏性以及温度、压力等成型工艺参数。

② 消化工艺资料，分析工艺任务书所提出的成型方法、设备型号、材料规格、模具结构类型等要求是否恰当，能否落实。

成型材料应当满足塑件的强度要求，具有好的流动性、均匀性和各向同性、热稳定性。根据塑件的用途，成型材料应满足染色、镀金属的条件、装饰性能、必要的弹性和塑性、透明性或者相反的反射性能、胶接性或者焊接性等要求。

③ 确定成型方法：采用注射成型、吹塑成型还是压塑成型。

④ 选择成型设备。注塑模具通常都要安装在注塑机上进行生产，因此必须熟知各种注塑机的性能、规格、特点。例如对于注塑机来说，在规格方面应当了解以下内容：注射容量、锁模压力、注射压力、模具安装尺寸、顶出装置及尺寸、喷嘴孔直径及喷嘴球面半径、浇口套定位圈尺寸、模具最大厚度和最小厚度、模板行程等。

要初步估计模具外形尺寸，判断模具能否在所选的注塑机上安装和使用。

⑤ 具体结构方案。

a. 确定模具类型。是采用热流道模具还是普通流道模具？如果采用普通流道模具，是采用二板模具（侧浇口）还是采用三板模具（点浇口）？

b. 确定模具类型的主要结构。选择理想的模具结构在于确定必需的成型设备、理想的型腔数，在绝对可靠的条件下能使模具本身的工作满足该塑件的工艺技术和生产经济性的要求。对塑件的工艺技术要求是要保证塑件的几何形状、表面光洁度和尺寸精度。生产经济要求是要使塑件的成本低，生产效率高，模具能连续地工作，使用寿命长，节省劳动力。

确定模具结构及模具个别系统需考虑的因素很多、很复杂，包括：

a. 型腔布置。根据塑件的几何结构特点、尺寸精度要求、批量大小、模具制造难易、模具成本等确定型腔数量及其排列方式。

b. 确定分型面。分型面的位置要有利于模具加工、排气、脱模及成型操作，且能保证塑件

的表面质量等。

c. 确定浇注系统（主流道、分流道及浇口的形状、位置、大小）和排气系统（排气的方法、排气槽位置、大小）。

d. 选择脱模方式（推杆、推管、推板或是组合式顶出），决定侧凹处理方法、侧向抽芯方式。

e. 决定冷却、加热方式及加热冷却沟槽的形状、位置、加热元件的安装部位。

f. 根据模具材料、强度计算或者经验数据，确定模具零件厚度及外形尺寸、外形结构及所有连接、定位、导向零件位置。

g. 确定主要成型零件、结构件的结构形式。

h. 考虑模具各部分的强度，计算成型零件工作尺寸。

以上这些问题解决以后，就可以开始绘制模具结构草图，为正式绘图作好准备。

（3）模具结构设计

① 将塑件图尺寸加上收缩尺寸，镜射后方可成为模具图中的型腔图。

② 模具图上需明确标注模具基准和塑件基准，并注明与模具中心之尺寸大小，见图 5-1。

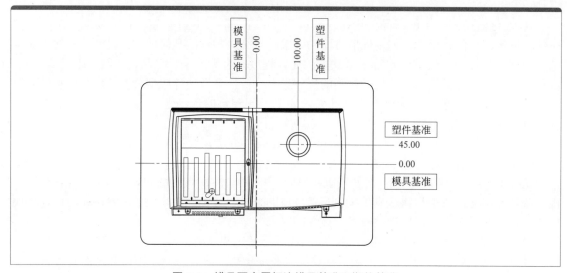

图 5-1　模具图中需标注模具基准和塑件基准

③ 根据塑件尺寸确定模具各尺寸，见图 5-2。一般原则是：

a. 两板模，A 取值一般为 45 ～ 70mm，如有滑块为 100mm 左右。

b. 三板模，A 取值一般为 75 ～ 100mm，如有滑块为 150mm 左右。

c. 塑件尺寸 < 150mm×150mm，C < 30mm 时，B 值一般取 15 ～ 25mm，D 值一般取 25 ～ 50mm。

d. 塑件尺寸 ≥ 150mm×150mm 时，B 值一般取 25 ～ 50mm。

e. D 值一般取 C+（20 ～ 40）mm。动模板 E 值一般大于 $2D$；定模板一般略小于 $2D$。

④ 确认塑料及收缩率是否正确。有些塑件各个方向的收缩率未必相同，如图 5-3，塑料 POM，其收缩率选取方式是：芯型 2.2%，型腔 1.8%，分型面及中心距 2.0%。

⑤ 模架和内模镶件的基准角需标示，且方向一致。

⑥ 蚀纹面、透明塑件、擦穿面的脱模斜度需合理。一般蚀纹面至少 1.5°，透明塑件和擦穿面至少 3°。

⑦ 模架吊环螺孔规格及尺寸需表示清楚，对于宽度 450mm 以上的模架，A、B 板四个面都要加个吊环螺孔。

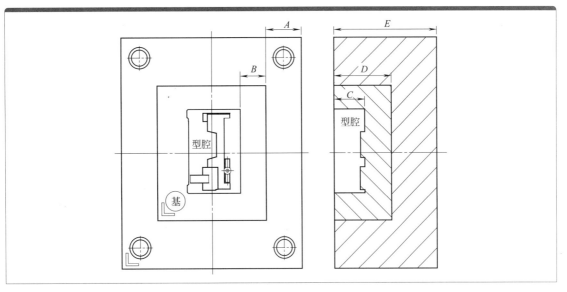

图 5-2　模具图中各尺寸校核

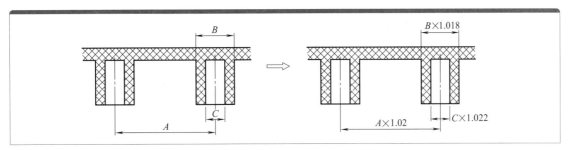

图 5-3　收缩率应根据塑料及尺寸性质确定

⑧ 螺钉长度及螺孔深度及规格需表示，并标示顺序号，如 S1、S2 等，见图 5-4。

⑨ 冷却水孔流动路线需表示清楚，冷却水孔间最佳距离为 50mm，离分型面或塑件以 15 ～ 20mm 为佳，见图 5-5。注意检查水孔 O 形密封圈是否与推杆、螺钉及斜顶等干涉。

⑩ 冷却水孔需编号，直径及水管接头的螺

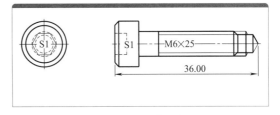

图 5-4　螺钉及螺孔标注

纹需标示，例如 1#IN，1# OUT，1/8PT，1/4PT 等。见图 5-6。

⑪ 推杆、推管、扁推杆一般离型腔边需有 2.0mm 以上，推杆的排布尽量使推力平衡，推杆直径最大不宜超过 12mm，切忌订购非标准推杆、推管 (例如 6.03mm×φ3.02mm 的 BOSS 柱司筒应订 φ6mm×φ3mm)，客户要求例外。

⑫ 滑块及斜顶的行程需表示，并确认行程是否合理。

⑬ 塑件上字体内容、位置、字体大小及深度（凸或凹）均需在镶件图中表示清楚。

⑭ 在模具 DWG 图档中同种线型应用同种颜色表示，比如：

a. 中心线使用 1 号红色（sjgm.dwt 中 center 层)；

b. 虚线使用 4 号浅绿色 (sjgm.dwt 中 unsee 层)；

c. 实线使用 7 号白色（sjgm.dwt 中 continuous 层)；

d. 冷却水路统一使用 5 号绿色（sjgm.dwt 中 pipe 层)；

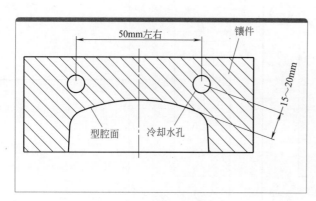

图 5-5　冷却水孔位置　　　　　图 5-6　水管接头

e. 尺寸线统一使用 3 号蓝色，文字用 7 号白色（sjgm.dwt 中 dim 层）；

f. 剖面线统一使用 8 号灰色（skg.dwt 中 hatch 层）；

g. 镶件线使用 6 号紫色（sjgm.dwt 中 lmag 层）。

⑮ 图层的管理：建立不同的图层，将不同类型的零件线条放在不同的图层内。比如尺寸线放在 dim 图层内，冷却水线条放在 cool 图层内，推杆轮廓线放在 inject 图层内，内模镶件放在 insert 图层内，模架等结构件放在 mould 图层内等。

（4）绘制总装结构图

绘制总装图必须采用 1∶1 的比例，先由型腔或型芯开始绘制，主视图与其他视图同时画出。

模具总装图一般包括以下内容：

① 模具成型部分结构；

② 浇注系统、排气系统的结构形式；

③ 分型面；

④ 对较为复杂的模具应有冷却水道示意图；

⑤ 外形结构及所有连接件，定位、导向件的位置；

⑥ 标注型腔高度尺寸（不强求，根据需要）及模具总体尺寸；

⑦ 辅助工具（取件卸模工具，校正工具等）；

⑧ 按顺序将全部零件序号编出，并且填写明细表；

⑨ 标题栏、技术要求和使用说明。

（5）填写模具总装图的技术要求内容

① 模架的规格型号；

② 订料的尺寸；

③ 脱模斜度的规定，如型腔脱模斜度 1.5°，所标尺寸为大端尺寸，型芯脱模斜度 1°，所标尺寸为小端尺寸；

④ 对于模具某些系统的性能的具体要求，例如对脱模系统、侧向抽芯结构的装配要求；

⑤ 对模具装配工艺的要求，例如模具装配后分型面的贴合面的贴合间隙应不大于 0.05mm，模具上、下面的平行度要求，并指出由装配决定的尺寸和对该尺寸的要求；

⑥ 模具使用、装拆方法；

⑦ 防氧化处理、模具编号、刻字、标记、油封、保管等要求；

⑧ 有关试模及检验方面的要求。

（6）绘制模具零件图

由模具总装图拆画零件图的顺序应为：先内后外，先复杂后简单，先成型零件，后结构零件。

① 图形要求：视图选择合理，投影正确，布置得当。用电脑绘制模具设计图时，必须按1：1比例绘制，细小结构可以放大或缩小，但须注明放大或缩小的倍数。放大或缩小的视图标注尺寸时必须创建新的标注样式，新标注样式主单位中的比例因子应设置为放大或缩小的倍数的倒数，比如放大2倍的视图，标注尺寸时比例因子应设置为0.5。为了使制造工人易看懂、便于装配，零件图主视图尽可能与总装图一致，图形要清晰。

② 标注尺寸要求统一、集中、有序、完整及准确。标注尺寸的顺序为：先标主要零件尺寸，再标注配合尺寸，然后标注其他尺寸。在非主要零件图上先标注配合尺寸，后标注其他尺寸。

③ 表面粗糙度。把应用最多的一种粗糙度标示于图纸右上角，如标注"其余 Ra3.2"，其他粗糙度符号在零件各表面分别标出。

④ 其他内容，包括零件名称、模具图号、材料牌号、热处理和硬度要求，表面处理、图形比例、自由尺寸的加工精度、技术说明等都要正确填写。

⑤ 校对、审图、打印。

自我校对的内容是：

a. 模具及其零件与塑件图纸的关系。

模具及模具零件的材料、硬度、尺寸精度、结构等是否符合塑件图纸的要求。

b. 塑件方面。

检查塑料熔体的流动、缩孔、熔接痕、脱模斜度等是否影响塑件的使用性能、尺寸精度、表面质量。结构设计有无可改良之处，制造加工有没有困难以及成型材料的收缩率选用是否正确，等等。

c. 成型设备方面。

注射量、注射压力、锁模力够不够，模具的安装、塑件脱模有无问题，注塑机的喷嘴与浇口套是否正确地接触。

d. 模具结构方面：

• 分型面位置及精加工精度是否满足需要，会不会发生溢料，开模后是否能保证塑件留在有顶出装置的模具一边。

• 脱模方式是否正确，推杆、推管的大小、位置、数量是否合适，推板会不会被型芯卡住，会不会造成擦伤成型零件。

• 模具温度调节方面。加热器的功率、数量，冷却介质的流动线路位置、大小、数量是否合适。

• 处理塑件侧向凹凸的方法，侧向抽芯机构是否恰当，例如斜导柱抽芯机构中的滑块与推杆是否相互干涉。

• 浇注、排气系统的位置、大小是否恰当。

e. 设计图纸：

• 装配图上各模具零件安置部位是否恰当，表示是否清楚，有无遗漏。

• 检查零件图上的零件编号、名称、制作数量，零件是自制还是外购的，是标准件还是非标准件，零件配合尺寸精度、成型塑件重要尺寸精度有没有标注清楚，模具零件的材料、热处理、表面处理、表面精加工程度是否标记、叙述清楚。

• 检查主要零件、成型零件工作尺寸及配合尺寸。尺寸数字应正确无误，不要使制造者换算。

•检查全部零件图及总装图的视图位置，投影是否正确，画法是否符合制图国标，有无遗漏尺寸。

•检查各模具零件的加工工艺性，所有零件的几何结构、视图画法、尺寸标注等是否有利于加工。

f. 检查辅助结构的主要工作尺寸：

•专业校对原则上按设计者自我校对项目进行；但是要侧重于结构原理、工艺性能及操作安全方面。描图时要先消化图形，按国标要求描绘，填写全部尺寸及技术要求，然后自校并且签字。

•把描好的底图交设计者校对签字，一般做法是由工具制造单位有关技术人员审查，会签、检查制造工艺性，然后才可打印。

（7）编写制造工艺卡片

由工具制造单位技术人员编写制造工艺卡片，并且为加工制造做好准备。

在模具零件的制造过程中要加强检验，把检验的重点放在尺寸精度上。模具组装完成后，由检验员根据模具检验表进行检验，主要是检验模具零件的性能情况是否良好，只有这样才能保证模具的制造质量。

（8）试模及修模

虽然是在选定成型材料、成型设备时，在预想的工艺条件下进行模具设计，但是人们的认识往往是不完善的，因此必须在模具制造完成以后，进行试模测试，看成型的制品质量如何。如有问题，立即进行改良。

塑件的成型缺陷种类很多，原因也很复杂，有模具方面的原因，也有成型工艺条件方面的原因，二者往往兼而有之。在修模前，应当根据塑件出现的不良现象的实际情况，进行细致的分析研究，找出造成塑件缺陷的真正原因后，再提出改善方法。因为成型条件容易改变，所以一般的做法是先变更成型条件，当变更成型条件不能解决问题时，才考虑修改模具。

修改模具应该慎重，没有十足把握不可轻举妄动。其原因是修改模具时间往往很长，而且模具结构一旦变更，就不能再恢复原状。

（9）整理资料进行归档

模具经试模合格后，若暂不使用，则应该完全擦除残留的脱模剂、灰尘、油污等，涂上黄油或其他防锈油或防锈剂，送入库房保管。

从模具设计开始、模具制造完成到试模成功及检验合格，在此期间所产生的技术资料，例如任务书、塑件图、技术说明书、模具总装图、模具零件图、模具设计说明书、检验记录表、试模及修模记录等，按规定加以系统整理、装订、编号进行归档。这样做似乎很麻烦，但是对以后保养模具、修理模具以及设计新的模具都是必需且非常有用的。

5.3 注塑模具设计之前的准备工作

5.3.1 模具设计前必须了解的事项

模具图纸主要是根据客户提供的资料，考虑加工因素而设计出来的。其中客户提供的资料对于模具设计起一个很大的指导性作用，设计出来的模具图纸一定要符合客户的要求（或经过客户批核）。客户提供的要求，主要包括以下三个方面。

5.3.1.1　总体要求

① 产品销往哪一个国家。每个国家的安全标准不同，产品销往不同的国家，执行标准也有一定的差异。

② 成型塑件批量。了解塑件的批量对确定模具的大小、厚度、导向定位、材料、型腔数量、冷却系统设计等都有很大的影响。

③ 模具是否要进行全自动化生产。模具是安装在注塑机上生产的，模具的大小必须和注塑机相匹配。模具若要采用全自动化生产，则塑件的推出距离必须足够，推出必须100%安全可靠。

④ 包装要求。

⑤ 注塑机型号。主要包含以下参数：

a. 容模量——注塑机拉杆（即格林柱）的位置的大小及允许模具最大、最小闭合高度；

b. 喷嘴参数——喷嘴球面直径、喷嘴孔径、喷嘴外径、喷嘴最大伸出长度、定位孔径；

c. 模具装配参数——锁模孔、锁模槽尺寸；

d. 开模行程及动、定模板最大间距；

e. 顶出机构——顶出点位置和顶出直径，必要时，还需提供顶出力及顶出行程；

f. 最大注射量；

g. 最大锁模力。

5.3.1.2　塑件要求

① 塑件图，包括装配图和零件图、平面图和立体图等。从塑件图中可以了解模具的大致结构和大小。

② 塑件的外观和尺寸精度要求：

a. 外观和尺寸都要求很高；

b. 尺寸要求很高，外观要求一般；

c. 尺寸要求一般，外观要求较高。

③ 该塑件在产品中的装配位置。如果塑件装在产品的外面，则在设计推杆、浇口位置及确定镶件的组合结构时，就必须格外小心，尽量不要影响外观。

④ 塑件的颜色及材料：

a. 塑料的收缩率和流动性；

b. 塑件是否透明；

c. 塑料是否有腐蚀性。

⑤ 塑件表面是否有特别要求，塑件表面的特别要求包括：

a. 型腔表面粗糙度要求。一般抛光还是镜面抛光，是否要蚀纹，是否要喷砂，可否留火花纹等；不同的粗糙度对脱模斜度的要求是不同的。

b. 是否存在不允许有脱模斜度的外侧面。

⑥ 塑件是否存在过大的壁厚。过大的壁厚会给模具的设计和生产带来麻烦，若能改良，则可以降低生产成本。但产品的任何更改，都必须征得客户或产品工程师的同意。

⑦ 塑件是否有嵌件。若有嵌件，则必须考虑其安装、定位、防转及加热。

⑧ 塑件是否存在过高的尺寸精度。过高的尺寸精度会增加模具的制造和注射成本，有时甚至根本就做不到，因为塑件的尺寸精度不但取决于模具制造精度，还取决于塑件的收缩率，而收缩率又主要取决于注射成型时各工艺参数的选取和稳定性。

⑨ 塑件成型后是否有后处理工序。后处理工序包括镀铬、二次注射、退火和调湿等。若有后处理工序则应考虑是否要用辅助流道。

5.3.1.3　模具要求

① 分模表。从分模表中可以知道模具的名称、编号、模具的腔数，所用的塑料、颜色，

是否需要表面处理以及其他注意事项，见图 5-7。

②操作方式是手动、半自动还是全自动。

③分型线的位置。

④标准件的选用。

⑤模具型号是二板模具还是三板模具，是工字模还是直身模。

⑥浇口形式和位置。

⑦侧向抽芯机构和抽芯动力是开模力、液压机构还是弹簧的弹力。

⑧温度控制系统的设计中是否要有加热系统。

⑨顶出位置和顶出方式。

⑩模具材料及热处理。

⑪模具寿命及成型周期。

Tooling Plan (分模表)

REF NO.

REV: 00

頁數: 1 OF 2

客戶名稱: MOSSE   產品編號: #17034   產品名稱: 壓布機

編　寫: 劉頂全   日　期: 2011-3-8   批　准:

NO.	模號	零件名稱 (中文)	(英文)	每啤 件數	套數	每啤淨重(克)	每啤毛重	用料/牌子	顏色	色粉行/色粉編號	機型(安)	每啤週期(秒)	混水口比例(%)	模廠名稱
1	I-MP0040-001-01	前身		1	1	113	271	ABS757	鮮紫色	11424 永輝	18安	32	25%	
		后身		1		119								
		大蓋		1		28								
2	I-MP0040-002-01	手柄		1	1	8	17	PP7533	紫紅色	11425 永輝	8安		25%	
		手柄帽		1		3.5						27		
		手柄蓋		1		0.4								
3	I-MP0040-003-01	腳墊		24	1	0.5	6	橡膠HCST60	黑色	永輝	4安	25	25%	
4	I-MP0040-004-01	太盛輪		1	1	8.25	32	賽鋼 普通 DURACON	無顏色	無	10安	26	25%	
		小盛輪		2		6								
		介子		2		0.38								
		滾軸輪		1		7.2								

图 5-7　分模表实例

5.3.2　塑件结构分析要点

①了解塑料的相关情况，如名称、生产厂家、等级、成型收缩率、流动性、热敏性、对模温的要求、成型条件等。

②是否有不合理或可以改进的结构，前期设计变更的项目在塑件图内是否都做了修改。

③采用何种成型方法。

④对一些常用塑料零件（如齿轮、齿轮箱、电池箱等）是否有现存的模具可用。

⑤成型分析。

a. 塑件外表面成型于动模还是定模。

b. 分型面、插穿面、碰穿面是否理想。插穿面的斜度是否足够，最好是 3°～ 10°。

c. 塑件表面的分型线能否得到客户的接受。

⑥塑件结构分析。

a. 壁厚是否合理，塑件是否严重不对称，如何克服因塑件严重不对称而导致的变形，塑件局部较厚时其收缩痕迹如何克服。

b. 塑件局部是否会因热量过于集中，不易冷却而导致表面出现收缩凹陷，凹陷会出现在哪一侧，可否有解决办法与对策。

c. 加强筋的高度以及与壁厚的比例如何。

d. 自攻螺柱根部壁厚是否过大，如果过大如何解决。

⑦ 进料分析。

a. 如何选用浇口的形式、数量、位置、尺寸等，如何做到进料平衡，浇口位置的选定是否会造成塑件的变形。

b. 所采用的浇口形式是否会造成流痕、蛇纹或浇口附近产生色泽不均 (如模糊、雾状等) 等现象，如何避免。

c. 分析熔接痕出现的位置，尽量使熔接痕形成于不受力或不重要的表面。在熔接痕附近宜开设排气槽或冷料穴。

d. 是否有必要增加辅助流道，随着辅助流道、冷料穴的设置，是否会对塑件表面的外观和色泽造成不良影响，如阴影、雾状和切断浇口后留下痕迹等。

e. 是否有必要设置溢料槽。

f. 如果塑件存在壁厚不均，进料理想方式是由厚入薄。

g. 在熔体流动难以确定的情况下要进行模流分析。

h. 塑件如存在网格孔，因网格孔处料流阻力大，是否有必要设置辅助流道或透气式镶件。

⑧ 侧向凹凸结构分析。

a. 塑件侧向凹凸在哪一侧，可否进行结构改良而不用侧向抽芯机构。

b. 斜推杆推出时是否会碰到塑件的其他结构，如加强筋、自攻空心螺柱、弧形部，特别是模具型芯，如何避免。

c. 塑件是否会被侧向抽芯拉出变形，如有可能的话有何对策，有无必要在侧向抽芯机构内加推杆或采用延时抽芯。

⑨ 脱模分析。

a. 客户对推出系统是否有特别规定，如方式、大小、位置、数量等。

b. 脱模斜度是否足够，推出有没有问题，塑件图上有无特别要求的脱模斜度，是否有必要向客户要求加大脱模斜度，动、定模两侧的包紧力哪一侧较大，可否肯定会留于有推出机构的一侧，如不能肯定，有何对策。

c. 大型深腔塑件，推出时是否会产生真空，有何对策，是否需要采用气动推出。

d. 对于透明塑件 (如 PMMA、PS 等) 或侧壁蚀纹的塑件，其脱模斜度能否做大一点。

e. 为了防止脱模时塑件划伤，脱模斜度越大越好，但随着脱模斜度的增加，是否会造成塑件装配困难，或产生收缩凹痕和收缩变形。

f. 为防止推出顶白，客户有无针对局部推出部位的推杆规定使用延迟推出。

g. 透明塑件有无特别注意其推出位置。

⑩ 塑件相互间的配合关系。

a. 与其他塑件有配合要求的尺寸，其公差是否满足要求，尤其要注意脱模斜度对塑件装配所产生的影响。

b. 分型线是否恰当，对外观有没有影响，飞边及毛刺是否会影响装配。

⑪ 其他。

a. 塑件零件图的基准在哪里。

b. 是否充分预测塑件可能会产生的变形、翘曲，有没有对策。

c. 塑件图是否存在尖角锐边，倒圆角后是否会影响到与其他塑件之间配合，圆角 R 最小可以做到多大。

5.3.3 模具结构分析要点

（1）模具总体结构

① 采用何种型号的模架：是二板模模架、标准型三板模架，还是简化型三板模模架。

② 分型线、分型面、插穿面、碰穿面如何确定。

③ 为增加模具强度，是否要增加动、定模之间的定位机构（如内模镶件管位或边锁）。

④ 是否需要侧向抽芯，是否需要设计推件固定板先复位机构，是否需要设计定距分型机构。

⑤ 四面抽芯的模具结构，其四面滑块是设置于动模还是定模，优缺点是否充分考虑了。

⑥ 四面抽芯的分型线对塑件外观之影响有没有通知客户。

⑦ 如何应对塑件壁厚不均匀的问题。

⑧ 标准方铁是否要加高，标准导柱是否要加粗。

⑨ 模具下侧的附属机构（油压缸、水管接头等）是否碰到地面，是否要设计安全装置（如安全块或撑脚等）。

（2）客户对模具的要求

客户对模具所用注塑机是否有要求，如果有，必须保证：

① 塑件投影面积 × 熔体给型腔的压强 ≤ 注塑机锁模力 ×80%。

② 塑件 + 浇注系统凝料量 ≤ 注塑机额定注射量 ×80%。

③ 定位圈直径、浇口套的规格是否与注塑机相匹配。

④ 模具最大宽度 < 拉杆之间的距离。

a. 模具最大宽度 = 模板的宽度 + 凸出模板两侧外的附属机构长度；

b. 附属机构有油（空）压缸、弹簧、定距分型机构、推件固定板先复位机构、热流道端子箱和水管接头等。

⑤ 塑件之推出距离是否足够，模具总厚度加上开模距离是否满足注塑机的开模行程。

⑥ 推件固定板先复位机构中，如采用注塑机顶棍拉回的方式，则与推件固定板配合的连杆位置、螺纹节距、直径等必须先从客户方面取得。

（3）成型零件分析

① 有没有细小镶件，内模镶件如何镶拼，型腔和镶件加工有没有问题，镶件是否需要热处理，成型零件和模板是采用整体式还是分体式，若采用分体式如何固定。

② 成型零件分型面是否要设计内模管位。

③ 内模镶件镶拼时是否考虑了塑件尖角、*R* 角及内模镶件倾斜面等问题。

④ 成型零件采用何种钢材。

⑤ 型芯型腔表面有没有特殊要求，如蚀纹、喷砂或镜面抛光等。

⑥ 如果要求蚀纹，则：

a. 蚀纹的花纹形式及编号是否明确。

b. 侧壁如果有蚀纹，其脱模斜度应根据蚀纹规格去选取。

c. 蚀纹范围是否明白无误。

d. 各部位的蚀纹形式、编号是一种还是两种及以上。

e. 为避免刮花和色泽不均，薄壁处应避免蚀纹。

f. 动模侧的蚀纹或电极加工的蚀纹区域是否会反映至塑件表面上，而使该部位表面粗糙及产生不同色泽。

g. 蚀纹后要施以何种喷砂处理（光泽处理）。

全光泽 100% → 玻璃砂半光泽 50% → 玻璃砂 + 金刚砂消光 0% → 金刚砂。

⑦ 如果要喷砂，则：

a. 喷砂的花纹形式及编号是否明确。

b. 喷砂的范围是否明确。

c. 使用一种或两种以上的喷砂时，其形式或编号是否清楚。

d. 使用哪一种喷砂形式（金刚砂、玻璃砂还是金刚砂＋玻璃砂）。

（4）浇注系统分析

① 采用热流道还是普通流道，采用侧浇口还是点浇口。

② 如何选用主流道、分流道的形式及尺寸。

③ 浇口的大小、位置、数量等是否合理。

④ 浇注系统对成型周期的影响有没有考虑。

⑤ 浇注系统排气有没有考虑。

⑥ 浇注系统凝料占整个塑件的重量百分比是否合理。

⑦ 有没有考虑流道的平衡。

⑧ 拉料杆的形式是否合理，切除浇口后对外观的影响客户是否接受。

⑨ 浇注系统凝料的取出方式是自动落下、人工取出还是机械手取出。

（5）侧向抽芯机构的分析

① 是否必须做侧向抽芯机构，是否可用枕起、插穿或其他结构代替。

② 滑块在动模还是在定模，应优先做在动模。

③ 如何选取侧向抽芯的最佳方向。

④ 滑块的导向和定位如何保障。

⑤ 滑块的动力来源何处，是斜导柱、液压、弹簧、弯销还是 T 形扣。

⑥ 斜导柱、斜滑块、弯销或 T 形扣等倾斜角度如何确定。

⑦ 承受大面积的塑料注射压力时，其滑块的楔紧块如何保证有足够的锁紧力。

⑧ 如何保证抽芯机构的加工、装配和维修方便。

（6）推出系统

① 塑件哪些地方必须加推件，如长螺柱、高加强筋、深槽和角边地方等都是包紧力最大的地方。

② 推出行程如何，是否需要加高方铁。

③ 是否需要采用非常规推出方式，如推块推出、气动推出、二次推出、内螺纹机动脱模等。

④ 是否要设计推件固定板先复位机构。

⑤ 是否要设计推件固定板导柱。

⑥ 是否需要设计延时推出机构。

⑦ 透明塑件的推出系统如何保证其外观。

⑧ 如果模具要进行全自动化生产，如何保证脱模 100% 可靠。

⑨ 对于大型塑件，推出时塑件和型芯型腔是否会出现真空。

⑩ 是否必须设计定模推出机构，是否要设计进气机构。

⑪ 塑件推出后，取出方式如何，是手取、机械手臂还是自动落下。

（7）温度控制系统分析

① 了解塑件的生产纲领及客户对注射周期有无特别要求。

② 客户对所使用水管接头的规格有无特别要求，水管接头是否必须埋入模板。

③ 模具是否有局部高温的地方，这些地方是否要重点冷却。

④ 根据成型塑料的特性及塑件尺寸，该模具实际生产时的模温范围应控制在多少。

⑤ 各部位如何能达到同时冷却的效果。

⑥ 冷却（加热）回路使用哪种介质，是普通水、冷冻水、温水还是油。

⑦冷却回路是否与内部机构(螺栓、推杆等推出系统,内模镶件)或外部机构(吊环螺孔、热流道温控箱、油压缸等)发生干涉。

⑧冷却水路如何布置,水管直径的确定是否要用到水井、喷流或镶铍铜等特殊冷却方式。

⑨冷却回路的加工是否方便,是否太长。

⑩冷却回路的设计如何避免死水。

⑪浇口套附近是否需要设置单独的冷却回路。

（8）热流道系统

如果采用热流道系统,那么:

①客户对感温器的材质是否有明确指示。

②客户对金属接头、接线端子是否有明确要求。

③加热棒、加热圈等加热元件如何选择最合理。

④加热元件的电容量如何确定。

⑤感温器的配线如何布置。

⑥如何避免加热元件的断路、短路、绝缘等情况发生。

⑦热射嘴间隙如何选取,应尽量使用标准件,以缩短采购周期。

⑧ 热流道板如何实现隔热。

⑨ 热流道板如何装配和定位,装拆是否方便。

⑩ 如何应对热膨胀问题。

（9）排气问题分析

①分模面的排气槽是设计在动模侧还是定模侧。

②型腔有没有特别困气的地方。

③内模镶件和加强筋如何排气,壁厚较小或较大的地方如何排气。

④是否有必要采用特殊的排气方式,如透气钢排气、排气栓排气或气阀排气等。

⑤浇注系统末端是否有必要设计排气槽。

（10）加工上的问题

①塑件结构形状是否合理,模具型芯型腔能否加工得出来,是否有改良的余地。

②塑件表面的镶件夹线是否已取得客户的同意。

③加强筋处是否需要镶拼,如何镶拼。

④仿形加工、数控加工、线切割、EDM等加工是否有困难。

⑤如果需要雕刻加工的话:

a. 客户是否提供了字稿、底片。

b. 底片的倍率是多少。

c. 塑件字体或符号是凹入还是凸出。

d. 雕刻方法的选择,是直接雕刻机雕刻、放电雕刻、铍铜挤压式镶件还是数控(NC)铣床加工。

e. 雕刻板尺寸是否有必要加收缩率。

5.4 模具装配图绘制

5.4.1 模具装配图内容

注塑模具设计从绘制装配图开始。模具装配图中,应有一个定模排位图、一个动模排位图及多个剖视图。定模排位图和动模排位图都采用国标中的拆卸画法，即画定模排位图时，假设将动模拆离，画动模排位图时，假设将定模拆离。剖视图一般应包括横向、纵向全剖视图各一个及根据需要而作的局部剖视图。一般横向剖视图剖导柱、螺钉，纵向剖视图剖复位杆、推件固定板导柱、浇口套、弹簧等。在实际工作中，为清楚起见，模具装配图中各模板的剖视图都不画剖面线。

由于模具结构复杂，模具装配图通常还包括推杆位置图、冷却水道位置图、零件图、电极加工图和线切割图等。这些图通常都单独打印，以方便加工。所有图纸均采用 1：1 比例绘制，不得缩小或放大。但打印时未必要 1：1，通常选"按图纸大小缩放"。

5.4.2 绘制模具装配图注意事项

① 视图应整洁清晰。撑头、推杆、复位杆、弹弓在图面上不可重叠在一起，不可避免时可各画一半或干脆不画撑柱或推杆。也不可使图面看起来过于空旷，必要时应多画些撑柱或推杆使图纸看起来有内容。

② 属于模架的零件只画一次即可，剖面线经过撑头及推杆轴线时才画，否则可以不画。

③ 模图各部分需表达正确、清楚，虚、实线分明。

④ 侧向抽芯机构需有三个方向不同的视图表达。

⑤ 模具上有特殊装置及要求的需特别说明，如推杆先复位机构、浇口套偏心。

⑥ 主流道、浇口要有放大图，并清楚地标明其尺寸。

⑦ 主要标准件要编号，并且标出其规格尺寸。

⑧ 模具装配图可以先用 3D 绘制，但最后都要用 CAD 绘制成 2D 平面图。在用 CAD 绘制模具装配图时，不同的系统在模图中应使用不同的图层、颜色、线型及比例，以方便日后图纸的修改。

⑨ 标题栏、明细表填写完整、正确。

5.5 模具设计图的审核程序与内容

模具设计完成，图纸在下发工厂加工前必须经过严格认真的审核，审核内容可参考表5-2。

表 5-2 模具设计图审核内容

分类	校核事项
注塑机	①注塑机的注射量、注射压力、锁模力是否足够 ②模具是否能正确安装于指定使用的注塑机上。装模螺孔大小及位置、装模槽大小及位置、定位圈大小及位置、顶棍孔大小及位置等是否符合指定注塑机的要求
成型零件	①塑件图有没有缩放到 1：1，型芯型腔尺寸是否已增加收缩率，产品图变为型芯型腔图时有没有镜射 ②塑料的收缩率是否选择正确 ③型芯型腔尺寸有没有考虑脱模斜度，是大端尺寸还是小端尺寸 ④在既有的塑件结构基础上，型芯型腔加工是否容易 ⑤分型线位置是否适当，是否会粘定模，分模面的加工工艺性如何，是否存在尖角利边 ⑥对容易损坏及难加工的零件，是否采用镶拼结构
内模镶件钢材	内模镶件材料、硬度、精度、构造等是否与塑料、塑件批量及客户的要求相符
脱模机构	①选用的脱模方法是否适当 ②推杆、推管（尽量大些，推在骨上）使用数量及位置是否适当 ③有无必要做增加顶棍孔 ④推管是否碰顶棍孔 ⑤侧向抽芯下边有推杆时，推件固定板有无增加行程开关或其他先复位机构 ⑥斜面上的推杆有没有设计台阶槽防滑

続表

分类	校核事项
温度控制	①冷却水道大小、数量、位置是否适当 ②有无标注水管接头的规格 ③生产 PMMA、PC、尼龙、加玻璃纤维材料的塑件时，模具有无加隔热板 ④冷却水管、螺孔会不会和推件等发生干涉
侧向抽芯机构	①侧向抽芯机构形式是否合理可靠 ②侧向抽芯的锁紧和复位是否可靠 ③滑块的导向和定位是否可靠 ④斜推杆是否与塑件结构或模具型芯发生干涉
浇注系统	①浇口的种类、位置和数量是否恰当，熔接痕的位置是否会影响受力或外观 ②主流道是否可以再短一些 ③分流道大小是否合理 ④有没有必要加辅助流道
装配图	①三视图位置关系是否符合投影关系，图面是否简洁明了 ②塑件在模具上有无明确定位基准 ③模具零件要尽量选用标准件，以便于制造与维修 ④技术要求是否明确无误 ⑤同一零件在各视图中的剖面线密度和方向是否一致，剖切符号是否与剖切图对应 ⑥高度方向尺寸是否由统一基准面标出 ⑦尺寸标注是否足够清晰，有无字母数字线条重叠现象 ⑧细微结构处有无放大处理 ⑨模具各零件的装配位置是否牢固可靠，加工是否简便易行 ⑩塑件公差是否有利于试模后修正
零件图	①图面是否清晰明了，尺寸大小是否与图面协调一致 ②必要位置的精度、表面粗糙度、公差配合等，是否已注明 ③碰穿插穿的结构、枕起尺寸要和塑件图样仔细校对 ④成型塑件精度要求特别严格的地方，是否已考虑修正的可能性 ⑤尺寸的精度是否要求过高 ⑥零件选用材料是否合适 ⑦在需要热处理及表面处理的地方，有没有明确的指示 ⑧有没有必要加排气槽
基本配置	①精密模具及有推管、斜推、多推杆时有没有设计推件固定板导柱 ②定距分型机构是否能保证模具的开模顺序和开模距离 ③有没有必要设计动、定模定位机构
明细表	①零件序号是否与装配图一致，零件名称是否准确无误 ②材料名称、规格、件数有没有写错，明细表的内容及数量应全部齐全，包括任何自制的附加零件及螺钉等 ③有没有按要求选用标准件，标准件有没有写明规格型号
其他方面	①对加工及装配的基准面是否已充分考虑 ②是否制定特殊作业场合的作业指导规范 ③有关装配注意事项是否已作标示 ④为装配、搬运及一般作业方便，是否设计适当的吊环螺孔及安全机构 ⑤模具外侧有没有必要加保护其他结构用的支撑柱

第6章 结构件设计

6.1 注塑模具结构件设计内容

结构件是指模架（架）和用于安装、定位、导向以及成型时完成各种动作的零件，如定位圈、浇口套、推杆板复位弹簧撑柱、限位钉、拉料杆、密封圈、推杆板先复位机构、三板模定距分型机构和紧固螺钉等。见图6-1。

注塑模具结构件的设计内容包括：

① 模架的设计：确定模架的规格型号和大小，动模A板和定模B板的厚度及开框尺寸；

② 定距分型机构的设计：如果有三个或三个以上的开模面，则需设计定距分型机构；

③ 弹簧设计：注塑模具内的弹簧包括复位弹簧、开模弹簧和侧向抽芯机构内的定位弹簧等，设计内容包括弹簧的规格、大小、位置、数量和长度；

④ 先复位机构的设计：若推杆板必须在A、B板接触之前复位的话，需设计先复位机构；

⑤ 模具中其他结构件设计：包括定位圈大小设计，撑柱大小、位置、数量和高度设计，限位钉的大小、数量和装配方式设计，码模孔的大小、位置和数量设计，顶棍孔的位置、大小和数量设计以及连接螺钉大小、位置、数量和长度设计等。

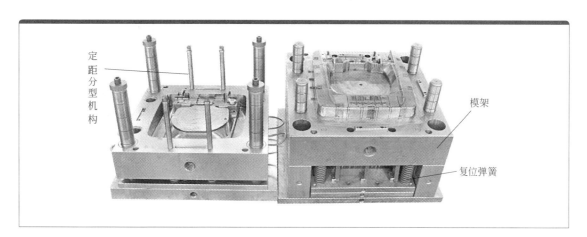

图 6-1　注塑模具结构件

6.2 模架的设计

模架又称模胚,分为标准模架和非标模架。标准模架的结构和尺寸已经标准化,设计者只需要确定其规格型号和大小。标准模架包括二板模模架、三板模模架、简化型三板模模架三种。

6.2.1 模架分类

(1)二板模模架

二板模模架又称大水口模胚,其优点是模具结构简单,成型制品的适应性强,但塑料制品连同流道凝料在一起,从同一分型面中取出,一般情况下需人工切除。二板模模架应用广泛,约占总注塑模的70%。

二板模模架由定模部分和动模部分组成,定模部分包括面板和定模A板;动模部分包括动模B板、支撑件方铁、底板及推杆固定板和推杆底板等、有时还有推板、托板。见图6-2和图6-3。

图6-2 二板模模架实物图

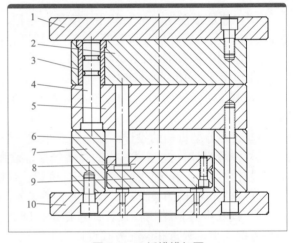

图6-3 二板模模架图

1—定模固定板;2—定模A板;3—导套;4—导柱;
5—动模B板;6—复位杆;7—方铁;8—推件固定板;
9—推件底板;10—动模固定板

(2)三板模模架

三板模模架又称细水口模胚,需要采用点浇口进料的投影面积较大制品,桶形、盒形、壳形制品一般都采用三板模模架。采用三板模模架时可以从制品任何位置进料,制品成型质量较好,并且有利于自动化生产。但这种模架结构较复杂,成本较高,模具的重量增大,制品和流道凝料从不同的分型面取出。因三板模的流道较长,故它很少用于大型制品或流动性较差的塑料成型。

三板模模架也由动模部分和定模部分组成、定模部分包括面板、流道推板(又称脱料板)和定模A板,比二板模模架多一块流道推板和四根长导柱;动模部分与二板模模架的动模部分组成相同。见图6-4和图6-5。

(3)简化型三板模模架

简化型三板模模架又叫简化细水口模胚,它由三板模模架演变而来,比标准三板模模架少四根 A、B 板之间的短导柱。

简化型三板模模架的定模部分和标准三板模模架的定模部分相同，动模部分比标准三板模模架少一块推板，也无 A、B 板导柱（直边）。见图 6-6 和图 6-7。

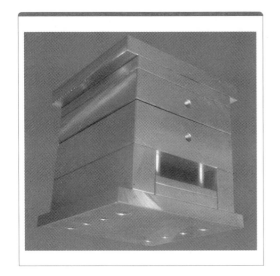

图 6-4　三板模模架实物图

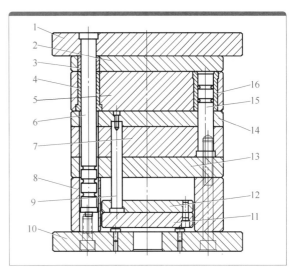

图 6-5　三板模模架平面图

1—面板；2—流道推板；3—直身导套；4—带法兰导套；5—定模 A 板；6—拉杆；7—动模 B 板；8—方铁；9—复位杆；10—模具底板；11—推杆底板；12—推杆固定板推板；13—托板；14—推板；15—导柱；16—导套

图 6-6　简化型三板模模架实物图

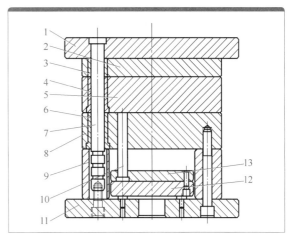

图 6-7　简化型三板模模架平面图

1—定模固定板；2—流道推板；3—直身导套；4—带法兰导套；5—定模 A 板；6—带法兰导套；7—拉杆；8—动模 B 板；9—方铁；10—复位杆；11—模具底板；12—推杆底板；13—推杆固定板推板托板

（4）非标模架

用户根据特殊需要而订制的特殊模架，见图 6-8 和图 6-9。因非标模架价钱较贵，订货时间长，设计模具时尽量不要采用。

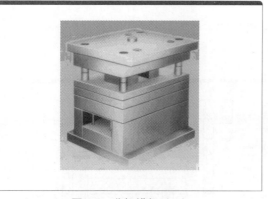

图 6-8　非标模架（一）

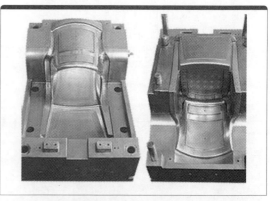

图 6-9　非标模架（二）

6.2.2　模架的选用

选用何种模架应由制品的尺寸、结构特点和模具型腔的数量来决定，制品千差万别，型腔数量也各不相同，模具设计时，应综合考虑各种因素，选择合理的结构形式，满足模具成型的质量。

（1）二板模模架和三板模模架的选用

① 能用二板模模架时不用三板模模架。因为二板模模架结构简单，制造成本相对较低。而三板模模架结构较复杂，模具在生产过程中发生故障的概率也较大。但在选择二板模模架和三板模模架之间犹豫不决的时候，为保险起见应选用三板模模架，因为采用点浇口进料时灵活性较大，便于型腔填充。

② 当制品必须采用点浇口从型腔中间一点或多点进料时，则选用三板模模架。何时采用点浇口进料，详见本书第 9 章浇注系统设计。

③ 齿轮模大多采用三板模模架。

（2）三板模模架和简化型三板模模架的选用

① 简化型三板模模架动模无推板。若制品需要用推板推出时，宜用标准型三板模模架。

② 两侧有较大侧抽芯滑块时，宜用简化型三板模模架。因简化型三板模模架减少了四根短导柱，可以使模架长度尺寸减小。

③ 斜滑块模，滑块弹出时易碰撞短导柱，此时可考虑用简化型三板模模架。

④ 精度要求高、寿命要求高的模具，不宜用简化型三板模模架，而尽量采用三板模模架。

⑤ 采用侧浇口浇注系统，但定模又有侧向抽芯机构时常用 GAI 型或 GCI 型简化三板模模架。

（3）工字模架和直身模架的选用

所有模具按固定在注射设备上的需要，有工字模和直身模之分，见图 6-10 和图 6-11。通常模具宽度尺寸小于等于 300mm 时，宜选择工字模；模具宽度尺寸大于 300mm 时，宜选择直身模。对于二板模模架，模架宽度大于等于 300mm，且要开通框时，可用有面板的直身模架（T 形）。直身模架必须加工码模槽。码模槽的尺寸已标准化，可查阅模架手册。用户也可以根据需要自己设计或加工。

而对于三板模模架，通常都采用工字模架。

模宽 450mm 以下的工字模边缘单边高出 25mm，模宽 4500mm 以上（含 450mm）的工字模边缘单边高出 50mm。选用直身模架时，模架的宽度比工字模架小 50mm 或 100mm，与之匹配的注射机可以小一些。

（4）什么情况下模架要用托板？

托板装配在动模 B 板的下面，见图 6-12。通常有两种情况需要加托板：

① 动模板开通框。将装配内模镶件的孔加工成通孔时，俗称开通框，见图 6-12。当内模镶件为圆形，或者动模板开框很深时，宜开通框。有侧向抽芯机构或斜滑块的模架，不宜开通框。

② 假三板模。动模部分的托板和 B 板在制品推出前需要分离的模架，俗称假三板模。假三板模中的托板和动模板在制品推出之前要分型，此时导柱安装在托板上，动模板上装导套。假三板模常用于动模有内侧抽芯或斜抽芯（锁紧块和斜导柱装在托板上选用有托板的模架），以及制品要强行脱模（此时动模型芯须先于塑件脱模前抽出）的场合，否则无需加托板。托板厚度已标准化。

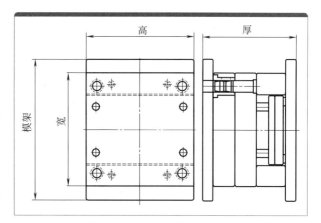

图 6-10　工字模

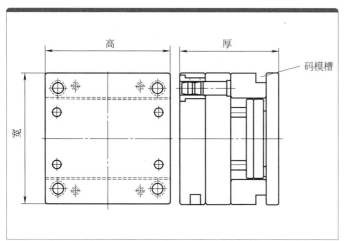

图 6-11　直身模

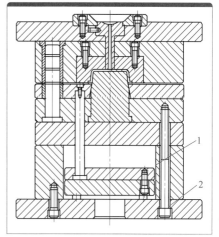

图 6-12　有托板和推板的模具

1—推板；2—托板

（5）什么情况下模架要用推板？

推板属于推出零件，它是通过推动塑料制品的周边，从而将塑料制品推离模具的。推板一般用在以下两种情况中：

① 成型制品为薄壁、深腔类制品，用推板或推板加推杆推出，平稳可靠。

② 成型制品表面不允许有推杆痕迹，必须用推板。这类制品包括透明制品，或内外表面在装配后都看得见。

6.2.3　定模 A 板和动模 B 板开框尺寸的设计

在定模 A 板和动模 B 板上加工出用于装配内模镶件的圆孔或方孔，叫开框。开框有通框和不通框两种。

（1）开框的长、宽尺寸确定

长度和宽度基本尺寸等于内模镶件的长度和宽度基本尺寸，公差配合取过渡配合 H7/m6，见图 6-13。

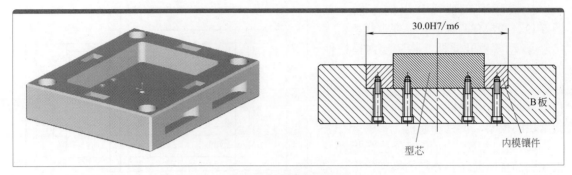

图 6-13　开框的长与宽

（2）开框的深度尺寸确定

① 如果分型面为平面，见图 6-14。

定模 A 板和动模 B 板上的开框深度分别比内模镶件的高度尺寸小 0.5mm，使镶件装配后高出分型面 0.5mm，以保证模具在生产时分型面的优先接触。

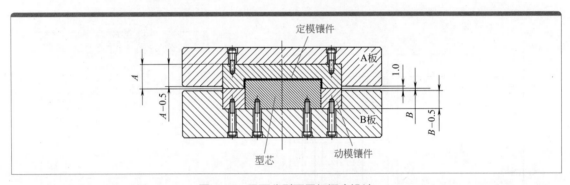

图 6-14　平面分型面开框深度设计

② 如果分型面为斜面或曲面，见图 6-15。

定模 A 板和动模 B 板上开框的总深度＝镶件装配后的总高度 -1（mm）。

这种情况较为复杂，一般来说，两边开框深度可取大致相等，或视具体情况而定。

③ 若无侧向抽芯，应尽量使动、定模开框长、宽和深度大致相等，若有侧向抽芯，则要视具体情况而定。

（3）开框的圆角设计

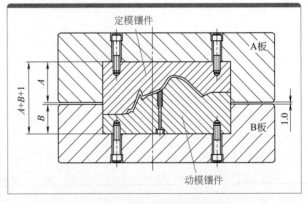

图 6-15　复杂分型面开框深度设计

为了提高整体强度，应尽量避免开框内出现尖角。增加圆角对增强侧壁刚度有较明显的帮助，另外也可减小应力集中，防止尖角处开裂，延长模具使用寿命。如图 6-16 所示。龙记模架对开框的圆角有如下规定：

开框深度 ≤ 50mm 时，R=13mm；

开框深度 51～100mm 时，R=16.5mm；

开框深度 101～150mm 时，R=26mm；

开框深度 >150 mm 时，*R*=32mm。

注意：内模镶件宽度小于或等于 100mm 的模具，外侧抽芯时滑块靠近开框的角部，或以铍铜为内模镶件的模具，为保证定位稳定可靠，内模镶件通常不倒圆角。但即使镶件四个角是直角，开框的四个角也不能做成直角，而应该钻孔避空，见图 6-17。

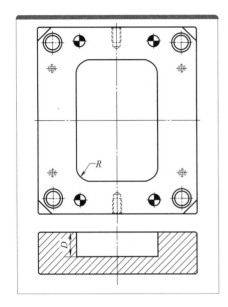

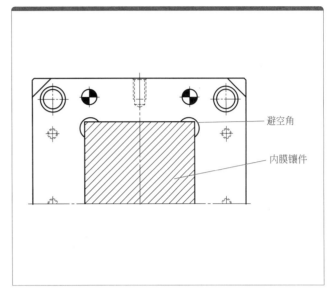

避空角

内膜镶件

图 6-16　开框圆角的设计

图 6-17　当镶件为直角时开框要钻避空角

6.2.4　定模 A 板和动模 B 板大小的设计

定模 A 板和动模 B 板大小的设计一般都采用经验确定法。

（1）定模 A 板和动模 B 板宽度的确定

定模 A 板和动模 B 板宽度即模架的宽度，在实际工作中常根据经验按以下方法选取：所选用的模架，其推杆板宽度应和开框宽度（即内模镶件宽度）相当，即 *A*≈*B*，如不相等的话，两者之差一般在 10mm 之内，见图 6-18。最低限度型腔排位应在推杆板投影面内，以不影响布置推杆。推杆板宽度和模架宽度有一一对应关系，因此只要确定了推杆板宽度就可以确定模架宽度。

（2）定模 A 板和动模 B 板长度的确定

定模 A 板和动模 B 板长度即模架的长度，在实际工作中常根据经验按以下方法选取：定模 A 板和动模 B 板开框（即内模镶件）的边至复位杆圆孔边应有足够的距离 *C*，即钢的厚度。当模板宽小于

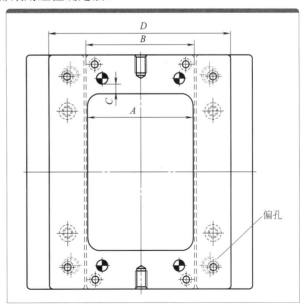

偏孔

图 6-18　模架长宽的确定

400mm 时，距离 *C* 应不小于10mm；当模宽大于400mm 时，距离 *C* 应不小于15mm。见图 6-18。

综上所述：$A=B\pm0\sim10$（mm）。

当 $D\leqslant400$mm 时，$C\geqslant10$mm；当 $D>400$mm 时，$C\geqslant15$mm。

注意： 以上模架长宽的确定方法，仅适用于模具无外侧抽芯的情况，如果模具有外侧滑块，须画完滑块和锁紧块后，再确定模架长宽。

A、B 板的长宽尺寸还可以按以下经验确定：

第一步：确定模具的大致宽度，方法是在内模镶件宽度基础上加 100mm，如果和小于等于 250mm，则为小型模具；如果和在 250～350mm 之间（包括 350mm），则为中型模具；如果和大于 350mm，则为大型模具。

第二步：对于小型模具，A、B 板的长度、宽尺寸在内模镶件长度、宽度基础上加 80mm（单边加 40mm），然后取模具的标准值；对于中型模具，A、B 板的长度、宽尺寸在内模镶件长度、宽度基础上加 100mm（单边加 50mm），然后取模具的标准值；对于大型模具，A、B 板的长、宽尺寸在内模镶件长度、宽度基础上加 120mm（单边加 60mm），然后取模具的标准值。

龙记标准模架的宽度值有 150mm，180mm，200mm，230mm，250mm，270mm，290mm，300mm，330mm，350mm，400mm，450mm，500mm。500mm 以后为特大型模具，宽度为 50mm 的倍数。长度标准值为 150mm，180mm，200mm，230mm，270mm，300mm，以后都是 50mm 的倍数。

（3）定模 A 板和动模 B 板厚度的确定

① 定模 A 板厚度：对于中、小型模具，有面板时，一般等于框深 a 加 20～30mm 左右；无面板时，一般等于框深 a 加 30～40mm 左右。大型模具可在中、小型模具的基础上加 10～30mm。见图 6-19。

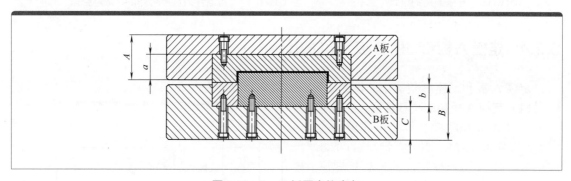

图 6-19　A、B 板厚度的确定

定模板的厚度尽量取小些，原因有二：其一，减小主流道长度，减轻模具的排气负担，缩短成型周期；其二，前模安装在注射机上生产时，紧贴注射机定模板，无变形之忧。

② 动模 B 板厚度：一般等于开框深度加 30～60mm 左右。动模板厚度尽量取大些，以增加模具的强度和刚度。具体可按表 6-1 选取。

表 6-1　B 板开框厚钢位 C 的经验确定法　　　　　　　　　　　　mm

框深 长×宽	＜20	20～30	30～40	40～50	50～60	＞60
＜100×100	20～25	25～30	30～35	35～40	40～45	45～50
100×100～200×200	25～30	30～35	35～40	40～45	45～50	50～55
200×200～300×300	30～35	35～40	40～45	45～50	50～55	55～60
＞300×300	35～40	40～45	45～50	50～55	约55	约60

注：1. 表中的"长×宽"和"深"均指动模板开框的长、宽和深。

2. 动模板厚度等于开框深度加钢厚 C，往大取标准值（一般为 10 的倍数）。

3. 如果动模有侧抽芯，有滑块 T 形槽，或因推杆太多而无法加撑柱时，须在表中数据的基础上再加 5～10mm。

6.2.5 方铁的设计

方铁的高度，必须能顺利推出制品，并使推杆固定板离动模板或托板间有 10mm 左右的间隙，不可以当推杆固定板碰到动模板时，才能推出制品，见图 6-20。

方铁高度 $H=$ 推杆固定板厚度 + 推杆底板厚度 + 限位钉高度 + 顶出距离 +10～15（mm）。

推杆固定板厚度和推杆底板厚度由模架大小确定，限位钉高度通常为 5mm。

顶出距离≥制品需顶出高度 +5～10（mm）。

上式中 10～15mm 和 5～10mm 都是安全距离。

标准模架中方铁高度已标准化，一般情况下，方铁高度只需符合模架标准即可，但在下列情况下，方铁需要加高：

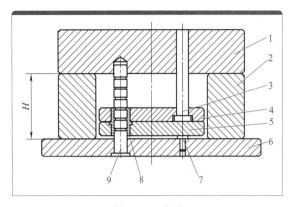

图 6-20　方铁

1—B 板；2—方铁；3—复位杆；4—推杆固定板；
5—推杆底板；6—模具底板；7—限位钉；8—推杆
板导套；9—推杆板导柱

① 制品很深或很高，顶出距离大，标准方铁高度不够，见图 6-21。

② 双推板二次顶出，因方铁内有四块板，缩小了推杆板的顶出距离，为将制品安全顶出，需要加高方铁，见图 6-22。

图 6-21　制品很深加高方铁

图 6-22　模具采用双推板加高方铁

③ 内螺纹自动脱模模具中，因方铁内有齿轮传动，有时也要加高方铁，见图 6-23。

④ 斜推杆抽芯的模具，斜推杆倾斜角度和顶出距离成反比，若抽芯距离较大，可加大顶出距离来减小斜推杆的倾斜角度，从而使斜推杆顶出平稳可靠，磨损小，见图 6-24。

方铁加高的尺寸较大时，为提高模具的强度和刚度，有时还要将方铁的宽度加大；其次为了提高制品推出的稳定性和可靠性，推杆固定板宜增加导柱导向，推杆固定板导柱导套的设计详见第 13 章注塑模具导向定位系统设计。

6.2.6 整体式模具

当塑料制品结构简单，或在分型上的投影面积较大时，模具可不设计内模镶件，而直接在定模 A 板和动模 B 板上成型制品，这种模具也叫无框模具，见图 6-25。此时定模 A 板和动模 B 板的材料要采用镶件材料（如 718、S136H 等）。如果制品比较复杂，采用一般的加工方法制造这种模具的型腔就较困难。

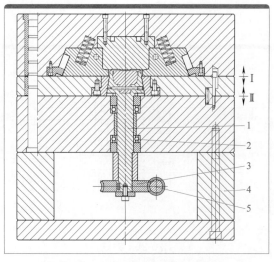

图 6-23　螺纹自动脱模加高方铁

1—螺纹型芯；2—轴承；3—蜗轮；4—方铁；5—蜗杆

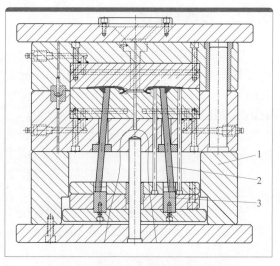

图 6-24　斜推杆抽芯距离时加高方铁

1—方铁；2—斜推杆；3—斜推杆底座

图 6-25　整体式模具

6.3　提高模具强度和刚度的措施

要提高模具的强度和刚度，可以从提高模具整体刚度和镶件的强度两方面着手。

6.3.1　加强模架的整体强度和刚度

（1）动、定模开框内避免出现尖角

因为尖角处会产生应力集中现象，使局部开裂。如图 6-26 所示。

（2）动、定模之间增加锥面定位块，减少弹性变形

对于深腔模具，为了减小弹性变形量，在前后模之间加斜面锁紧块，提高模板的刚性，减少变形，如图 6-27 所示。图中，y 为虚拟弹性变形量，w 为型腔壁厚。

（3）减小方铁间距

为减小弹性变形量 y，在可满足顶出的条件下，尽量减小方铁间距 L，同时将型腔压力移

向方铁，尽量保证图 6-28 所示要求。

（4）内模选择合理的镶拼的方向和镶拼结构

镶件的镶拼方向如图 6-29 所示。

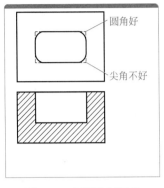

图 6-26 开框宜倒圆角

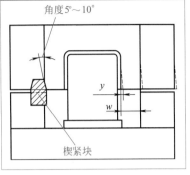

图 6-27 增加楔紧块

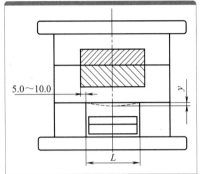

图 6-28 减小方铁间距

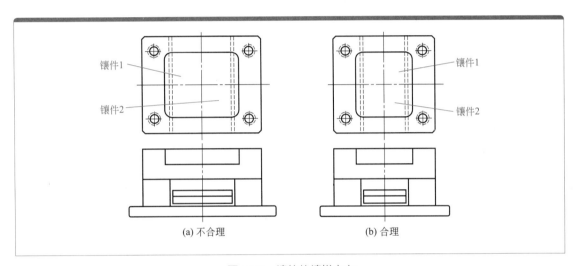

图 6-29 镶件的镶拼方向

（5）增加撑柱

在 B 板和模具底板之间增加撑柱，对改善模具刚度有显著效果，如图 6-30 所示。

撑柱的布置需根据实际情况而定，数量尽可能多，装配时两端面必须平整，且所有撑头高度需一致。

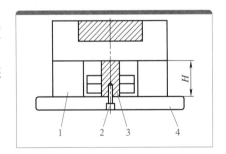

图 6-30 增加撑柱

1—方铁；2—螺钉；3—撑头；4—底板

6.3.2 增加侧向抽芯和镶件强度

镶件在注射成型时承受高温高压的作用，受力情况复杂，设计时必须遵守一个基本原则：强度最强，在结构空间容许时，镶件结构最大化。

① 修改制品结构，避免模具镶件产生薄弱结构。

② 楔紧块加反铲定位块。当侧向抽芯承受较大的胀型力作用时，为保证滑块不后退，可以增设反铲结构，以提高锁紧块的强度，见图 6-31。

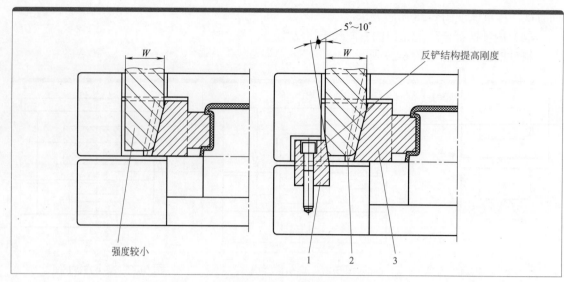

图 6-31　增加反铲结构

1—楔紧块；2—定位块；3—侧抽芯

③ 依靠模架刚性，提高锁紧块刚度。如图 6-32 所示。

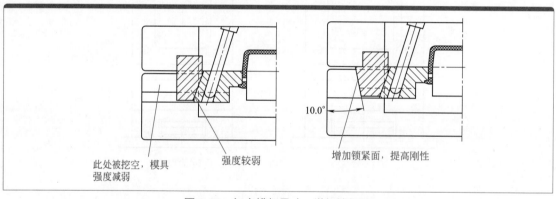

图 6-32　加大模架尺寸，增加锁紧面

④ 型芯很长时，应增加端部定位，提高刚度和强度，减少型芯变形。

在具有高型芯或长型芯的模具结构中，设计时应充分利用端部的通孔对型芯定位，如图 6-33（b）所示。端部不允许有通孔时，应同产品负责人协商解决。

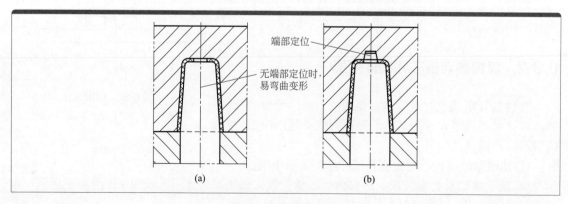

图 6-33　长型芯定位

⑤ 利用镶拼结构，提高局部强度。

在制品的细小结构处，如果存在薄弱结构或应力集中点，如图 6-34（a）所示，设计时应将此处设计成镶拼结构，以消除应力集中点，减小疲劳损坏，也有利于对镶件进行热处理而增加强度，方便镶件损坏后进行更换，如图 6-34（b）所示。

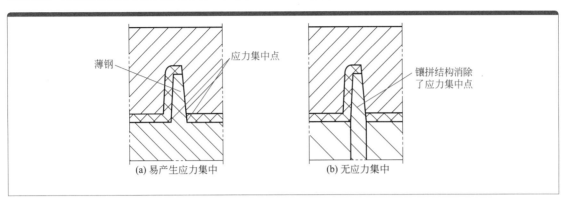

图 6-34　易损镶件应镶拼

6.4　三板模定距分型机构的设计

在多分型面的注塑模具中，保证各分型面的开模顺序和开模距离的结构，叫定距分型机构。定距分型机构有很多种，主要可分成内置式定距分型机构和外置式定距分型机构两种。

6.4.1　三板模的开模顺序

三板模包括细水口模和简化细水口模，三板模的开模顺序如下（见图 6-35）：

① 在弹簧、扣基和拉料杆的综合影响下，首先是流道推板和定模板打开，流道凝料和制品分离。

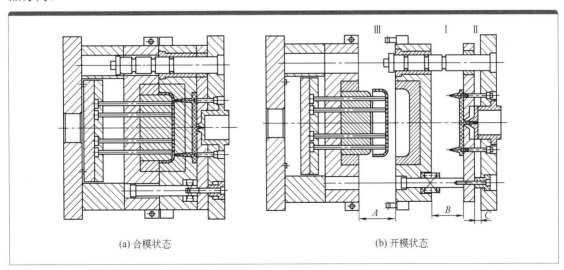

(a) 合模状态　　　　　　　　　　(b) 开模状态

图 6-35　三板模开模顺序

② 其次是流道推板和面板打开，浇口拉料杆从流道凝料中强行脱出，流道凝料在重力和振动的作用下自动脱落。

③ 注射机动模板继续后移，模具从定模 A 板和动模 B 板之间打开，最后推杆将制品推离模具。

这样的开模顺序，可以让制品在模具内的冷却时间与流道推板和动模板打开时间及流道推板和面板打开时间重叠，从而缩短了模具的成型周期。

如果定模 A 板和动模 B 板之间不用扣基，而是用拉条，则开模顺序通常是：流道推板和定模板还是先打开，其次是定模 A 板和动模 B 板之间打开，最后动模板通过拉条拉动定模板，定模板通过拉条拉动流道推板，使流道推板和面板打开。

6.4.2　三板模的开模距离

三板模的开模距离通过定距分型机构来保证。

① 流道推板和定模板打开的距离 B= 流道凝料总高度 +30（mm）。

② 流道推板和面板打开的距离 C=6 ～ 10mm。

③ 定距分型机构中小拉杆移动距离 = 流道推板和定模板打开的距离。

限位杆移动距离 = 流道推板和面板打开的距离。

定模 A 板和动模 B 板的开模距离 A 以保证成型制品安全、顺畅取出为宜。

6.4.3　定距分型机构的种类

（1）内置式定距分型机构

定距分型机构装于模具内部，见图 6-36。

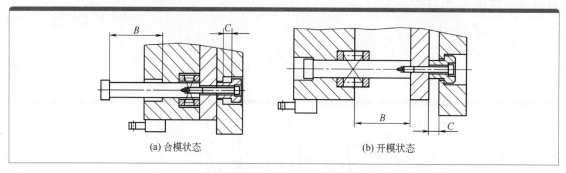

(a) 合模状态　　　　　　　　(b) 开模状态

图 6-36　内置式定距分型机构

设计要点：

① 小拉杆直径确定：小拉杆是定距分型机构中限制流道推板和定模板之间开模距离的零件，它用螺钉紧固在流道推板上。其直径可按表 6-2 选取。

表 6-2　小拉杆直径设计

模架宽度 /mm	300 以下	300 ～ 450	450 ～ 600	600 以上
小拉杆直径 /mm	16	20	25	30

② 小拉杆数量的确定：模宽小于或等于 250mm 时取两支，模宽大于 250mm 时取四支，注意小拉杆的位置不要影响流道凝料取出。

③ 小拉杆行程 B= 水口料总长 +20 ～ 35（mm）。

④ T 形套行程 C=6 ～ 10mm。

⑤ 在流道推板与定模板间加弹簧，弹簧压缩量取 20mm 左右，以保证流道推板和定模板先开模。

⑥ 注意小拉杆上端 T 形套安装时需加装弹簧垫圈防松。

（2）外置式定距分型机构

外置式定距分型机构种类较多，这里介绍两种常见的结构。

① 拉条式：见图 6-37。

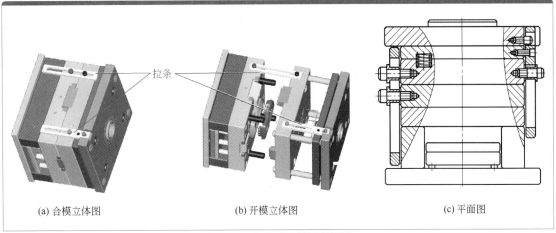

(a) 合模立体图   (b) 开模立体图   (c) 平面图

图 6-37   拉条式定距分型机构

② 拉钩式：在弹簧 1 和定距分型机构 2 中的短拉钩作用下，模具先从分型面Ⅰ处打开，打开浇口总高度加 30mm 距离后，短拉钩还没有脱开，此时模具再从分型面Ⅱ处打开，当两个分型面的开模距离达到 L 后，长拉钩推动活动块，短拉钩和活动块脱开，模具再从Ⅲ处分开。这种扣基所用数量一般为 2 个，对称布置于模架两侧见图 6-38。

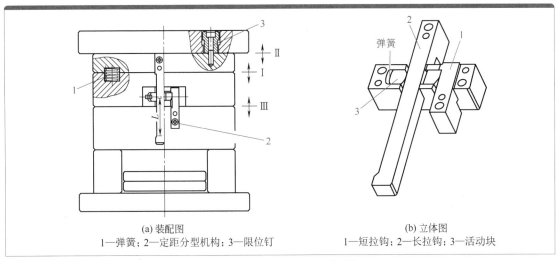

(a) 装配图   (b) 立体图
1—弹簧；2—定距分型机构；3—限位钉   1—短拉钩；2—长拉钩；3—活动块

图 6-38   拉钩式定距分型机构

6.4.4 动定模板的开闭器

开闭器用于增加定模 A 板和动模 B 板之间的开模阻力，保证流道推板和面板及定模板先

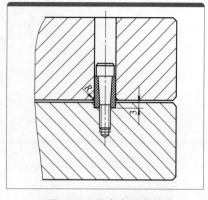

图 6-39　尼龙塞装配图

于定模 A 板和动模 B 板打开之前打开。开闭器常用扣基和尼龙塞，二者都是标准件，可以外购。

（1）尼龙塞的设计

尼龙塞又称树脂开闭器，它是使用锥度螺钉调节模板与树脂间的摩擦力，使用寿命约 5 万次。见图 6-39。这种模具开闭器装置装拆容易，价格低，但效果不如扣基。

设计注意事项：

① 尼龙塞应嵌入动模板 3mm。

② 定模板孔开口处应加 R，并抛光防止刮伤尼龙套。如做成斜面的倒角则易将尼龙塞表面磨花，降低尼龙塞的使用寿命。

③ 定模板孔底部应加排气装置。

④ 与尼龙塞相配的定模板内孔应抛光。

⑤ 切勿在尼龙塞上加润滑油，因为加润滑油会使摩擦力降低。

⑥ 该产品本身已使用精密自动车库修整过，圆度可达到 0.01mm 以内，因此提高了尼龙塞的接触面。

⑦ 使用时不需要将螺钉锁得太紧。

⑧ 尼龙塞数量的确定：

模具质量 0.1t 以下用 ϕ12mm×4 个；0.5t 以下用 ϕ16mm×4 个；1t 以下用 ϕ20mm×4 个；若超过 1t 则增加到 6 个以上。

（2）扣基

扣基是标准件，见图 6-40。

滚珠扣基和尼龙塞一样，目的是增加某一分模面的开模阻力，使其他分型面先开，它通常需要配合定距分型机构，以实现模具定距有序的分型。这种扣基可以通过调整弹簧压缩量来调整扣基阻力，效果较好。

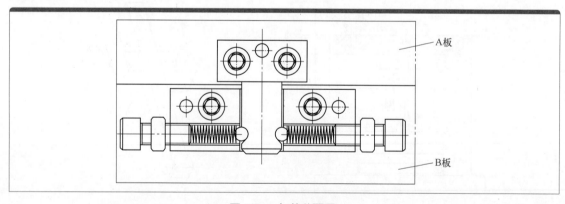

图 6-40　扣基装配图

6.5　弹簧

模具中，弹簧主要用作推件固定板复位、侧向抽芯机构中滑块的定位以及活动模板的定距分型等活动组件的辅助动力，弹簧由于没有刚性推力，而且容易产生疲劳失效，所以不允许单独使用。模具中的弹簧有矩形蓝弹簧和圆线黑弹簧，由于矩形蓝弹簧比圆线黑弹簧弹性系数大，刚性较强，压缩比也较大，故模具上常用矩形蓝弹簧。矩形弹簧的寿命与压缩比的关系见表 6-3。

表 6-3　矩形弹簧压缩比

种类	轻小荷重	轻荷重	中荷重	重荷重	极重荷重
色别 (记号)	黄色 (TF)	蓝色 (TL)	红色 (TM)	绿色 (TH)	咖啡色 (TB)
100 万次 (自由长)	40%	32%	25.6%	19.2%	16%
50 万次 (自由长)	45%	36%	28.8%	21.6%	18%
30 万次 (自由长)	50%	40%	32%	24%	20%
最大压缩比	58%	48%	38%	28%	24%

6.5.1　推件固定板复位弹簧设计

复位弹簧的作用是在注塑机的顶棍退回后，模具的动模 A 板和定模 B 板合模之前，就将推件固定板推回原位。复位弹簧常用矩形蓝弹簧，但如果模具较大，推件数量较多时，则必须考虑使用绿色或咖啡色的矩形弹簧。复位弹簧的直径通常取复位杆直径的 2 倍左右，长度的确定有经验法和计算法两种。

（1）经验法

查表 6-4 和表 6-5。复位弹簧装配的两种典型结构见图 6-41。

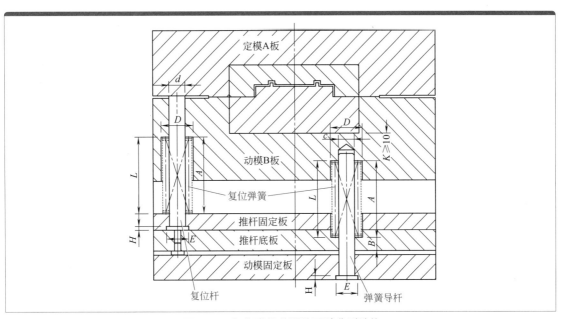

图 6-41　复位弹簧装配的两种典型结构

表 6-4　复位弹簧直径、外径及装配尺寸　　　　　　　mm

弹簧外径	弹簧孔外径 D	复位杆直径 d	弹簧柱直径 C	直径 E	H
25	27	12	12	17	
32	34	15	15	20	t4
38	40	20	20	25	
50	52	25	25	30	
		30	30	35	8
		35	35	40	

表 6-5 复位弹簧自由长度和压缩后长度　　　　　　　　　　　　mm

顶出行程 A	弹簧压缩后长度 A	预紧状态 L	弹簧自由长度
25	45	70	80
30	50	80	90
40	60	100	110
50	65	115	130
60	85	145	160
70	105	175	190

（2）计算法

① 自由长度计算：弹簧自由长度应根据压缩比及所需压缩量而定。

$$L_{自由}=(E+P)/S$$

式中　E——推件固定板行程，E= 塑件推出的最小距离 +10 ～ 20（mm）；

　　　P——预压量，一般取 10 ～ 15mm，根据复位时的阻力确定，阻力小则预压小，通常情况下也可以按模架大小来选取，模架 3030mm（含）以下，预压量为 5mm；模架 3030mm 以上，压缩量为 10 ～ 15mm；

　　　S——压缩比，一般取 30% ～ 40%，根据模具寿命、模具大小及塑件距离等因素确定。

$L_{自由}$ 长度须向上取规格长度。

② 推件固定板复位弹簧的最小长度 L_{min} 必须满足藏入动模 B 板或托板 L_2=15 ～ 20mm，若计算长度小于最小长度 L_{min}，则以最小长度为准；若计算长度大于最小长度 L_{min}，则以计算长度为准。

自由长度必须按标准长度选取，不准切断使用，优先用 10 的倍数。不够时可两支接用。

复位弹簧设计注意事项：

① 一般中小型模架，订做模架可将弹簧套于复位杆上；未套于复位杆上的弹簧一般安装在复位杆旁边，并加导杆防止弹簧压缩时弹出。

② 当模具为窄长形状（长度为宽度 2 倍左右）时，弹簧数量应增加 2 根，安装在模具中间。

③ 弹簧位置要求对称布置。弹簧直径规格根据模具所能利用的空间及模具所需的弹力而定，尽量选用直径较大的规格。

④ 弹簧孔的直径应比弹簧外径大 2mm。

⑤ 装配图中弹簧处于预压状态，长度 L_1= 自由长度 – 预压量。

⑥ 限位柱必须保证弹簧的压缩比不超过 42%。

⑦ 复位弹簧数量一般根据模具宽度确定，对于宽度小于或等于 250mm 的小型模具可采用 2 支复位弹簧；对于宽度 250 ～ 450mm 的中型模具，可采用 4 支复位弹簧；对于宽度大于或等于 500mm 的大型模具可采用 6 支复位弹簧。

6.5.2　侧向抽芯机构中弹簧设计

侧向抽芯机构中的弹簧主要起定位作用，开模后当斜导柱和楔紧块离开滑块后弹簧推住滑块不要向回滑动。弹簧常用直径为 10mm、12mm、16mm、20mm 和 25mm 等，压缩比可取 1/4 ～ 1/3，数量通常为两根。

滑块弹簧自由长度计算：

$$L_{自由}= 滑块行程 (S)×3$$

式中，S 为滑块抽芯距离；$L_{自由}$ 长度须向上取标准长度。

注意：弹簧在滑块装配图中为压缩状态，见图 6-42。

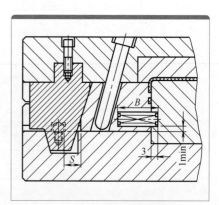

图 6-42　滑块定位弹簧

$$B = 自由长度 - 抽芯距 - 预压量$$

预压量可以通过计算确定：

$$滑块预压量 = 压力 / 弹性系数$$

向上抽芯的压力为滑块加上侧抽芯的重量，向下或左右抽芯时预压量可取自由长度的10%。

预压量也可以取下列经验数据：

① 一般情况弹开后预压量为5mm；

② 若滑块为向上抽芯，且滑块质量超过8～20kg，预压量需加大到10mm，同时弹簧总长度 = 滑块行程 (S)×3.5，再向上取整数；

③ 若滑块为向上抽芯，且滑块质量超过20kg时，预压量需加大到15mm。

滑块中的弹簧应防止弹出，因此：

① 弹簧装配孔不宜太大；

② 滑块抽芯距较大时，要加装导向销；

③ 滑块抽芯距较大，又不便加装导向销，可用外置式弹簧定位。

滑块弹簧选用时因行程不同而有两种弹簧可供选用：矩形蓝弹簧和圆线黑弹簧。

注：滑块质量 = 滑块的体积 × 钢材的密度（钢材的密度为 $7.85g/cm^3$）。

6.5.3 模具活动板之间的弹簧

当模具存在2个或2个以上分型面时，模具需要增加定距分型机构，其中弹簧就是该机构重要的零件之一，其作用是让模具在开模时按照既定的顺序打开，见图6-43中的分型面1和3。这里的弹簧在开模后往往并不需要像复位弹簧那样自始至终处于压缩状态，弹簧只需要在该分型面打开的前10～20mm保持对模板的推力即可，只要这个面按时打开了，它的任务就完成了。通常采用点浇口浇注系统的三板模具，第一个分型面所采用的弹簧都是 $\phi40mm×30mm$ 的矩形黄弹簧，其他模板的开模弹簧可视具体情况选用。

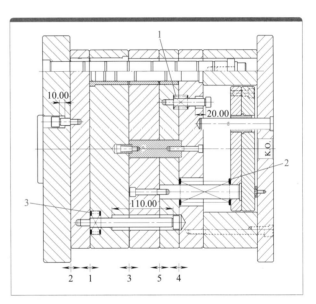

图6-43 活动板之间的弹簧

6.6 浇口套的设计

由于主流道要与高温塑料及喷嘴接触和碰撞，所以模具的主流道部分通常设计成可拆卸更换的衬套，简称浇注套或浇口套，浇口套又称唧咀。浇口套内的锥形孔是熔体进入模具的第一条通道，叫主流道。主流道的设计见第9章注塑模具浇注系统设计。为避免主流道与高温塑料和射嘴反复接触和碰撞，一般浇口套要选用优质钢材加工并热处理。一般会将其固定在模板上以防生产中浇口套转动或被带出。

6.6.1 浇口套的作用

① 方便模具制造，使主流道不致分段起级。

② 作为浇注系统的主流道，将料筒内的塑料熔体引入模具内，保证熔体畅通地到达型腔，在注射过程中不应有塑料熔体溢出，同时保证主流道凝料脱出方便。

6.6.2 浇口套分类

浇口套的形式有多种，可视不同模具结构来选择。按浇注系统不同，浇口套通常被分为二板模浇口套及三板模浇口套两大类。大水口浇口套指使用于二板模的浇口套，细水口浇口套是指使用于三板模的浇口套。

（1）二板模浇口套

二板模浇口套是标准件，通常根据模具所成型制品所需塑料质量的大小、所需浇口套的长度来选用。所需塑料质量较大时，选用较大的浇口套；反之则选用较小的类型。根据浇口套的长度选取不同的主流道锥度，以便浇口套尾端的孔径能与主流道的直径相匹配。一般情况下，浇口套的直径根据模架大小选取，模架 4040mm 以下，选用 $D=\phi12\text{mm}$（或 $\phi1/2\text{in}$）的类型；模架 4040mm 以上，选用 $D=\phi16.0\text{mm}$（$\phi5/8\text{in}$）的类型。长度根据模架大小确定。

二板模浇口套的装配图见图 6-44。

（2）三板模浇口套

三板模浇口套较大，主流道较短，模具不再需要定位圈，装配形式见图 6-45。三板模浇口套在开模时要脱离流道推板，因此它们采用 90°锥面配合，以减少开合模时的摩擦，直径 D 和二板模浇口套相同。

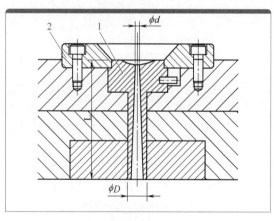

图 6-44　二板模浇口套装配图
1—浇口套；2—定位圈

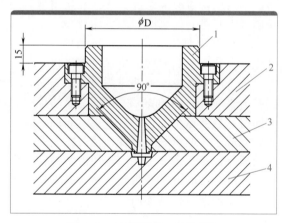

图 6-45　三板模浇口套装配图
1—浇口套；2—面板；3—流道推板；4—定模 A 板

6.7　紧固螺钉设计

模具中的零件按其在工作过程中是否要分开，可分成相对活动零件和相对固定零件两大类。相对活动零件必须加导向件或导向槽，使其按既定的轨迹运动；相对固定的零件通常都用螺钉来连接。

模具中常用紧固螺钉主要分为内六角圆柱头螺钉（内六角螺钉）、无头螺钉、杯头螺钉及六角头螺栓，而以内六角圆柱头螺钉和无头螺钉用得最多。

螺钉只能用以紧固，不能用来定位。

在模具中，紧固螺钉应按不同需要选用不同类型的优先规格，同时保证紧固力均匀、足够。下面仅就内六角圆柱头螺钉和无头螺钉在使用中的情况加以说明。

6.7.1 内六角圆柱头螺钉（内六角螺钉）

内六角螺钉规格：公制中优先采用 M4、M6、M10、M12；英制中优先采用 M5/32″，M1/4″、M3/8″ 和 M1/2″。

内六角螺钉主要用于动、定模内模料，型芯，小镶件及其他一些结构组件的连接。除前述定位圈、浇口套所用的螺钉外，其他如镶件、型芯、固定板等所用螺钉以适用为主，并尽量满足优先规格。用于动、定模内模料紧固的螺钉，应依照下述要求进行选用：

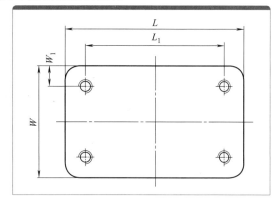

图 6-46　螺孔设计

（1）螺孔位置

螺孔应布置在四个角上，而且对称布置，见图 6-46。螺孔到镶件边的尺寸 W_1 可取螺孔直径的 1 ～ 1.5 倍，L_1 应参照加工夹具的尺寸，一般取 15 或 25 的倍数。

（2）螺钉大小和数量的确定

见表 6-6。

表 6-6　连接螺钉的大小和数量

镶件大小 /mm	≤ 50×50	50×50 ～ 100×100	100×100 ～ 200×200	200×200 ～ 300×300	300×300
螺钉大小	M6	M6	M8	M10	M12
螺钉数量	2	4	4	4 ～ 6	4 ～ 8

（3）螺钉长度及螺孔深度的确定

螺钉头至孔面 1 ～ 2mm，螺孔的深度 H 一般为螺孔直径的 2 ～ 2.5 倍，标准螺钉螺纹部分的长度 L_1 一般都是螺钉直径的 3 倍，所以在画模具图时，不可把螺钉的螺纹部分画得过长或过短，在画螺钉时必须按正确的装配关系画，而不能随便算数。螺钉长度 L 不包括螺钉的头部长度。见图 6-47。

螺牙旋入螺孔的长度 $h=(1.5 \sim 2.5)d$，d 为螺钉的直径。

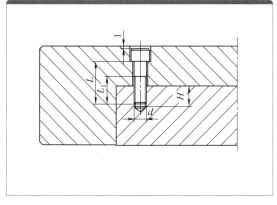

图 6-47　螺钉装配图

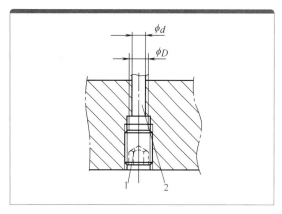

图 6-48　无头螺钉装配图

1—无头螺钉；2—推管型芯

6.7.2 无头螺钉

无头螺钉主要用于型芯、拉料杆、推管的紧固。如图 6-48 所示，在标准件中，ϕd 和 ϕD 相互关联，ϕd 是实际上所用尺寸，所以通常以 ϕd 作为选用的依据，并按下列范围选用。

a. 当 $\phi d \leqslant 3.0\text{mm}$ 或 9/64in 时，无头螺钉选用 M8；

b. 当 $\phi d \leqslant 3.5\text{mm}$ 或 5/32in 时，无头螺钉选用 M10；

c. 当 $\phi d \leqslant 7.0\text{mm}$ 或 3/16in 时，无头螺钉选用 M12；

d. 当 $\phi d \leqslant 8.0\text{mm}$ 或 5/16in 时，无头螺钉选用 M16；

e. 当 $\phi d \geqslant 8.0\text{mm}$ 或 5/16in 时，用压板固定。

6.8 吊环螺孔

吊环螺孔是供模具吊装用的螺孔。不同大小的模架，吊环螺孔的大小见表 6-7。

模具宽度尺寸 300mm 以下的模架，一般只需在模板上下端面各加工一个吊环螺孔。模具宽度 300mm 以上的模架，模板每边最少应有一个吊环螺孔。当模架长度是宽度 2 倍或以上时，模板两侧应各做两个吊环螺孔。吊环螺孔的位置应放在每块模板边的中央，见图 6-49。

吊环螺孔深度至少取螺孔直径的 1.5 倍，见表 6-5，吊环螺钉不能和冷却水喉及螺钉等其他结构发生干涉。

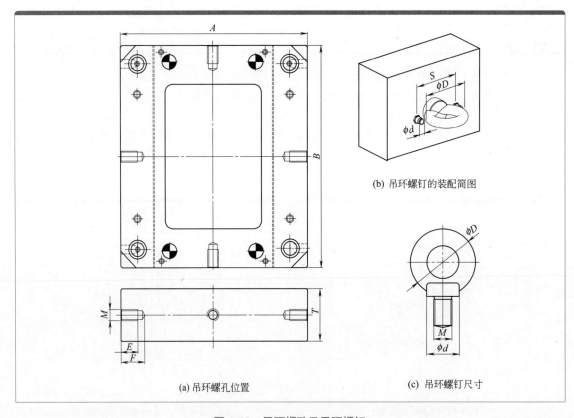

(b) 吊环螺钉的装配简图

(a) 吊环螺孔位置

(c) 吊环螺钉尺寸

图 6-49　吊环螺孔及吊环螺钉

表 6-7　吊环螺孔尺寸及对应模架规格

| M | | E/mm | F/mm | 模架宽 A/mm | 模架长 B/mm |
公制	英制				
12	1/2″	24	33	150～200	150～350
16	5/8″	29	39	230～290	230～400
20	3/4″	33	46	300	300～500
				330	350～500
24	1″	41	56	300	550～600
				350	350～700
				400	400～500
30	1-1/4″	49	67	450～550	450～700
36	1-7/16″	59	82	600～650	600～800
				700	700～750
42	1-1/2″	70	95	700～750	700～1000
				800	800～850
48	2″	75	103	750	950～1000
				800	900～1000

6.9　模架中其他结构件的设计

6.9.1　定位圈

定位圈又叫法兰，将模具安装在注射机上时，它起初定位作用，保证注射机料筒喷嘴与模具浇口套同心。同时定位圈还有压住浇口套的作用。

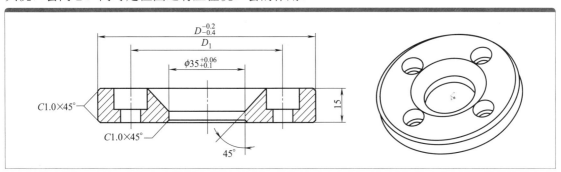

图 6-50　定位圈

定位圈的直径 D 一般为 100mm，另外还有 120mm 和 150mm 两种规格。

定位圈采用自制或外购标准件，常用规格 $\phi35mm\times\phi100mm\times15mm$，见图 6-50。当定模有 5mm 隔热板时，选用规格 $\phi35mm\times\phi100mm\times25mm$。

定位圈可以装在模具面板表面，也可沉入面板 5mm。连接螺钉：M6×20.0mm，数量 2～4 个。见图 6-51。

6.9.2　撑柱

为防止锁模力或注塑时的注塑压力（胀型力）将动模模板压弯变形而造成成型制品的品质不能达到要求，需要在模具底板和动模板之间加撑柱，以提高模具的刚性和寿命。撑头柱必须用螺钉或管针与底板固定，撑柱直径一般在25～50mm之间，撑柱孔需大于撑柱2mm左右。撑柱用黄牌钢或高碳钢制造。

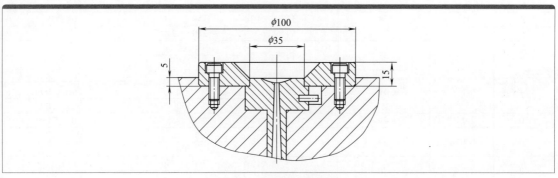

图 6-51　定位圈装配图

撑柱的设计要点：

（1）撑柱的位置

撑柱位置应放在动模板所受注塑压力集中处，且尽量布置在模板的中间位置，或对称布置。注意撑柱不要与推杆、顶棍孔、斜推杆、复位弹簧、推杆板导柱等零件发生干涉。由于改模时可能要增加推杆，设计撑柱时要注意可能要加推杆的位置不能有撑柱，即撑柱不要落在成品的边上，撑柱通常为圆形，也可以是方形或其他形状。

（2）撑柱的数量

数量越多，效果越好。

（3）撑柱的大小

撑柱外径越大，效果越好。直径一般在25～60mm之间。

（4）撑柱的长度

当模宽小于300mm时，$H_1=H+0.05$；当模宽在400mm以下时，$H_1=H+0.1$；当模宽在400～700mm之间时，$H_1=H+0.15$；当模具尺寸大于700mm时，$H_1=H+0.2$。

H为模具方铁高度。

（5）撑柱的装配

撑柱必须用螺钉安装在底板上，撑头用黄牌钢或高碳钢。见图6-52。

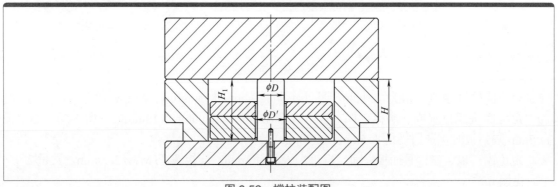

图 6-52　撑柱装配图

6.9.3　顶棍孔

顶棍孔又称K.O孔，其作用是，模具注射完毕，经冷却、固化后开模，注射机顶棍通过顶棍孔，推动推杆固定板，将制品推离模具。顶棍孔加工在模具底板上，见图 6-53（a），当注射机有推杆固定板拉回功能时，在推杆底板上还要加工连接螺孔，见图 6-53（b）。

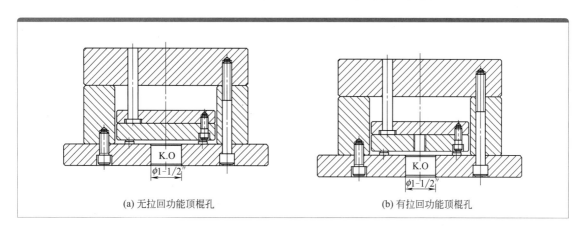

(a) 无拉回功能顶棍孔　　　　　　　　　　(b) 有拉回功能顶棍孔

图 6-53　顶棍孔（K.O）

顶棍孔的直径一般取 38 mm(或 1-1/2″)，或按客户提供的资料加工。正常情况下顶棍孔为 1 个，但有下列情况时最少为 2 个，以保持推出平稳可靠：

① 模具型腔配置偏心。
② 斜推杆数量众多。
③ 模具尺寸大。
④ 浇口套偏离模具中心。
⑤ 推杆数量严重不平衡，一边多，一边少。

6.9.4　限位钉

在推杆固定板和模具底板之间按模架大小或高度加设小圆形支承柱，作用是减少推杆底板和模具底板的接触面积，防止因掉入垃圾或模板变形，导致推杆复位不良。这些小圆形支承柱叫限位钉，俗称垃圾钉。限位钉通过过盈配合固定于模具底板上，见图 6-54。

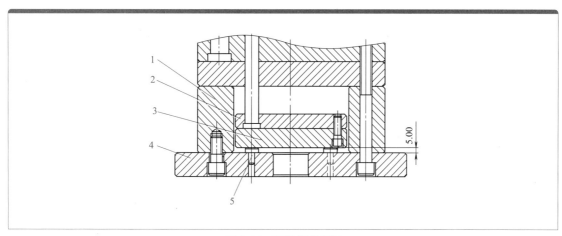

图 6-54　限位钉的设计

1—方铁；2—推杆固定板；3—推杆底板；4—模具底板；5—限位钉

限位钉大端直径一般取 ϕ10mm、ϕ15mm 和 ϕ20mm。限位钉的数量设计则取决于模具大小，一般地说，模长 350mm 以下时取 4 个，模长在 350～550mm 之间时取 6～8 个，模长在 550mm 以上时宜取 10～12 个。限位钉的位置设计：当限位钉数量为 4 个时，其位置就在复位杆下面；当数量大于 4 个时，限位钉除复位杆下 4 个外，其余尽量平均布置于推杆底板的下面。

6.10　注塑模具结构件设计实例

图 6-55 为一副三板模具结构图，其结构件包括限位钉 5、防转销 6、弹簧 7、尼龙塞 9 和小拉杆 10 等定距分型机构零件，以及浇口套 4、连接螺钉 21、复位弹簧 13、弹簧导杆 16、复位杆 20、水喉 26 和拉料杆 27 等。

图 6-56 是一副热流道模具，模架外侧的集水块、电源接头、铭牌、定距分型机构和限位柱等都是结构件。

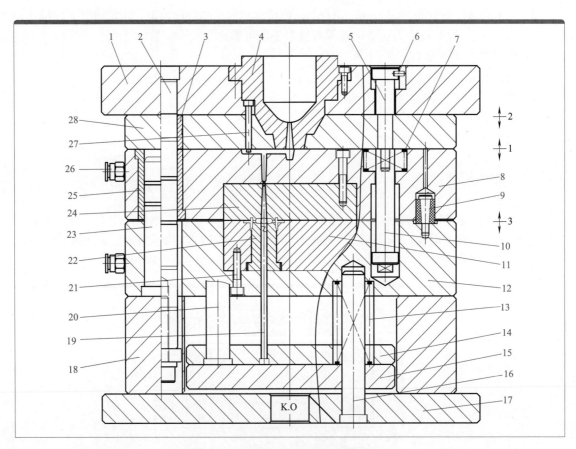

图 6-55　注塑模具结构件设计实例（一）

1—面板；2—长导柱；3，25—导套；4—浇口套；5—限位钉；6—防转销；7—弹簧；8—定模 A 板；9—尼龙塞；10—小拉杆；11—动模镶件；12—动模 B 板；13—复位弹簧；14—推杆固定板；15—推杆底板；16—弹簧导杆；17—底板；18—方铁；19—推杆；20—复位杆；21—螺钉；22—型芯；23—短导柱；24—定模镶件；26—水喉；27—拉料杆；28—脱料板

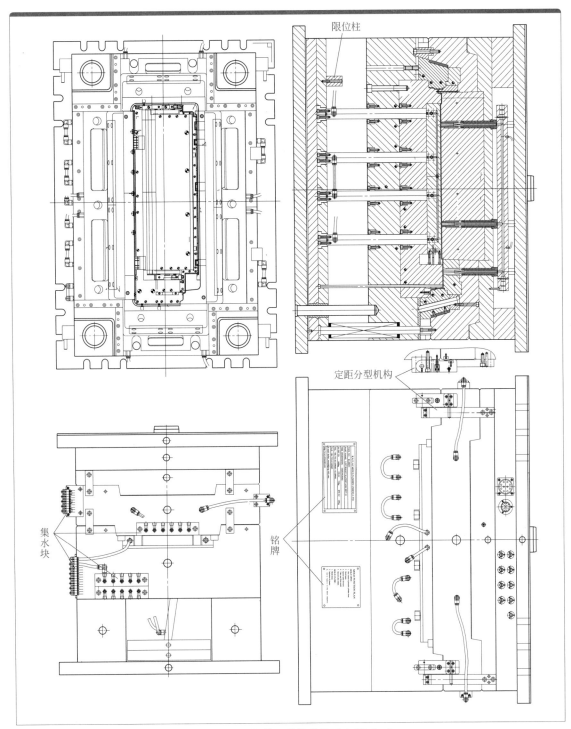

限位柱

定距分型机构

集水块

铭牌

图 6-56 注塑模具结构件设计实例（二）

第 7 章 成型零件设计

7.1 概述

模具设计的第一步就是设计成型零件，即根据塑件的结构形状和大小以及型腔数量进行排位，设计内容包括确定成型零件的形状、尺寸和装配方法。

成型零件设计时，应充分考虑塑料的成型特性（包括收缩率、流动性、腐蚀性等）、脱模特性（包括脱模斜度等）、制造与维修的工艺特性等。

7.1.1 什么是成型零件

注塑模具可以分成动模和定模两部分，见图 7-1。而模具中的零件按其作用又可分为成型零件与结构零件，包括模架在内的结构件通常采用普通钢材，成型零件则采用优质模具钢，这样做的目的一是为了加工和维修方便，二是在降低模具制造成本的同时又可以保证模具的强度、刚度和耐磨性，达到模具既定的生产寿命。

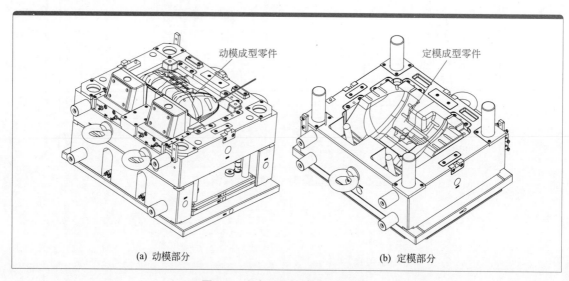

(a) 动模部分   (b) 定模部分

图 7-1 汽车后视镜镜壳注塑模具

模具生产时用来填充塑料熔体、成型塑件的空间叫型腔，构成注塑模具型腔部分的模具零件统称为成型零件，又叫内模镶件。内模镶件包括定模镶件、动模镶件和型芯等。除此之外成型零件还包括侧向抽芯机构、斜推杆及推出零件等。图7-1中的动模镶件、定模镶件和滑块等都属于成型零件。本章主要叙述注塑模具内模镶件的设计，包括分型面设计、镶件大小设计、镶件的镶拼方式及固定方式的设计等。侧向抽芯机构及推出零件的设计将在其他章节讲述。

7.1.2 成型零件设计的基本要求

对模具成型零件的基本要求包括：

（1）具有足够的强度和刚度

在注射成型过程中，型腔要承受高温熔体的高压作用，因此模具型腔应该有足够的强度和刚度。型腔强度不足将发生塑性变形，甚至破裂；刚度不足将产生过大弹性变形，导致型腔向外变形，并引起塑件卡在定模或在分型面产生飞边。成型零件提高刚度的方法通常是增加锥面定位，见图7-2。

（2）能获得符合要求的成型塑件

这些要求包括外观形状、尺寸精度、表面粗糙度、力学性能和化学性能等。

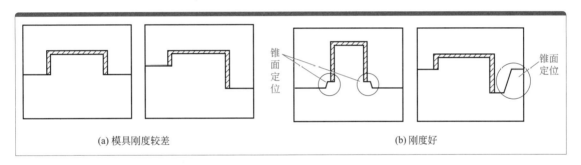

(a) 模具刚度较差　　　　　　　　　　　　　(b) 刚度好

图 7-2　增加锥面定位提高模具刚度

（3）所生产的塑件能直接用于装配，避免成型塑件的后加工

所有的孔槽、自攻螺钉柱、搭扣、嵌件等结构尽可能在型腔中一次成型。

（4）成型可靠，效率高

有快速填充的浇注系统，成型塑件冷却快，推出机构快速可靠，流道、浇口去除容易。

（5）制造成本低

结构简单、可靠、实用，缩短制作时间，降低制作费用，见图7-3。

（6）便于维修和保养

易损坏及难加工处要考虑镶拼结构，以便于损坏后快速更换，见图7-4。模具是一种长寿命的生产工具，设计时就必须考虑日后的维修保养。

（7）材料方面

① 具有足够的硬度和耐磨性，以承受料流的摩擦。通常内模材料硬度应在35HRC以上，而对于注射玻纤增强塑料的模具、大批量生产的模具，其内模镶件硬度常要求在50HRC以上。

② 材料抛光性能好。表面粗糙度 Ra 一般要求在0.4μm以下，对于生产透明塑件的模具，型腔表面则要进行镜面抛光，表面粗糙度 Ra 要求在0.2μm以下。

③ 切削加工工艺性能好。重要的部位、精密配合的部位应采用磨削加工，一般部位尽量采用车削或铣削加工。

模架与镶件

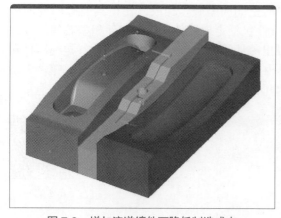

图 7-3　增加流道镶件可降低制造成本

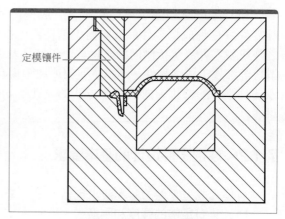

定模镶件

图 7-4　定模镶件方便维修

7.1.3　成型零件设计内容和一般步骤

成型零件的设计一般可按以下步骤进行：
① 确定模具型腔数量；
② 确定塑件分型线和模具分型面；
③ 确定型腔的排位；
④ 需要侧向抽芯时设计侧向抽芯机构；
⑤ 确定型芯型腔的成型尺寸，确定脱模斜度；
⑥ 确定成型零件的组合方式和固定方式。
除了侧向抽芯机构的设计将在第 9 章详细讲解外，本章将详细讲解其他五个步骤。

7.2　型腔数量确定

一副注塑模具可以同时成型多个相同或不同的塑料零件，从而大大提高生产速度和企业的经济效益，这是注塑模具的价值之一。在模具设计之前一般都要制订分模表，分模表中要明确注明每副模具要成型的塑件名称和数量。

7.2.1　确定型腔数量必须考虑的因素

模具型腔的数量，通常是根据产品的批量、塑料制品的精度、塑料制品的大小、用料以及颜色来确定的，同时还必须兼顾塑料的成型工艺、成型设备以及模具的制作等其他因素。型腔数量若不合理，会导致熔体填充不良，严重时甚至会导致一副模具的失败。图 7-5 是打火机储油外壳注塑模具，一模 16 腔是合理的，若一模设计 24 腔则不合理。

通常，若塑料制品尺寸精度要求很高，每模型腔数量不宜超过 4 腔，且必须采用平衡布置分流道的方式。对一般要求的塑料制品，依经验，即使每腔制品相同，尺寸较小，成型容易的话，每模如果超过 24 腔是必须慎重考虑的。在确定模具型腔数量时，应该考虑以下因素。

（1）塑件尺寸精度
由于分流道和浇口的制造误差，即使分流道采用平衡布置的方式，也很难将各型腔的注射工艺参数同时调整到最佳值，从而无法保证各型腔塑件的收缩率均匀一致，对精度要求很高的塑件，其互换性将受到严重影响。国外有试验表明，每增加一个型腔，其成型塑件的尺寸精度就下降 5%。

（2）经济性

型腔越多，模具外形尺寸相对越大，与之匹配的注塑机也必须增大。大型注塑机价格高，运转费用也高，且动作缓慢，用于多腔注塑模未必有利。此外，模具中型腔数量越多，其制造费用越高，制造难度也越大，模具质量很难保证。

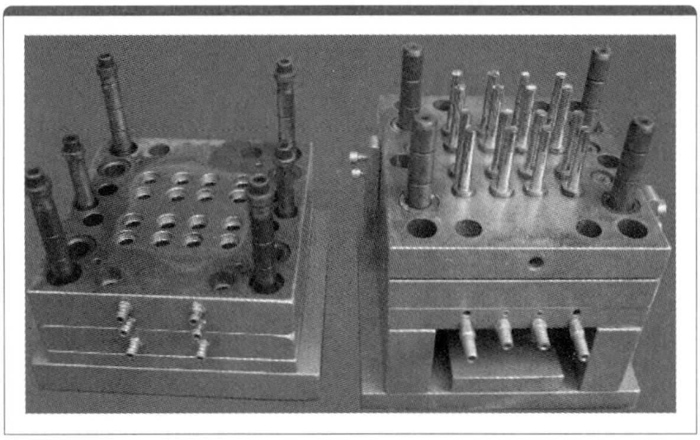

图 7-5　打火机外壳注塑模具

（3）成型工艺

型腔数量的增多，必然使分流道增长，当熔体到达型腔前，注射压力及熔体的热量将会有较大的损失。若分流道及浇口尺寸设计稍不合理，就会发生一腔或数腔注不满的情况，或即使注满，却存在诸如熔接不良或内部组织疏松等缺陷，再调高注射压力，又容易使其他型腔产生飞边。

（4）维修和保养

模具型腔数量越多，故障发生率也越高，而任何一腔出了问题，都必须立即修理，否则将会破坏模具原有的压力平衡和温度平衡，甚至对注塑机和模具会造成永久的损害。而经常性的停机修模，又必然影响模具生产率的提高。

7.2.2　确定型腔数量必须考虑的其他因素

（1）产品的批量、塑件的精度、塑件的大小、材料以及颜色

如果产品批量小的话，应尽量减少模具数量，以降低成本。此时宜将塑料品种相同、颜色相同、体积不大的塑件安排在同一副模具中生产。如果产品批量大的话，应尽量将同一塑件安排在同一副模具内生产，即一模多腔，每腔相同。以一次性打火机为例，机壳塑件由一副模生产，每模 16 腔，按手塑件由一副模生产，每模 24 腔，密封面阀塑件由一副模生产，每模 12 腔，等等。塑件精度要求高的话，型腔数量越少越好，一般不宜超过 4 腔。塑件的大小也直接影响每模的型腔数量，较大型的塑件宜一模一腔；小型塑件宜一模多腔，但模具也不宜太大，长宽尺寸不宜大过 300mm×400mm。

（2）注塑机大小

如果与模具匹配的注塑机预先就确定了，那么计算型腔数量的方法有两种。

① 根据所用注塑机的注射量确定型腔数量。

$$各腔塑件总重 + 浇注系统凝料重量 \leqslant 注塑机额定注射量 \times 80\%$$

注意：算出的数值不能四舍五入，只能向大取整数。

② 注塑机的额定（或公称）锁模力。

假定各腔塑件在分型面上的投影面积之和为 $A_分$（mm^2），注塑机的额定（或公称）锁模力为 $F_锁$，塑料熔体对型腔的平均压强为 $p_型$，则：

$$A_分 \times p_型 \leqslant F_锁 \times 80\%$$

不同塑料熔体对型腔的平均压强 $p_型$ 见表 7-1。

表 7-1　常用塑料的型腔压强

塑料代号	LDPE	PP	HDPE	PS	ABS	PA	POM	PMMA	PC
型腔压强 /MPa	15～30	20	23～39	25	40	42	45	30	50

7.3 模具分型面设计

7.3.1 分型面设计主要内容

分型面设计的主要内容有三点：

① 分型面的位置：哪一部分由动模成型，哪一部分由定模成型。

② 分型面的形状：是平面、斜面、阶梯面还是弧面。

③ 分型面的定位：如何保证型芯和型腔的位置精度，最终保证塑件的尺寸精度。

7.3.2 塑件分型线和模具分型面关系

在模具设计之初，我们要先根据制品形状确定分型线，分型线就是将塑件分为两部分的分界线，一部分在定模侧成型，另一部分在动模侧成型。将分型线向外延伸或扫描就得到模具的分型面。见图7-6。

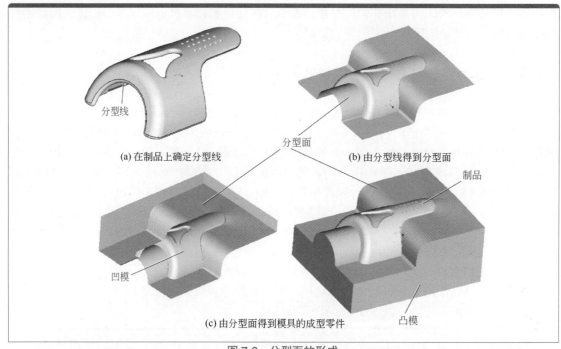

图 7-6 分型面的形成

分型线和分型面的关系：

① 如果塑件分型线在同一平面内，则模具分型面也是平面。见图7-7。

② 当塑件的分型线在具有单一曲面(如柱面)特性的曲面上时，如图7-8（a）中的塑件，则要求按图7-8(b)的形式即按曲面的曲率方向伸展一定距离（通常不小于5mm）创建分型面。

③ 当塑件分型线为较复杂的空间曲线时，则无法按曲面的曲率方向伸展一定距离，此时不能将曲面直接延拓到某一平面，否则会产生如图7-9（a）和图7-10（a）所示的台阶及尖角密封面，而应该沿曲率方向建构一个较平滑的封胶曲面。这种分型面易于加工，密封性好，且不易损坏，如图7-9（b）和图7-10（b）所示。由此可以看出，同一个塑件，即使分型线相同，但因延拓或扫描的方法不同，分型面未必相同。

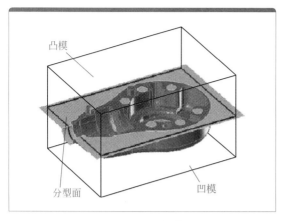

图 7-7 平面分型面

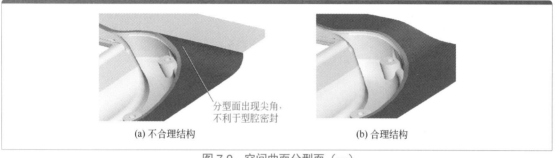

图 7-8 曲面分型面

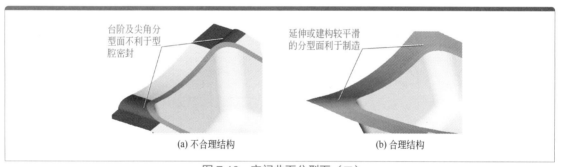

图 7-9 空间曲面分型面（一）

图 7-10 空间曲面分型面（二）

水平分型面

阶梯分型面

曲面分型面

垂直分型面

7.3.3 模具分型面的进一步定义

在模具中，能够取出塑件或浇注系统凝料的可分离的接触面，都叫分型面。因此以上所得到的分型面，对于单分型面模来说，就是模具的全部分型面，但对于具有双分型面或多分型面的三板模或多层注塑模具，它仅仅是模具分型面的一部分。

根据开模情况不同，分型面分为两种：一种是模具分开时，分型面两边的模板都移动，如三板模；另一种是模具分开时，其中一边的模板不动，另一边模板移动，如二板模。

根据数目不同，分型面又分为单分型面、双分型面、多分型面。分型面的形状和数量取决于塑件的形状和每模型腔的数量。

在单分型面的模具中，分型面是指模具上可以打开的，用于取出成型塑件和浇注系统凝料的可分离的接触面，即动、定模内模镶件的接触面。在双分型面的模具中，分型面还包括取出浇注系统凝料的可分离接触面，即脱料板和定模A板的接触面。

根据形状不同，分型面也可以分为平面分型面、斜面分型面、阶梯面分型面、曲面分型面，或者是它们的组合。

分型面既可能与开模方向垂直，也可能和开模方向形成一定角度，但尽量避免和开模方向平行，因为这样会造成模具制造困难，也容易导致动、定模内模镶件磨损而产生飞边。曲面或倾斜的分型面两端要设计成平面，或加内模定位结构，以方便内模镶件的加工，以及保证内模镶件的定位和刚度。

7.3.4 分型面设计的一般原则

分型面的设计是否合理对模具制造、模具生产和塑件质量都有很大影响，是模具设计中非常重要的一步。分型面设计的一般原则如下。

（1）有利于脱模

有利于脱模包括四方面：

① 成型塑件在开模后必须留在有推出机构的半模上，这是最基本的要求。有推出机构的半模通常是动模，特殊情况下推出机构才做在定模上。见图7-11（a）。

② 当塑件带有金属嵌件时，因为嵌件不会收缩，所以外形型腔应设计在动模侧，否则开模后因塑件的黏附力会留在定模，造成脱模困难。见图7-11（b）。

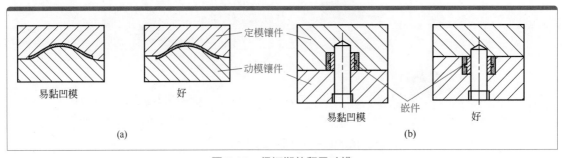

图 7-11　保证塑件留于动模

③ 有利于塑件推出。选择分型面时，尽量做到定模镶件成型塑件外表面，动模镶件成型内部结构，这种模具俗称"天地模"，见图7-12。"天地模"不但有利于熔体填充，而且顶出力较小，有利于脱模。

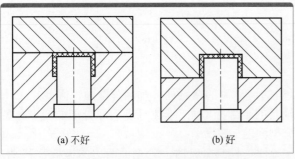

图 7-12　"天地模"有利于推出塑件

④ 使侧向抽芯距离最短。如图7-13（a）所示为常见的笔筒，采用图7-13（b）中纵向分型面虽然模具整体高度有所增加，但侧抽芯距离较短，模具结构简单，较好。而图7-13（c）中的分型面因侧抽芯距离太长，会导致模具宽度增大，在生产过程中，滑块行程太大易出故障，不好。

(a) 塑料制品：笔筒　　　　　(b) 纵向摆放时侧向抽芯距离短　　　　　(c) 横向摆放时侧向抽芯距离太长

图 7-13　侧向抽芯距离越小模具越简单可靠

（2）必须确保塑件尺寸精度

① 有同轴度要求的结构应全部在动模内或定模内成型，若放在动、定模两侧成型，会因模具制造误差和装配误差而难以保证双联齿轮的同轴度。见图 7-14。

② 选择分型面时，应考虑减小由于脱模斜度造成的塑件大小端尺寸差异，如图 7-15 所示的长筒塑件，若型腔全部设在定模，会因脱模斜度造成塑件大小端尺寸差异太大。如果采用较小的脱模斜度，又会使塑件易黏定模而造成脱模困难。若塑件外观无严格要求，不妨将分型面选在塑件中间，不但可以提高塑件精度，还可采用较大的脱模斜度有利于脱模。

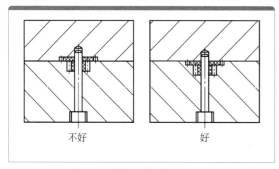

图 7-14　在同一镶件上成型有利于保证同轴度

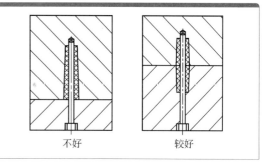

图 7-15　应考虑脱模斜度对塑件精度的影响

③满足模具的锁紧要求，将塑件投影面积大的方向，放在动、定模的合模方向上，而将投影面积小的方向作为侧向分模面；另外，分模面是曲面时，应设计定位结构。见图 7-16。

（3）必须保证塑件外观质量要求

分型面尽可能选择在不影响塑件外观的部位以及塑件表面棱线或切线处。见图 7-17。

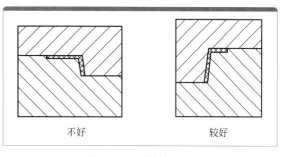

图 7-16　锁模力最小

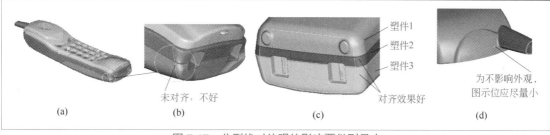

图 7-17　分型线对外观的影响要做到最小

（4）有利于简化模具结构

① 简化侧抽芯机构。

a. 应尽量避免侧抽芯机构，若无法避免侧抽芯，应使抽芯尽量短。见图 7-13。

b. 若塑件有侧孔时，应尽可能将滑块设计在动模部分，避免定模抽芯，否则会使模具结构复杂化。见图 7-18。

c. 由于斜滑块合模时锁紧力较小，对于投影面积较大的大型塑件，可将塑件投影面积大的分模面作为动、定模的分型面，而将投影面积较小的分型面作为侧向分型面，否则斜滑块的锁紧机构必须做得很庞大，或由于锁不紧而出现飞边。

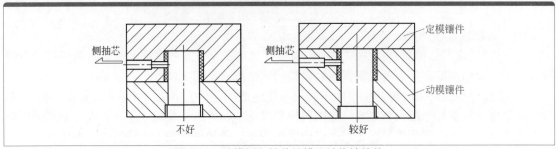

图 7-18　动模侧向抽芯的模具结构较简单

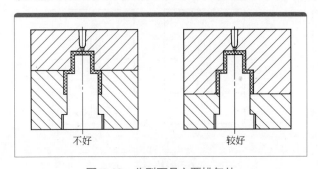

图 7-19　分型面是主要排气处

② 尽量方便浇注系统的布置。

对于二板模，分流道都是沿分型面走，要使熔体在分流道内的能量损失最小，布置分流道的分型面起伏不宜过大。

③ 便于排气。

分型面是排气的主要地方，为了有利于气体的排出，分型面尽可能与料流的末端重合。见图 7-19。

④ 便于嵌件的安放。

当分型面开启后，要有一定的空间安放嵌件，另外嵌件应尽量靠近分型面，以方便安放。

⑤ 模具总体结构简化，尽量减少分型面的数目。

（5）方便模具制造

能确保模具加工容易，尽量采用平直分型面。在确定分型面时，要做到能用平面（与开模方向垂直）不用斜面，能用斜面不用曲面。见图 7-20。

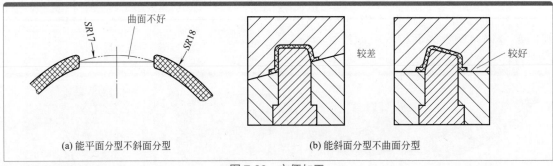

(a) 能平面分型不斜面分型　　　(b) 能斜面分型不曲面分型

图 7-20　方便加工

（6）分型面上尽量避免尖角锐边

若分型面不合理，则模具上易出现尖角，尖角处不但加工复杂，密封性不好，而且会产生应力集中，应力集中会导致模具开裂，从而缩短模具的生产寿命。

（7）满足注塑机技术规格的要求

① 锁模力最小。

尽可能减少塑件在分型面上的投影面积。当塑件在分型面上的投影面积接近于注塑机的最大注射面积时，就有产生溢料的可能，模具的分型面尺寸在保证不溢料的情况下，应尽可能减少分型面接触面积，以增加分型面的接触压力，防止溢料，并简化分型面的加工。

② 开模行程最短。

当塑件很深，注塑机的开模行程无法满足要求时，分型面的确定要保证动、定模开模行程最短，见图7-21。开模行程最短后可以采用较小的注塑机，注塑机越小运转费用越低，且动作较快。但采用液压抽芯将会使模具成本有所增加，这是必须考虑到的。

分型面选择	分型面选择	分型面选择	分型面选择	分型面选择	分型面选择
示例1	示例2	示例3	示例4	示例5	示例6

7.3.5 分型面设计要点

（1）台阶分型面

一般要求台阶分型面的插穿面倾斜角度为$3° \sim 5°$，最小$1.5°$，角度太小则模具制造困难。如图7-22所示。当分型面中有几个台阶面，且$H_1 \geqslant H_2 \geqslant H_3$时，角度"$A$"应满足$A_1 \leqslant A_2 \leqslant A_3$，并尽量取同一角度方便加工。角度"$A$"尽量按下面要求选用：

当$H \leqslant 3mm$，斜度$A \geqslant 5°$；$3mm \leqslant H \leqslant 10mm$，斜度$A \geqslant 3°$；$H > 10mm$，斜度$A \geqslant 1.5°$。

当塑件斜度有特殊要求时，应按塑件要求选取。

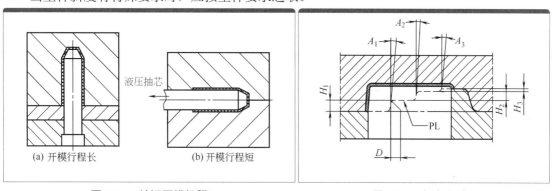

图7-21 缩短开模行程

（a）开模行程长　（b）开模行程短

图7-22 台阶分型面

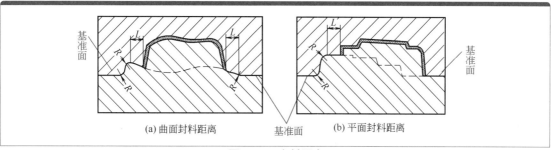

（a）曲面封料距离　（b）平面封料距离

图7-23 密封距离

（2）密封距离

模具分型面中，要注意保证同一曲面上有效的密封距离，以方便加工和保证注射时塑料熔体不泄漏。这个距离就叫密封距离或叫封料距离。如图 7-23 所示，一般情况要求封料距离 $L \geqslant 5mm$。

（3）基准平面

在创建分型面时，当含有斜面、台阶、曲面等有高度差异的一个或多个分型面时，必须设计一个基准平面，以方便加工和测量。如图 7-24 和图 7-25 所示。

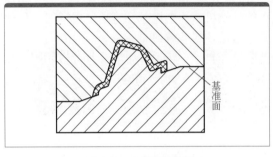

图 7-24　斜面分型面

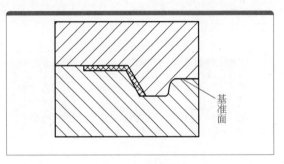

图 7-25　分型面加管位

（4）平衡侧向压力

由于型腔产生的侧向压力不能自身平衡，容易引起动、定模在受力方向上的错位，故一般增加斜面锁紧，利用动、定模的刚性，平衡侧向压力。锁紧斜面在合模时要求完全贴合，锁紧斜面倾斜角度一般为 10°～15°，斜度越大，平衡效果越差。

7.4　型腔排位以及内模镶件外形尺寸设计

内模镶件由定模镶件和动模镶件组成。内模镶件的大小由成型塑件的大小及数量，通过合理的排位来决定。

7.4.1　型腔排位一般原则

注塑模具设计的第一步就是要根据塑件图和分模表确定的数量进行摆放，由此确定内模镶件的大小。再由内模镶件的大小确定模架大小（注：有侧向抽芯机构的模具，还须先设计完侧向抽芯机构，才能确定模架大小），这一过程俗称排位。

模具的排位就是根据模具型腔数量、塑料品种和塑件大小确定成型零件的大小。狭义的排位仅指确定各型腔的摆放位置，以确定内模镶件的长宽高；广义的排位还包括模具所有结构件的设计，即绘制模具的装配图。本节的排位仅指前者。

塑件的排位确定了模具结构，并直接影响着后期的注射成型工艺。排位时必须考虑相应的模具结构，在满足模具结构的条件下调整排位。

一般来说，塑件的排位应遵循以下基本原则：

（1）必须保证模具的压力平衡和温度平衡

要做到压力平衡和温度平衡，应尽量将塑件对称排位或对角排位。

① 对称排位的原则。

以下情况，塑件在模具里排位应遵循对称的原则，又称分中排位原则。

a. 一模出一件，塑件形状完全对称，或近似对称；

b. 一模出多件，塑件相同，腔数为双数；

c. 一模出多件，塑件不同，腔数均为双数。

见图 7-26。

以上几种情况如果不分中，在注射过程中很容易产生飞边以及塑件收缩率不一致，有时甚至在模具加工过程中就很容易出错。

② 对角排位的原则。

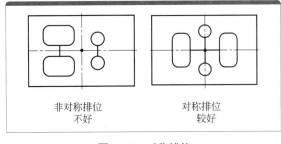

图 7-26　对称排位

如果在多腔模具中，即使满足上面的情况，也很难做到对称排位时，应尽量做到对角排位。对角排位有下面几种情况：

a. 一模出两件，塑件相同，但塑件不对称，见图 7-27，俗称鸳鸯排位。

b. 一模出两件，塑件大小形状不同。

c. 一模出多腔（二腔以上），各腔大小形状不同，排位时尽量采用较大的和较大的对角摆放，较小的和较小的对角摆放的方法。见图 7-28。

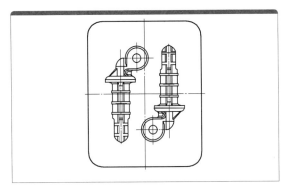

图 7-27　鸳鸯排位

图 7-28　对角排位

对称排位原则和对角排位原则目的都是保证模具的压力平衡和温度平衡。

如果模具的温度不平衡，模具各部位的温差过大，会导致各腔塑件收缩率不一致，最终损害塑件的尺寸精度，甚至导致塑件翘曲变形。

如果模具的压力不平衡，模具在注射时会因某一侧胀型力过大，而使塑件产生飞边。严重的压力不平衡，会对模具，甚至注塑机产生永久性损害，如使模具型芯型腔错位、导柱变形以及注塑机拉杆变形等。

型腔压力分两个部分，一是指平行于开模方向的轴向压力；二是指垂直于开模方向的侧

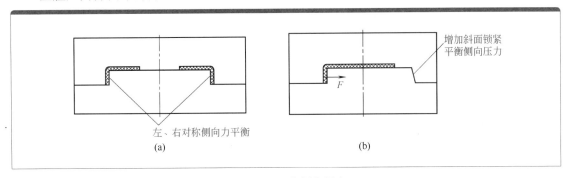

图 7-29　平衡侧向压力

向压力。排位时除了应力求做到轴向压力相对于模具中心平衡外，还要力求做到侧向压力也能够相互平衡。见图 7-29。

（2）浇口位置统一原则

在一模多腔的情况下，浇口位置应统一。浇口位置统一原则是指一模多腔中，相同塑件要从相同的位置进料。目的就是保证各塑件收缩率一致，使其具有互换性。当浇口位置影响塑件排位时，需先确定浇口位置，再排位。

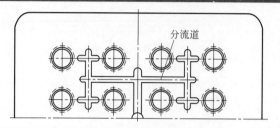

图 7-30　平衡布置

（3）进料平衡原则

进料平衡原则是指熔体在基本相同的条件下，同时充满各型腔，以保证各腔塑件的精度。为满足进料平衡一般采用以下方法：

a. 采用平衡式排位（如图 7-30），各型腔的分流道长度相等。适用于各腔塑件相同或塑件体积大小基本一致的情况。

b. 按大塑件靠近主流道，小塑件远离主流道的方式排位，再调整流道、浇口尺寸满足进料平衡。适用于各腔塑件不同、体积相差较大的情况下。

注意：当大小塑件重量之比大于 8 时，应同客户协商调整。在这种情况下，调整流道、浇口尺寸很难满足平衡要求。

（4）分流道最短原则

浇注系统的分流道越短，浇注系统凝料越少，模具排气负担越轻，熔体在分流道内的压力和温度损失越少，成型周期也越短。每种塑料的流动长度不同，如果流动长度超出注射工艺要求，型腔就难以充满。另外，在满足各型腔充满的前提下，流道长度和截面尺寸应尽量小，以保证浇注系统凝料最少。

（5）成型零件尺寸最小原则

成型零件的尺寸越小，模架的尺寸就越小，模具的制作成本就越低，与之匹配的注塑机就越小，小型的注塑机运转费用低，且运转速度快。

7.4.2　确定内模镶件外形尺寸

确定内模镶件尺寸总体原则是：必须保证模具具有足够的强度和刚度，使模具在使用寿命内不致变形。

确定内模镶件尺寸的方法有两种：经验法和计算法。在实际工作中常常采用经验法而不是计算法，故此处仅介绍经验法。

（1）确定内模镶件的长、宽尺寸

第一步：按上面的排位原则，确定各型腔的摆放位置。

第二步：按下面的经验数据，确定各型腔的相互位置尺寸。

多型腔模具，各型腔之间的钢厚 B 可根据型腔深度取 12～25mm，型腔越深，型腔壁应越厚，见图 7-31。特殊情况下，型腔之间的钢厚可以取 30mm 左右。特殊情况包括：

a. 当采用潜伏式浇口时，应有足够的潜伏式浇口位置及布置推杆的位置。

b. 塑件尺寸较大，型腔较深（≥50mm）时。

c. 塑件尺寸较大，内模镶件固定型芯的孔为通孔。此时的镶件成框架结构，刚性不好，应加大钢厚以提高刚性。见图 7-32。

d. 型腔之间要通冷却水时，型腔之间距离要大一些。

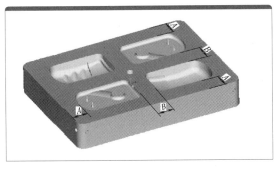

图 7-31 排位确定镶件大小

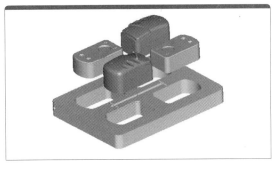

图 7-32 动模镶件做通孔

第三步：确定内模镶件的长、宽尺寸。型腔至内模镶件边之间的钢厚 A 可取 15 ～ 50mm。塑件至内模镶件的边距也与型腔的深度有关，一般塑件可参考表 7-2 中的经验数值选定。

表 7-2 型腔至内模镶件边经验数值　　　　　　　　　　　　　　　　mm

型腔深度	型腔至内模镶件边数值	型腔深度	型腔至内模镶件边数值
≤ 20	15 ～ 25	30 ～ 40	30 ～ 35
20 ～ 30	25 ～ 30	＞ 40	35 ～ 50

注：1. 动模镶件和定模镶件的长度和宽度尺寸通常是一样的。

2. 内模镶件的长、宽尺寸应取整数，宽度应尽量和标准模架的推件固定板宽度相等。

（2）内模镶件厚度尺寸的确定

内模镶件包括定模镶件和动模镶件，厚度与塑件高度及塑件在分型面上的投影面积有关。一般塑件可参考如下经验数值选定。

① 定模镶件厚度 A：一般在型腔深度基础上加 W_a=15 ～ 20mm，当塑件在分型面上的投影面积大于 200cm^2 时，W_a 宜取 25 ～ 30mm。见图 7-33。

② 动模镶件厚度 B：见图 7-33，分以下两种情况。

一是动模镶件无型腔，型腔都在定模镶件内（即天地模），见图 7-33（a）。此时应保证动模镶件有足够的强度和刚度，动模镶件厚度取决于动模镶件的长宽尺寸。见表 7-3。

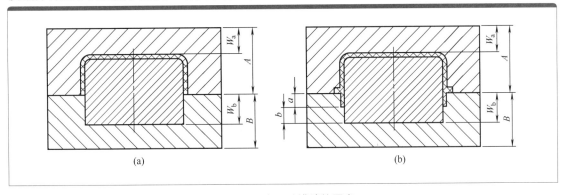

图 7-33 定、动模镶件厚度

表 7-3 动模镶件厚度经验确定法　　　　　　　　　　　　　　　　mm

内模镶件尺寸（长 × 宽）	动模镶件厚度 B	内模镶件尺寸（长 × 宽）	动模镶件厚度 B
≤ 50×50	15 ～ 20	150×150 ～ 200×200	30 ～ 40
50×50 ～ 100×100	20 ～ 25	≥ 200×200	40 ～ 50
100×100 ～ 150×150	25 ～ 30		

二是动模镶件有部分型腔，见图 7-33(b)，动模镶件的厚度 B= 型腔深度 a+ 封料尺寸 b（最小 8mm）+ 钢厚（14mm 左右）。

如果型芯镶通，则不用加 14mm；如果按上式计算得到的厚度小于表 7-3 中动模镶件厚度 B，则以表 7-3 中的厚度为准。

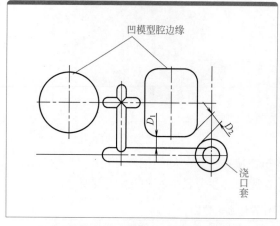

图 7-34　型腔至流道的距离

注意事项：

① 定模镶件厚度尽量取小一些，以减小主流道的长度。

② 动模镶件厚度是指分型面以下的厚度，不包括动模镶件型芯的高度。

③ 动模镶件型腔越深，封料尺寸的值就越要取小些；反之，则可取大些。

（3）其他设计要点

① 要满足分型面封料要求。

排位应保证流道、浇口套距定模型腔边缘有一定的距离，以满足封料要求。一般要求 $D_1 \geq 6mm$，$D_2 \geq 10mm$，如图 7-34 所示。

侧抽芯滑块槽与型腔边缘的距离应大于 15mm。

② 要满足模具结构空间要求。

排位时应满足模具结构件，如滑块、锁紧块、斜推杆等的空间要求。同时应保证以下几点：

a. 模具结构件有足够强度；

b. 与其他模架结构件无干涉；

c. 有活动件时，行程须满足脱模要求，有多个活动件时，不能相互干涉，如图 7-35 所示；

d. 需要推管的位置要避开顶棍孔的位置。

③ 要充分考虑螺钉、冷却水及推出装置。

为了模具能达到较好的冷却效果，排位时应注意螺钉、推杆对冷却水孔的影响，预留冷却水孔的位置。

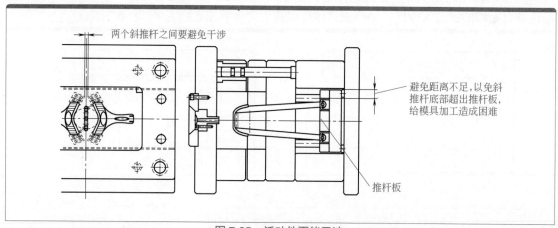

图 7-35　活动件不能干涉

④ 模具长宽比例要协调。

排位时要尽可能紧凑，以减小模具外形尺寸，从选择注塑机方面考虑，模具宽度越小越好，但长宽比例要适当（在 1.2 ～ 1.5 之间较合理），长度不宜超过宽度的 2 倍。

7.4.3　内模镶件配合尺寸与公差

内模镶件与模板的配合为过渡配合，公差为 H7/m6，内模镶件之间的配合公差为 H7/h6。

模具动、定模板在 X、Y 平面即主视图内通常有两个设计基准：模具基准和塑件基准。所有型芯、型腔部分的尺寸由塑件设计基准标出，保留两位有效小数，一般无须标注公差（除非有特殊要求处），尺寸加方框，Z 方向一律以塑件基准为设计基准，没有明确塑件基准的以分型面为设计基准。

螺钉、冷却水道等与模架装配有关系的尺寸由模具装配基准（通常为中心线）标出。标注尺寸时应考虑加工的方便。

公差的规定：未注公差为自由公差，按国标 IT12 查表。

7.4.4 内模镶件成型尺寸计算法

内模镶件的成型尺寸是由塑件的零件图增加收缩值（俗称放缩水）和脱模斜度，并镜射而得的。见图 7-36。

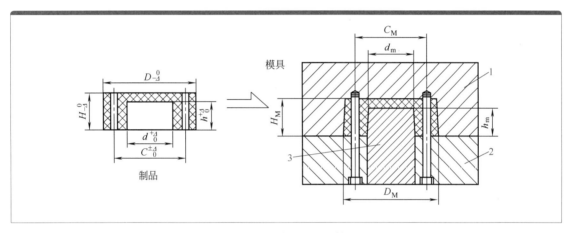

图 7-36　成型尺寸计算

1—定模镶件；2—动模镶件；3—型芯

塑料的成型收缩受多方面的影响，如塑料品种、塑件几何形状及大小、模具温度、注射压力、充模时间、保压时间等，其中影响最显著的是塑料品种、塑件几何形状及壁厚。

值得注意的是，对同一塑件增加收缩值时，3D 设计和 2D 设计所选用的参考点应相同，否则将会使 3D 和 2D 设计不统一。

内模镶件成型尺寸的计算方法目前有以下两种：

（1）国标计算法：

① 型腔内形尺寸：$D_M = [D(1+S) - 3/4\Delta] + \&$

② 型腔深度尺寸：$H_M = [H(1+S) - 2/3\Delta] + \&$

③ 型芯外形尺寸：$d_M = [d(1+S) + 3/4\Delta] - \&$

④ 型芯高度尺寸：$h_M = [h(1+S) + 2/3\Delta] - \&$

⑤ 中心距尺寸：$C_M = [C(1+S)] \pm \&$

式中　S——收缩率；

　　　Δ——塑件公差；

　　　$\&$——模具零件公差。

（2）简化计算法

① 塑件尺寸为自由公差时：

$$D_M = D(1+S)$$

式中 D_M ——模具型腔尺寸；

D ——塑件的基本（或公称）尺寸。

型腔尺寸公差通常取 IT6～IT8 级。

② 塑件尺寸为非自由公差时，有两种计算方法。

第一种方法：型腔的基本尺寸还是由下式计算：

$$D_M=D(1+S)$$

型腔的尺寸公差取塑件尺寸公差的一半。

第二种方法：型腔的基本尺寸由下式计算：

$$D_M=[(D_{max}+D_{min})/2]\times(1+S)$$

式中 D_{max} ——最大极限尺寸；

D_{min} ——最小极限尺寸。

型腔的尺寸公差仍取塑件尺寸公差的一半。

这里应该注意的是，保证塑件的尺寸精度是我们的终极目标，但影响塑件尺寸精度的因素除型腔的制造精度外，还包括塑料的收缩率的波动性、型芯的装配误差以及型腔的磨损。其中塑料的收缩率波动性不仅与塑料品种有关，还会随着塑件的结构和尺寸、注射成型工艺参数的变化而变化。单纯从提高型腔的制造精度角度去提高塑件的尺寸精度是很困难的，也是很不经济的。

7.4.5 脱模斜度

为了塑件能够顺利脱模，模具的型芯和型腔都必须设计合理的脱模斜度。一般地说，脱模斜度都是按减小塑件实体（又称减胶）的方向取，即定模型腔所标尺寸为大端尺寸，动模型芯所标尺寸为小端尺寸。见图 7-36。

如果模具选用形成了不合理的脱模斜度，会影响塑件的表面质量，所以在模具设计时应对塑件的脱模斜度进行检查，并与相关的负责人协商解决不合理的地方。以下是对脱模斜度的一般要求：

① 塑料品种不同，塑件表面粗糙度要求不同，则其脱模斜度也不同。详见第 3 章表 3-5。

② 不论塑件内表面的加强筋、柱子是否设计有脱模斜度，在进行模具设计时，都应增加或修改脱模斜度，而且在不影响塑件内部结构的情况下，应选取较大的脱模斜度。

7.4.6 内模镶件的成型表面粗糙度

成型的表面粗糙度取决于塑件的表面粗糙度。塑件表面的粗糙度多种多样，所以模具成型表面的粗糙度也多种多样，其中包括：

（1）镀铬

常用于成型透明塑料的模具型腔、成型有腐蚀性塑料（如 PVC 和 POM 等）的模具型腔以及成型流动性差的塑料（如 PC 等）的模具型腔（减轻磨损）的表面加硬处理。

（2）蚀纹

型腔抛光后，再用化学药水腐蚀，可以得到各种不同的粗糙度的表面，以成型各种不同要求的塑件表面。型腔要蚀纹的模具，应注意以下几点：

① 在所有情况下，型腔需蚀纹的位置不能有电极加工留下的火花纹或机械加工的刀纹。

② 如工件需做另外的表面处理（如电镀或氮化），应先做蚀纹工序。

③ 一般深度的蚀纹，需先用 #320 砂纸抛光后，才可蚀纹。

④ 若要蚀细纹或深度浅过 0.025mm 的皮纹，需用 #400/600 砂纸抛光后，才可蚀纹。

⑤ 蚀纹的型腔脱模角度应尽量取大些，视蚀纹的粗细脱模角度取 3°～9° 不等。

（3）火花纹

电极加工后不进行抛光，直接成型塑件。常用于两种情况：一是外观效果的需要，这种表面哑色，稳重大方；二是装配在看不见的地方，没有外观要求。

（4）喷砂

塑件表面有特殊要求或特殊功能要求，需要在模具型腔表面喷砂，以达到塑件表面的这种特殊效果。

（5）抛光

抛光俗称省模，抛光包括一般抛光和镜面抛光。一般抛光的粗糙度约为 0.2 ～ 0.4μm，镜面抛光的粗糙度要达到 0.1 ～ 0.2μm。镜面抛光常用于成型透明塑件的模具型腔加工。

抛光作业程序：

车削加工、铣床加工、电加工→ 砥石研磨（粗→细 #46 → #80 → #120 → #150 → #220 → #320 → #400）→砂纸研磨（#220 → #280 → #320 → #400 → #600 → #800 → #1000 → #1200 → #1500）→钻石膏精加工（15μm → 9μm → 3μm → 1μm）。

7.5 定模镶件设计

7.5.1 定模镶件基本结构

定模镶件又称凹模、母模仁，英文叫 cavity。它是装在定模 A 板开框里的镶件，通常用以成型塑件的外表面。其结构特点随塑件的结构和模具的加工方法而变化。

定模镶件有整体式和组合式两种。组合式镶件的刚性不及整体式，且易在塑件表面留下痕迹，影响外观，模具结构也比较复杂，故定模镶件常采用整体式。但组合式镶件排气性能良好，制造方便；对于镶件中易磨损的部位采用组合式，可以方便模具的维修，避免镶件的整体报废。

图 7-37 是一副动定模都采用整体式镶件的实例。

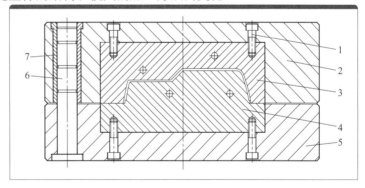

图 7-37　整体式定模镶件和动模镶件

1—连接螺钉；2—定模 A 板；3—定模镶件；4—动模镶件；
5—动模 B 板；6—导柱；7—导套

7.5.2 组合式镶件适用场合

为保证塑件的外观质量，定模镶件尽量不用组合式镶件，但以下情况宜用组合式结构。

① 镶件型腔结构复杂，采用整体式难以加工。见图 7-38。

② 内模镶件高出分模面。分模面即使为平面，当定模镶件内部结构高出分模面较多时，为方便加工及省料，也宜镶拼。见图 7-39。

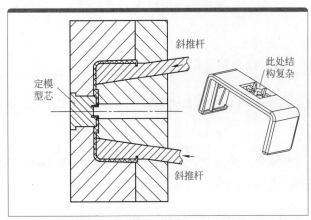

图 7-38　定模镶件局部结构复杂

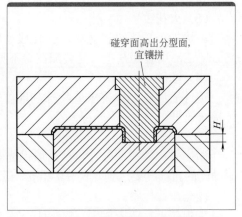

图 7-39　定模碰穿面高出分型面

③ 一模多腔，各腔分型面不同。图 7-3 是电话机听筒底盖和面盖注塑模，为了保证颜色一致及装配可靠，底盖和面盖通常都在同一副模具中成型，但因它们的分型面不同，模具的内模镶件必须采用组合结构。

④ 易损坏的零件应镶拼。产品批量大，对易损零件采用镶拼，方便维修。见图 7-4。

⑤ 字唛。产品销往不同国家，塑件上的文字要用不同的语言，成型文字的字唛要镶拼，以便更换。

⑥ 一模多腔，各腔分模面虽相同，但镶件长宽尺寸较大，采用整体镶件时加工不便。

对于多腔模具，内模镶件大小以不超过 200mm×200mm 为宜，如果超过此数应采用镶拼结构。不同公司因公司加工设备不同，对此有不同规定，设计时必须留意。

定模镶件如果采用组合式，应尽量沿切线或较隐蔽的地方镶拼，以最小限度地影响外观。

7.6　动模镶件设计

7.6.1　动模镶件基本结构

动模镶件又称凸模、公模仁，英文 core。它是装在动模 B 板开框里的镶件，用以成型塑件的内部结构。动模镶件也有整体式和组合式两种，动模镶件常采用组合式。

整体式动模镶件形状简单时，模具刚性好，见图 7-37。组合式镶件节约材料，加工方便，排气性好，维修方便。在组合式动模镶件中，中间高出来的小镶件通常称为型芯。镶拼可以镶通（见图 7-40），也可以不镶通（见图 7-41）。不镶通时强度和刚度较好，但如果镶件和型芯的配合孔需要线切割加工时，必须镶通。为方便模具加工、排气、维修及节省材料，动模镶件常采用组合式。组合式动模镶件注意以下几点：

① 小型芯尽量镶拼。小型芯容易损坏，为方便加工及方便损坏后更换，常采用镶拼结构。小型芯单独加工后再嵌入动模镶件中，公差配合取 H7/h6。小型芯尽量采用标准件和通用件。见图 7-40。

② 复杂型芯可将动模镶件做成数件再拼合，组成一个完整的型腔。见图 7-41。

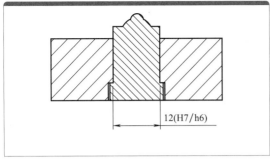

图 7-40 镶件的组合

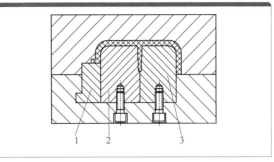

图 7-41 型芯镶拼

1～3—型芯

③ 非圆形小型芯，装配部位宜做成圆形。这样易于加工，而成型部分做成异形，注意这种型芯要加防转销。见图 7-42。

7.6.2 动模镶件几种典型结构镶拼方式

成型零件是否镶拼及如何镶拼，是模具设计的难点之一，好的镶拼方式可以降低加工成本，使模具制作、生产和维修都变得容易。这一点往往取决于设计师的经验。

碰穿和插穿

7.6.2.1 孔的成型

孔有圆孔和异形孔。

在讲孔的成型之前，我们先引入两个概念：碰穿和擦（插）穿，在台资厂又叫靠破和擦破。二者都用在塑件中通孔的成型。碰穿是指塑件内部的熔体密封面（即动、定模内模镶件的接触面）和开模方向垂直（如平面）或相当于垂直（如弧面或曲面）；擦穿则指熔体密封面与开模方向不垂直。

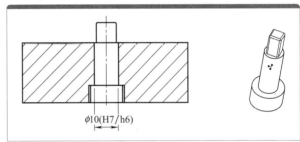

图 7-42 非圆小型芯结构

模具上碰穿、擦穿面如图 7-43 所示。其中擦穿面应有斜度，这个斜度有三个功用：

① 方便模具制造；

② 防止溢料产生飞边，因为平行于开模方向的贴合面承受不到锁模力；

③ 减少定模镶件和动模镶件之间的磨损。

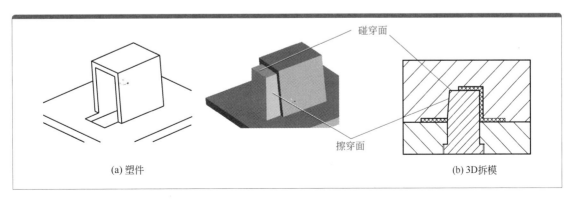

碰穿面

擦穿面

(a) 塑件　　　　　　　　　　　　　　　　(b) 3D拆模

图 7-43 擦穿与碰穿

145

（1）圆孔的成型

成型圆孔一般采用镶圆形镶件，俗称镶针，镶针一般选用标准件，如推杆等，以方便损坏后更换。通孔的成型有碰穿和插穿两种方法。碰穿时熔体密封面和开模方向大致垂直；插穿时熔体密封面和开模方向大致平行。如果是台阶孔，还有对碰、对插和插穿三种方式，见图 7-44。

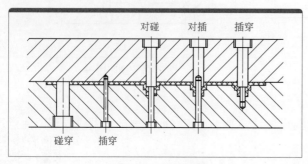

图 7-44 孔的成型

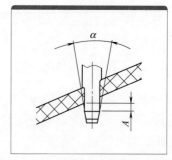

图 7-45 斜面或曲面上圆孔应插穿

成型圆孔宜采用插穿，尤其是斜面或曲面上的圆孔。原因是：①圆孔加工容易；②圆轴插穿磨损小；③插穿时镶件不易被熔体冲弯。但当圆孔直径≥5 倍的孔深时，可以采用碰穿。另外，插穿的飞边方向是轴向的，碰穿的飞边方向是径向的，哪一种飞边会影响装配，也是设计时必须考虑的。

斜面上的圆孔必须插穿，以方便加工，见图 7-45。图中 α 取 10°～15°，A 取 2mm。

（2）异形孔的成型

成型异形孔时，如果孔很深，尺寸又较小，生产时易损坏时，应采用镶件，否则可不镶拼。较浅的异形孔、斜面上的异形孔及斜孔，宜采用碰穿。成型深且小的异形孔时，为防镶件被熔体冲弯，应该采用插穿，插穿时斜度最小应保证 3°～5°，这种结构加工难度较大。

① 异形孔成型实例一：简化模具结构。

原则上异形孔成型，能做碰穿（靠破）不做擦穿（擦破），能做擦穿不做侧抽芯，能大角度擦穿，不小角度擦穿。如图 7-46 所示。

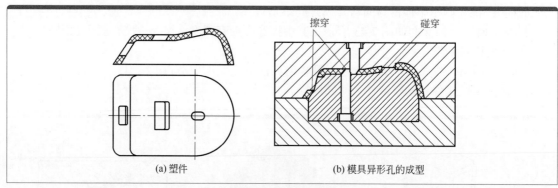

(a) 塑件   (b) 模具异形孔的成型

图 7-46 异形孔成型实例（一）

② 异形孔成型实例二：保证结构强度。

如图 7-47 所示，为避免模具凸出部位变形或折断，设计上 B/H 的值应大于或等于 1/3 较合理。碰穿面最小密封面 $E \geqslant 2mm$。擦穿面倾斜角度取决于擦穿面高度，$H \leqslant 3mm$ 时，斜度 $\alpha \geqslant 5°$；$H > 3mm$ 时，斜度 $\alpha \geqslant 3°$；某些塑件对斜度有特定要求时，擦穿面高度 $H/10mm$，允许斜度 $\alpha \geqslant 2°$。

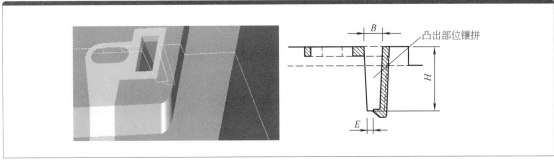

图 7-47　异形孔成型实例（二）

③ 异形孔成型实例三：侧孔做枕位。

如图 7-48 所示，枕位封料尺寸应大于 5mm，枕位侧面两擦穿面斜度 3°～5°。

7.6.2.2　止口镶拼方法

止口分为凸止口和凹止口，常用于塑料零件的装配，防止零件错位，它常常和自攻螺柱或搭扣联合使用，前者限制零件之间 X 和 Y 方向的自由度，后者限制 Z 方向的自由度。止口的成型通常都要镶拼，镶拼的方法是：凹止口镶中间，凸止口镶里面，详见图 7-49。

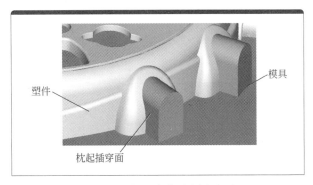

图 7-48　异形孔成型实例（三）

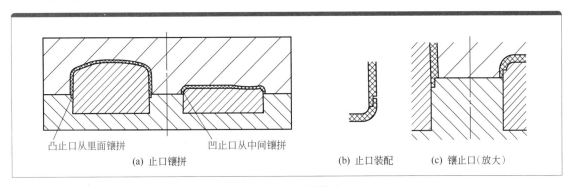

图 7-49　止口镶拼法

7.6.2.3　自攻螺柱的成型

自攻螺柱是一种装配结构，常见自攻螺柱的结构见图 7-50（a）。自攻螺柱中心孔并无螺纹，而是一段光孔，其直径尺寸取决于自攻螺钉的大小（详见第 3 章表 3-7），根据其精度要求有如下规定：

① 非重要孔（螺柱外径）：以小端尺寸向外倾斜 1°或 3°。

② 重要孔（螺柱内径）：按最大尺寸做，并做适当斜度。

自攻螺柱的成型方法取决于其推出方式，其推出方式又取决于自攻螺柱的高度，若自攻螺柱较高（高度大于 15mm），或自攻螺柱旁边没有位置加推杆，应优先采用推管推出；若自攻螺柱较低（高度小于 15mm），应优先考虑用双推杆推出。采用推管推出时，自攻螺柱由镶件和推管共同成型，内孔由推管针成型，见图 7-50（b）；采用双推杆推出时，自攻螺柱直接在模具上成型，内孔由镶针成型，此时有两种成型方法，见图 7-50（c）和图 7-50（d）。其中图图 7-50（c）中的自攻螺柱高度不受型芯的影响，因此比图 7-50（d）好。

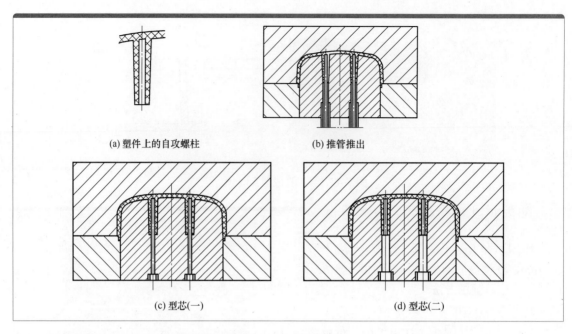

(a) 塑件上的自攻螺柱   (b) 推管推出

(c) 型芯(一)   (d) 型芯(二)

图 7-50　自攻螺柱成型

7.6.2.4　加强筋的成型

加强筋的作用主要是增加塑件的强度和刚度，有时也用于装配和改善熔体填充等场合。加强筋的成型应注意如下几点：

（1）何时镶拼

加强筋高度≤5mm（浅筋）时，可以不采用镶拼零件成型。加强筋高度≥10mm（深筋）时，为加工和排气方便，必须采用镶拼零件成型。在 5～10mm 之间，则视具体情况而定，若加工（包括抛光）容易，不会导致困气，可以不镶拼，否则要镶拼。

（2）镶拼的优点

① 方便加工，工序可以错开，便于安排，缩短制造时间。

② 避免电极（EDN）加工。电极加工精度差，时间长。

③ 抛光方便。

④ 有利于塑件成型。能解决困气、填充不足等缺陷。

⑤ 模具修改方便。

（3）镶拼的缺点

①装配上增加难度。

②模具强度相对降低。

③溢料可能性增大，容易出现飞边。

（4）如何镶拼

加强筋要做脱模斜度的，大端尺寸不得大于壁厚的0.7倍。底部（小端）形状通常有三种：

① 底部有 FULL R 角。底部整个倒 R 角，一般如图 7-51（a）。

② 底部两边倒 R 角，中间有一段直边，约 0.5mm，如图 7-51（b）。

③ 底部是直面，不倒 R 角，如图 7-51（c）。

不管是哪一种情况，加强筋都宜从中间镶拼，以便于省模及加工筋两边的拔模斜度，见图 7-51。

7.6.2.5 冬菇形镶件

冬菇形镶件是指固定部分较小而成型部分较大的镶件，这种镶件形似冬菇，故俗称镶冬菇，它是一种很巧妙的镶拼方法，有时候能得到很好的效果；图 7-52 是电池箱成型常采用的三种方法，图 7-52（a）的镶拼方法最差，不符合安全规则；图 7-52（b）包 R 后符合安全规则，但表面会留下镶拼痕迹，而且装上电池门后会出现较明显的间隙，影响外观；最好的镶拼方法是图 7-52（c），不会影响外观。

图 7-53～图 7-55 都是采用冬菇形镶件的例子。

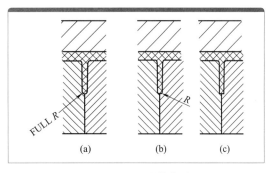

图 7-51　加强筋成型

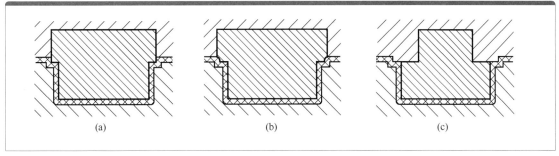

图 7-52　镶冬菇实例（一）

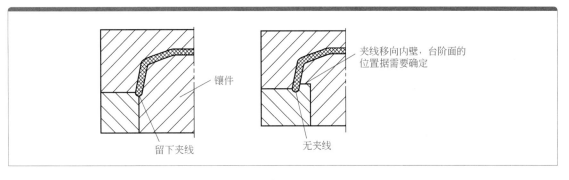

图 7-53　镶冬菇实例（二）

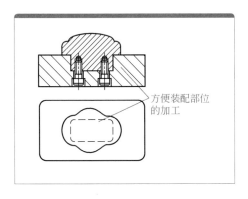

图 7-54　镶冬菇实例（三）

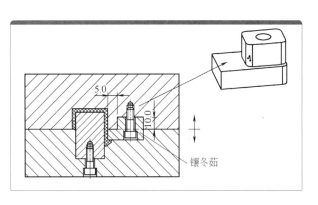

图 7-55　镶冬菇实例（四）

7.7 镶件的紧固和防转

7.7.1 镶件的紧固

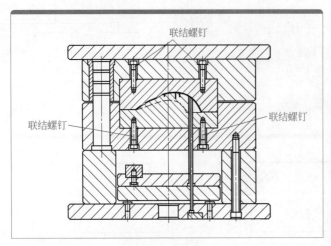

图 7-56 A 型装配法

内模镶件一般采用以下几种形式与模架板固定连接。

（1）A 型

A、B 板上用于固定内模镶件的孔不通，内模镶件通过螺钉紧固在动、定模板上，见图 7-56。这种形式最常用。

（2）B 型

当内模镶件为圆形镶件，或内模镶件较厚时，动、定模板上用于固定内模镶件的孔通常采用通孔，内模镶件的固定方法如图 7-57 所示。

（3）C 型

采用台阶（又称介子脚）固定，常用于圆形镶件或尺寸较小的方形镶件。圆形镶件开通框便于加工和防转，见图 7-58。台阶固定应考虑加工性和可靠性，见图 7-59。

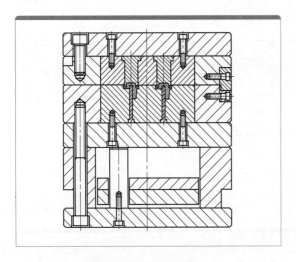

图 7-57 B 型装配法

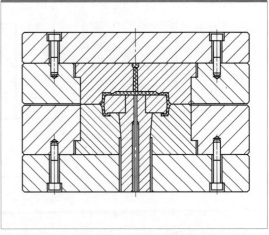

图 7-58 C 型装配法

（4）D 型

采用双圆柱面固定，常用于侧面需要通冷却水的圆形镶件，此时若采用直身圆柱面，密封圈在装配时，就会受到切削或磨损，影响密封效果。齿轮模内模镶件就常用这种方法安装。见图 7-60。

（5）E 型

采用双销侧面固定，双销兼有防转作用。这种结构常用于镶件和镶件孔都用线切割加工，镶件尺寸较小，中间要加推杆，不便加工螺孔的场合。见图 7-61。

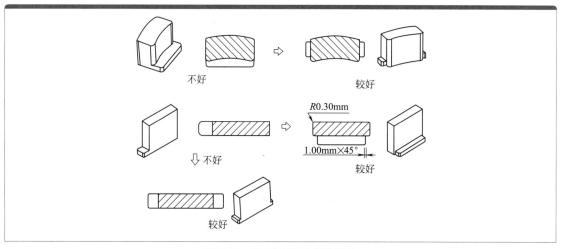

图 7-59　C 型装配法台阶设计

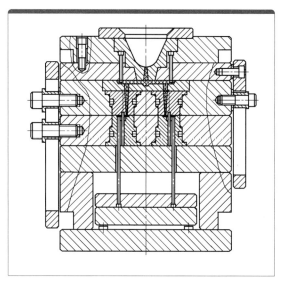

图 7-60　D 型装配法

图 7-61　E 型装配法

（6）G 型

内模镶件采用楔紧块固定，常用于内模镶件比较大、比较重的模具，以方便拆装。详见图 7-62。

内模镶件楔紧块的设计要点：

① 动、定模都要设置楔紧块。

② 模板与楔紧块之间不能留有间隙。

③ 在楔紧块和模板的相应位置上打上记号，防止装错。

④ 内模镶件楔紧块一侧为 3°～5°斜度，见图 7-62。

⑤ 楔紧块底下不能有间隙。

⑥ 固定楔紧块的螺钉从分模面装拆。

⑦ 在楔紧块的正面要有螺孔，便于楔紧块的取出。

⑧ 在基准面的两个对面设置。

（7）H 型

四面镶拼，互相压住固定，用于尺寸较大，热处理后易变形的模具。见图 7-63。

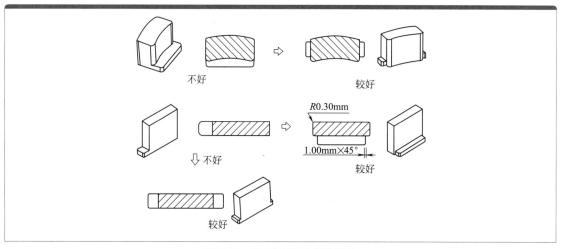

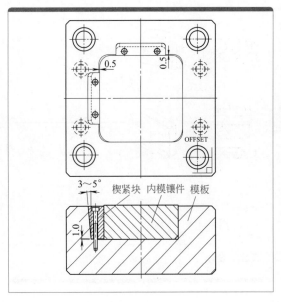

图 7-62　G 型装配法

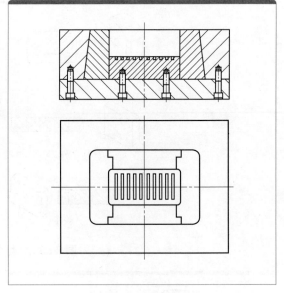

图 7-63　H 型装配法

7.7.2　镶件的防转

圆形镶件必须防转。防转的常用方式有如下几种：

① 台阶原身防转。见图 7-64。效果较好，但加工麻烦。

② 无头螺钉防转。见图 7-65。装拆方便，要攻牙，加工较麻烦。

③ 销钉防转。见图 7-66～图 7-68。加工方便，但装拆较麻烦。

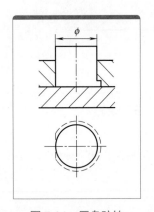

图 7-64　原身防转

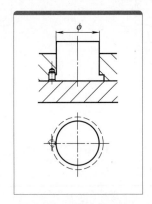

图 7-65　无头螺钉防转

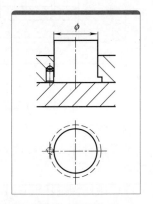

图 7-66　纵向销钉防转（一）

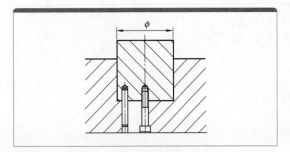

图 7-67　纵向销钉防转（二）

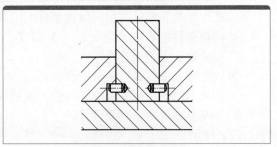

图 7-68　横向销钉防转

7.8 注塑模具成型零件设计实例

7.8.1 二板模成型零件设计实例

如图 7-69 所示为某塑件注塑模具结构图，由于内部结构较复杂，动、定模的成型零件均采用镶拼结构，这样便于制造、排气和维修保养。

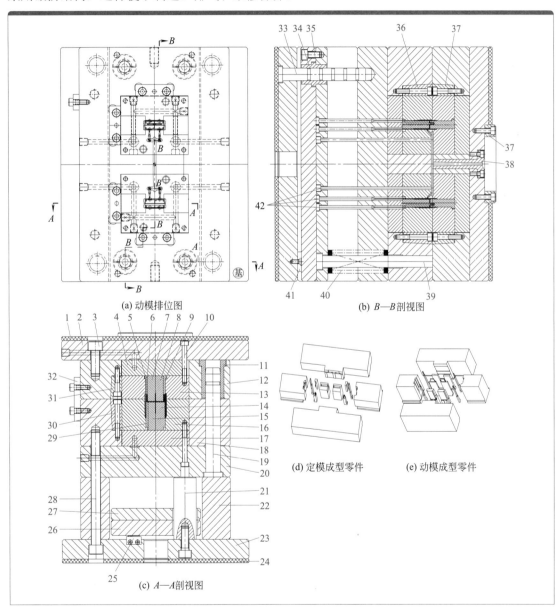

图 7-69　注塑模具成型零件设计实例（一）

1—隔热板；2—定模固定板；3，10，28，34—螺钉；4—定模垫板；5～9—定模小镶件；11—导套；12—定模 A 板；13—定模镶件；14，15—动模型芯；16—动模镶件；17—动模垫板；18—动模 B 板；19—导柱；20—托板；21—撑柱；22—方铁；23—动模固定板；24—隔热板；25—行程开关；26—推杆底板；27—推杆固定板；29—动模型芯 3；30，31，36，37—楔紧块；32—锁模块；33—推杆板导柱；35—导套；38—浇口套；39—复位杆；40—复位弹簧；41—限位钉；42—推杆

7.8.2 三板模成型零件设计实例

如图 7-70 所示为圆筒塑件注塑模具设计实例，成型零件由动模镶件 22、动模型芯 23 和定模镶件 27、定模型芯 28 组成，成型塑件最后由推板镶件 25 推出。

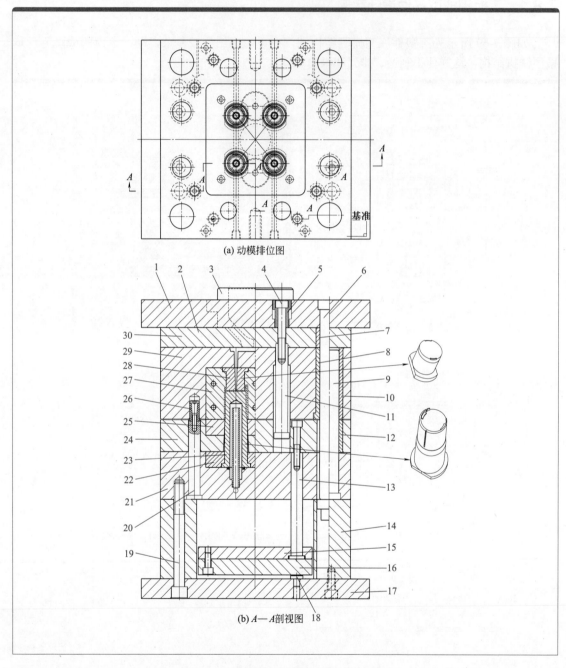

(a) 动模排位图

(b) A—A 剖视图

图 7-70 注塑模具成型零件设计实例（二）

1—定模固定板；2—脱料板；3—浇口套；4, 19—螺钉；5—限位套；6—长导柱；7, 8, 10, 12—导套；9—短导柱；

11—小拉杆；13—复位杆；14—方铁；15—推杆固定板；16—推杆底板；17—动模固定板；18—限位钉；

20—拉杆；21—动模 B 板；22—动模镶件；23—动模型芯；24—推板；25—推板镶件；26—尼龙塞；

27—定模镶件；28—定模型芯；29—定模 A 板；30—脱料板

第 **8** 章 侧向分型机构与抽芯机构设计

8.1 什么是侧向抽芯机构

注射机上只有一个开模方向，因此注塑模也只有一个开模方向。但很多塑料制品因为侧壁带有通孔、凹槽或凸台（图8-1），不能直接从模具内脱出，模具上需要增加一个或多个侧向抽芯方向。这种在制品脱模之前或脱模过程中进行侧向抽芯，使成型塑件能够安全脱模，在合模前或合模过程中又能安全复位的机构称为侧向分型与抽芯机构。

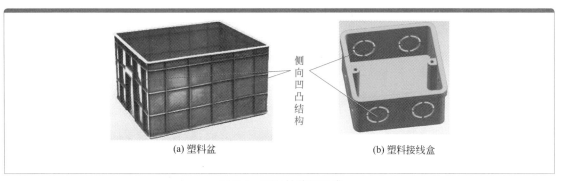

(a) 塑料盆   侧向凹凸结构   (b) 塑料接线盒

图 8-1   侧向抽芯的形成

侧向分型与抽芯机构，简单地讲就是与动、定模开模方向不一致的开模机构。其基本原理是将模具开合的垂直运动转变为侧向运动，从而将成型塑件的侧向凹凸结构中的模具成型零件，在塑件被推出之前脱离开塑件，让成型塑件能够顺利脱模。侧向运动的驱动零件主要有斜导柱、弯销、斜向T形槽、T形块和液压油缸等。

侧向分型与抽芯机构使模具结构变得更为复杂，提高了模具的制作成本。一般来说，模具每增加一个侧抽芯机构，其成本大约增加30%。同时，有侧向抽芯机构的模具，在生产过程中发生故障的概率也越高。因此，塑料制品在设计时应尽量避免侧向凹凸结构。图8-2是一副带有两个侧向抽芯机构的注塑模具。

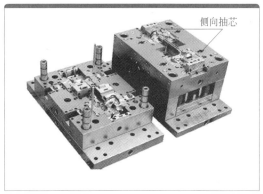

侧向抽芯

图 8-2   侧向抽芯的注塑模具

8.2 什么情况下要用侧向分型与抽芯机构

成型下列结构塑件的模具需要采用侧向抽芯机构。

① 塑件存在与开模方向不一致的结构。如花纹、字体、标记符号、凸起的胶柱和耳状结构等，一般需要采用侧向抽芯机构。如图 8-3 所示的两个塑件都要进行侧向抽芯。

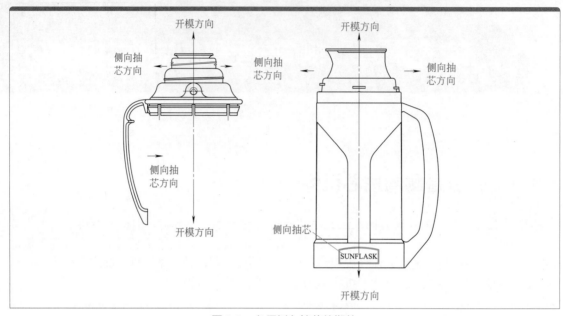

图 8-3　必须侧向抽芯的塑件

② 虽然没有倒扣，但制品存在不能有脱模斜度的外侧面，需要侧向抽芯。如下列三种情况制品局部就不能有脱模斜度：

a. 装配后该侧面与其他零件的侧面贴合，若有脱模斜度，会导致装配后出现间隙，从而影响外观。

b. 制品很高，外表面为配合面，精度要求较高，若有脱模斜度，会导致大小端尺寸相差较大而影响装配。

c. 摆放时，接触平面的公仔或马等动物的脚底面，通常不允许有脱模斜度，要采用侧向抽芯机构。

③ 环环相扣的塑料链条，必须采用侧向抽芯机构。见图 8-4，图中的链条只画了 4 个环，实践中最多可以成型 20 个环，一模出二件，需要四个侧抽芯。

注意：有两种情况，塑件上即使存在侧向凹凸结构也可以不采用侧向抽芯机构。一种情况是成型塑件材料为 PP、PE、POM、ABS 和 PA 软性较好的非脆性材料，且倒扣深度尺寸较小，结构为圆弧等较平缓的形状，可以采取强制脱模（详见第 12 章）。另一种情况是可以用枕位替代侧向抽芯机构，如图 8-5 所示的外侧的

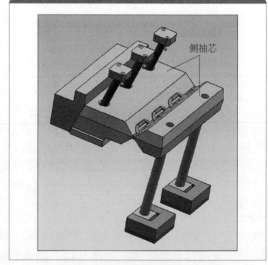

图 8-4　链条注塑模具侧向抽芯机构

凸起结构，常常不用侧向抽芯机构成型，而采用枕位来成型。但这样会在制品表面留下镶接线，而且由于接合线两边分别出于定模和动模，因其脱模斜度的方向相反，镶接线两边会明显起级，影响外观。

制品内侧凹凸结构，有时也可以通过改善制品结构来避免模具采用侧向抽芯，见第 3 章图 3-4。

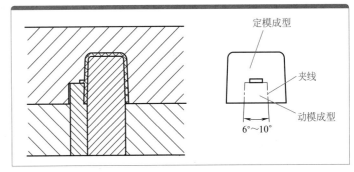

图 8-5　用枕位代替侧向抽芯

8.3　侧向分型机构与抽芯机构的分类

由于制品结构的复杂性，其侧向凹凸结构也千变万化，有外侧凹凸结构，也有内侧凹凸结构，抽芯的方向也千变万化，从而导致注塑模具侧向抽芯机构的复杂多变。

根据模具侧向分型机构动力来源不同，可分为机械抽芯、液压抽芯和手动抽芯。其中机械抽芯是在开模时，依靠注塑模的开模动作，通过抽芯机构带动活动侧抽芯，实现侧向抽芯。机械抽芯具有脱模力大、劳动强度小、生产率高和操作方便等优点，在生产中广泛采用。液压抽芯是通过液压油缸拉动侧向滑块实现侧向抽芯。手动抽芯是将侧向凹凸结构的成型零件做成嵌件形式，制品取出后，依靠人力直接或通过传递零件的作用抽出活动型芯。其缺点是劳动强度大，而且由于受到限制，故难以得到大的抽芯力。其优点是模具结构简单，制造方便，制造模具周期短，适用于塑料制品试制和小批量生产。有时因塑料制品特点的限制，在无法采用机动抽芯时，也可以采用手动抽芯。手动抽芯结构在实际生产中很少采用。

根据模具侧向分型机构所处位置不同，可分为定模外侧抽芯机构、定模内侧抽芯机构、动模外侧抽芯机构、动模内侧抽芯机构、定模斜抽芯机构、动模斜抽芯机构。其中，动模外侧抽芯机构相对较简单。为常用的侧向抽芯机构。定模侧抽芯常用斜滑块形式，因其结构简单。当不能采用斜滑块时，则在 A、B 板开模前定模侧必须至少有一次分型。因为定模抽芯必须在 A、B 板打开之前完成，否则制品就会被扣留在定模，无法脱模，这种结构较复杂，不常用。

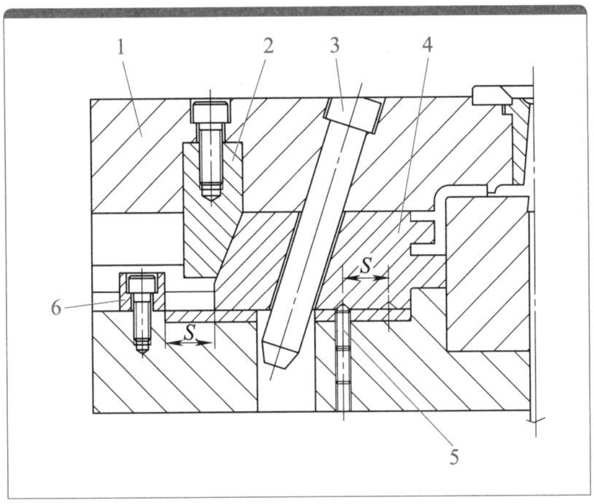

在模具设计实践中，最常见的侧向抽芯机构有以下三类：

①"滑块 + 斜导柱"的侧向抽芯机构，见图 8-6；

②斜推杆侧向抽芯机构，见图 8-7；

③斜滑块侧向抽芯机构，见图 8-8。

图 8-6　"滑块 + 斜导柱"侧向抽芯机构

1—定模 A 板；2—锁紧块；3—斜导柱；4—滑块；5—定位柱；6—限位块

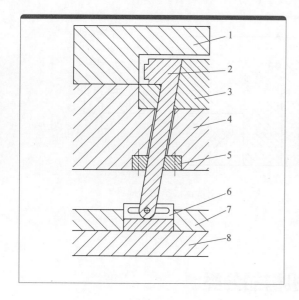

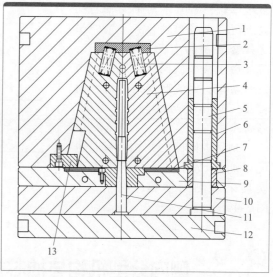

图 8-7　斜推杆侧向抽芯机构

1—定模 A 板；2—斜推杆；3—动模镶件；4—动模 B 板；5—导向块；6—底座；7—推杆固定板；8—推杆底板

图 8-8　斜滑块侧向抽芯机构

1—定模 A 板；2—弹簧底板；3—弹簧；4—斜滑块；5—导柱；6，8—导套；7—耐磨板；9—推板；10—动模 B 板；11—型芯；12—动模底板；13—限位板

8.4 "滑块＋斜导柱"侧向抽芯机构

8.4.1 斜导柱外侧抽芯机构组成

　　"滑块＋斜导柱"侧向分型与抽芯机构是利用成型后的开模动作，使斜导柱与滑块产生相对运动，滑块在斜导柱的作用下一边沿开模方向运动，一边沿侧向运动，其中侧向运动实现侧向抽芯。

　　"滑块＋斜导柱"侧向分型与抽芯机构通常用在动模外侧抽芯机构和动模内侧抽芯机构中。其中动模外侧抽芯机构最常用。

　　斜导柱外侧分型机构如图 8-9 所示，它一般由以下五个部分组成：

　　① 动力部分，如斜导柱等；

　　② 锁紧部分，如锁紧块等；

　　③ 定位部分，如滚珠＋弹簧，挡块＋弹簧等；

　　④ 导滑部分，如模板上的导向槽、压块等；

　　⑤ 成型部分，如侧抽芯、滑块等。

"滑块＋斜导柱"侧向轴芯机构

8.4.2 斜导柱外侧抽芯机构设计原则

　　① 侧向抽芯一般比较小，应牢固装在滑块上，防止在抽芯时松动滑脱。侧抽芯与滑块连接应有一定的强度和刚度。如果加工方便，侧抽芯可以和滑块做成一体。

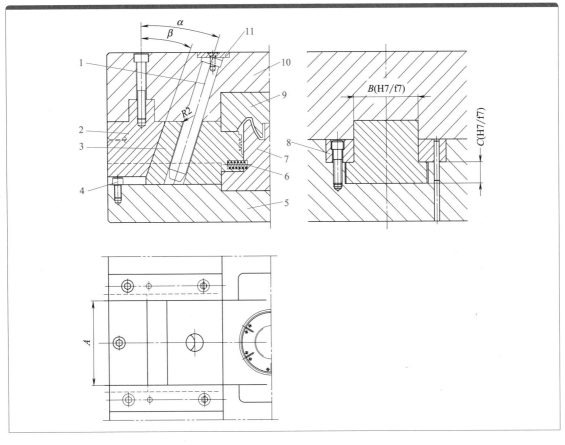

图 8-9　斜导柱外侧分型机构

1—斜导柱压块；2—锁紧块；3—侧向滑块；4—挡销；5—动模 B 板；6—定位弹簧；7—动模型芯；8—压块；9—定模镶件；
10—定模 A 板；11—斜导柱压块

② 滑块在导滑槽中滑动要平稳，不要发生卡滞、跳动等现象，滑块与导滑槽的配合一般采用 H7/f7。

③ 锁紧块要能承受注射时的胀型力，选用可靠的连接方式与模板连接。当滑块埋入另一侧模板的厚度大于总高度的 1/2 时，锁紧块可以和模板做成一体。当滑块承受较大的侧向胀型力的作用时，锁紧块要插入另一侧的模板内，插入深度 H 一般取 8～15mm，反铲面角度 A 为 5°～10°，见图 8-10。

④ 滑块若在动模 B 板内滑动，叫动模抽芯，滑块若在定模 A 板内滑动，叫定模抽芯。模具要尽量避免定模抽芯，因为这样会使模具结构更复杂。若确因塑料制品的结构必须将滑块做在定模时，A、B 板开模前必须先抽出侧向型芯，此时必须采取定距分型装置。定模抽芯一般不用斜导柱作动力零件，而改用弯销或 T 形块。

⑤ 滑块限位装置要可靠，保证滑块在斜导柱离开后不能任意滑动。

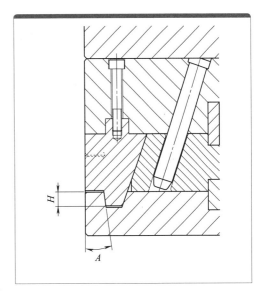

图 8-10　锁紧块的反铲结构

⑥ 滑块完成抽芯运动后，应仍停留在导滑槽内，留在导滑槽内的长度不应小于滑块全长的 3/4，否则，滑块在开始复位时容易倾斜而损坏模具。

8.4.3 斜导柱的设计

（1）斜导柱倾角 α

图 8-9 中斜导柱倾斜角 α 与脱模力及抽芯距有关。角度 α 大则斜导柱所受弯曲力要增大，所需开模力也增大。因此希望角度小些为好。但是当抽芯距一定时，角度 α 小则使斜导柱加长，见图 8-9。斜导柱倾角 α 一般在 15°～25°之间选取，最常用的是 18°和 20°。特殊情况下也不可超过 30°。角度太小斜导柱易磨损，甚至烧坏；角度太大则斜导柱所受的扭矩大，易变形，同时滑块易卡死，即无法抽芯。当抽芯距较大时，除了增加 α 值以满足抽芯距的要求外，还可适当增加斜导柱的直径和长度。

在确定斜导柱的倾斜角度时，还要考虑滑块的高度，要使斜导柱开始拨动滑块时接触滑块的长度大于滑块斜孔长度的四分之三，让滑块受力的中心尽量靠近导滑槽，使滑动平稳可靠。

滑块斜面的锁紧角度 β 应比斜导柱倾斜角 α 大 2°～3°，原因有二：

① 开模时，滑块和锁紧块必须先分开，之后斜导柱才能拨动滑块实现侧向抽芯；

② 合模时，如果滑块由斜导柱复位，如果 $\beta \leqslant \alpha$ 的话，锁紧块和滑块就会在 A 处发生撞模，俗称撞模，这是绝对不允许的，见图 8-11。

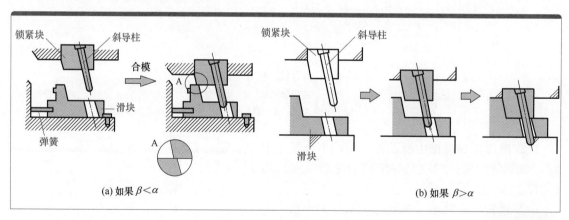

(a) 如果 $\beta < \alpha$　　　　(b) 如果 $\beta > \alpha$

图 8-11　β 必须比 α 大 2°～3°

（2）抽芯距 S

抽芯距 S 为侧向活动型芯需要抽出的最小安全距离，见图 8-12。

一般规定：$S = $ 制品侧向凹凸深度 $S_1 + 2 \sim 5$（mm）。

式中 S_1 为制品的倒扣深度，2～5mm 为安全距离。

抽芯距的计算

但也有特别情况：

① 当侧向抽芯在型芯内孔滑动（俗称隧道抽芯）时，安全距离取 1mm 都可以，见图 8-13。

② 当侧向分型面积较大，侧抽芯会影响制品取出时，最小安全距离应该取大一些，取 10～20mm，甚至更大一些都可以。见图 8-14。

③ 当倒扣是整个圆周时，如图 8-15（a）所示，则其制品的倒扣深度 S_1 并不是倒扣内外圆的半径之差，而是要采用公式计算，或用作图求取。

• 作图法。以图 8-15 为例，倒扣深度为：（60.5−56.5）/ 2 = 2（mm），用作图法求得抽芯最小距离为 10.82mm。

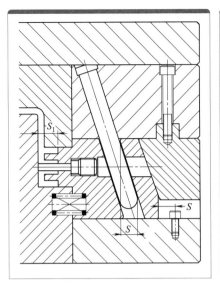

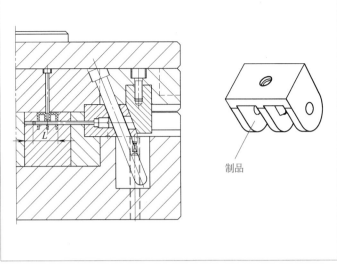

图 8-12 抽芯距离　　　　　　　　　图 8-13 隧道抽芯

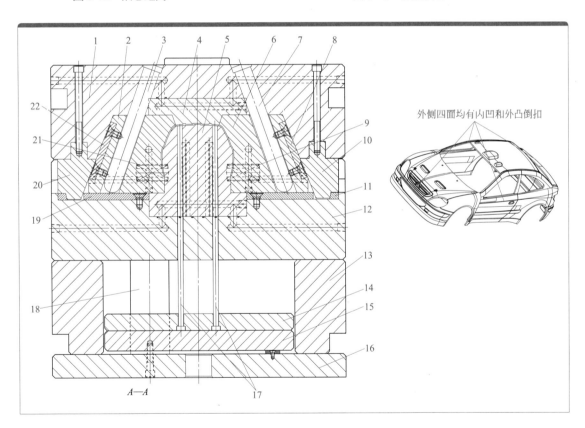

外侧四面均有内凹和外凸倒扣

图 8-14 玩具车车面注塑模具侧向抽芯机构

1—定模板；2,6—滑块；3—斜导柱；4—定模镶件；5—动模镶件；7—斜导柱；8,11,19,22—耐磨块；
9—弹簧；10—锁紧块；12—动模板；13—方铁；14—推杆固定板；15—推杆底板；16—底板；17—推杆；
18—撑柱；20—锁紧块；21—弹簧

・计算法。如图 8-16 所示，大圆半径为 R，小圆半径为 r，倒扣深度为 $R-r$，在直角三角形 ABC 中，$AB = R$，$AC = r$。

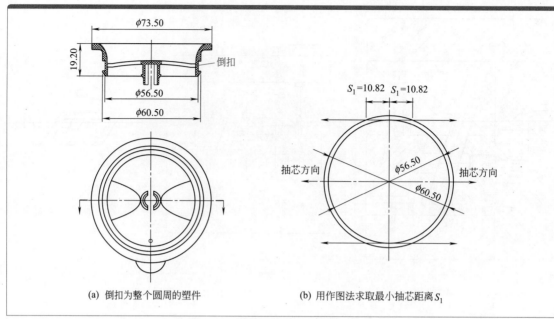

图 8-15　用作图法求 S_1（单位：mm）

所以：$S_1 = \sqrt{R^2 - r^2}$

（3）斜导柱的长度 L

确定斜导柱长度有计算法和作图法两种，实际工作中，常用作图法。

① 计算法求斜导柱长度：见图 8-17（a）。

斜导柱的长度 L 可按下面公式计算：

$$L = L_1 + L_2 = S/\sin\alpha + H/\cos\alpha$$

式中　H——固定板厚度；

　　　S——抽芯距；

　　　α——斜导柱倾角。

② 作图法求斜导柱长度：见图 8-17（b）。

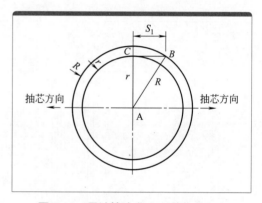

图 8-16　用计算法求 S_1（单位：mm）

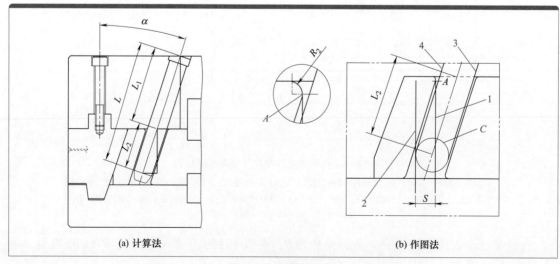

図 8-17　斜导柱长度

斜导柱的直径确定后，就可以画出滑块斜导柱孔，将孔口倒角 R2mm，由圆角象限点 A 向下作直线 1，将直线 1 向滑块滑行方向平移一个抽芯距离 S 得到直线 2，作圆 C，该圆同时和直线 2 以及斜导柱的两根素线 3 和 4 相切，再将圆 C 在素线 3 和 4 中间的部分切除，即得到斜导柱下端面。

当 A、B 板的厚度及斜导柱倾斜角度确定后，斜导柱固定部分的长度 L_1 就可以量出。因此只要 L_2 求出，总长度就知道了。

（4）斜导柱大小和数量的经验确定法

理论上，当滑块宽度大于 60mm 时需要考虑两根斜导柱。但实际上我们设计的时候都是当滑块长度大于 100mm 才考虑设计两根斜导柱。表 8-1 是斜导柱大小和数量的经验确定法，供参考。

表 8-1　斜导柱大小和数量

滑块宽度 /mm	20～30	30～50	50～100	100～150	＞150
斜导柱直径 /mm	6.50～10.00	10.00～13.00	13.00～20.00	13.00～16.00	16.00～25.00
斜导柱数量	1	1	1	2	2

（5）斜导柱的装配及使用场合

斜导柱常见的固定方式见表 8-2。

表 8-2　斜导柱的固定方式

简图	说明	简图	说明
	常用的固定方法。适宜用在模板较薄且面板与 A 模板不分开的情况下。配合面较长，稳定较好。斜导柱和固定板的配合公差为 H7/m6		适宜用在定模 A 板较厚且面板与 A 模板可分开（或无面板）的情况下。配合面较长，稳定性较好
	适宜用在模板厚、模具空间大的情况下，两板模、三板模均可使用，配合长度 $L \geqslant 1.5 \sim 5D$（D 为斜导柱直径），稳定性较好		适宜用在模板较厚的情况下，两板模、三板模均可使用，配合面 $L \geqslant 1.5 \sim 5D$（D 为斜导柱直径）。这种装配稳定性不好，加工困难
	适宜用在模板较厚的情况下，两板模、三板模均可使用，配合面 $L \geqslant 1.5 \sim 5D$（D 为斜导柱直径）。这种装配稳定性不好，加工困难		

8.4.4 滑块的设计

滑块

（1）滑块的导滑形式

滑块在导滑槽中滑动必须顺利、平稳，才能保证滑块在模具生产中不发生卡滞或跳动现象，否则会影响成品质量、模具寿命等。常用的导滑形式见表 8-3。

表 8-3 滑块的导向方式

简图	说明	简图	说明
	采用整体式加工困难，一般用在滑块较小的场合		采用"压板＋中央导轨"形式，一般用在滑块较大（$A \geqslant 200$）和模温较高的场合下
	采用矩形压板（即标准型压板）形式，加工简单，强度较好，应用广泛，压板规格可查有关标准		采用 T 形槽，且装在滑块内部，一般用于空间较小的场合，如内侧抽芯
	采用"7"字形压块，加工简单，强度较好，一般要加销钉定位		采用镶嵌式的 T 形槽，稳定性较好，维修保养方便，但增加了加工工作量

（2）滑块的尺寸及滑行距离

滑块的宽度不宜小于 30mm，滑块的长度不宜小于滑块的高度，以保证滑块开合模时滑动的稳定畅顺。

滑块在抽芯过程中应避免凸出模架，滑块滑出模架太多，复位时易发生故障，如图 8-18 所示。若抽芯距离过长，可以加大模架的长宽尺寸，如图 8-19 所示，或在模板外增加滑块导向块，如图 8-20 所示。特殊情况下，滑块滑离模板导向槽的长度应不大于滑块长度的 1/4，即 $L_1 \leqslant L/4$。见图 8-21 所示。较大较高的滑块脱模后必须全部留在滑槽内，以保证复位安全可靠。

（3）滑块斜面上的耐磨块

耐磨块见图 8-22 。

图 8-18　滑块滑出模架太多，
复位时易发生故障

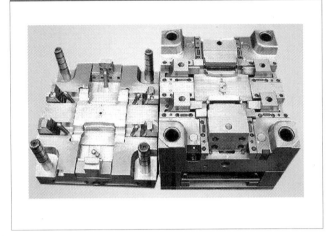

图 8-19　模架加大保证滑块不会滑出模架

图 8-20　抽芯距离太长时可
增设滑块导向块

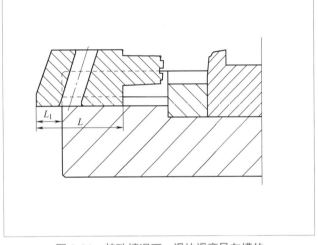

图 8-21　特殊情况下，滑块滑离导向槽的
距离不能超过滑块长度的 1/4

使用场合：滑块宽度大于 50mm，滑块的底面、斜面和斜推杆底等摩擦面尽量使用耐磨块。

耐磨块的作用：减少磨损及磨损后方便更换。

滑块耐磨块厚度：①当滑块宽度 $L =$ 50～100mm 时，耐磨块做成一件，厚度 $T = 8$mm，使用杯头螺钉 M5。②当滑块宽度 $L = 100$～200mm 时，耐磨块做成两件，厚度 $T = 8$mm，使用杯头螺钉 M5。③当滑块宽度 $L > 200$mm 时，耐磨块做成三件，厚度 $T = 12$mm，使用杯头螺钉 M6。

耐磨块要高于滑块斜面 0.5mm。

耐磨块材料：① 0-1 ST'L 油钢（淬火至 54～56HRC）；② P20（表面渗氮）或 2510（淬火至 52～56HRC）。

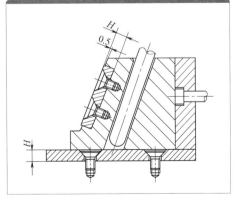

图 8-22　耐磨块

（4）滑块的冷却

尺寸较大的滑块，会使该区域的热传导变差，因为滑块与模板之间会有间隙，而间隙内的空气是热的不良导体，会使成型时的热量无法顺利地传出模具。因此，在尺寸允许的情况下，滑块内部尽量要设计冷却系统。冷却水的出入口尽量靠近滑块的底面（离底面约 15mm），楔紧块上要做避空槽，防止铲断水管接头。见图 8-23。

（5）滑块的定位

开模过程中，滑块在斜导柱的带动下要运动一定距离，当斜导柱离开滑块后，滑块必须保持原位，不能移动，停留在刚刚终止运动的位置，以保证合模时斜导柱的伸出端可靠地进

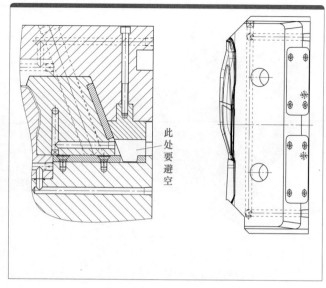

图 8-23　滑块上的冷却水和耐磨块

入滑块的斜孔，在斜导柱或楔紧块的作用下使滑块能够安全回位。为此滑块必须安装定位装置，且定位装置必须稳定可靠。

滑块的定位方式主要有"滚珠 + 弹簧"和"挡块 + 弹簧"两大类，其中"挡块 + 弹簧"又可变化出很多结构，见表 8-4。

表 8-4　滑块的定位

简图	说明	简图	说明
	利用弹簧及滚珠定位，一般用于滑块较小或抽芯距较长的场合，多用于两侧向抽芯		利用"弹簧 + 销钉（螺钉）"定位，弹簧强度为滑块重量的 1.5～2 倍，常用于向下和侧向抽芯
	利用"弹簧 + 螺钉"定位，弹簧强度为滑块重量的 1.5～2 倍，常用于向下和前后两侧向抽芯		侧向抽芯定位夹只适用于前后两侧向抽芯和向下抽芯。根据抽芯重量选择侧向抽芯夹
	利用"弹簧螺钉和挡块"定位，弹簧强度为滑块重量的 1.5～2 倍，适用于向上抽芯		SUPERIOR 侧向抽芯锁只适用于前后两侧抽芯和向下抽芯。SLK-8A 适合 8lb（磅，1lb = 0.45359kg）或 3～6kg 以下滑块。SLK-25K 适合 11kg 以下滑块

简图	说明	简图	说明
	利用"弹簧＋挡块"定位，弹簧的强度为滑块重量的 1.5～2 倍，适用于滑块较大、向下和侧向抽芯		

滑块的定位　　滑块定位方式1　　滑块定位方式2　　滑块定位方式3　　滑块定位方式4

（6）滑块滑行的方向

滑块的滑行方向取决于两个因素：塑件的结构和塑件在模具中的摆放位置。

由于塑件的结构千差万别，滑块滑行的方向也千差万别，为讨论方便，将它划分为四个主要方向：朝上（俗称朝天行），朝下（俗称朝地行），朝前（朝向操作者）和朝后（背向操作者），见图8-24。从滑块定位的角度去看，抽芯方向应优先选朝两侧向抽芯（而背向操作者滑行更是最好的选择），其次朝下抽芯，不得已时，滑块才朝上抽芯。所以有以下说法：能前后，不上下；能下不上；能后不前。

理由如下：

① 滑块向上滑行时，必须靠弹簧定位，但弹簧很容易疲劳失效，尤其是在弹簧压缩比选取不当的时候，弹簧的寿命会更短。而一旦弹簧失效，滑块在重力作用下，会在斜导柱离开后向下滑动，从而发生斜导柱撞滑块这样的恶性事件。因此向上抽芯是最差的选择。

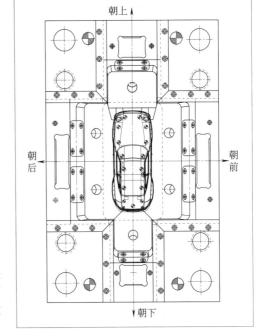

图 8-24　滑块的滑行方向

② 模具维修时，向下滑行的滑块难拆装，人又危险。另外，当塑件、塑料或碎料不慎卡在滑块的滑槽上时，就很易发生损坏模具的事故。因此向下滑行也应尽量避免。

③ 滑块滑行方向的最佳选择是向后滑行，即背向操作者的那一侧，这样不会影响操作者取出塑件或喷射脱模剂等。

当然，以上是一般情形下的选择，如果碰到抽芯距离大于60mm，需要采用液压抽芯时，则让滑块向上滑行就是最佳选择了，理由很简单：模具安装方便。

（7）滑块和侧向抽芯的连接方式

滑块有整体式与组合式两种。采用组合式滑块时，需要将侧向抽芯紧固在滑块上。具体连接方式大致如表8-5所示。

组合式滑块设计注意事项：

① 使用场合：

a. 侧向抽芯强度薄弱，容易损坏；

b. 精度要求高，难以一次性加工；

c. 形状复杂，整体加工困难；

d. 圆形的侧向抽芯。

表 8-5　滑块和侧向抽芯的连接方式

简图	说明	简图	说明
	滑块采用整体式结构，一般适用于型芯较大、较好加工、强度较好的场合		采用销钉固定，用于侧向抽芯不大、非圆形的场合
	嵌入式镶拼方式，侧向抽芯较大、较复杂，分体加工较容易制作		采用螺钉固定，用于一般型芯或圆形且型芯较小场合
	标准的镶拼方式，采用螺钉的固定形式，一般用于型芯成方形或扁平结构且型芯不大的场合。$A > B = 5 \sim 8\text{mm}$，$C = 3 \sim 5\text{mm}$		压板式镶拼方式，采用压板固定，适用于固定多个型芯

② 标准的镶拼方式，适用于小型的侧向抽芯，要注意侧向抽芯的定位，除了表 8-5 中的上下定位外，还可以左右定位，见图 8-25。

③ 嵌入式镶拼方式，适用于较大型的侧向抽芯，H 一般取 $10 \sim 15\text{mm}$，见图 8-26。

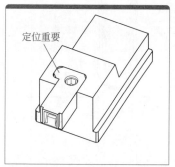

图 8-25　侧向抽芯定位很重要

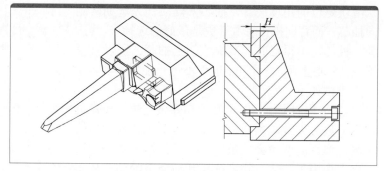

图 8-26　嵌入式镶拼深度

④ 压板式镶拼方式，适用于圆形的镶件，或者是多个镶件的侧向抽芯，压板可以采取嵌入式或者是定位销定位，如果是圆形侧向抽芯要设计防转结构，见图 8-27。

⑤ 要保证侧向抽芯镶件和滑块主体有足够的强度。

⑥ 注意固定侧向抽芯镶件的

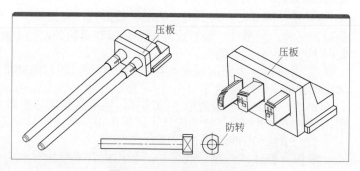

图 8-27　压板固定侧向抽芯

螺钉、定位销不要与斜导柱孔、冷却水孔等干涉。

（8）倾斜滑块参数计算

由于塑件的倒钩面是倾斜方向，与开模方向不成 90°，因此滑块的运动方向要与塑件倒钩斜面方向一致，否则会拉伤塑件，此时滑块滑行的方向与开模方向不垂直。

① 当滑块抽芯方向与分型面成夹角的关系为滑块向动模方向倾斜时，如图 8-28 所示。

$$\alpha = d+b$$
$$15° \leqslant d+b \leqslant 25°$$
$$c = d+2°\sim 3°$$
$$H = S\cos a/\sin d$$
$$L_4 = S\sin(90°+a-d)/\sin d$$
$$H_1 = L_4\cos d = S\sin(90°+a-d)/\sin d$$

② 当滑块抽芯方向与分型面成夹角的关系为滑块向定模方向倾斜时，如图 8-29 所示。

$$a = d-b$$
$$d-b \leqslant 25°$$
$$c = d+(2°+3°)$$
$$H = S\cos(a-b)/\sin a$$
$$L_4 = S\sin(90°+b-d)/\sin d$$
$$H_1 = L_4\cos d = S\sin(90°+b-d)/\sin d$$

式中　H——最小开模距离；

　　　H_1——在最小开模距离下，滑块在开模方向上实际后退的距离；

　　　L_4——在最小开模距离下，斜导柱和滑块相对滑动的距离；

　　　a——斜导柱相对于滑块滑动方向的倾斜角度，一般取 15°~25°；

　　　b——滑块的倾斜角度。

注意：不论是向上倾斜还是向下倾斜，若倾斜角度超过25°，应采用液压油缸抽芯，此时若采用斜导柱抽芯，易卡死。

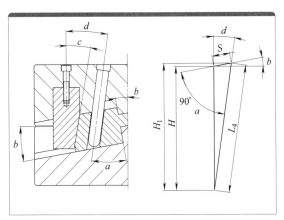

图 8-28　向下倾斜侧向抽芯

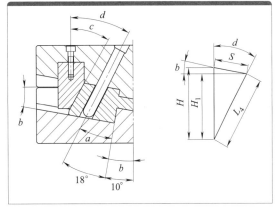

图 8-29　向上倾斜侧向抽芯

8.4.5　压块的设计

压块的作用是压住滑块的肩部，使滑块在给定的轨道内滑动。压块常常和模架做成一体，但下列情况下压块必须作成镶件：

① 产品批量大，模具寿命要求长，滑块导向肩部磨损后更换方便；

② 塑件精度要求高，压块用耐磨材料制作；

③ 滑块又宽又高，尺寸较大，易磨损，压块须用耐磨材料制作；

④ 当滑块必须向模具中心抽芯时，内侧滑块压块须作成镶件以便于安装滑块。

压块的固定通常用 2 个螺钉加 2 个销钉，见图 8-30。有关参数见表 8-6。

滑块压板设计注意事项：

① 压板材料：油钢 AISI 01 或 DIN1-2510，硬度 54 ～ 56HRC（油淬，二次回火）。

② 表面渗氮处理。

③ 棱边倒角 C1。

④ 滑动配合面加工油槽。

⑤ 压板的选用：

a. 压板优先选用标准规格，其次考虑 "7" 字形。

b. 压板的上端面应尽量与模板面平齐，保证模具的美观。

c. 压板应尽量避免同时压在内模镶件和模板上。

d. 为了防止变形，压板长度应尽量控制在 200mm 以下。

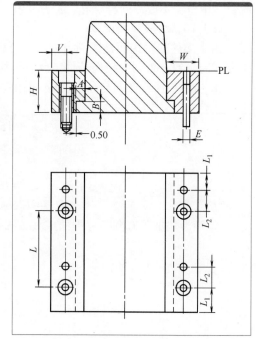

图 8-30　压块

表 8-6　压块有关尺寸确定　　　　　　　　　　　　　　mm

H	A	B	W	V	L	L_1	L_2	E	M、BSW
18、20、22	5	6	20	9	< 80	15	12	6	M8、5/16BSW
25、30、35	6	8	22.5	10		15	12	6	M8、5/16BSW
40、45、50	8	10	25	10	< 100	18	15	8	M10、3/8BSW

8.4.6　锁紧块的设计

锁紧块又叫楔紧块，见图 8-9 中的件 2，其作用是模具注塑时锁紧滑块，阻止滑块在胀型力的作用下后退。在很多情况下它还起到合模时将滑块推回原位，恢复型腔原状的作用。因为它要承受注射压力，所以应选用可靠的固定方式。

锁紧块的锁紧角 β 等于滑块斜面倾斜角度，比导柱斜角 α 大 2°～ 3°，当滑块很高时大 1° 也可以。

楔紧块较常见的固定方式：

① 动模外侧抽芯楔紧块固定在定模板上；

② 动模内侧抽芯楔紧块固定在动模托板上（此时的模架为假三板模架）或定模板上；

③ 定模内、外侧抽芯楔紧块都固定在定模面板上。

楔紧块装配部位宽 16 ～ 30mm，一般取楔紧块厚度的一半左右。深度小于或等于宽度。

当滑块较高，藏入定模 A 板的深度大于或等于滑块总高度的三分之二时，可以用 A 板原身作楔紧块。

常见的楔紧块的装配方式可归纳为表 8-7 中的几种形式。

表 8-7　楔紧块的形式

简图	说明	简图	说明
	常规结构，采用嵌入式锁紧方式，刚性好，适用于锁紧力较大的场合		侧向抽芯对模具长宽尺寸影响较小，但锁紧力较小，适用于抽芯距离不大、滑块宽度不大的小型模具
	结构强度好，适用于较宽的滑块		采用嵌入式锁紧方式，适用于较宽的滑块
	滑块采用整体式锁紧方式，结构刚性好，但加工较困难，适用于小型模具，或滑块埋入定模板深度大于滑块高度1/2的场合		采用拨动兼止动，稳定性较差，一般用在滑块空间较小的情况下
	滑块采用整体式锁紧方式，结构刚性更好，但加工困难，抽芯距小，适用于小型模具		侧向抽芯对模具长宽尺寸影响较小，适用于抽芯距离不大，抽芯力较小，滑块宽度不大的小型模具
	一个楔紧块同时锁紧两个滑块，锁紧力较大，适用于滑块向模具中心滑动的场合。注意：$S_1 \geq S$		楔紧块的斜面上有一段与开模方向一致的平面L，用于滑块需要延时抽芯的场合。注意：$L = X/\sin\alpha - 1 \sim 2$（mm）
	当塑件对滑块或侧向抽芯有较大的黏附力（如接触面积较大）或包紧力（如侧面有深孔或深槽等）时，抽芯时易将塑件拉变形，此时要在滑块中增加推杆，在抽芯初期由推杆推住塑件，使塑件不致变形		

8.4.7　如何实行延时抽芯

在斜导柱侧向抽芯机构中要实行延时抽芯，可以将滑块上的斜导柱孔加大，开模时，让斜导柱有一段空行程，从而实行延时。加大的方法可以将斜孔直径加大，也可以将圆孔改为腰形孔。见图8-31。

图8-32是延时抽芯的设计实例，本例中如果侧孔的内外同时抽芯，则容易将孔壁拉断，于是采取先抽内部型芯，再抽外侧型芯。

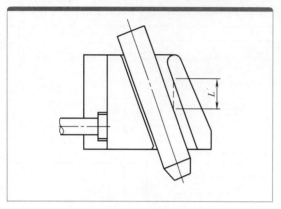

图8-31　延时抽芯机构（一）

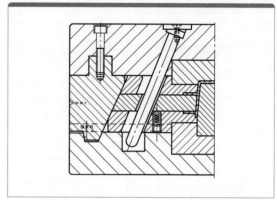

图8-32　延时抽芯机构（二）

8.4.8　斜导柱侧向抽芯机构设计其他注意事项

① 抽芯可以成型圆孔、异形孔、柱子，也可以成型塑件某个面或面组。成型塑件某个面或面组时要注意分模线尽量不影响外观。成型圆孔时，应采用插穿的形式，防止镶件被塑料熔体冲弯。

② 型芯的圆孔直径较小，且圆心正好在分型面上时，必须在动模镶件上作一侧向抽芯导向镶件或压块（俗称虎口），以保证侧向抽芯稳定可靠。见图8-33。

③ 除非客户要求，否则滑块槽后面必须开通，以方便加工。

④ 滑块宽度大于150mm时，应该在滑块中间加导向块，提高导向精度及稳定性。

⑤ 侧向抽芯下有推杆时，要求使用推件固定板先复位机构或在推件固定板下面加安全开关。

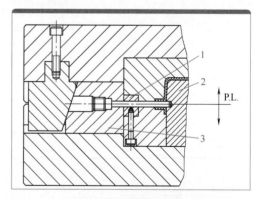

图8-33　镶虎口导向

1—导向块（虎口镶件）；2—型芯；3—滑块

8.4.9　"滑块＋斜导柱"内侧抽芯机构

内侧抽芯机构主要用于成型塑件内壁侧凹或凸起，开模时滑块向塑件"中心"方向运动。其基本结构见图8-34。

开模时，内侧抽芯1在斜导柱2的作用下向塑件"中心"方向移动，完成

"滑块＋斜导柱"内侧抽芯机构

对塑件内壁侧凹的分型，斜导柱 2 与内侧轴芯 1 脱离后，内侧抽芯 1 在弹簧 3 的作用下使之定位。因须在内侧抽芯 1 上加工斜孔，内侧抽芯模具的宽度较大。

设计要点：

① 注意 A 处必须有足够的强度，钢厚至少 5mm；

② 内侧抽芯转角处必须增加圆角，以消除应力集中现象；

③ 斜导柱倾斜角 $\alpha_1 = 15° \sim 25°$，锁紧角 $\alpha = \alpha_1 + 2° \sim 3°$；

④ 为了避免塑件顶出时，塑件和镶件干涉，一般要求尺寸 $D \geqslant 1$mm。

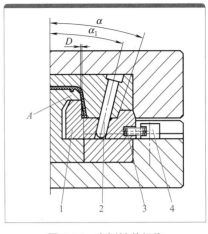

图 8-34　内侧抽芯机构

1—内侧抽芯；2—斜导柱；3—弹簧；4—挡块

8.4.10　"滑块 + 斜导柱"定模侧抽芯机构

定模侧向抽芯机构的滑块是在定模板内滑行，定模侧向抽芯必须在 A、B 板打开之前完成抽芯，否则成型塑件就会被侧向抽芯扣留在定模型腔内，无法完成脱模。定模侧向抽芯机构滑块的驱动零件通常采用弯销或 T 形扣锁紧块，它们都安装在定模面板（又叫固定板）上。如果模具的浇注系统采用点浇口，模架采用三板模，其定模部分本来就存在两个开模面，可以保证在 A、B 板打开之前完成抽芯。如果模具的浇注系统采用侧浇口，模架若采用二板模模架，定模部分没有开模面，就无法保证在 A、B 板打开之前完成抽芯，这时就必须采用没有脱料板的简化型三板模架。

定模侧向抽芯机构通常采用弯销和 T 形扣作为驱动零件（见图 8-37 和图 8-43），也可以采用"滑块 + 斜导柱"的结构，但这时候动模侧要增加一个开模面，保证在 A、B 板打开之前完成抽芯，见图 8-35。

滑块上安装
推杆

8.4.11　滑块上安装推杆的结构

滑块上安装推杆的目的，是防止侧向抽芯做侧向抽芯时，因黏附力或包紧力过大而导致塑件变形或拉裂。其原理是侧向抽芯做侧向抽芯时，推杆在一段距离内不做侧向运动，推杆的作用是顶住塑件，防止变形。见图 8-36。

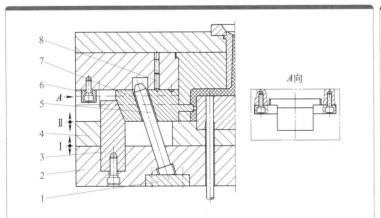

图 8-35　斜导柱内侧分型机构

1—压板；2—活动托板；3—锁紧块；4—动模 B 板；5—斜导柱；6—挡块；
7—滑块；8—定位柱

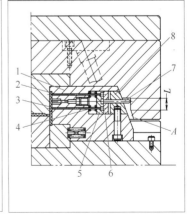

图 8-36　滑块上加推杆

1—滑块；2，3—推杆；4—弹簧；5—推件固定板；6—推件底板；7—复位杆；
8—挡块

8.5 "滑块+弯销"侧向抽芯机构

8.5.1 基本结构

用弯销代替斜导柱，它不再需要楔紧块，见图8-37。弯销倾斜角度设计同斜导柱。这种抽芯结构的特点是：倾斜角度大，抽芯距大于斜导柱抽芯距，脱模力也较大，必要时，弯销还可由不同斜度的几段组成，先以小的斜度获得较大的抽芯力，再以大的斜度段来获得较大的抽芯距，从而可以根据需要来控制抽芯力和抽型距。

8.5.2 设计要点

在设计弯销抽芯结构时，应使弯销和滑块孔之间的间隙 δ 稍大一些，避免锁模时相碰撞。一般间隙在 $0.5 \sim 0.8$mm 左右。弯销和支承板的强度，应根据脱模力的大小，或作用在型芯上的熔体压力来确定。在图8-37弯销抽芯机构中：

$\alpha = 15° \sim 25°$（α 为弯销倾斜角度）

$\beta = 5° \sim 10°$（β 为反锁角度）

$H_1 \geqslant 1.5W$（H_1 为配合长度）

$S = T+2 \sim 3$（mm）（S 为滑块需要水平运动距离；T 为成品倒钩深度）

$S = H\sin\alpha - \delta/\cos\alpha$（$\delta$ 为斜导柱与滑块间的间隙，一般为 $0.5 \sim 0.8$mm；H 为弯销在滑块内的垂直距离）

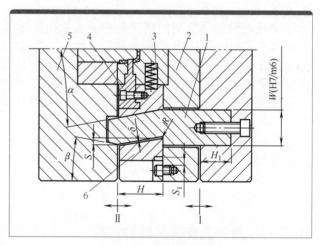

图 8-37 弯销抽芯机构

1—弯销；2—A板；3—弹簧；4—定模侧向抽芯；
5—B板；6—定模滑块

"滑块+弯销"抽芯机构中的滑块设计同"滑块+斜导柱"抽芯机构，此处不再赘述。

8.5.3 使用场合

该机构常用于定模抽芯、动模内抽芯、延时抽芯、抽芯距较长和斜抽芯等场合，此时滑块宽度不宜大于100mm。

图8-38是侧浇口浇注系统定模外侧抽芯模结构图。合模时，弯销1压住滑块2，开模时，模具先从"Ⅰ"打开，弯销拨动滑块2，滑块2在定模板内滑动，抽芯完成后，模具再从"Ⅱ"打开，最后推出塑件。本模要加定距分型机构。

图8-39是弯销内侧抽芯模的结构图，开模时，内侧抽芯4在弯销3的作用下向塑件"中心"方向移动，完成对塑件内壁侧凹的抽芯。因为要在型芯2上加工斜孔，模具的宽度宜较大。该图中A处的钢厚应大于5mm。

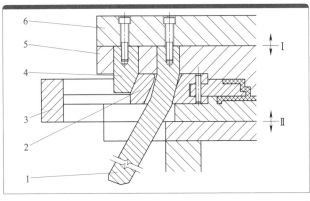

图 8-38 弯销定模抽芯

1—弯销；2—滑块；3—挡块；4—锁紧块；5—定模 A 板；6—面板

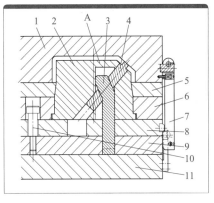

图 8-39 弯销内侧抽芯

1—定模 A 板；2—型芯；3—弯销；4—内侧抽芯；5—推板；6—动模 B 板；7—定距分型机构；8—活动板；9—弯销固定板；10—限位钉；11—托板

图 8-40 中的塑件对定模型芯 5 的包紧力较大，如果上下同时抽芯，成型塑件容易变形，于是采用弯销延时抽芯。开模时，型芯 5 先从成型塑件中抽出，接着左右两个弯销 4 进行侧向抽芯。

图 8-41 是利用弯销进行较长距离的抽芯实例。

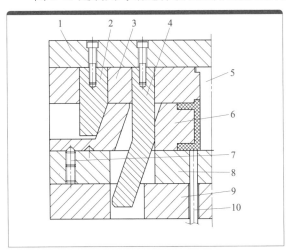

图 8-40 弯销延时抽芯

1—面板；2—锁紧块；3—定模 A 板；4—弯销；5—型芯；6—滑块；7—定位柱；8—动模 B 板；9—托板；10—推杆

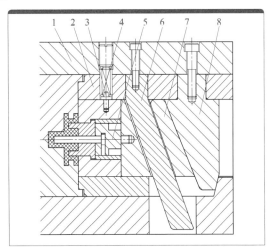

图 8-41 弯销长距离抽芯

1—面板；2—定模 A 板；3—定位销；4—弹簧；5—型芯；6—弯销；7—滑块；8—锁紧块

8.6 "滑块 +T 形块"侧向抽芯机构

8.6.1 基本结构

"滑块 +T 形块"侧向抽芯机构和"滑块 + 弯销"的抽芯机构大致相同，其原理也和"滑

块 + 斜导柱"的抽芯机构原理基本相同，只是在结构上用 T 形块代替斜导柱，见图 8-42。T 形块既可以抽芯，又可以压紧滑块，因此它也不再需要另加楔紧块。T 形块倾斜角度设计同斜导柱。这种抽芯结构的特点是：倾斜角度大，抽芯距大于斜导柱抽芯距，脱模力也较大。

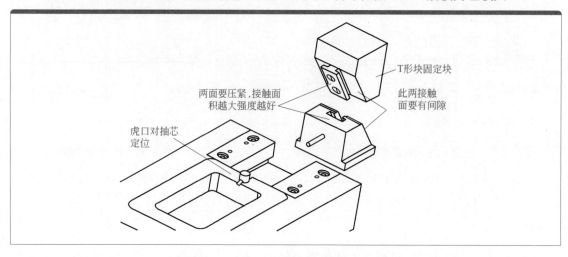

图 8-42 "滑块 +T 形块"侧向抽芯机构

8.6.2 工作原理

图 8-43 是定模侧向抽芯模具结构图实例，该模具为侧浇口浇注系统，采用没有流道推板的简化三板模架，即俗称的二板半模。开模时，面板 1 和定模 A 板 2 先从 I 处打开，定模滑块 4 在 T 形块 3 的拨动下向右抽芯。当定模滑块 4 完成抽芯后，模具再从 II 处打开，取出塑件。该模具要设计定距分型机构。

合模时，T 形块 3 插入定模滑块 4 的 T 形槽内，将滑块推向型腔，完成滑块复位。

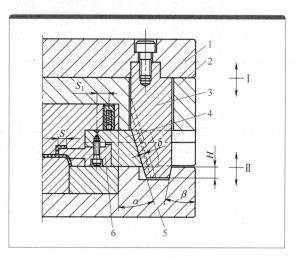

图 8-43 T 形块定模抽芯

1—面板；2—定模 A 板；3—T 形块；4—定模滑块；
5—动模 B 板；6—定模抽芯

8.6.3 设计要点

① δ 取 0.5mm，以保证锁紧面分离后，T 形块再拨动滑块，以及在合模过程中，T 形块能顺利地进入滑块内。

② $S_1 = S+2 \sim 5$（mm），$\alpha = 15° \sim 25°$，$\beta = 5° \sim 10°$。

8.6.4 应用实例

"滑块 + T 形块"侧向抽芯机构常用于定模抽芯、斜抽芯和复杂的侧向抽芯机构等场合，有时也用于动模抽芯。

斜导柱在动模

（1）动模抽芯

图 8-44 是 T 形块动模抽芯实例之一，该塑件侧向倒扣比较浅，但抽芯面积较大，抽芯力较大。在抽芯过程中 T 形扣始终在滑块的 T 形槽内，故无需设计定位零件。

（2）定模抽芯

图 8-45 是点浇口浇注系统定模侧向抽芯模的结构图。开模时，模具在弹簧 3 和扣基 4 的作用下，先从 A 处打开，此时 T 形块 9 拨动滑块 8，实现定模外侧抽芯。合模时，T 形块 9 插入滑块 8 的 T 形槽内，将滑块 8 推回复位。

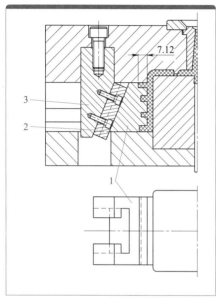

图 8-44　T 形块动模抽芯

1—T 形槽滑块；2—T 形扣；3—T 形块固定块

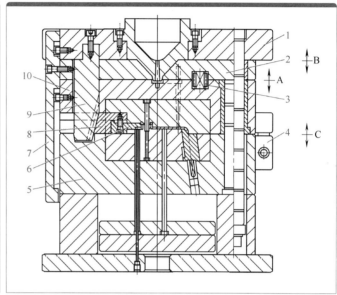

图 8-45　点浇口浇注系统定模侧向抽芯机构

1—面板；2—流道推板；3—弹簧；4—扣基件；5—B 板；6—侧向抽芯；
7—定距分型拉板；8—滑块；9—T 形块；10—定模 A 板

（3）斜向抽芯

图 8-46 是斜向抽芯模具的结构图。开模时，模具先从 I 处打开，在塑件推出之前再从 II 打开，此时做有 T 形槽的导向块 2 拉动斜抽芯 1 做斜向运动，完成斜向抽芯。在这种结构中，导向块 2 和斜抽芯 1 不能脱离开，否则斜抽芯 1 不好定位。合模时，导向块 2 推动斜抽芯 1 斜向复位。

图 8-46 中，c 为斜抽芯角度，S 为斜抽芯的距离，L 为 II 处打开的距离。

$a = 90° + (15° \sim 25°)$

$b = 180° - a - c = 180° - [90° + (15° \sim 25°)] - c$

$\quad = 90° - (15° \sim 25°) - c$

根据正弦定理，得：

$(S+2)/\sin b = L/\sin a$

即：

$(S+2)/\sin[90° - (15° \sim 25°) - c] = L/\sin[90° + (15° \sim 25°)]$

所以：

$L = (S+2) \times \sin[90° + (15° \sim 25°)] \div \sin[90° - (15° \sim 25°) - c]$

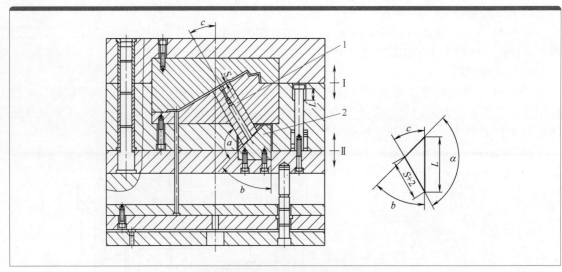

图 8-46　斜向抽芯模具结构实例

1—斜抽芯（T 形块）；2—导向块（设 T 形槽）

（4）复杂抽芯

图 8-47 是一个复杂抽芯的实例，T 形扣固定块同时又是定模成型零件，开模时 T 形扣固定块 1 通过 T 形扣 2 带动定模内侧抽芯 3 进行斜向抽芯，见图 8-47（b）。在抽芯过程中，T 形扣始终在侧抽芯 3 的 T 形槽内，故无需设计定位零件。

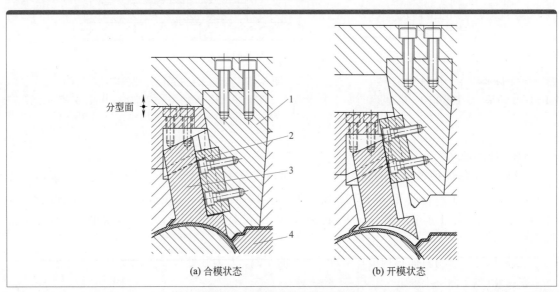

（a）合模状态　　　　　　　　（b）开模状态

图 8-47　复杂抽芯模具结构实例

1—T 形扣固定块；2—T 形扣；3—定模内侧抽芯；4—斜顶

8.7 "滑块＋液压缸"的侧向抽芯机构

8.7.1 基本结构

液压抽芯机构

这种抽芯机构是利用液体的压力，通过油缸活塞及控制系统，实现侧向分型或抽芯，见

图 8-48。其优点是能得到较大的脱模力和较长的抽芯距；由于使用高压液体为动力，驱动力平稳。另外，它的分型、抽芯不受开模时间和顶出时间的限制。其缺点是增加了操作工序，同时还要有整套的抽芯液压装置，增加了成本。

图 8-48　"滑块 + 液压油缸"抽芯机构

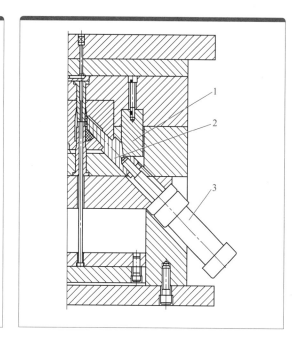

图 8-49　液压抽芯实例

1—楔紧块；2—斜抽芯；3—液压缸

液压抽芯适用场合：

① 抽芯距较大（通常抽芯距大于 50mm 时才考虑用液压抽芯）；

② 倾斜角度超过 25°的斜向抽芯，如图 8-49。

8.7.2　设计要点

① 液压缸通过固定板固定于 B 板，油缸的活塞杆与侧向抽芯相连接。开模时，油缸通过活塞杆的往复运动实现抽芯和复位。

② 液压抽芯的抽拔力＝（1.3 ～ 1.5）× 抽芯阻力。

③ 液压抽芯的抽拔方向尽量设计在模具的上方，如果模具侧面需要液压缸抽芯，模具在注塑机上装配时也要将有液压缸模具侧面装在上方。

④ 液压缸活塞杆的行程至少大于塑件应抽芯的长度加 5 ～ 10mm。

⑤ 这种结构不能加斜导柱，但必须加楔紧块锁紧。

8.7.3　"滑块 + 液压缸"的侧向抽芯机构实例

图 8-50 所示注塑模具为深腔类大型注塑模具，定模侧有四个倒扣，模具采用了三个侧向抽芯机构，均采用液压油缸驱动。

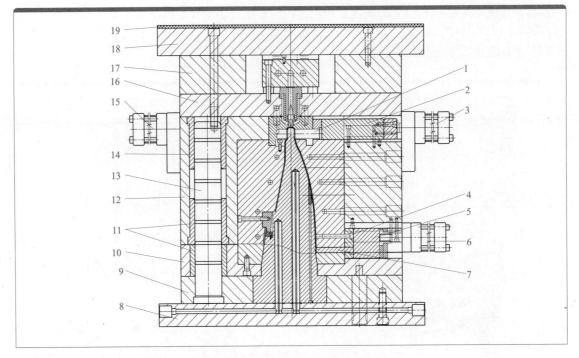

图 8-50　油缸定模侧向抽芯机构

1，4，7—定模侧抽芯；2，5—连接块；3，6，15—油缸；8—底板；9—动模 B 板；10—推板；11—导套；
12—定模 A 板；13—导柱；14—导套；16—热射嘴固定板；17—热流道框板；
18—面板；19—隔热板

8.8　斜推杆抽芯机构

8.8.1　基本结构

　　斜推杆又名斜顶，是常见的侧向抽芯机构之一，见图 8-51。它常用于塑件内侧面存在凹槽或凸起结构，强行推出会损坏塑件的场合。它将侧向凹凸部位的成型镶件固定在推件固定板上，在推出的过程中，此镶件做斜向运动，斜向运动分解成一个垂直运动和一个侧向运动，其中的侧向运动即实现侧向抽芯。

　　相对内侧滑块抽芯，斜推杆结构较简单，且有推出塑件的作用。

　　有时外侧倒扣也用斜推杆，但一般来说，因斜推杆侧向抽芯模具加工复杂，工作量较大，模具生产时易磨损烧死，维修麻烦，外侧倒扣应尽量避免使用斜推杆抽芯。通常情况下，能用外滑块时不用斜推杆，能用斜推杆时不用内滑块。

　　另外，透明塑件尽量不用斜推杆，因为横向抽芯时会产生划痕，影响外观。

8.8.2　斜推杆抽芯过程

　　斜推杆的工作过程见图 8-52。

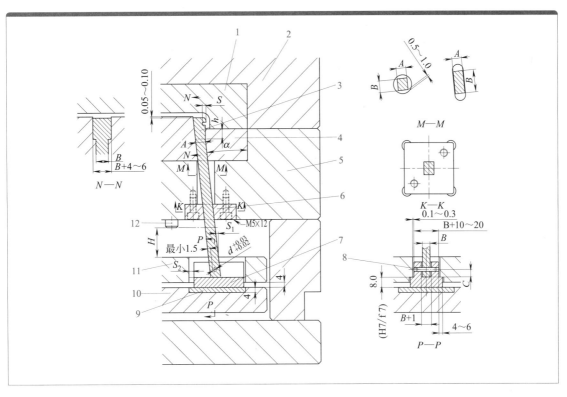

图 8-51 斜顶侧向抽芯机构

1—定模镶件；2—定模 A 板；3—斜顶；4—动模镶件；5—动模 B 板；6—导向块；7—滑块；8—圆轴；9—垫块；10—推件底板；
11—推件固定板；12—限位柱

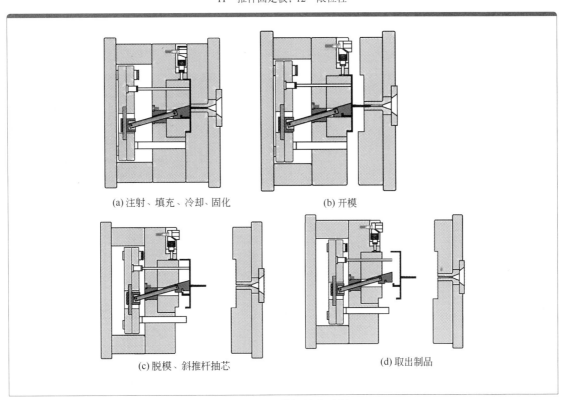

(a) 注射、填充、冷却、固化　　　　　　(b) 开模

(c) 脱模、斜推杆抽芯　　　　　　(d) 取出制品

图 8-52 斜推杆抽芯过程

8.8.3 斜推杆分类

斜推杆有整体式和二段式两种结构。二段式主要用于长而细的斜推杆，此时采用整体式的斜推杆易弯曲变形。整体式斜推杆的典型结构见图 8-53，二段式斜推杆的典型结构见图 8-54。整体式和二段式工作原理相同，但二段式斜推杆设计时要注意以下几点：

① 在斜推杆较长，且单薄或倾斜角度较大的情况下，通常采用二段式斜推杆，以提高寿命。

② 在斜推杆可向塑件外侧加厚的情况下，向外加厚，以增加强度，并使 B_1 有足够的位置，作为复位结构。

③ 采用二段式斜推杆时应设计限位块，保证 $H_3 = H_1 + 0.5$。

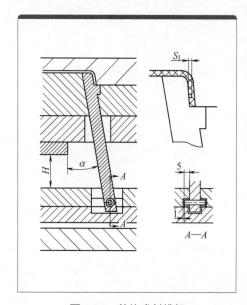

图 8-53　整体式斜推杆

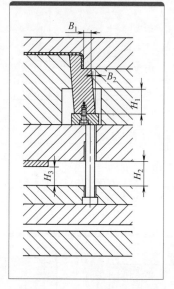

图 8-54　二段式斜推杆

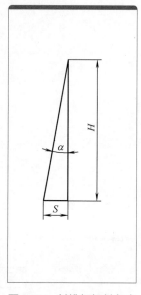

图 8-55　斜推杆倾斜角度

8.8.4 斜推杆倾斜角度设计

斜推杆的倾斜角度取决于侧向抽芯距离和推件固定板推出的距离 H。它们的关系见图 8-55，计算公式如下：

$$\tan\alpha = S/H$$

$$S = S_1 + 2 \sim 3 \, (\text{mm})$$

式中，S_1 为侧向凹凸深度。

斜推杆的倾斜角度不能太大，否则，在推出过程中斜推杆会受到很大的扭矩的作用，从而导致斜推杆变形，加剧斜推杆和镶件之间的磨损，严重时会导致斜导柱卡死或断裂。α 一般取 $3° \sim 15°$，常用角度 $5° \sim 10°$，在设计过程中，这一角度能小不大。

8.8.5 斜推杆的设计要点

① 要保证复位可靠。

a. 在组合式斜推杆中，可在斜推杆的另一边加复位杆，

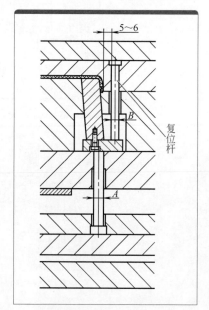

图 8-56　组合式斜推杆

见图 8-56。

　　b. 斜推杆上端面无碰穿孔，可以将斜推杆向外做大 5 ～ 8mm，见图 8-57。

　　c. 只利用推件固定板将斜推杆拉回复位。但这种复位精度较差。

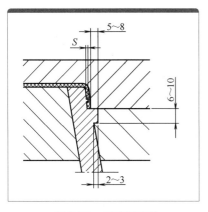

图 8-57　斜推杆定位

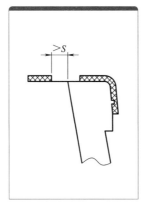

图 8-58　斜推杆上端的碰穿孔

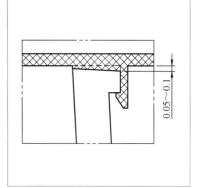

图 8-59　斜推杆上端面尺寸

　　d. 斜推杆上端面有碰穿孔，碰穿孔由非安装斜推杆的那一半模成型。合模时由成型碰穿孔的内模镶件推动斜推杆复位。见图 8-58，图中 S 为斜推杆抽芯距离。

　　② 在斜推杆近型腔一端，需设计 6 ～ 10mm 的直边，并做一个 2 ～ 3mm 的挂台起定位作用，以避免注塑时斜推杆受压而移动。设计挂台亦方便加工、装配及保证内侧凹凸结构的精度。

　　③ 斜推杆上端面应比动模镶件低 0.05 ～ 0.1mm，以保证推出时不会损坏塑件。见图 8-59。

　　④ 斜推杆上端面侧向移动时，不能与塑件内的其他结构（如柱子、加强筋或型芯等）发生干涉。见图 8-60 ～图 8-62。

　　在图 8-60 和图 8-61 中，W 必须大于或等于 S+2。

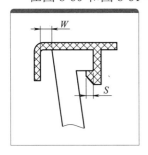

图 8-60　防止撞边

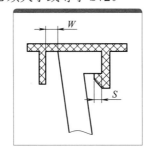

图 8-61　防止撞筋

图 8-62　防止撞型芯

　　⑤ 沿抽芯方向塑件内表面有下降弧度或斜度时，斜推杆侧移时会损坏塑件。解决方案有：

　　a. 塑件减胶做平，但须征得客户同意。见图 8-63。

　　b. 斜推杆座底部导轨做斜度 β，使斜推杆延时推出，如图 8-64。

　　⑥ 当斜推杆较长或较细时，在动模 B 板上应加导向块，增加斜推杆顶出及回位时的稳定性。加装导向块时其动模必须和内模镶件组合一起用线切割加工，见图 8-65。

　　⑦ 斜推杆与内模的配合 H7/f6，斜推杆与模架接触处避空。避空孔设计要点：

　　a. 优先钻圆孔，其次为腰形孔，最后是方孔。

　　b. 斜推杆过孔大小与位置用双截面法检查（如图 8-66），尺寸往大取整数。

　　c. 过孔在平面装配图上必须画出，以检查与密封圈、冷却水管、推杆、螺钉等是否干涉。

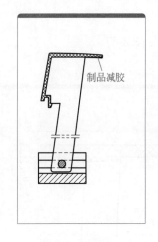

图 8-63　制品减胶

图 8-64　斜向导轨

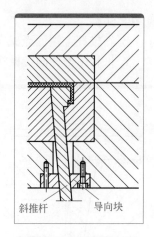

图 8-65　加导向块

⑧ 增强斜推杆强度和刚度的方法：

a. 在结构允许的情况下，尽量加大斜推杆横截面尺寸。

b. 在可以满足侧向抽芯的情况下，斜推杆的倾斜角 α 尽量选用较小角度，倾斜角 α 一般不大于 $15°$，并且将斜推杆的侧向受力点下移。如增加图 8-65 中的导向块，导向块应该具有较高的硬度，以提高使用寿命。

⑨ 斜推杆材料应不同于与之摩擦的镶件材料，洛氏硬度相差 2HRC 左右，否则易磨损烧死。斜推杆材料可以用铍铜，铍铜不但耐磨，而且传热性能好，摩擦热量容易传出。

⑩ 如果采用钢材，斜推杆及其导向块表面应作氮化处理，以增强耐磨性。

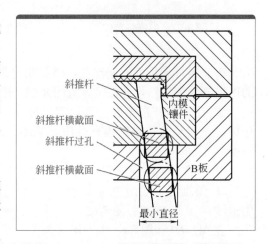

图 8-66　检查斜推杆过孔的大小和位置

8.8.6　定模斜推杆结构

当塑件在定模部分有侧凹时，可采用下面两种斜推杆结构。

① 塑件有碰穿孔时，斜推杆在合模时可以通过动模镶件复位。开模时斜推杆在弹簧弹力作用下斜向运动，实现侧向抽芯。见图 8-67。

② 当塑件没有碰穿孔时，模具结构图如图 8-68 所示，它可以看作是将动模斜推杆倒过来装。此时 A 板要加工一个方孔，来安装斜推杆导向板和底板。抽芯时靠弹力推动斜推杆，复位由复位杆完成。

8.8.7　摆杆式侧向抽芯机构

当模具受到结构限制，没有地方做斜推杆时，可用摆杆式侧向抽芯机构，见图 8-69。

在推出过程中，当斜推杆 1 的头部（E_1 所示范围）超出动模型芯时，斜推杆 1 在斜面 A 的作用下向上摆动，完成内侧抽芯。

设计摆杆机构时，应保证：$E_2 > E_1$；$W_1 > W_2$；$\alpha = 30° \sim 45°$；$\beta = 10° \sim 15°$。

图示"B"处做直身易磨损，做斜面是为防止磨损。

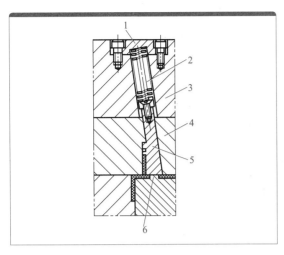

图 8-67　定模斜推杆结构（一）
1—压板；2—弹簧；3—面板；4—凹模；
5—斜推杆；6—碰穿面

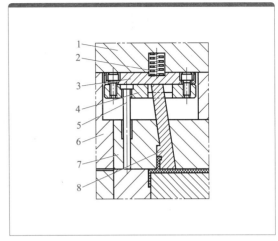

图 8-68　定模斜推杆结构（二）
1—面板；2—弹簧；3—斜推件底板；4—斜推杆导向板；5—
复位杆；6—定模 A 板；7—凹模；8—斜推杆

　　这种结构类似圆弧抽芯，因此若塑件侧凹是直身的话，其深度不能太大，否则塑件侧凹处易拉伤变形。

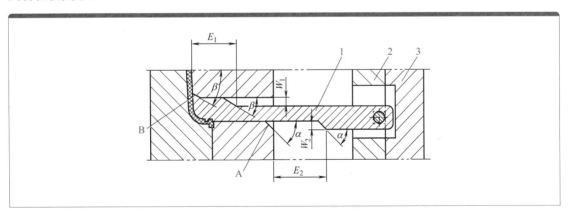

图 8-69　摆杆式侧向抽芯结构
1—斜推杆；2—推件固定板；3—推件底板

8.8.8　斜推杆上加推杆的结构

（1）使用场合

为了防止斜推杆在侧向抽芯时塑件变形、拉伤，可以在斜推杆内设置推杆。

（2）工作原理

见图 8-70。

① 图 8-70（a）为合模状态。

② 图 8-70（b）为斜推杆推出时，斜推杆与塑件分开，但在 L 距离内推杆始终顶住塑件。

③ 图 8-70（c）为斜推杆推出 L 距离后，推杆、斜推杆与塑件已经分开。

图中，L 尺寸的取值原则：当斜推杆推出 L 行程时，塑件必须与斜推杆分开。A 处形状为斜面，保证斜推杆复位时不会和镶件摩擦，因为摩擦会导致磨损，磨损后塑件会产生飞边。

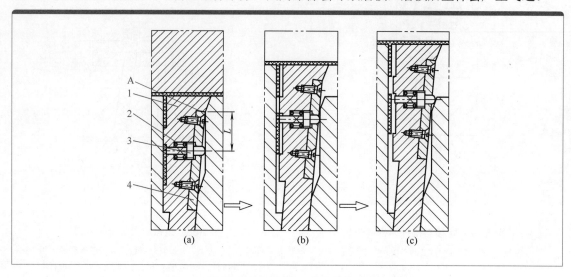

图 8-70　斜推杆上设计推杆的结构及其工作原理

1—斜推杆；2—弹簧；3—斜推杆上的推杆；4—压块

8.8.9　斜推杆侧向抽芯注塑模具结构实例

图 8-71 ～图 8-74 是注塑模具中几种常见的斜推杆结构，图 8-71 采用的是滑动底座，摩擦力较大，适用于抽芯距离较小的场合。图 8-72 采用了滚动底座，摩擦力较小，滚针 3 必须淬

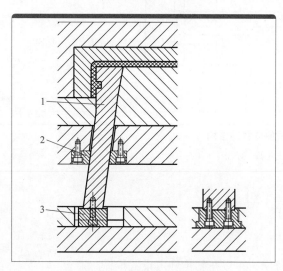

图 8-71　滑动底座斜推杆

1—斜推杆；2—导向块；3—斜推杆底座

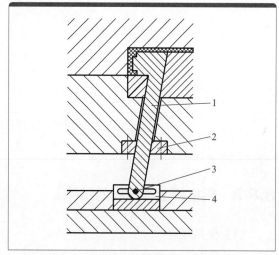

图 8-72　滚动底座斜推杆

1，4—斜推杆；2—导向块；3—滚针

火。图 8-73 采用的是自位滑动底座，可以利用螺纹间隙调整角度，保证斜推时平稳可靠。图 8-74 采用的是斜向滑动底座，适用于斜向内侧抽芯，底座 5 中斜槽的角度宜等于斜向内侧抽芯的倾斜角度。

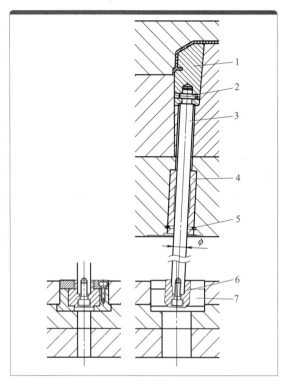

图 8-73　自位滑动底座斜推杆

1—内侧抽芯；2—横销；3—斜推杆；4—导向块；
5—防松卡环；6—滑块；7—斜推杆底座

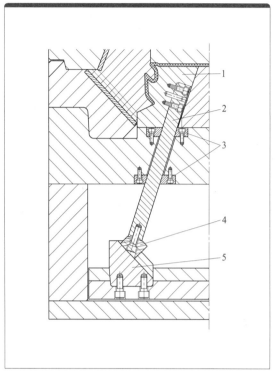

图 8-74　斜向滑动底座斜推杆

1—内侧斜向抽芯；2—斜推杆；3—导向块；4—滑块；
5—斜向滑槽底座

8.9　斜滑块抽芯机构

瓣合模抽芯
机构

8.9.1　斜滑块抽芯机构概念

当塑件的侧凹较浅，所需的抽芯距不大，但所需抽芯力较大时，可采用斜滑块机构进行侧向分型与抽芯。斜滑块抽芯机构的模具俗称胶杯模，见图 8-75，其特点是利用拉钩的拉力和弹簧的推力驱动斜滑块做斜向运动，在塑件被推出脱模的同时由斜滑块完成侧向分型与抽芯动作。

斜滑块抽芯机构通常用于外侧抽芯，根据抽芯位置，斜滑块抽芯机构分定模斜滑块抽芯机构和动模斜滑块抽芯机构，二者原理和结构基本相同，但定模斜滑块抽芯机构应用更为广泛。

比起滑块抽芯，斜滑块抽芯结构简单，制造比较方便，因此，在注塑模具中应用广泛。但滑块抽芯比斜滑块抽芯更安全可靠，因此动模部位的侧向抽芯常用滑块抽芯，而定模部位的侧向抽芯，当侧凹的成型面积较大时，则多采用斜滑块侧向抽芯机构。

斜滑块抽芯机构一般由导滑件、弹簧、限位件、斜滑块、拉钩和耐磨块等组成。开模时，在拉钩和弹簧的作用下，使斜滑块沿导滑件的 T 形槽做斜向滑动，斜向滑动分解为垂直运动和侧向运动，其中侧向运动使斜滑块完成侧向抽芯。

图 8-75　斜滑块侧向抽芯注塑模

8.9.2　斜滑块常规结构

图 8-76 是一种常规的定模斜滑块结构简图，由于塑件的外表面由两个斜滑块各成型一半，所以这种模具又叫哈夫（half）模。图中：

① 斜滑块斜面倾角 α 一般在 15°～25° 之间。常用角度为 15°、18°、20°、22°、25°。因斜滑块刚性好，能承受较大的脱模力，因此，斜滑块的倾斜角在上述范围内可尽量取大些（与斜导柱相反），但最大不能大于 30°，否则复位易发生故障。

② 斜滑块弹簧 3 一般用矩形蓝弹簧，$\phi16\sim20\text{mm}$，弹簧斜向放置，角度和斜滑块倾斜角相等，即 $\beta=\alpha$。

③ 斜滑块推出长度一般不超过导滑槽总长度的 1/3，即 $W\leqslant L/3$，否则会影响斜滑块的导滑及复位的安全。

④ 斜滑块在开模方向上的行程 $W=S_1/\tan\alpha$，S_1 为抽芯距，抽芯距离比倒扣大 1mm 以上。

⑤ 注意不能让塑件在脱模时留在其中的一个滑块上。

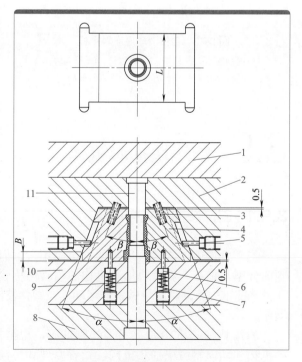

图 8-76　斜滑块常规结构（一）

1—面板；2—A 板；3、7—弹簧；4—斜滑块；5—限位销；6—延时销；8—B 板；9—动模型芯；10—推板；11—定模型芯

⑥ 如果塑件对定模包紧力较大，开模时塑件有可能留在定模型芯上，可以设置斜滑块延时销 6。

⑦ 斜滑块宽度 $L \geqslant 90mm$ 时，要通冷却水冷却（特殊情况除外）。

⑧ 斜滑块顶部非密封面必须做直身 B。当 $L < 50mm$ 时，$L_1 = 3 \sim 5mm$；当 $50mm \leqslant L < 100mm$ 时，$L_1 = 5 \sim 15mm$；当 $L \geqslant 100$ 时，$L_1 \geqslant 15 \sim 20mm$。

⑨ 由于弹簧没有冲击力，当斜滑块宽度尺寸 $\geqslant 60mm$ 时，模具打开时斜滑块往往不能弹出进行侧向抽芯，这时必须设计拉钩机构，见图 8-77。在开模初时由拉钩拨动斜滑块，之后再由弹簧推出。

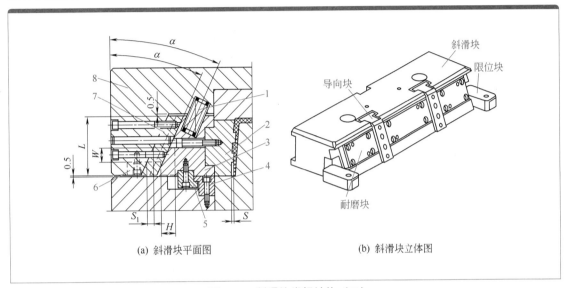

(a) 斜滑块平面图　　　　　(b) 斜滑块立体图

图 8-77　斜滑块常规结构（二）

1—弹簧；2—侧向抽芯；3—斜滑块；4—下拉钩；5—上拉钩；6—定位块；7—导向块；8—A 板

拉钩材料用油钢，淬火至 $54 \sim 58HRC$，未注内转角处需倒角 0.5，以免淬火后裂开。图 8-78 中 W_1 小于抽芯距离，$b = 10° \sim 15°$。拉钩的另一种结构见图 8-79，它是在其中一个活动销 3 后加弹簧，由于活动销 3 在强大的拉力作用下能够后退，因此不易拉断。

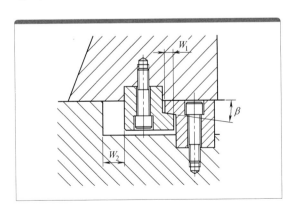

图 8-78　拉钩结构图（一）

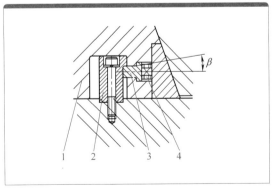

图 8-79　拉钩结构图（二）

1—斜滑块；2—拉钩；3—活动销；4—弹簧

⑩ 斜滑块的导向：斜滑块的导滑形式按导滑部分形状可分为矩形、半圆形和燕尾形，如

图 8-80 所示。当斜滑块宽度小于 60mm 时，应做成图（d）～图（f）所示的矩形扣、半圆形扣和燕尾形扣；当斜滑块宽度大于 60mm 时，应做成图（a）～图（c）所示的矩形槽、半圆形槽和燕尾形槽；当斜滑块宽度大于 120mm 时，为增加滑动的稳定性，应设置两个导向槽。

斜滑块的组合，应考虑抽芯方向，并尽量保持塑件的外观美，不使塑件表面留有明显的痕迹，同时还要考虑滑块的组合部分有足够的强度。一般来说斜滑块的镶拼线应与塑件的棱线或切线重合。

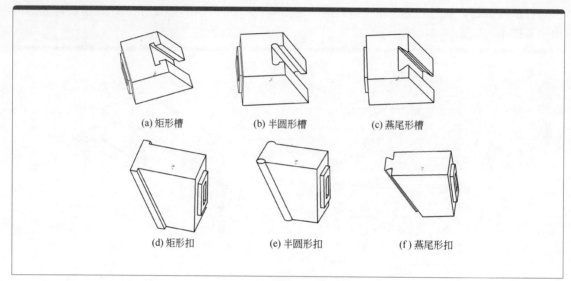

(a) 矩形槽　　　　　(b) 半圆形槽　　　　　(c) 燕尾形槽

(d) 矩形扣　　　　　(e) 半圆形扣　　　　　(f) 燕尾形扣

图 8-80　斜滑块的导向结构

8.10　侧向抽芯注塑模具设计实例

8.10.1　手柄注塑模具设计

（1）塑件结构分析

如图 8-81 所示塑件是毛刷手柄，材料 POM，收缩率取 1.8%。需要侧向抽芯，塑件结构不复杂，但推出是难点，因为没有设置推杆的位置。

（2）模具结构分析

模具采用哈夫滑块侧向抽芯，分型线在塑件中间，对外观影响较小。因为无法用推杆推出塑件，所以采用推板推圆周边的方法，两块哈夫滑块的导向槽在推板中。本模取消复位杆和推杆板，推板不用复位杆推动和复位，而是采用定模拉动推板的方法。这种模具结构新颖，动作简单可靠。

模具详细结构见图 8-82。

（3）模具工作过程

熔胶在型腔中冷却，当固化到具有足够的刚性后，注塑机拉动模具动模部分后退，在尼龙塞 18 的作用下，模具先从分型面 I 处打开，分型面 I 处的开模距离由定距分型机构的拉条 22 确定。当分型面 I 完成开模行程后，定模 A 板 2 通过长拉条 22 拉动推板 7，推板 7 将塑件推离动模型芯 8，模具完成一次注塑成型。推板 7 和动模 B 板 19 的开模距离由短拉条 15 确定。

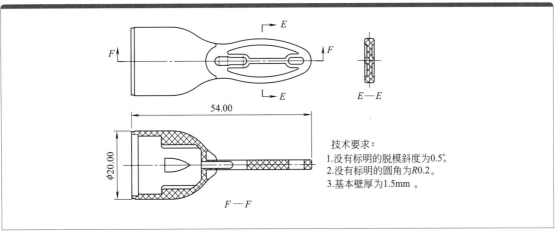

技术要求：
1.没有标明的脱模斜度为0.5°。
2.没有标明的圆角为R0.2。
3.基本壁厚为1.5mm 。

图 8-81　手柄零件图

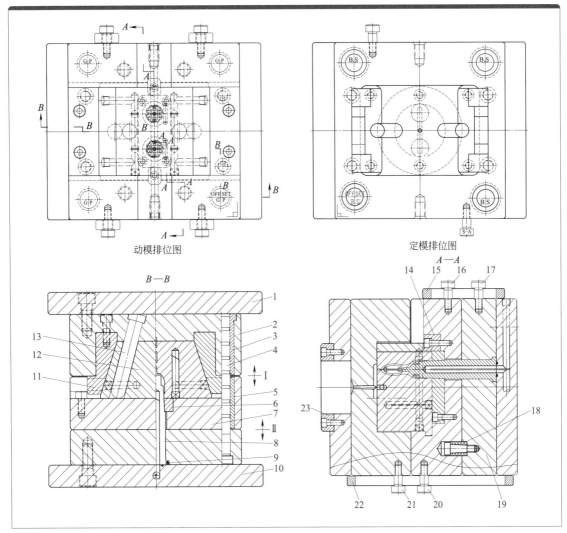

图 8-82　模具结构图

1—面板；2—定模 A 板；3，5—导套；4—导柱；6—推板镶件；7—推板；8—动模型芯；9—防转销；10—底板；11—锁紧块；
12—滑块；13—斜导柱；14—定位块；15—短拉条；16，17，20，21—挡销；18—尼龙塞；19—动模 B 板；22—长拉条；
23—定位圈

需要注意的是，由于塑件外形都在哈夫滑块上成型，所以推板推动塑件之前有一段空行程。为保证塑件推出时不致被压缩或变形，注塑机开模速度不能太快，且务必保证平稳。

8.10.2 节能环热流道注塑模具设计

（1）零件结构分析

节能环材料为 PA+30%GP（玻璃纤维），详细结构见图 8-83，最大外形尺寸为 107mm×55mm×25mm，结构复杂，生产批量较大，精度高。首先模具的分型面空间形状较为复杂，必须有良好的定位机构。其次，塑件有四处与脱模方向不一致的侧向倒扣，必须采用侧向抽芯机构，且结构较为复杂。最后，塑件加强筋数量多，高度尺寸较大，熔料填充和塑件脱模都比较困难。

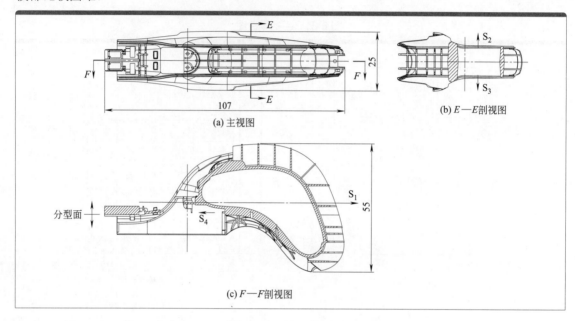

图 8-83　节能环零件图

（2）模具结构设计

塑件属于细长型结构，但两侧有侧向抽芯机构，模具只能采用一模一腔，模架采用标准二板模模架 CT-2330-A70-B80，最大外形尺寸为长 300mm，宽 230mm，高 250mm。为改善熔料填充，浇注系统采用单点开放式热流道，侧向抽芯机构分别采用"斜导柱＋滑块"和斜顶结构。PA 加玻璃纤维增强后，收缩率取 0.7%。模具详细结构见图 8-84。

① 成型零件设计。成型塑件结构复杂，加强筋多且高，为改善排气，方便脱模，模具成型零件采用镶拼式结构，动模成型零件由动模镶件 10，侧抽芯 7、23、29，斜顶 36 以及和动模型芯 34 组成，定模成型零件由定模镶件 4、定模型芯 27 和加强筋镶件 28 组成。由于生产批量大、精度高、玻璃纤维对型腔摩擦力较大，镶件材料全部采用优质耐磨模具钢 S136H。

② 侧向抽芯机构设计。零件有四处与开模方向不一致的倒扣结构，必须进行侧向抽芯。模具侧向抽芯机构数量多，结构复杂，是模具的主要结构。其中外侧三个倒扣 S_1～S_3 均采用"斜导柱＋滑块"组合侧向抽芯结构，定位零件均采用 DME 定位夹。滑块和侧抽芯采用镶拼结构，通过螺钉联结，方便维修和保养。倒扣 S_4 则采用"斜顶＋导向底座"组合结构，斜顶

在抽芯过程中在导向底座的 T 形槽内横向滑动。斜顶倾斜角度为 6°，见图 8-84。$S_1 \sim S_3$ 在开模过程中完成抽芯，S_4 则在塑件脱模过程中完成抽芯。

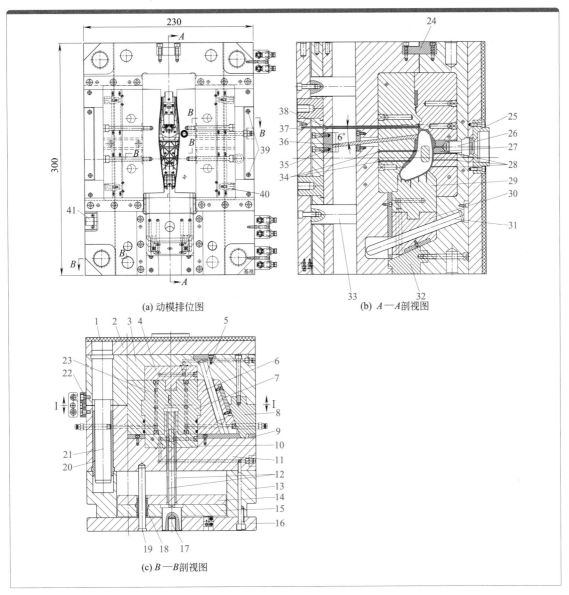

(a) 动模排位图

(b) A—A 剖视图

(c) B—B 剖视图

图 8-84　节能环金属粉末注塑模具结构图（单位：mm）

1—隔热板；2—定模固定板；3—定模 A 板；4—定模镶件；5—斜导柱；6—滑块；7, 23—侧抽芯；8—楔紧块；9—耐磨块；10—动模镶件；11—动模 B 板；12—推杆；13—方铁；14—推件固定板；15—推件底板；16—动模固定板；17—顶棍连接件；18—推件板导套；19—推件板导套柱；20—导套；21—导柱；22—锁模扣；24—直身定位块；25—定位圈；26—开放式热射嘴；27—定模型芯；28—定模加强筋镶件；29—下侧抽芯；30—下滑块；31—下斜导柱；32—下楔紧块；33—撑柱；34—动模小型芯；35—斜顶滑座；36—斜顶；37—推管型芯；38—推管；39—滑块定位螺钉；40—定位夹；41—计数器

③ 浇注系统设计。模具为单型腔，型腔在模具中间，熔料只能从型腔中间进入。模具浇注系统要么采用三板模架点浇口浇注系统，要么采用二板模架热流道浇注系统。采用热流道浇注系统的优点是显而易见的，其一是模架简单，不需要采用定距分型机构；其二是完全消除了流道凝料，减少了废料，大大节省了成本；其三是无流道，熔料直接进入型腔，可以大大缩短熔料的填充时间和冷却时间，从而大大提高了模具的劳动生产率；其四是减少了熔料对模具的

磨损,大大提高了模具的使用寿命和企业的经济效益。

④ 冷却系统设计。为保证成型塑件精度,模具必须设计平衡且高效的冷却系统,将成型周期控制在合理范围内。由于成型塑件在脱模之前始终包住动模型芯及侧向抽芯,故熔料主要热量都传给了动模,模具的冷却系统也主要布置在动模一侧。模具冷却水路平面布置图见图8-85,剖视图见图8-84(b)、(c)。模具共设计了7组冷却水路,其中动模侧共5股,包括动模B板11、动模镶件10和三个侧抽芯7、23和29各一股;定模侧2股,包括定模A板3和定模镶件4内各一股。定模镶件4和动模镶件10内的水路由"直通式水管+隔片式水井"组成。定模A板3内冷却水路主要布置在热射嘴附近,这个地方温度较高。动、定模冷却水的出入口主要布置在非操作侧,这样不会影响成型塑件取出。模具内所有直通式水管直径取6mm,水井直径取10mm。实践证明,模具冷却系统设计科学合理,有效保证了塑件的尺寸精度和模具的劳动生产率,成型周期成功控制在22s之内。

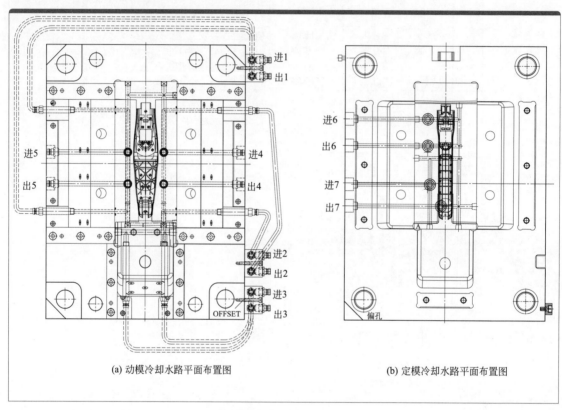

(a) 动模冷却水路平面布置图

(b) 定模冷却水路平面布置图

图 8-85 冷却系统

(3)模具工作过程

① 模具在注塑机上安装后拆除锁模扣22。

② 在PA塑料中加入30%玻璃纤维,均匀混合,在料筒中加热熔融后经开放式热射嘴26注入模具型腔。

③ 冷却固化后,模具从分型面Ⅰ处打开。

④ 在开模过程中,左右斜导柱5和下斜导柱31分别拨动左右滑块6和下滑块30进行侧向抽芯。开模距离350mm,由注塑机控制。

⑤ 完成开模行程后,注塑机顶棍通过连接件17推动推件固定板14和推件底板15,进而推动推杆12和斜顶36,一边进行内侧抽芯,一边将成型塑件推离动模。

⑥ 塑件取出后，注塑机拉动推件固定板及推杆、斜顶复位，接着推动动模合模，在合模过程中，楔紧块 8 和 32 推动滑块复位。模具进行下一次注射成型。

（4）结论

① 模具采用热流道浇注系统，成功解决了型腔复杂、熔料填充困难的问题，降低了注射周期，提高了模具使用寿命，最终大大提高了企业的经济效益。

② 模具采用"斜导柱＋滑块"及斜顶侧向抽芯机构，成功解决了塑件外形倒扣多、脱模困难的问题。

③ 模具采用"直通式冷却水管＋隔片式水井"组合式温度控制系统，成功解决了模温不均衡的问题，成型塑件无变形，成型周期 22s，约为同类型塑件成型周期的 85%。

④ 模具投产后，运行平稳安全，成型塑件经烧结后线性尺寸精度和表面粗糙度全部达到了设计要求。

8.10.3 电饭煲外壳注塑模具设计

电饭煲外壳为塑料零件，尺寸较大，结构复杂，该塑件的注塑模具在生产过程中存在问题较多，包括塑件有时填充不足，定模斜滑块开模时有时不能自动弹出，合模时容易和动模斜顶撞击，以及成型周期较长等。为此我们对模具的浇注系统、侧向抽芯机构、温度控制系统和脱模系统进行了优化设计，取得了满意的效果，其成功经验可为同行设计大型、薄壁、复杂抽芯注塑模具提供有益参考。

（1）制件结构及其技术要求

塑件为某名牌电饭煲外壳，材料 ABS（天津大沽 DG 417），收缩率取 0.5%。塑件详细结构见图 8-86，其特点及技术要求如下。①最大外形尺寸为 370mm×365mm×312mm，平均壁厚 3mm，流长比为 160，属于大型薄壁塑件。②结构复杂，外侧面有三处倒扣 S_1、S_4 和 S_6，倒扣面积较大。内侧面有三处倒扣 S_2、S_3 和 S_5，塑件成型后脱模困难。③塑件属于外观零件，表面质量要求高，不允许有熔接痕、黑点、黑斑、气纹、流痕、填充不良和顶白等缺陷，也不允许有浇口痕迹。④塑件不允许变形，尺寸精度必须达到 MT3（GB/T 1486—2008）。

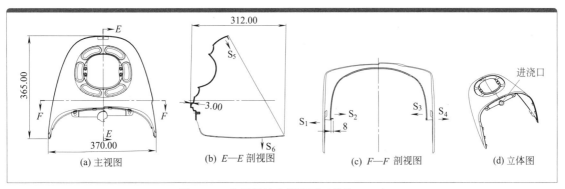

图 8-86 电饭煲外壳零件图（单位：mm）

（2）模具结构设计

模具采用热流道浇注系统，定模采用整体式结构，动模采用镶拼式结构，定模板和动模镶件均采用 718 模具钢，调质处理，硬度 30HRC。外侧倒扣采用定模斜滑块抽芯，内侧倒扣分别采用斜推杆和"斜导柱＋滑块"抽芯，冷却系统采用"直通式冷却水管＋隔片式冷却水井"组合结构。模架采用二板式非标模架，外形最大尺寸为 1000mm×950mm×1090mm，总重约 7.8t，属于大型模具。模具结构详见图 8-87。

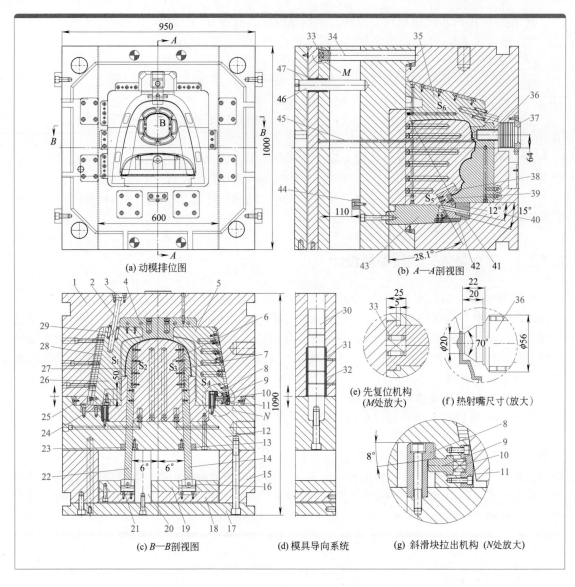

图 8-87　电饭煲外壳模具结构图（单位：mm）

1—定模 A 板；2—弹簧导杆；3—压板；4—定模镶件；5—定模斜滑块（右）；6—动模镶件；7—斜顶导向块；
8—斜滑块拉钩；9—活动块；10，29—弹簧；11—弹簧挡块；12—动模 B 板；13—斜顶导向块；
14—斜顶（右）；15—方铁；16—斜顶座（右）；17—动模底板；18—推件底板；19—推件固定板；
20—撑柱；21—斜顶座（左）；22—斜顶（左）；23—导向块；24—斜滑块限位块；25—耐磨块；
26—定模斜滑块（左）；27—斜顶导向块；28—滑块导向块；30—导柱；31，32—导套；
33—先复位弹簧；34—复位杆；35—定模斜滑块（上）；36—热射嘴；37—定位圈；
38—定模内滑块；39—内抽芯；40—锁紧块；41—斜导柱；42—挡块；43—固定块；
44—限位柱；45—推杆；46—推件板导柱；47—推件板导套

① 浇注系统设计。由于塑件属于薄壁塑件，熔体流动较困难，所以模具采用热流道浇注系统。与普通流道点浇口三板模相比，不但改善了熔体在型腔内的流动性，改善了塑件的成型质量，解决了填充不足的问题，而且大大简化了模具的结构。热流道浇口设置在非外观面，保证了塑件外观质量。由于采用单点式热流道，主流道中心将偏离模具中心 64mm，即锁模力中心和胀型力中心偏离约 64mm，对于大型模具来说，没有任何影响。热射嘴前端尺寸见图 8-87（f）。

② 侧向抽芯机构设计。塑件的内外倒扣各有 3 处，侧向抽芯机构是模具最复杂的核心机构。外侧倒扣 S_1、S_4 和 S_6 抽芯面积较大而抽芯距离较小，模具采用定模斜滑块结构，成型零件为斜滑块，导向零件为导向块 28，限位零件为限位块 24。经分析，以前该模具的斜滑块经常会出现无法自动弹出故障的原因是斜滑块仅靠弹簧弹出，而斜滑块体积较大，成型面积也较大，对成型塑件的包紧力较大，弹簧没有刚性推力，且容易疲劳失效。在模具的动模 B 板上设计了一个拉钩拉出机构，成功消除了此故障。该机构包括拉钩 8、活动块 9、弹簧 10 和弹簧挡块 11，详见图 8-87（g）。内侧倒扣 S_2、S_3 和 S_5 根据塑件的内部形状和抽芯距离，分别采用斜推杆和动模"斜导柱 + 滑块"内侧抽芯机构。S_2 和 S_3 的最大倒扣深度为 8mm，取安全距离 3mm，则斜推杆抽芯距离为 11mm，斜推杆推出距离 110mm，见图 8-87（b）。斜推杆倾斜角度用作图法求得为 5.7°，取 6°，详见图 8-88。

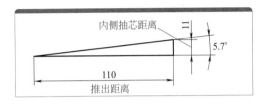

图 8-88　斜顶倾斜角度确定

③ 冷却系统设计。为解决模具成型周期较长的问题，本次冷却系统设计时共设计了 14 股冷却水道，其中定模 7 股，动模 4 股，三个斜滑块各 1 股，详见图 8-89。冷却水道 2、4、6、7 ～ 9 由"直通式水管 + 隔片式水井"组成。与以前的模具相比，动、定模两侧各增加了 4 个冷却水井，动模达到了 18 个，定模达到了 12 个。另外，三个定模斜滑块冷却水道布置也做了优化。整副模具冷却充分，温度均衡，注射周期控制在 35s，缩短约 5s，成型塑件无变形，尺寸精度达到了 MT3（GB/T 1486—2008）。

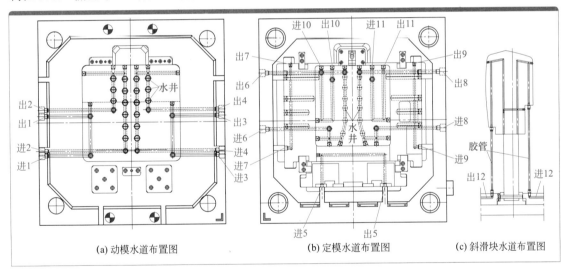

(a) 动模水道布置图　　　　(b) 定模水道布置图　　　　(c) 斜滑块水道布置图

图 8-89　冷却系统图

④ 脱模系统和先复位机构设计。开模过程中，成型塑件脱离定模斜滑块，完成外侧向抽芯，最后塑件由 5 支推杆和 2 支斜顶推出，同时完成内侧向抽芯。合模时，由于定模斜滑块需要靠动模 B 板推动复位，所以当动模 B 板接触斜滑块如果斜顶和推杆还没有完全复位的话，就会导致斜顶和推杆撞击斜滑块成型面，这就是以前模具型腔会损坏的原因。为解决这一问题，这次模具设计时采用了"复位杆 + 内置弹簧"的推件固定板先复位机构，即在每个复位杆固定端设计一个弹簧 ϕ25mm×30mm，详见图 8-87（e）。开模后，弹簧 33 将复位杆 34 推出 5mm，合模时，在动模 B 板和定模 A 板接触前 5mm，定模 A 板就会先触及复位杆 34，从而将推件固定板及推杆、斜顶推杆先推回复位，防止斜顶撞击斜滑块型腔。这一结构虽然简单，但效果很好，模具投产后没有发生任何

故障。

注意：本模具不能设计复位弹簧，因为塑件较大，如果推出后斜顶立即缩回的话会将成型塑件拉回型芯，导致取件困难。

⑤ 导向定位系统设计。该模具属于大型注塑模具，导向系统包括动模 B 板、定模 A 板之间的四只 ϕ80mm×550mm 的导柱及其导套，四只 ϕ50mm×350mm 的推件固定板导柱及其导套，同时还有三个定模斜滑块上 T 形槽导向块以及两只斜顶的方形导向块。动模 A 板和定模 B 板四周的定位止口是模具主要的定位系统，其中定模止口面上设计了 16 块耐磨块 25，既方便配模和维修，又能提高模具寿命，详见图 8-87（a）和图 8-87（c）。良好且可靠的导向定位系统大大提高了模具的寿命和成型塑件的精度。

（3）模具工作原理

模具完成注射成型后，注塑机拉动模具的动模底板 17 开模。开模过程中，在拉钩 8 和弹簧 29 的作用下，三个斜滑块同时进行外侧抽芯，塑件完成外侧倒扣 S_1、S_4、S_6 的脱模。与此同时，在斜导柱 41 的作用下，内滑块 38 向模具内侧滑动抽芯，完成塑件倒扣 S_5 的脱模。动模完成开模行程后，注塑机顶棍通过模具底板 17 上的 4 个 K.O 孔推动推件底板 18 和推件固定板 19，进而推动 5 支推杆 45 和 2 支斜顶 14 和 22，将饭煲外壳推离动模型芯，斜顶在推出过程中同时向内脱离塑件倒扣 S_2 和 S_3。推件推出距离为 110mm，由限位柱 44 控制。塑件脱模后，注塑机推动动模合模。在合模过程中，动模 B 板 12 先推动斜滑块 5、26 和 35 复位，同时斜导柱 41 推动内滑块 38 复位。在动模 B 板 12 和定模 A 板接触前 5mm 在先复位弹簧 33 的作用下，复位杆 34 触及定模 A 板 1，先将推杆 45 和斜顶 14、22 推回复位。当动模 B 板 12 和定模 A 板 1 接触后，所有零件完成复位，模具进行下一次注射成型。

（4）结语

① 通过采用热流道浇注系统，有效解决了型腔填充不良及塑件变形的问题；

② 通过采用拉钩拉出机构，成功消除了定模斜滑块有时无法自动弹出的故障；

③ 通过采用"复位杆 + 内置弹簧"先复位机构，成功解决了斜顶撞击斜滑块型腔的问题；

④ 通过采用充分且均衡的冷却系统，成功解决了成型塑件变形、成型周期较长等问题。

模具结构先进合理，导向定位可靠，投产后运行安全平稳。

第 **9** 章 浇注系统设计

9.1 什么是浇注系统

注塑模具的浇注系统是指从主流道始端到浇口末端的塑料熔体流动通道，其作用是让高温熔体在高压下高速进入模具型腔，实现熔体的填充和制品成型。

浇注系统可分为普通流道浇注系统和热流道浇注系统两大类型。普通流道浇注系统又分为侧浇口浇注系统和点浇口浇注系统，见图9-1和图9-2。本章主要学习普通流道浇注系统，第10章主要学习热流道浇注系统。

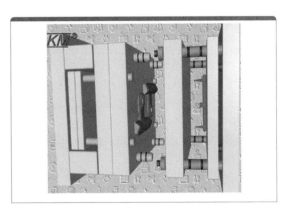

图9-1　侧浇口浇注系统注塑模具　　　　　　　图9-2　点浇口浇注系统注塑模具

普通流道浇注系统由主流道、分流道、浇口和冷料穴组成，见图9-3。模具的进料方式、浇口的形式和数量，往往决定了模架的规格型号。浇注系统的设计是否合理，将直接影响成型制品的外观、内部质量、尺寸精度和成型周期，故其重要性不言而喻。

浇注系统设计步骤和设计内容如下：

① 选择浇注系统的类型：根据制品的结构、大小、形状以及制品批量大小，分析其填充过程，确定是采用侧浇口浇注系统、点浇口浇注系统、还是热流道浇注系统，进而确定模架的规格型号。

② 浇口的设计：根据制品的结构、大小和外观要求，确定浇口的形式、位置、数量和大小。

③ 分流道的设计：根据制品的结构形状、大小以及塑料品种，确定分流道的形状、截面尺寸和长短。

④ 辅助流道的设计：根据后续工序或制品结构，确定是否要设置辅助流道，以及设计辅助流道的形状和大小。

⑤ 主流道的设计：确定主流道的尺寸和位置。

⑥ 拉料杆和冷料穴的设计：根据分流道的长短及制品结构形状，确定冷料穴的位置和尺寸。

图 9-3　制品及其浇口浇注系统
1—主流道；2—分流道；3—浇口；4—冷料穴；5—制品

9.2　浇注系统的设计原则

浇注系统设计应遵循以下原则：

（1）质量第一原则

浇注系统的设计对制品质量的影响极大，首先浇口应设置在制品上最易清除的部位，同时尽可能不影响制品的外观。其次浇口位置和形式会直接影响制品的成型质量，不合理的浇注系统会导致制品产生熔接痕、填充不良、流痕等等缺陷，甚至导致一副模具设计的失败。

（2）进料平衡原则

在单型腔注塑模具中，浇口位置距型腔各个部位的距离应尽量相等，使熔体同时充满型腔的各个角落；在多型腔注塑模具中，到各型腔的分流道应尽量相等，使熔体能够同时填满各型腔。另外，相同的制品应保证从相同的位置进料，以保证制品的互换性。

（3）体积最小原则

型腔的排列尽可能紧凑，浇注系统的流程应尽可能短，流道截面形状和尺寸大小要合理，浇注系统体积越小越会有以下好处：

① 熔体在浇注系统中热量和压力的损失越少；

② 模具的排气负担越轻；

③ 模具吸收浇注系统的热量越少，模具温度控制越容易；

④ 熔体在浇注系统内流动的时间越短，注射周期也越短；

⑤ 浇注系统凝料越少，浪费的塑料越少；

⑥ 模具的外形尺寸越小。

（4）周期最短原则

一模一腔时，应尽量保证熔体在差不多相同的时间内充满型腔的各个角落；一模多腔时，应保证各型腔在差不多相同的时间内填满。这样既可以保证制品的成型质量，又可以使注塑周期最短。设计浇注系统时还必须设法减小熔体的阻力，提高熔体的填充速度，分流道要减少弯曲，需要拐弯时尽量采用圆弧过渡。但为了减小熔体阻力而将流道表面抛光至粗糙度很低的做法往往是不可取的，原因是适当的粗糙度可以将熔体前端的冷料留在流道壁上（流道壁相当于无数个微型冷料穴）。一般情况下，流道表面粗糙度可取 $Ra\,0.8 \sim 1.6\mu m$。

9.3 选择浇注系统类型

9.3.1 侧浇口浇注系统和点浇口浇注系统的区别

熔体从型腔侧面经分型面进入型腔叫侧浇口浇注系统，熔体不经分型面，由型腔内部通过点浇口直接进入型腔叫点浇口浇注系统，它们的典型结构如图9-4所示。

侧浇口浇注系统和点浇口浇注系统都由主流道、分流道、冷料穴和浇口组成，二者的不同之处包括以下几点。

① 进料地方不同。侧浇口浇注系统中熔体一般由分型面通过型腔侧面进入模具型腔，点浇口浇注系统中熔体则由定模板、定模镶件从型腔上面进入模具型腔。

② 浇口形状不同。侧浇口有很多种，包括潜伏式浇口、扇形浇口、薄片浇口、塔接式浇口、护耳浇口，除潜伏式浇口外，浇口截面一般是方形的，而点浇口的截面形状都是圆形的。

③ 浇注系统的结构不同。侧浇口浇注系统的分流道在定模镶件和动模镶件之间的分型面上，而点浇口浇注系统的分流道则在定模A板和脱浇板之间的分型面上。另外，点浇口浇注系统有一段纵向分流道，而侧浇口浇注系统没有，详见图9-5。

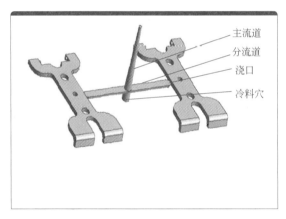

图9-4　侧浇口浇注系统组成

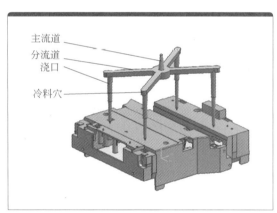

图9-5　点浇口浇注系统组成

9.3.2 点浇口浇注系统和侧浇口浇注系统的选用

① 一般情况下，能用侧浇口浇注系统时不用点浇口浇注系统。因为点浇口浇注系统必须采用三板模架，而三板模架结构较复杂，制造成本较高，而且模具在生产过程中发生障碍的概率也大。

② 当制品必须采用点浇口从型腔中间一点或多点进料时，则必须采用点浇口浇注系统。以下情况宜选用点浇口浇注系统：

a. 成型制品在分模面上的投影面积较大，单型腔，要求多点进料。

b. 一模多腔，其中有下列情况之一的宜用点浇口：

- 某些制品必须从型腔内多点进料，否则可能会引起制品变形或填充不足；
- 制品要求中心进浇，否则可能因困气或填充不足影响外观；

• 各腔大小悬殊，用侧浇口模架时浇口套要大尺寸偏离中心，模具生产时容易产生飞边或变形。

c. 塑料齿轮大多采用点浇口浇注系统，而且为了提高齿轮的尺寸精度，常采用三个点浇口进料。多型腔的玩具轮胎常采用气动强行脱模，浇注系统都是点浇口转环形浇口。

d. 塑料链条，每一个环都要一个浇口，必须采用点浇口浇注系统。

e. 壁厚小、结构复杂的制品，熔体在型腔内流动阻力大，采用侧浇口浇注系统难以填满或难以保证成型质量，此时必须采用点浇口浇注系统。

f. 高度太高的桶形、盒形或壳形制品，采用点浇口有利于排气，可以提高成型质量，缩短成型周期。

9.4 浇口的设计

浇口是连接分流道与型腔之间的一段细短通道，其作用是使塑料能够以较快速度进入并充满型腔。它能很快冷却封闭，防止型腔内还未冷却的熔体倒流。设计时须考虑制品尺寸、截面积尺寸、模具结构、成型条件及塑料性能。

浇口应尽量短小，与制品分离容易，不造成明显痕迹。

9.4.1 浇口的作用

① 调节及控制料流速度，防止倒流。当注塑压力消失后，封锁型腔，使尚未冷却固化的塑料不会倒流回分流道。

② 熔体经过浇口时，会因剪切及挤压而升温，有利于熔体的填充型腔。

③ 在多腔注塑模中，当分流道采用非平衡布置时，可以通过改变浇口的大小来控制进料量，使各腔能在差不多相同的时间内同时充满。这叫作人工平衡进料。

④ 浇口设计不合理时，易产生填充不良、收缩凹陷、蛇纹、震纹、熔接痕及翘曲变形等缺陷。

9.4.2 常用浇口及其结构尺寸

浇口形式很多，常用浇口有点浇口、侧浇口、潜伏式浇口、直接浇口，侧浇口又包括矩形浇口、扇形浇口、薄片浇口、爪形浇口、环形浇口、伞形浇口及二次浇口等。

9.4.2.1 点浇口

点浇口又称细水口，常用于三板模即细水口模具的浇注系统，熔体可由型腔任何位置一点或多点地进入型腔，适合 PE、PP、PC、PS、PA、POM、AS、ABS 等多种塑料。

（1）点浇口基本结构及尺寸

点浇口基本结构见图 9-6。图中 $\alpha = 20° \sim 30°$，其他参数参考表 9-1。

（2）点浇口优点

① 位置有较大的自由度，方便多点进料。分流道在流道推板和 A 板之间，不受型腔型芯的阻碍。对于大型制品多点进料和为避免制品成型时变形而采用的多点进料，以及一模多腔且分型面处不允许有进浇口（不允许采用侧浇口）的制品非常适合。

② 浇口可自行脱落，留痕小。在成型制品上几乎看不出浇口痕迹，开模时在定距分型机构的作用下，浇口会被自动切断，不必后加工，模具在注射成型时可以采用全自动化生产。

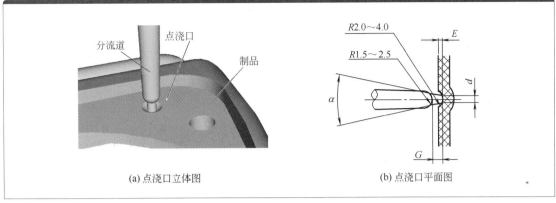

(a) 点浇口立体图　　　　　　　　　　(b) 点浇口平面图

图 9-6　点浇口

表 9-1　点浇口参数　　　　　　　　　　　　　　　　　　mm

序号	d	E	G
1	0.5	0.5	1.5
2	0.6	0.8	1.5
3	0.8	0.8	1.5
4	1.0	0.8	1.5
5	1.2	1.0	2.0
6	1.4	1.0	2.0
7	1.6	1.5	2.5

③ 浇口附近残余应力小。

④ 点浇口非常适用于桶形、壳形、盒形制品及面积较大的平板类制品。

（3）点浇口缺点

① 注射压力损失较大，浇注系统凝料多。

② 相对于侧浇口模，点浇口需采用三板模模架，模具结构较复杂，制作成本较大。

（4）点浇口设计要点

图 9-7 为点浇口浇注系统模具实例，设计时要注意以下几点：

① 在制品表面允许的条件下，点浇口尽量设置在制品表面较高处，使浇注系统凝料尺寸 C 最短。图中：$L \approx A+30$（mm），$B = 6 \sim 10$mm，C 根据塑件大小确定，本模具取 10mm。

② 为了不影响外观，可将点浇口设置于较隐蔽处，如设置于有纹理的哑光的表面内；或设置于字母的封闭图形中，如 D、O 和 P 等；或设置于雕刻的装饰图案中，如设置于一张脸的嘴或眼中；或某些装配后被遮住的部位。

③ 点浇口直径太大，开模时浇口难以拉断；其锥度开得太小，开模时浇口塑料被切断点不确定，易使制品表面（浇口处）留下一个细小的尖点。

④ 为改善塑料熔体流动状况及安全起见，点浇口处要做凹坑，俗称"肚脐眼"，见图 9-6。

9.4.2.2　侧浇口

（1）梯形侧浇口

梯形侧浇口又称普通浇口，熔体从侧面进入模具型腔，是浇口中最简单也是最常用的浇口，其形状见图 9-8。梯形侧浇口适用于众多制品及众多塑料（如硬质 PVC、PE、PP、PC、PS、PA、POM、AS、ABS、PMMA 等）的成型，尤其对一模多腔的模具，更为方便。需引起重视的是，侧浇口深度尺寸的微小变化可使塑料熔体的流量发生较大改变。所以，侧梯形浇口的尺寸精度，对成型制品的质量及生产效率有很大影响。

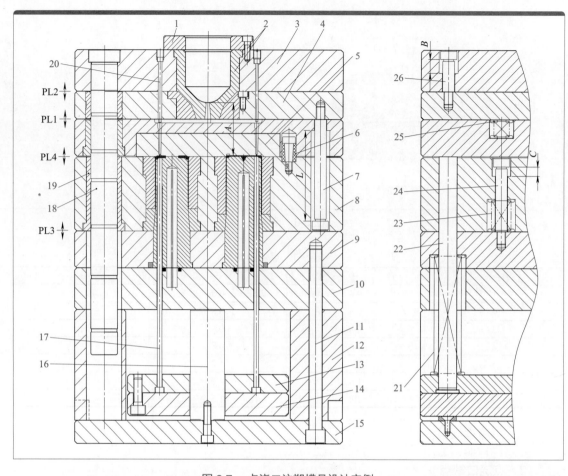

图 9-7　点浇口注塑模具设计实例

1—定位圈；2—浇口套；3—面板；4—脱料板；5—定模镶件；6—尼龙塞；7—小拉杆；8—动模板；9—动模型芯固定板；
10—托板；11—螺钉；12—方铁；13—推杆固定板；14—推杆底板；15—模具底板；16—撑柱；17—推杆；
18—动模型芯；19，20—动模镶件；21—导柱；22～24—导套；25—拉料杆；26—复位弹簧

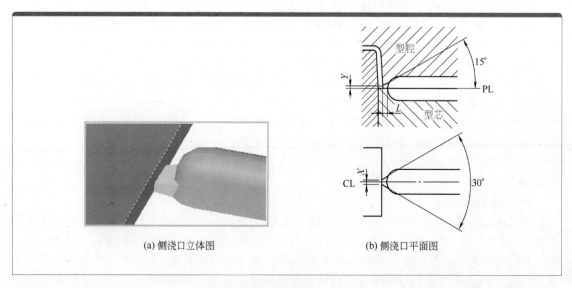

(a) 侧浇口立体图　　　　　　　　(b) 侧浇口平面图

图 9-8　侧浇口

① 梯形侧浇口优点：

a. 浇口与成型制品分离容易；

b. 分流道较短；

c. 加工易，修正易。

② 梯形侧浇口缺点：

a. 位置受到一定的限制，浇口到型腔局部距离有时较长，压力损失较大。

b. 流动性不佳的塑料（如 PC）容易造成充填不足或半途固化。

c. 平板状或面积大的成型制品，由于浇口狭小易造成气泡或流痕等不良现象。

d. 去除浇口麻烦，且易留下明显痕迹。

③ 梯形侧浇口设计参数可参阅表 9-2。

表 9-2　梯形侧浇口有关参数的经验值　　　　　　　　　　　　mm

制品大小	制品质量 /g	浇口最小高度 Y	浇口最小宽度 X	浇口最小长度 L
很小	0～5	0.25～0.5	0.75～1.5	0.5～0.8
小	5～40	0.5～0.75	1.5～2	0.5～0.8
中	40～200	0.75～1	2～3	0.8～1
大	>200	1～1.2	3～4	1～2

图 9-9 是侧浇口注塑模具实例。

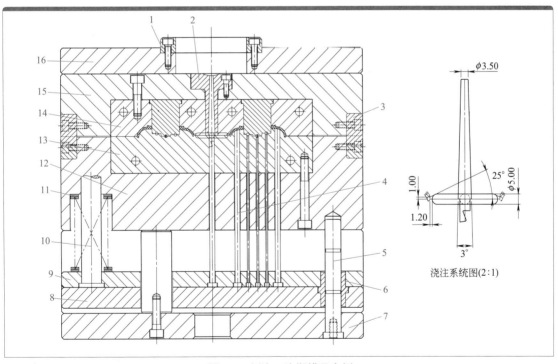

图 9-9　侧浇口注塑模具实例

1—定位圈；2—浇口套；3—定位块；4—推杆；5—导柱；6—导套；7—模具底板；8—推件底板；9—推件固定板；10—复位杆；11—复位弹簧；12—动模 B 板；13—动模镶件；14—定模镶件；15—定模 A 板；16—定模面板

（2）扇形侧浇口

浇口形状是从分流道到模腔方向逐渐放大呈扇形，见图 9-10。适用于平板类、壳形或盒形制品，可减少流纹和定向应力，扇形角度由制品形状决定，浇口横面积不可大于流道断面积。对 PP、POM、ABS 等较多塑料都可使用这种浇口。

① 优点：

a. 可均匀填充，防止制品翘曲变形；

b. 降低内应力，减小变形；

c. 可得良好外观之成型品，几乎无不良现象发生。

② 缺点：去除浇口麻烦。

③ 设计参数：浇口厚度 $H = 0.25 \sim 1.5mm$；浇口宽度 $W = L/4（mm）$，其中 L 为浇口处型腔宽度，W 应大于 8mm。

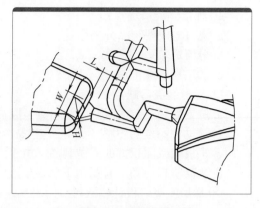

图 9-10　扇形侧浇口

（3）薄片侧浇口

形状见图 9-11，适用于大型平板类制品。熔体经过薄片浇口，以较低的速度均匀平稳地进入型腔，可以避免平板类制品的变形。但由于去除浇口必须用专用夹具，从而增加了生产成本。

薄片侧浇口的设计参数与制品的大小和壁厚有关。

图中，$W = 0.8 \sim 1.2mm$；$H = B/4 \sim B/3$，B 为壁厚；L 取决于制品大小。

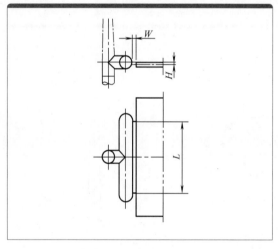

图 9-11　薄片侧浇口

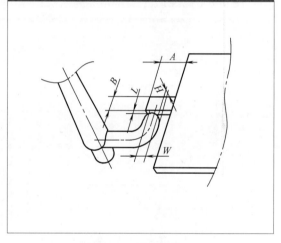

图 9-12　护耳侧浇口

（4）护耳侧浇口

由于矩形侧浇口尺寸一般较小，同时正对着一个宽度与厚度较大的型腔，高速流动的熔融塑料通过浇口时会受到很高的剪切应力，产生喷射和蛇形流等现象，在制品表面留下明显流痕和气纹。为消除这一缺陷并降低成型难度，可采用护耳侧浇口，见图 9-12。护耳侧浇口可将流痕、气纹控制在护耳上，需要的话，可用后加工手段去除护耳，使制品外观保持完好。常用于高透明度平板类制品，以及要求变形很小的制品。它适合硬质 PVC、POM、AS、ABS、PMMA 等塑料。

① 护耳侧浇口优点：

a. 浇口附近的收缩下陷可消除。

b. 可排除过剩充填所致的应变及流痕的发生。

c. 可缓和浇口附近的应力集中。

d. 浇口部产生摩擦热可再次提升塑料温度。

② 护耳侧浇口缺点：

a. 压力损失大。

b. 浇口切除稍困难。

③ 护耳侧浇口设计参数：$A = 10 \sim 13mm$，$B = 6 \sim 8mm$，$L = 0.8 \sim 1.5mm$，$H = 0.6 \sim 1.2mm$，$W = 2 \sim 3mm$。

（5）搭接式侧浇口

搭接式侧浇口形状见图9-13。W 等于分流道直径，$L = 1 \sim 2mm$。

① 优点：

a. 它是梯形侧浇口的演变形式，具有梯形侧浇口的各种优点。

b. 是典型的缓冲击型浇口，可有效地防止塑料熔体的喷射流动，见图9-14。对于平板类制品，采用如图9-14（a）所示的浇口表面易产生气纹、震纹、蛇纹等流痕，而采用图9-14（b）所示的搭接式侧浇口，因熔融塑料喷到型腔面上受阻，从而改变方向，降低了速度，使熔体能均匀地填充型腔。

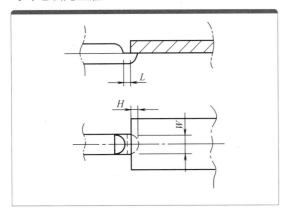

图 9-13　搭接式侧浇口

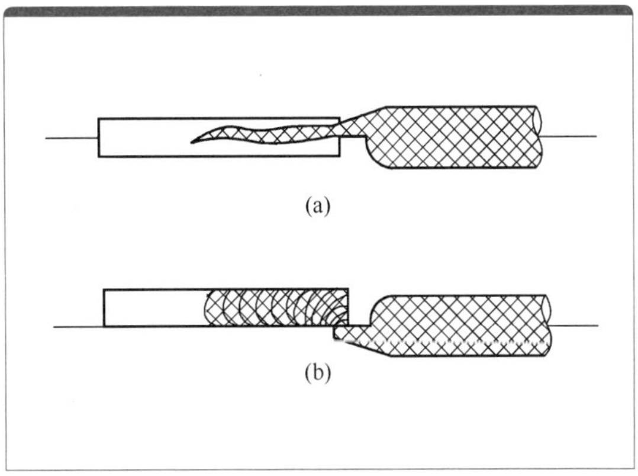

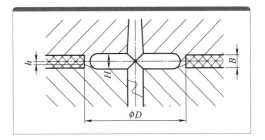

图 9-14　搭接式侧浇口可防止熔体喷射

② 缺点：

a. 不能实现浇口和制品的自行分离；

b 容易留下明显的浇口疤痕。

搭接式侧浇口设计参数可参照矩形侧浇口的参数来选用。

③ 应用：适用于有表面质量要求的平板形制品。

（6）环形侧浇口

环形侧浇口沿制品整个外圆周或内圆周

图 9-15　环形侧浇口

进料，见图9-15。它能使塑料绕型芯均匀充模，排气良好，熔接痕少，但浇口切除困难。它适用于薄壁、长管状制品，适合 POM、ABS 等塑料及较长的圆状筒状结构的制品。

① 环形侧浇口优点：

a. 可防止流痕发生；

b. 成型易，无应力。

② 环形侧浇口缺点：浇口切离稍困难，常需专用夹具切除。

③ 设计参数：$H = 1.5B$，B 为壁厚；$h = (1/2 \sim 2/3)B$，或取 $0.8 \sim 1.2mm$。

9.4.2.3　潜伏式浇口

潜伏式浇口俗称隧道浇口，形状为圆锥形，是介于点浇口和侧浇口之间的一种浇口。

（1）潜伏式浇口的形式

潜伏式浇口种类很多，结构和位置灵活多变，主要有：

① 定模潜伏式浇口：熔体由定模镶件进入型腔，见图9-16。

模具打开时，在拉料杆和动模包紧力的作用下，浇口和制品被定模镶件切断，实现浇口和制品的自动分离。

优点：能改善熔体流动，适用于高度不大的盒形、壳形、桶形等制品。

缺点：在制品表面会留下痕迹。

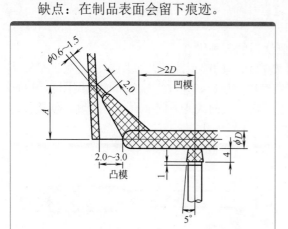

图9-16　定模潜伏式浇口

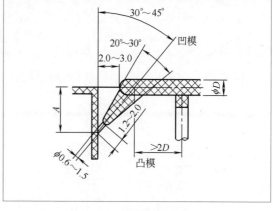

图9-17　动模潜伏式浇口

② 动模潜伏式浇口：熔体由动模进入型腔，见图9-17。开模后，制品和浇口分别由推杆推出，实现自动分离。

③ 大推杆潜伏式浇口：熔体经过推杆的磨削部位进入型腔。大推杆的直径不宜小于5mm或3/16in。这种结构可采用延时推出的方法实现浇口和制品的自动分离，见图9-18。

④ 小推杆潜伏式浇口：熔体经过推杆孔进入型腔，见图9-19。小推杆直径通常取$2.5 \sim 3$mm。如果太大，制品表面会有收缩凹痕。

⑤ 加强筋潜伏式浇口：熔体经过制品的筋骨进入型腔，这个筋骨可以是制品原有的，也可以是为进料而加设的，成型后再切除，见图9-20。

在图9-20中：$\alpha = 30° \sim 45°$，$\beta = 20° \sim 30°$，$A = 2 \sim 3$mm，$d = 0.6 \sim 1.5$mm，$\delta = 1.0 \sim 1.5$mm，H应尽量短。

图9-18　大推杆潜伏式浇口

（2）潜伏式浇口优点

① 进料位置较灵活，且制品分型面处不会留有进料口痕迹。

② 制品经冷却固化后，从模具中被推顶出来时，浇口会被自动切断，无需后处理。

③ 由于潜伏式浇口可开设在制品表面见不到的筋、骨、柱位上，所以在成型时，不会在制品表面留有由于喷射带来的喷痕和气纹等问题。

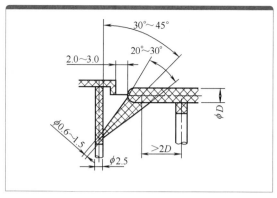

图 9-19　小推杆潜伏式浇口

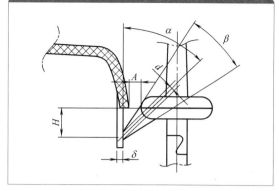

图 9-20　加强筋潜伏式浇口

④ 有点浇口的优点，又有大水口的简单（模架采用的是二板模架）。

⑤ 既可以潜定模，又可以潜动模；既可以潜制品的外侧，又可以潜内侧；既可以潜推杆，又可以潜加强筋；浇口位置自由较大。

（3）潜伏式浇口缺点

① 压力损失较大。

② 适合弹性好的塑料，如 PE、PP、PVC、ABS、PA、POM、HIPS 等，对质脆的塑料，如 PS、GP、PMMA 等，则不宜选用。

图 9-21 是潜伏式浇口注塑模具实例。

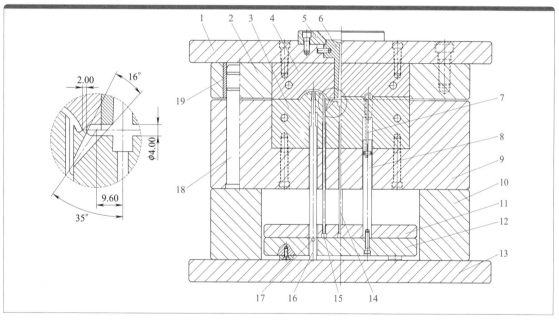

图 9-21　潜伏式浇口实例

1—面板；2—定模板；3—动模镶件；4—定模镶件；5—定位圈；6—浇口套；7—活动型芯；8—推杆；9—动模板；10—方铁；11—推杆固定板；12—推杆底板；13—底板；14，15—推杆；16—活动型芯；17—圆销；18—导柱；19—导套

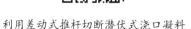

利用差动式推杆切断潜伏式浇口凝料

利用拉料销拉断点浇口凝料

9.4.2.4　圆弧形浇口

圆弧形浇口又名牛角浇口或香蕉形浇口，它实际上是潜伏式浇口的一种特殊形式，这种浇口是直接从制品的内表面进料，而不经过推杆或其他辅助结构，见图 9-22。这种形式浇口进料口口设置于制品内表面，注射时产生的喷射会在制品外表面（进料点正上方）产生斑痕。由于此形式浇口加工较复杂，所以除非制品有特殊要求（如外表面不允许有进浇口，而内表面又无筋、柱且无顶针），否则尽量避免使用。制作时，圆弧形浇口处需设计成两部分镶拼，用螺钉紧固或者镶块通底加管位压紧。

圆弧形浇口的结构和尺寸见图 9-22 和表 9-3。

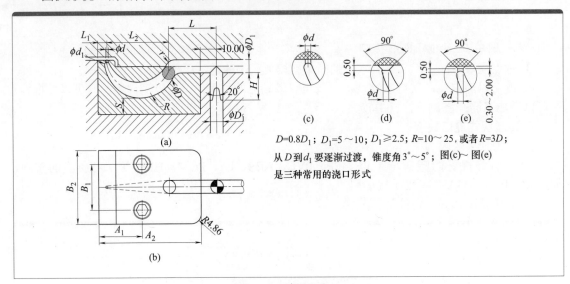

$D=0.8D_1$；$D_1=5\sim10$；$D_1\geqslant2.5$；$R=10\sim25$，或者 $R=3D$；
从 D 到 d_1 要逐渐过渡，锥度角 $3°\sim5°$；图(c)～图(e)
是三种常用的浇口形式

图 9-22　圆弧形浇口

表 9-3　圆弧形浇口各参数推荐值　　　　　　　　　　　mm

项目	L	L_1	L_2	d	d_1	D	D_1	R	r	S	H
A 型	$\geqslant 2.5D_1$	10	40	$0.8\sim2$	3	$6\sim8$	$8\sim10$	21	6	$\geqslant10$	浇口弧长 +10
B 型	$\geqslant 2.5D_1$	10	25	$0.5\sim2$	2.5	5	6	13	5	$\geqslant8$	浇口弧长 +10

9.4.2.5　中心浇口

中心浇口又称直接浇口，熔体直接由主流道进入模具型腔，见图 9-23。它只有主流道而无分流道及浇口，或者说主流道就是浇口。直接浇口适用于单型腔、深腔壳形、箱形制品，适用于硬质 PVC、PE、PP、PC、PS、PA、POM、AS、ABS、PMMA 等多种塑料。

设计参数：$\alpha = 2°\sim5°$（对流动性差的塑料 $\alpha° = 3°\sim6°$）；$D = 5\sim8mm$。

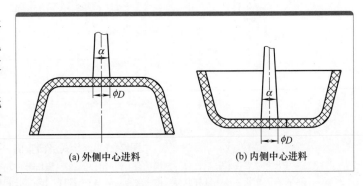

图 9-23　中心浇口

（1）中心浇口优点

① 无分流道及浇口，节省流道加工。

② 无分流道，流道流程短，压力及热量损失少，有利于排气，易成型。

③ 可成型大或深度较深之制品，对大型单一型腔的桶形、盒形及壳形制品（如盆、桶、

电视机后壳、复印机前后盖等），成型效果非常好。

（2）中心浇口缺点

① 去除浇口困难，去除浇口后会在制品上留有较大痕迹。

② 平而浅的制品易产生翘曲、扭曲。

③ 浇口附近残余应力大。

④ 一次只可成型一个制品，除非使用多喷嘴注塑机。

图 9-24 是塑料桶注塑模具，该模具采用的就是中心浇口。

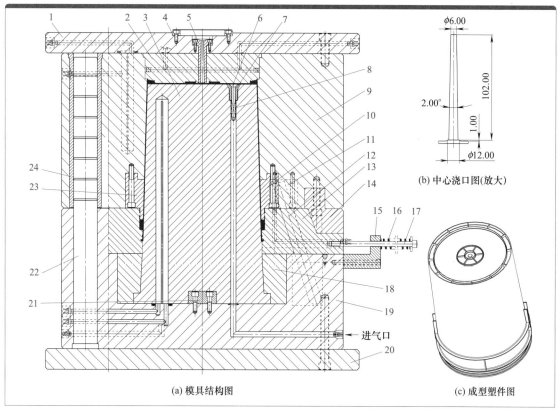

(a) 模具结构图　　　　　　　　　　(c) 成型塑件图

图 9-24　中心浇口模具实例

1—面板；2—定模镶件；3—动模型芯；4—定位圈；5—浇口套；6—阀门；7—镶套；8—弹簧；9—定板；10，23—冬菇镶件；
11—压块；12—斜导柱；13—滑块；14—锁紧块；15—挡块；16—弹簧；17—介子；18—动模镶件；19—动模板；20—底板；
21—防转块；22—导柱；24—导套

9.4.2.6　爪形浇口

爪形浇口形状见图 9-25，适用于中间有孔的制品。它的主要特点是：在一模一腔的情况下，爪形浇口直接与主流道相连，在一模多腔的情况下，与垂直分流道连在一起，并且动模型芯与浇口套的主流道锥度或者与垂直分流道的锥度相配，提高了制品的形状和位置精度。

9.4.2.7　伞形浇口

伞形浇口可以看作是环形浇口的特殊形式，见图 9-26。伞形浇口主要用于制品中央有较大的碰穿孔的场合，适用于 PS、PA、AS、ABS 等塑料。

（1）伞形浇口优点

① 可防止流痕发生。

② 节省流道加工。

③ 具直接浇口之功用，压力损失小。

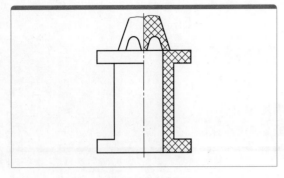

图 9-25　爪形浇口

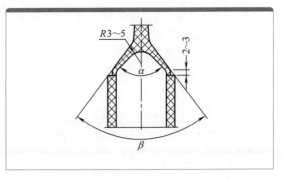

图 9-26　伞形浇口

（2）伞形浇口缺点

① 浇口切离稍困难。

② 一次只能成型一个制品。

③ 制品的孔中心必须与主流道对应。

（3）设计参数

$\alpha = 90°$，$\beta = 75°$。

浇口数量和位置对熔接痕的影响

9.4.3　浇口设计要点

① 浇口位置尽量选择在分型面上，以便于清除及模具加工，因此能用侧浇口时不用点浇口。

② 浇口位置距型腔各部位距离尽量相等，并使流程最短，使熔体能在最短的时间内同时填满型腔的各部位。

③ 浇口位置应选择对着型腔宽畅、厚壁部位，便于补缩，不致形成气泡和收缩凹陷等缺陷。熔体由薄壁型腔进入厚壁型腔时，会出现再喷射现象，使熔体的速度和温度突然下降，而不利于填充。见图 9-27，a 不合理，b 合理。

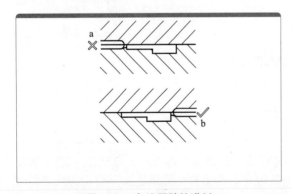

图 9-27　宜从厚壁处进料

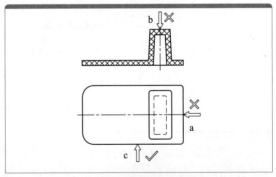

图 9-28　浇口不宜对着薄弱型芯

④ 在细长型芯附近避免开设浇口以免料流直接冲击型芯产生变形错位或弯曲。熔体的温度高，压力大，对镶件冲击的频率大，若镶件薄弱，必然被冲弯，甚至被冲断。见图 9-28，a、b 不合理，c 较合理。

⑤ 在满足注射要求的情况下，浇口的数量越少越好，以减少熔接痕，若熔接痕无法避免，则应使熔接痕产生于制品的不重要表面及非薄弱部位。但对于大型或扁平制品建议采用多点进料，以防止制品翘曲变形和填充不足。见图 9-29，b 和 c 都是可以考虑的浇口位置，而 a 则是不合理的。

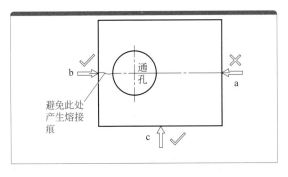

图 9-29　避免产生熔接痕

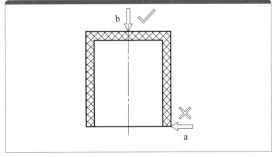

图 9-30　避免困气

⑥ 浇口位置应有利于模具排气。熔体进入型腔后，不能先将排气槽（如分型面）堵住，否则型腔内的气体无法排出，会影响熔体流动，使制品产生气泡、熔接痕或填充不足等缺陷。见图 9-30，如果从 a 处进料，熔体先将分型面堵住，会造成 b 处困气。

⑦ 浇口位置不能影响制品外观和功能。前面说过，任何浇口都会在制品表面留下痕迹，为不影响制品外观，应将浇口设置于制品的隐蔽部位。但有时由于制品的形状或排位的原因，浇口的位置必须外露，对此，一要将浇口做得漂亮些，二要将情况预先告诉客户。模具生产的制品有一定的局限性，我们只能做到尽善，做不到尽美。

⑧ 浇口不能太大也不能太小。太大，则熔体经过浇口时，不会产生升温的效应，也很难有防倒流的作用；太小，则阻力大，且会产生蛇纹、气纹和填充不足等缺陷。浇口尺寸由制品大小、几何形状、结构和塑料种类决定，在设计过中，可先取小尺寸，再根据试模状况进行修正。

⑨ 在非平衡布置的模具中，可以通过调整浇口宽度尺寸（而不是深度）来达到进料平衡。

⑩ 一般浇口的截面积为分流道截面的 3% ～ 9%，浇口的截面形状为圆形（点浇口）或矩形（侧浇口），浇口长度为 0.5 ～ 2.0mm，表面粗糙度 Ra 不低于 0.4μm。

⑪ 在侧浇口模具中，应避免从枕位处进料，因为熔体急剧拐弯会造成能量（温度和压力）的损失。无法避开时要在枕位进料处做斜面，减小熔体流动阻力。

⑫ 浇口数量的确定：浇口数量取决于熔体流程 L 与制品壁厚 T 比值，一般每个进料点应控制在 $L/T = 50 ～ 80$。任何情况下，一个进料点的 L/T 值不得大于 100。在实际设计工作中，浇口数量还得根据制品结构形状、塑料熔融后的黏滞度等因素加以调整。

⑬ 可通过经验或模流分析，来判断制品因浇口位置而产生的熔接痕是否会影响制品的外观和强度，如会，可加设冷料穴加以解决。

⑭ 在浇口（尤其是潜伏式浇口）附近应设置冷料穴，并设置拉料杆，以利于流道脱模。

⑮ 若模具要采用自动化生产，则浇口应保证能够自动脱落。

9.5　分流道设计

连接主流道与浇口熔体的通道叫分流道，分流道起分流和转向作用。侧浇口浇注系统的分流道在定模镶件和动模镶件之间的分型面上，点浇口浇注系统的分流道在推料板和定模 A 板之间，以及定模 B 板内的竖直部分，见图 9-4 和图 9-5。

在一模多腔的模具中，分流道的设计必须解决如何使塑料熔体对所有型腔同时填充的问题。如果所有型腔体积形状相同，分流道最好采用等截面和等距离。否则，必须在流速相等条件下，采用不等截面来达到流量不等，使所有型腔差不多同时充满的目的。有时还可以改变流道长度来调节阻力大小，保证型腔同时充满。

熔融塑料沿分流道流动时，要求它尽快地充满型腔，流动中热量损失要尽可能小，流动阻力要尽可能低。同时，应能将塑料熔体均衡地分配到各个型腔。

9.5.1 设计分流道必须考虑的因素

① 塑料的流动性及制品的形状：对于流动性差的塑料，如 PC、HPVC、PPO 和 PSF 等，分流道应尽量短，分流道拐弯时尽量采用圆弧过渡，横截面积宜取较大值，横截面形状应采用圆形（侧浇口分流道）或 U 形（点浇口分流道）。分流道的走向和截面形状取决于浇口的位置和数量，而浇口的位置和数量又取决于制品形状。

② 型腔的数量：它决定分流道的走向、长短和大小。

③ 壁厚及内在外观质量要求：这些因素决定了浇口的位置和形式，最终决定了分流道的走向和大小。

④ 注塑机的压力及注射速度。

⑤ 主流道及分流道的拉料和脱模方式：如果要采用自动化注塑生产，则分流道必须确保在开模后留在有脱模机构的一侧，且容易推落。

⑥ 合理的表面粗糙度。有人认为流道表面粗糙度越低越好，其实不然。适当粗糙的表面可以储存与流道开始接触的、热量被模具吸收的那部分熔体，相当于上面有很多微型冷料穴。一般来说，铣床加工后的流道表面粗糙度往往不用再做抛光处理。但对于流动性较差的塑料，如 PC 料，流道表面宜抛光至 $Ra\,0.4\mu m$。

9.5.2 分流道的布置

在确定分流道的布置时，应尽量使流道长度最短。但是，塑料以低温成型时，为提高成型空间的压力来减少成型制品收缩凹陷，或欲得壁厚较厚的成型制品而延长保压时间，减短流道长度并非绝对可行。因为流道过短，成型制品的残留应力增大，且易产生飞边，塑料熔体的流动不均，所以流道长度应以适合成型制品的重量和结构为宜。

① 分流道的布置按其特性可分为平衡布置和非平衡布置。

a. 平衡布置：平衡布置是指熔体进入各型腔的距离相等，因为这种布置各型腔可以在相同的注射工艺条件下同时充满，同时冷却，同时固化，收缩率相同，有利于保证制品的尺寸精度，所以精度要求较高的，制品有互换性要求的多腔注塑模，一般都要求采用平衡布置，见图 9-31。

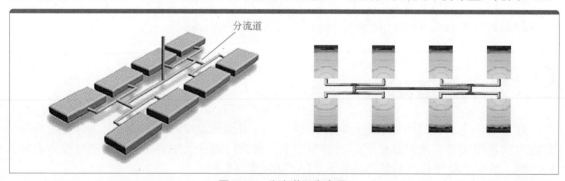

图 9-31　分流道平衡布置

b. 非平衡布置：在这种布置中熔体进入各型腔的距离不相等，优点是分流道整体布置较简洁，缺点是各腔难以做到同时充满，收缩率难以达到一致，因此它常用于精度要求一般，没有互换性要求的多腔注塑模。见图 9-32。

在非平衡布置中，如果能够合理地改变分流道的截面大小或浇口宽度，也可以保证各腔同时进料或差不多同时充满。具体做法是：靠近主流道的分流道，直径适当取小一些，见图9-33；或者靠近主流道的型腔，其浇口宽度（而不是深度）适当取宽一点。但这种人工平衡进料很难完全做到平衡进料。

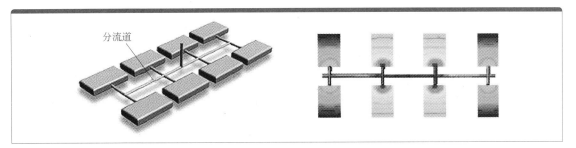

图 9-32　非平衡布置及其进料示意图

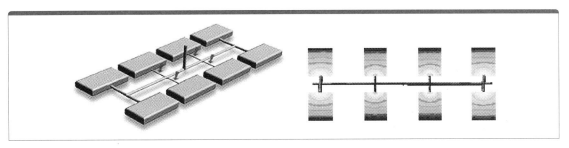

图 9-33　人工平衡进料

② 按排位的形状分为 O 形、H 形、X 形和 S 形。

a. O 形：每腔均匀分布在同一圆周上，属平衡布置。有利于保证制品的尺寸精度。缺点是不能充分利用模具的有效面积及不便于模具冷却系统的设计，见图9-34。

b. H 形：有平衡布置和非平衡布置两种。见图9-35。

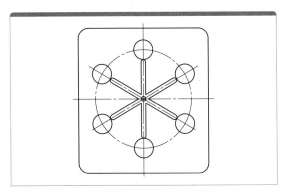

图 9-34　O 形分布

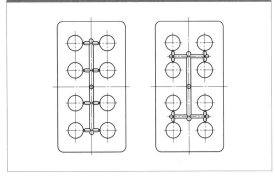

图 9-35　H 形布置

平衡布置：各型腔同时进料，有利于保证制品的尺寸精度。缺点是分流道转折多，流程较长，导致压力损失和热损失大。适用于 PP、PE 和 PA 等塑料。

非平衡布置：型腔排列紧凑，分流道设计简单，便于冷却系统的设计。缺点是浇口必须作适当，以保证各腔差不多同时充满。

c. X 形：优点是流道转折较少，热、压力损失较少；缺点是有时对模具的利用面积不如 H 形。见图9-36。

d. S 形：S 形流道优点是可满足模具的热及压力的平衡；缺点是流道较长。适用于滑块对开式多腔模具的分流道排列。如图 9-37 所示的平板类制品，如果熔体直冲型腔，易产生蛇纹等流痕，而采用 S 形流道时，则不会出现任何问题。

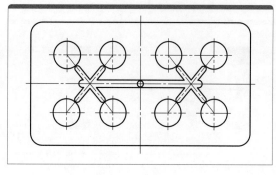

图 9-36 X 形流道

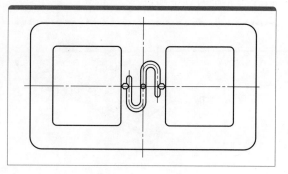

图 9-37 S 形流道

9.5.3 分流道的布置原则

多腔注塑模的排位和分流道布置，往往有很多选择，在实际工作中应遵循以下设计原则：
① 力求平衡、对称。
a. 一模多腔的模具，尽量采用平衡布局，使各型腔在相同温度下同时充模。如图 9-38 所示。
b. 流道平衡。见图 9-39 和图 9-40。

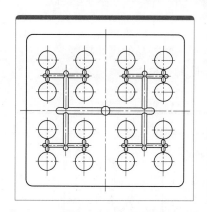

图 9-38 型腔平衡布置

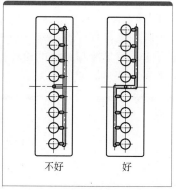

图 9-39 流道平衡（一）

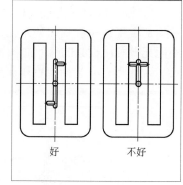

图 9-40 流道平衡（二）

c. 大小制品对角布置，使模具保持压力平衡，即注射压力中心与锁模压力中心（主流道中心）重合，防止制品产生飞边。
② 流道尽可能短，以降低废料率、成型周期和热损失。在这一点上 H 形排位优于环形和对称形，见图 9-35。

9.5.4 分流道的截面形状

分流道截面形状有很多种，它因塑料和模具结构不同而异，如圆形、半圆形、梯形、U 形、矩形和正六角形。常用的形式有圆形、梯形和 U 形。
在选取分流道截面形状时，必须确保在压力损失最小的情况下，将熔融塑料以较快速度送到浇口处充模。可以证明：在截面积相等的条件下，正方形的周长最长，圆形最短。周长越短，则阻力越小，散热越少，因此效率越高。流道效率从高到低的排列顺序依此是：圆形—U形—正六角形—梯形—矩形—半圆形。

但流道加工难度从易到难的排列顺序却依此是：矩形—梯形—半圆形—U形—正六角形—圆形。这是因为圆形、正六角形两种流道都要在分型面的两边加工。

综合考虑各分流道截面形状的流动效率及散热性，我们通常采用以下三种分流道的截面形状。

（1）圆形截面

圆形截面的优点：比表面积最小，体积最大，而与模具的接触面积最小，阻力也小，有助于熔体的流动和减少其温度传到模具中，广泛应用于侧浇口模具中（有推板的侧浇口模具除外）。

圆形截面的缺点：需同时开设在凹、凸模上，而且要互相吻合，故制造较困难，较费时。

圆形截面的形状及设计参数见图9-41。孔口设计15°斜面是防止流道口出现倒刺而影响浇注系统凝料脱模。

注意：周长与截面面积的比值为比表面积（即流道表面积与其体积的比值），用它来衡量流道的流动效率。即比表面积越小，流动效率越高。

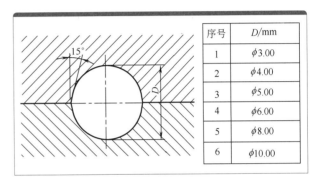

序号	D/mm
1	$\phi 3.00$
2	$\phi 4.00$
3	$\phi 5.00$
4	$\phi 6.00$
5	$\phi 8.00$
6	$\phi 10.00$

图9-41 圆形截面及其尺寸序列

（2）梯形截面

优点是在模具的单侧加工，比较省时，应用场合：

① 三板式点状浇道口之模具，其推料板和A板之间的分流道；

② 侧浇口哈夫模，分流道在哈夫块分模面，制品从侧面进料时，分流道截面都无法做到圆形；

③ 侧浇口模具中有推板的模具，分流道只能做在凹模上而不能开在推板上。

以上情况多用梯形流道，避免采用半圆形流道。

梯形流道唯一的缺点是：与相同截面积的圆形流道比较，梯形流道周长较大，从而加大了熔体与分流道的摩擦力及温度损失。

梯形截面的形状及设计参数见图9-42。

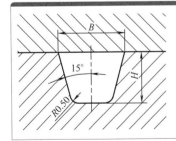

序号	B/mm	H/mm
1	3.00	2.50
2	4.00	3.00
3	5.00	4.00
4	6.00	5.00
5	8.00	6.00

图9-42 梯形截面及其尺寸序列

（3）U形截面

U形截面的流动效率低于圆形与正六边形截面，但加工容易，又比圆形和正方形截面流道容易脱模，所以，U形截面分流道具有优良的综合性能。U形的分流道熔体与分流道的摩擦力及温度损失较梯形截面的分流道要小，是梯形截面的改良。能用梯形截面流道的场合都可以用，U形截面分流道。

U形截面的形状及设计参数见图9-43。H大小可与圆形截面的D相等。

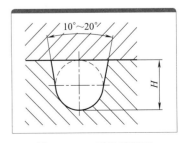

图9-43 U形流道截面

9.5.5 分流道的截面大小

较大的截面面积，有利于减小流道的流动阻力；但分流道的截面尺寸过大时，一来浪费材料，二来增加了模具的排气负担，三来冷却时间增长，成型周期亦随之增长，降低了劳动生产率，导致成本增加。

较小的截面周长，有利于减少熔融塑料的热量散失；但截面尺寸过小时，熔体的流动阻力会加大，延长了充模时间，易造成充填不足、烧焦、银纹、缩痕等缺陷，故分流道截面大小应根据熔体的流动性、成型制品的重量及投影面积来确定。

制品大小不同，塑料品种不同，分流道截面也会有所不同，但有一个设计原则：必须保证分流道的表面积与其体积之比值最小，即在分流道长度一定的情况下，要求分流道的表面积或侧面积与其截面积之比值最小。

常用塑料及其分流道直径见表9-4。

表 9-4　常用塑料及其分流道直径

树脂	分流道直径/mm	树脂	分流道直径/mm	树脂	分流道直径/mm
ABS、AS	4.8～9.5	离子聚合物	2.3～9.5	PS	3.2～9.5
POM	3.2～9.5	尼龙PA	1.6～9.5	PVC	3.2～9.5
PMMA	8.0～9.5	PB	4.8～9.5	PC	4.8～9.5
耐冲击PMMA	8.0～12.7	PE	1.6～9.5		
酢酸赛璐珞	4.8～11.1	PPO	6.4～9.5		

在设计分流道大小时，应考虑以下因素：

① 制品的大小、壁厚、形状。制品的重量及投影面积越大，壁厚越厚时，分流道截面积应设计得大一些，否则，应设计得小一些。

② 塑料的注射成型性能。流动性好的塑料，如 PS、HIPS、PP、PE、ABS、PA、POM、AS 和 CPE 等，分流道截面积可适当取小一些，而对于流动性差的塑料，如 PC、硬 PVC、PPO 和 PSF 等，分流道应设计得短一些，截面积应设计得大一些，而且尽量采用圆形流道，以减小熔体在分流道内的能量损失。对于常见的 1.5～2.0mm 壁厚，采用的圆形分流道的直径一般在 3.5～7.0mm 之间。对于流动性能好的塑料，当分流道很短时，可小到 $\phi2.5mm$。对于流动性能差的塑料，分流道较长时，最大直径可取 $\phi8～10mm$。实验证明，对于多数塑料，分流道直径在 6mm 以下时，对流动影响最大；但当分流道直径超过 8.0mm 时，再增大其直径，对改善流动性的作用将越来越小。而且，当分流道直径超过 10mm 时，流道熔体将很难冷却，大大加长了注射成型周期。

③ 分流道的长度。分流道越长，一级分流道的截面积应差不多等于二级分流道截面积之和。二级、三级以此类推。

一般说来，为了减小流道的阻力以及实现正常的保压，要求：

a. 在流道不分支时，截面面积不应有很大的突变；

b. 流道中的最小横截面面积必须大于浇口处的最小截面面积。

④ 流道设计时，应先取较小尺寸，以便于试模后进行修正。

9.5.6　分流道的设计要点

① 尽量减少熔体的热量损失。为此应尽量缩短分流道的长度和截面积，转角处应圆弧过渡，分流道截面形状尽量采用圆形，流道长度和截面积应适合制品的重量，做到：

$$Q_1 : Q_2 : \cdots : Q_n = S_1 : S_2 : \cdots : S_n$$
$$= L_1 : L_2 : \cdots : L_n$$
$$= W_1 : W_2 : \cdots : W_n$$

式中　Q——分流道内所需的体积流量；

S——分流道的横截面面积；

L——分流道的长度；

n——模具中型腔的数量；

W——型腔成型制品的重量。

② 分流道末端应设计冷料穴。冷料穴可以容纳熔体前端冷料和防止空气进入，而冷料穴上一般会设置拉料杆，以便于浇注系统凝料脱模。冷料穴长度见图9-64。

③ 分流道应采用平衡布置。一模多腔时，若各腔相同或大致相同，应尽量采用平衡进料，各腔的分流道流程应尽量相等，同时进料，以保证各腔在相同时间充满；如果分流道采用非平衡布置，或因配套等原因各模腔的体积不相同时，一般可通过改变分流道粗细来调节，以保证各腔同时充满。

④ 薄片制品避免熔体直冲型腔。透明制品（K料、亚加力、PC等）在生产时应注意，分流道应设计冷料穴，分流道熔体不能直冲型腔，一般做成S形缓冲进料（见图9-44），或做扇形浇口（见图9-45），使制品表面避免产生蛇纹、震纹等缺陷。

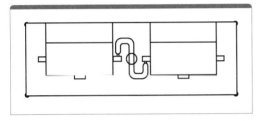

图9-44　S形流道

图9-45　扇形浇口

9.5.7　辅助流道的设计

（1）辅助流道的作用及应用场合

① 将一模多腔中各制品在出模后依然连在一起，以方便包装、运输、装配和后续加工，见图9-46。

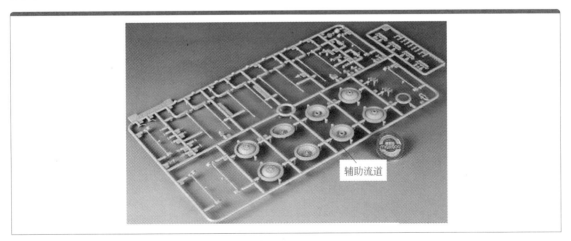

图9-46　辅助流道方便包装、运输、装配和后续加工

② 在制品碰穿位处加设辅助流道以改善熔体流动，见图9-47。

辅助流道

(a)

辅助流道

(b)

图 9-47　辅助流道改善熔体流动

③ 提高制品的强度和刚性，见图9-48中小风扇叶。

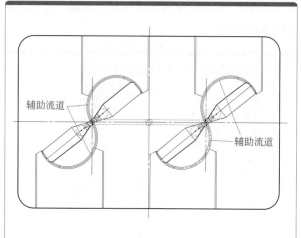

辅助流道

辅助流道

图 9-48　辅助流道提高制品刚性

辅助流道

动模　定模

塑件在动定模两侧成型部分对称

图 9-49　辅助流道确保制品留在动模

④ 保证制品在开模后留在有推出结构的一侧，见图9-49。

⑤ 为方便后续加工（如电镀等），增加辅助流道，见图9-50。

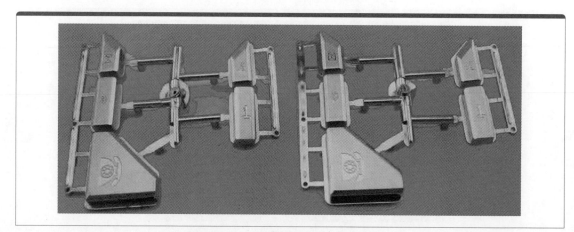

图 9-50　辅助流道方便塑件电镀

（2）辅助流道设计注意事项

辅助流道的设计应注意如下几点：

① 直径一般为 3 ～ 4mm，如果是为了改善熔体流动而增加辅助流道，辅助流道直径可根据制品大小确定；

② 浇口大小为 2mm×1mm，每个制品一般要有三个浇口连接；

③ 辅助流道应通过流道和主流道连接，以方便熔体流动；

④ 辅助流道上设计推杆，推杆直径 3 ～ 4mm；

⑤ 要保证制品在开模后留在有推出结构的一侧，流道截面形状应做成梯形或 U 形，其余情况下，辅助流道的截面形状应做成圆形。

9.6 主流道设计

主流道的两种形式　主流道尺寸

9.6.1 主流道的概念

主流道是指紧接注塑机喷嘴到分流道为止的那一段锥形流道，熔融塑料进入模具时首先经过它。其直径的大小，与塑料流速及充模时间的长短有密切关系。直径太大时，则造成回收冷料过多，冷却时间增长，而包藏空气增多也易造成气泡和组织松散，极易产生涡流和冷却不足，另外，直径太大时，熔体的热量损失会增大，流动性降低，注射压力损失增大，造成成型困难；直径太小时，则增加熔体的流动阻力，同样不利于成型。

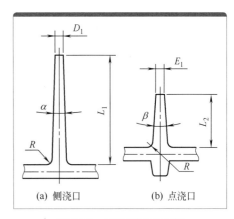

图 9-51　浇注系统主流道

侧浇口浇注系统和点浇口系统中的主流道形状大致相同，但尺寸有所不同，见图 9-51。图中，D_1=3.2 ～ 3.5mm，E_1=3.5 ～ 4.5mm，R=1 ～ 3mm，α=2°～ 4°，β=6°～ 15°。

热塑性塑料的主流道，一般在浇口套内，浇口套做成单独镶件，镶在定模板上，但一些小型模具也可直接在定模板上开设主流道，而不使用浇口套。浇口套可分为两大类：两板模浇口套和三板模浇口套。

9.6.2 主流道的设计原则

主流道设计原则如下：

① 主流道的长度 L 越短越好，尤其是点浇口浇注系统主流道或流动性差的塑料，主流道更应尽可能短。主流道越短，模具排气负担越轻，流道料越少，缩短了成型周期，减少了熔体的能量（温度和压力）损失。

② 为便于脱模，主流道在设计上大多采用圆锥形。二板模具主流道锥度取 2°～ 4°，三板模具主流道锥度可取 6°～ 10°。粗糙度在 Ra=1.6 ～ 0.8μm，锥度须适当，太大造成速度减小，产生紊流，易混进空气，产生气孔；锥度过小，会使流速增大，造成注射困难，同时还会使主流道脱模困难。

主流道的顶出形式

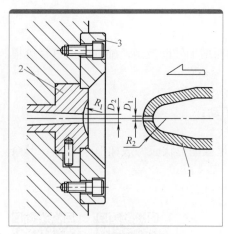

图 9-52 料筒喷嘴与浇口套

1—料筒喷嘴；2—浇口套；3—定位圈

③ 为了保证注射成型时，主流道与注塑机喷嘴之间不溢料而影响脱模，设计时要注意：主流道小端直径 D_2 要比料筒喷嘴直径 D_1 大 $0.5 \sim 1mm$，一般情况下，$D_2 = 3.2 \sim 4.5mm$；大端直径应比最大分流道直径大 $10\% \sim 20\%$。一般在浇口套大端设置倒圆角（$R = 1 \sim 3mm$），以利于熔体流动。见图 9-52。

④ 如果主流道同时穿过多块模板，一定要注意每一块模板上孔的锥度及孔的大小。

⑤ 主流道尽量避免镶拼结构，以防塑料进入接缝造成脱模困难。

9.6.3 倾斜式主流道设计

一般地，要求主流道的位置应尽量与模具中心重合，否则会有如下不良后果：

① 主流道偏离模具中心时，导致锁模力和胀型力不在一条线上，使模具在生产时受到扭矩的作用，这个扭矩会使模具一侧张开产生飞边，或者使型芯错位变形，最终还会导致模具导柱，甚至注塑机拉杆产生变形等严重后果。

② 主流道偏离模具中心时，顶棍孔也要偏离模具中心，制品推出时，推杆板也会受到一个扭力的作用，这个扭力传递给推杆后，会导致推杆磨损，甚至断裂。

因此，设计时应尽量避免主流道偏离模具中心，但在侧浇口浇注系统中，常常由于以下原因，主流道位置必须偏离模具中心：

① 一模多腔中的制品大小悬殊；

② 单型腔，制品较大，中间有较大的碰穿孔，可以从内侧进料，但中间碰穿孔偏离模具中心。

如果主流道偏离模具中心不可避免，那么，可以采取三种措施来避免或减轻不良后果对模具的影响：

① 增加推杆固定板导柱（中托边）来承受顶棍偏心产生的扭力。

② 模具较大时，也可采用双顶棍孔或多顶棍孔，使推杆固定板受到多点推力的作用时，较易平衡推出。

③ 采用倾斜式主流道，避免顶棍孔（K.O孔）偏心，见图 9-53。主流道的倾斜角度 α 和塑料品种有关，对韧性较好的塑料，如 PVC、PE、PP 和 PA 等，其倾斜角度 α 最大可达 $30°$；对韧性一般或较差的塑料，如 PS、PMMA、PC、POM、ABS 和 SAN 等，其倾斜角度 α 最大可达 $20°$。

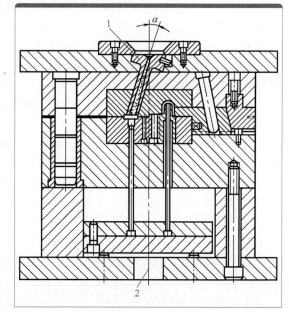

图 9-53 倾斜式主流道

1—斜浇口套；2—顶棍孔

特殊情况下，倾斜式主流道可以设计成圆弧形，见图 9-54，还可以设计倾斜式双主流道，见图 9-55。

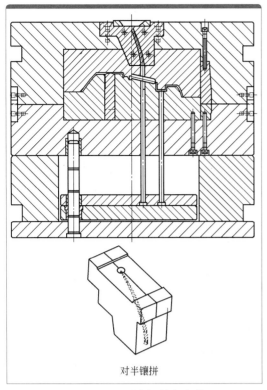

图 9-54 圆弧式倾斜主流道

对半镶拼

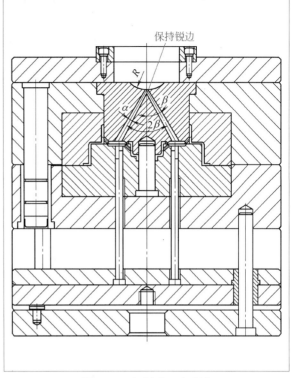

图 9-55 倾斜式双主流道

9.7 拉料杆与冷料穴

9.7.1 拉料杆的设计

拉料杆按其结构分为直身拉料杆、钩形拉料杆、圆头形拉料杆、圆锥拉料杆和塔形拉料杆。拉料杆按其装配位置又分为主流道拉料杆和分流道拉料杆。

（1）主流道拉料杆的设计

一般来说，只有侧浇口浇注系统的主流道才用拉料杆，其作用是将主流道内的凝料拉出主流道，以防主流道内的凝料粘定模，确保将流道、制品留在动模一侧。

有推板和没有推板的主流道拉料杆是不同的，图 9-56 是有推板的主流道拉杆。

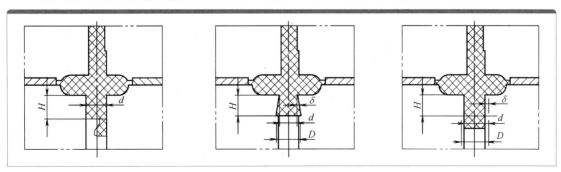

图 9-56 主流道拉料杆和冷料穴

锥形头拉料杆靠塑料的包紧力将主流道拉住，不如球形头拉料杆和菌形拉料杆可靠。为增加锥面的摩擦力，可采用小锥度，或加大锥面粗糙度，或用复式拉料杆来替代。后两种由于尖锥的分流作用较好，常用于单腔成型带中心孔的制品上，比如齿轮注塑模具，见图 9-57。中心浇口主流道拉料杆见图 9-58。

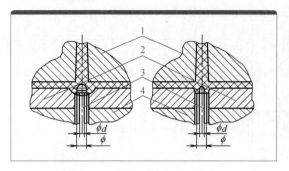

图 9-57　有推板模具的拉料杆

1—定模镶件；2—推板；3—拉料杆；4—动模镶件

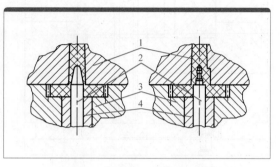

图 9-58　中心浇口主流道拉料杆

1—定模镶件；2—拉料杆；3—动模镶件；4—推管

（2）分流道拉料杆的设计

① 侧浇口浇注系统分流道拉料杆就是推杆，直身，头部只磨短（$1 \sim 1.5$）D（D 为分流道直径），不再磨出其他形状。拉料杆直径等于分流道直径 D，装在推杆固定板上。

② 点浇口浇注系统分流道拉料杆见图 9-59 所示：用无头螺钉固定在定模面板上，直径 5mm，头部磨成球形，作用是流道推板和 A 板打开时，将浇口凝料拉出 A 板，使浇口凝料和制品自动切断。

（3）拉料杆使用注意事项

侧浇口浇注系统模具如果有推板，则分流道必须做于凹模，见图 9-60。拉料杆固定在动模 B 板或 B 板内的镶件上，直径 5mm（或 3/16in），头部磨成球形。

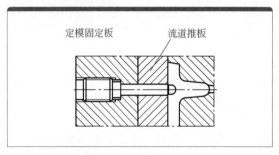

图 9-59　点浇口浇注系统分流道拉料杆

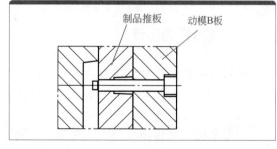

图 9-60　侧浇口浇注系统推板脱模分流道拉料杆

拉料杆在使用中应注意以下几点：

① 一套模具中若使用多个钩形拉料杆，拉料杆的钩形方向要一致。对于在脱模时无法做横向移动的制品，应避免使用钩形拉料杆。

② 流道处的钩形拉料杆，必须预留一定的空间作为冷料穴，一般预留尺寸见图 9-61。

③ 使用圆头形拉料杆时，应注意图 9-62 中所示尺寸 "D" "L"。若尺寸 "D" 较小，拉料杆的头部将会阻滞熔体的流动；若尺寸 "L" 较小，流道脱离拉料杆时易拉裂。

增大尺寸 "D" 的方法：一是采用直径较小的拉料杆，但拉料杆直径不宜小于 4.0mm；二是减小 "H"，一般要求 H 大于 3.0mm；三是增大 "R" 的尺寸；四是在分流道上加胶，见图 9-62。

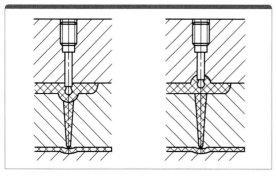

图 9-61　圆头拉料杆尺寸

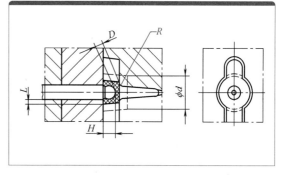

图 9-62　分流道局部加大改善熔体流动

9.7.2　冷料穴的设计

冷料穴是为了防止料流前锋产生的冷料进入型腔而设置的。它一般设置在主流道和分流道的末端。

（1）冷料穴设计原则

一般情况下，主流道冷料穴圆柱体的直径为 5～6mm，其深度为 5～6mm。对于大型制品，冷料穴的尺寸可适当加大。对于分流道冷料穴，其长度为 1～1.5 倍的流道直径。

（2）冷料穴的分类

冷料穴可以分为主流道冷料穴和分流道冷料穴。主流道冷料穴一般是纵向的，即与开模方向一致，分流道冷料穴则有纵向和横向两种。横向冷料穴下不一定有推杆，纵向冷料穴下一般有推杆（其中主流道冷料穴下的推杆又叫拉料杆），但也有另外。例如，具有垂直分型面的侧向抽芯注塑模，主流道下是一段倒锥形的冷料穴，该冷料穴下就不用设计拉料杆，开模时由冷料穴将主流道拉出，开模后主流道、冷料穴和制品一同脱模，见图 9-63。这种结构称为无拉料杆冷料穴。

（3）冷料穴尺寸

冷料穴有关尺寸可参考图 9-64。

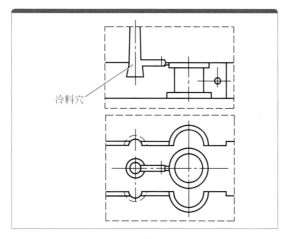

图 9-63　无推杆冷料穴

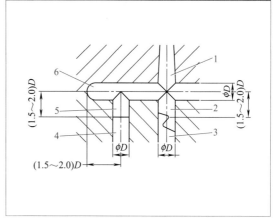

图 9-64　分流道冷料穴

1—主流道；2—主流道纵向冷料穴；3—主流道拉料杆；
4—分流道冷料穴推杆；5—分流道纵向冷料穴；
6—分流道横向冷料穴

第 **10** 章 热流道浇注系统设计

热流道模具是在传统的二板模或三板模的主流道与分流道内设计加热装置，在注射过程中不断加热，使流道内的塑料始终处于高温熔融状态，塑料不会冷却凝固，也不会形成浇注系统凝料与塑件一起脱模，从而达到无浇注系统凝料或少浇注系统凝料的目的。热流道模具通过热流道板、热射嘴及其温度控制系统，来有效控制从注塑机的喷嘴到模具型腔之间的塑料流动，使模具在成型时能够加快生产速度，降低生产成本，制造出尺寸更大、结构更复杂、精度更高的塑件，热流道技术是注射成型技术中具有革新意义的一项技术，在塑料模具工业中扮演越来越重要的角色，普及率也越来越高。

10.1 热流道浇注系统的分类和组成

热流道模具分为加热流道模具和绝热流道模具。绝热流道浇注系统是在流道的外层包上绝热层，防止热量散发出去，它本身并不加热。生产时，熔体从注塑机喷嘴进入绝热流道套或绝热流道板，再进入型腔。

这种系统优点是结构简单，制造成本低。但缺点很多，包括：

① 浇口会很快凝结，为了维持塑料熔融状态，注射周期必须很短；

② 为了达到稳定的熔体温度，需要很长的准备时间；

③ 很难取得模塑件质量的一致性，或者说无法保证模塑件质量的一致性；

④ 系统内无加热装置，因此需要较高的注射压力，时间一长就会造成内模镶件和模板的变形或弯曲；

⑤ 绝热流道使用的塑料品种受到一定的限制，仅适用于热稳定性好且固化速度慢的塑料，如 PE 及 PP；

⑥ 在中止成型时，流道部分会固化，在每次开机前，都要清理注射时流道内留下的凝料，很麻烦。

因此绝热流道模具目前很少采用，本章不作介绍。

加热流道浇注系统是在注射过程中对浇注系统局部或全部进行加热，使模具浇注系统内的部分或全部塑料，在生产期间始终保持熔融的状态，从而开模时只需取出塑件，不必取出浇注系统凝料，或者只有少部分浇注系统凝料。加热流道模具停机后，下次开机前采用加热方法，将浇注系统凝料熔化，即可开始生产。它相当于将注塑机的喷嘴一直延长到模具内甚至直至型腔。

我们所说的热流道注塑模具，主要就是指加热流道注塑模具，它也是本章探讨的重点。为叙述方便，以下将加热流道注塑模具简称为热流道注塑模具。

热流道浇注系统，主要由热射嘴、热流道板、隔热元件、加热元件和温控电箱组成，加热元件主要有电加热圈、电加热棒以及热管等。

热射嘴又称热喷嘴或热唧嘴。热流道浇注系统的组成见图 10-1。

热流道模架结构与二板模大致相同，但型腔进料的方式又和三板模具相同，所以同时兼具二者的优点。

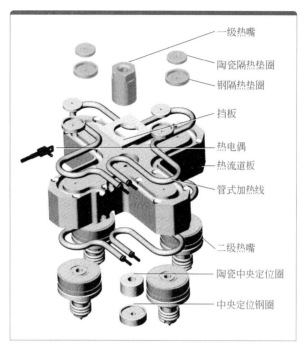

一级热嘴
陶瓷隔热垫圈
钢隔热垫圈
挡板
热电偶
热流道板
管式加热线
二级热嘴
陶瓷中央定位圈
中央定位钢圈

图 10-1　热流道浇注系统爆炸图

10.2　热流道浇注系统的优缺点

让我们假设要设计一副有 8 个型腔的注塑模具，其浇注系统可以有图 10-2 ～ 图 10-5 四种形式。

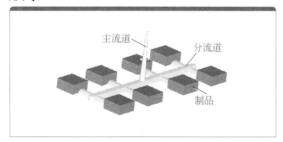

主流道
分流道
制品

图 10-2　普通流道浇注系统

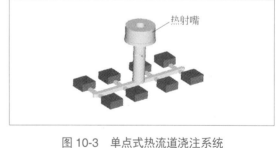

热射嘴

图 10-3　单点式热流道浇注系统

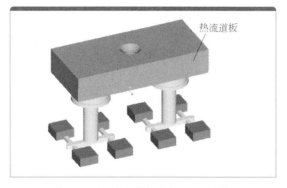

热流道板

图 10-4　多点式间接热流道浇注系统

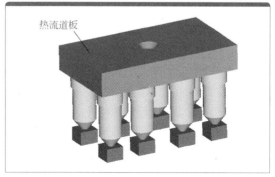

热流道板

图 10-5　多点式直接热流道浇注系统

第 **10** 章　热流道浇注系统设计

227

其中图 10-2 采用普通流道浇注系统，主流道的最大长度一般为 75mm。因为熔体从注塑机喷嘴到各型腔的流动长度不相等，所以每个型腔不能达到相同的填充状态，各腔收缩率难以做到一致，直接影响塑件尺寸精度。

图 10-3 采用单点式热流道浇注系统，即采用普通流道与热流道相结合的方法，此时没有了又粗又长的主流道。浇注系统凝料可减少约 30% ～ 50%。

图 10-4 采用多点式间接热流道浇注系统，有两个热射嘴，没有主流道，分流道也缩短了，浇注系统凝料可减少约 50% ～ 80%。

而如果采用如图 10-5 所示的多点式直接热流道浇注系统，模具也是热流道模，但普通浇注系统被完全取代，注射过程中无任何浇注系统凝料。

以下来分析他们的优缺点。

（1）热流道浇注系统优点

① 缩短了成型周期。减少注射时间和冷却时间，提高了模具的劳动生产率。在很多情况下，冷却时间并不是取决于型腔，而是取决于流道最粗大的部分。由于最难冷却的部分被除去，冷却时间自然就减少了。

② 减少了浇注系统凝料，节约了注塑成本。浇注系统凝料虽然很多情况下可以回用，但回用料的物理性能会下降，如流动性变差，力学性能下降，塑件表面粗糙度变差，塑料容易发生降解，加工性能也会受到影响。通常浇注系统凝料的使用比例都有严格的控制，一般要求的塑件浇注系统凝料使用比例应控制在 30% 之内，透明塑件生产时应控制在 20% 之内，而对那些精度或强度要求高的塑件，则不得使用回用料。

③ 减轻了模具的排气负担。流道长度大幅减短后，减轻了模具浇注系统的排气负担。

④ 减小了熔体的能量损失，提高了成型质量。流道长度减短了，就会减少熔体在流道内的热量损失，有利于提高注射成型质量。

⑤ 易于实现自动化生产。不会因浇注系统凝料可能粘贴定模，而影响自动化生产。

⑥ 模具动作简化，使用寿命提高。可以用二板模结构，而得到比三板模更好的成型质量。由于不用推出浇注系统凝料，缩短了模具推出距离和开模行程，提高了注塑设备对大型塑件的适应能力，可以延长模具的使用寿命。因无主流道凝料，可缩短开模行程，可以选择较小的注塑机。

而如果采用多点式直接热流道浇注系统（如图 10-5 所示），即一个热嘴对应一个型腔，这在技术上是最理想的方式。它还有以下优点：

① 保证最佳成型质量。每个型腔可以通过控制不同热射嘴的温度，来准确地控制每一个型腔的填充，使每个型腔都能够在最佳的注射工艺下成型，从而得到最佳成型质量。使用热流道系统，在型腔中温度及压力均匀，塑件应力小，密度均匀，在较小的注射压力下，较短的成型时间内，注塑出比一般的注塑系统更好的产品质量。对于透明件、薄件、大型塑件或高要求塑件更能显示其优势，而且能用较小机型生产出较大塑件。熔融塑料在流道里的压力损耗小，易于充满型腔及补缩，可避免产生塑件凹陷、缩孔和变形等缺陷。

② 生产过程高质高效。完全没有普通流道，就不必考虑流道的冷却时间，所以模具的冷却时间短。对大型塑件，壁厚薄的塑件，流道特别粗或长的模具，其效果更好。完全没有普通流道，没有浇注系统凝料下落及取出所需时间，还省去剪除浇口、修整产品及粉碎浇注系统凝料等工序，使整个成型过程完全自动化，节约人力物力，大大提高了劳动生产效率。

③ 使能量损耗减到最小。热流道温度与注塑机喷嘴温度相等，避免了原料在流道内的表面冷凝现象。另外，由于熔体无须经过主流道和分流道，故熔体的温度和压力等注射能量损耗小。与普通流道方式相比，可以在低压力、低模温下进行生产。

④ 自动化生产安全无忧。没有普通流道，完全无流道粘定模的后顾之忧，可以实现全自

动化生产。

⑤ 热射嘴寿命高、互换性好。热射嘴采用标准化、系列化设计，配有各种可供选择的喷嘴头，互换性好。独特设计加工的电加热圈，可使加热温度均匀，使用寿命长。热流道系统配备热流道板、温控器等，设计精巧，种类多样，使用方便，质量稳定可靠。

（2）热流道系统的缺点

热流道模具在节约材料、缩短成型周期、改善成型质量、实现成型自动化等方面效果显著，但热流道模具配件结构较复杂，温度控制要求严格，需要精密的温控系统，制造成本高，不适合小批量生产。归纳起来有以下缺点：

① 整体模具闭合高度加大。因加装热流道板等，模具整体高度有所增加。

② 热辐射难以控制。热流道最大的问题就是热射嘴和热流道板的热量损耗，是一个需要解决的重大课题。

③ 存在热膨胀。热胀冷缩是我们设计时必须考虑的问题，尤其是热射嘴与镶件的配合尺寸公差，必须考虑热胀冷缩的影响。

④ 模具制造成本增加。热流道系统标准件价格较高，这种模具适用于生产附加值高或批量大的塑件。这是影响热流道模具普及的主要原因。

⑤ 更换塑料颜色或更换塑料品种需要较长时间。尤其是黑白颜色的塑料互换，或收缩率悬殊的塑料互换时，必须用后面的塑料将前面的塑料完全清洗干净，过程需要很长的时间，所以不适合需要时常更换塑料颜色或塑料品种的模具。

⑥ 热流道内的塑料易变质。热射嘴中滞留的熔融塑料，有降解、劣化、变色等危险。

⑦ 型腔排位受到限制。由于热流道板已标准化，热流道模的浇口设计没有普通流道方式那样大的自由度。

⑧ 技术要求高。对于多型腔模具，采用多点式直接热流道成型时，技术难度很高。这些技术包括流道切断时拉丝、流道堵塞、流涎、热片间平衡等，需要对这些问题进行综合考虑来选定热流道的类型。

⑨ 对塑料要求较高。使用热流道模注射的塑料熔体必须做到：

a. 黏度随温度改变时的变化较小，在较低的温度下具有较好的流动性，在较高的温度下具有优良的稳定性。

b. 对压力较敏感。施以较低的压力熔体即可流动，而注射压力一旦消失，熔体应立即停止流动。

c. 对温度不敏感。热变形温度高，成型塑件在较高的温度下可快速固化，以缩短成型周期。

d. 比热容小，易熔化，又易冷却。

e. 导热性好，以便在模具中很快冷却。

适合用热流道的塑料有 PE、ABS、POM、PC、HIPS、PS、PP 等。

⑩ 模具的设计和维护较复杂。需要有高水平的模具设计和专业维修人员，否则模具在生产中易产生各种故障。

（3）热流道模具与三板模结构比较

热流道模具使用的模架与一般形式的二板模具相同，因此动作简单，只需选用合理的板厚即可。当热流道模具需要设计热流道板时，定模 A 板与面板之间需增加支撑板，并需预留足够的空间以保证热流道板的安装要求。

相对而言，三板模具结构较复杂，生产过程中，模具有三个面要打开，需要设计定距分型机构，见第 6 章。

三板模具与热流道模具之优缺点比较见表 10-1。

表 10-1　热流道模具与三板模结构比较

项目	热流道模	三板模	项目	热流道模	三板模
浇注系统凝料	无（或少）	多	熔接痕	可以控制	无法控制
应力	低	高	质量稳定性	容易控制	不易控制
保压	可	无	熔体压力损失	小	大
注射时间	短	长	熔体温度损失	小	大
冷却时间	短	长	补缩效果	好	较差
流道平衡	容易	不易	模具寿命	长	短
多点式进料	容易	容易	模具价格	较高	较低
温度控制	容易	不易			

由表 10-1 的分析可知，如果从提高劳动生产力、成型质量、重视环保及节省人力资源角度去看，三板模不论在经济上或技术上，都越来越没有竞争力。如果热流道浇注系统再搭配模流分析，将使得塑件生产能有效地提高效率及改善质量，在产品设计初期如果充分利用模流分析，将有助于切入问题的核心，缩短产品的开发周期，避免因不必要的错误而造成更多资源的浪费。

10.3　热流道模具的基本形式

我们常见的热流道系统有单点式热流道和多点式热流道两种形式。

（1）单点式热流道模具

单点式热流道是用单一热射嘴，直接把熔融塑料注入型腔，或熔体由热射嘴先进入普通流道，再进入型腔。其基本结构如图 10-6 所示。单点式热流道模具中没有热流道板，它适用于单一型腔单一流道的注塑模具，或者主流道特别长的定模推出模、定模机动螺纹脱模和定模有斜推杆的模具。

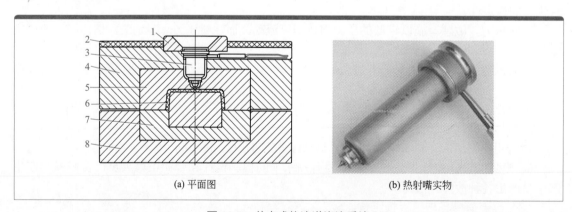

(a) 平面图　　　　　　　　(b) 热射嘴实物

图 10-6　单点式热流道浇注系统

1—定位圈；2—隔热板；3—热射嘴；4—定模 A 板；5—凹模；6—塑件；7—凸模；8—动模 B 板

（2）多点式热流道模具

多点式热流道是通过热流道板把熔融塑料分流到各热射嘴中，再注入型腔或普通流道，它适用于单腔多点进料或多腔注塑模具，其基本结构如图 10-7 所示。这种模具由一级热射嘴、热流道板、二级热射嘴等组成。

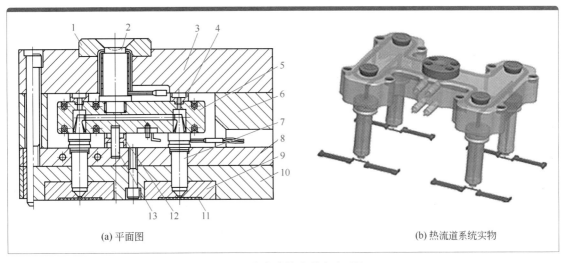

(a) 平面图　　　　　　　　　　　　(b) 热流道系统实物

图 10-7　多点式热流道浇注系统

1—定位圈；2——级热射嘴；3—面板；4—隔热垫片；5—热流道板；6—撑板；7—二级热射嘴；8—垫板；
9—凹模；10—定模 A 板；11—塑件；12—中心隔热垫片；13—中心定位销

10.4 热流道浇注系统设计内容

（1）热流道浇注系统的隔热结构设计

热射嘴、热流道板应与模具面板、定模 A 板等其他部分有较好的隔热，隔热方式可视情况选用空气隔热和绝热材料隔热，亦可二者兼用。

隔热介质可用陶瓷、石棉板、空气等。除定位、支撑、型腔密封等需要接触的部位外，热射嘴的隔热空气间隙 D 通常在 3mm 左右；热流道板的隔热空气间隙 D_4 应不小于 8mm。如图 10-8、图 10-9 所示。

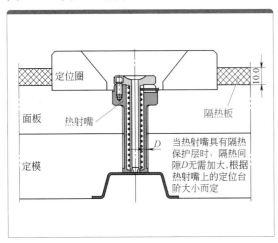

图 10-8　单点式热流道模隔热结构

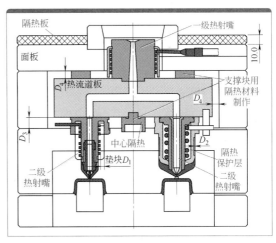

图 10-9　多点式热流道模隔热结构

热流道板与模具面板、定模 A 板之间的支撑采用具有隔热性质的隔热垫块，隔热垫块由传热率较低的材料制作。

热射嘴、热流道板模具的面板上一般应垫以 6～10mm 的石棉或电木板作为隔热之用。

隔热板的厚度一般取 10mm。

图 10-9 中，为了保证良好的隔热效果，应满足下列要求：$D_1 \geqslant 3mm$；D_2 根据热射嘴台阶的尺寸确定；$D_3 \geqslant 8mm$，以中心隔热垫块的厚度而定；$D_4 \geqslant 8mm$。

热流道板与模具其他部分之间的隔热垫块不仅起隔热作用，而且对热流道板起支撑作用，支撑点要尽量少，且受力平衡，防止热流道板变形。为此，隔热垫块应尽量减少与模具其他部分的接触面积，常用结构如图 10-10 所示。图 10-10（c）所示的结构是专用于模具中心的隔热垫块，它还具有中心定位的作用。

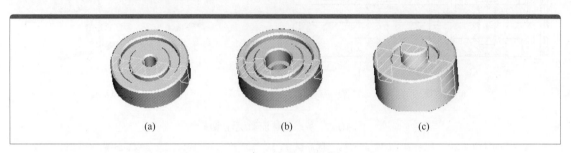

图 10-10　隔热垫块的结构

隔热垫块使用传热效率低的材料制作，常用的有钢和陶瓷两种。隔热钢常用不锈钢、高铬钢等，形状见图 10-10。隔热陶瓷形状见图 10-11，传热量是钢的 7%，承受力为 2100N/mm²，可承受温度 1400℃。

不同供应商提供的隔热垫块的具体结构可能有差异，但其基本装配关系相同，如图 10-12 所示。隔热垫块的尺寸图可向供应商索取。

图 10-11　陶瓷隔热垫块

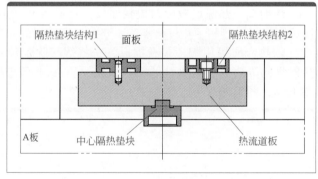

图 10-12　隔热垫块装配

（2）热射嘴的装配

图 10-13 是单点式热射嘴平面装配图，图 10-14 是单点式热射嘴实物装配示意图。热射嘴装配时径向只有 ϕD_1 和 ϕD_3 两处与模具配合，配合公差为 H7/h6，其他地方避空，以减少热量传给模具。图中 H 因热射嘴型号不同而不同，可查阅有关说明书。

图 10-15 为多点式热射嘴平面装配图，图 10-16 是多点式热射嘴实物装配图，它比单点式热射嘴多一块热流道板。热射嘴装配方法与单点式热流道相同，热流道板上下要加隔热垫块 2 和 7 以及定位销 12。其中增加支撑板 6 是方便装拆。

（3）热射嘴的选用

使用于热流道模具中的热射嘴、二级热射嘴，虽然其结构形式略有不同，但其作用及选用方法相同，为了叙述方便，将一级热射嘴、二级热射嘴统称为热射嘴。

由于热射嘴的结构及制造较为复杂，模具设计、制作时通常选用专业供应商提供的不同

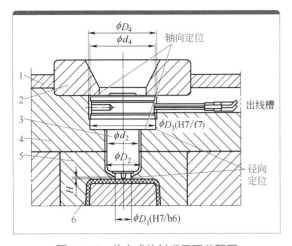

图 10-13　单点式热射嘴平面装配图

1—隔热板；2—定位圈；3—热射嘴；4—凹模；
5—A 板；6—塑件

图 10-14　单点式热射嘴实物装配图

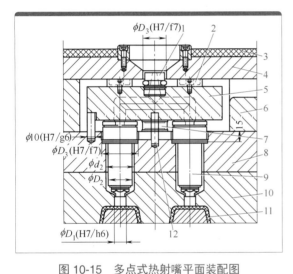

图 10-15　多点式热射嘴平面装配图

1——一级热射嘴；2—隔热垫块；3—隔热板；4—面板；
5—热流道板；6—支撑板；7—中心隔热垫块；8—A 板；
9—二级热射嘴；10—凹模；11—塑件；12—定位销

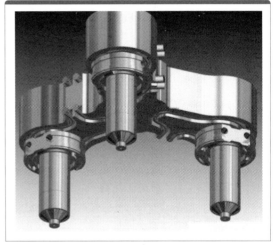

图 10-16　多点式热射嘴实物装配图

规格的系列产品。各个供应商具有各不相同的系列标准，其热射嘴结构、规格标识均不相同。因此，在选用热射嘴时一定要明确供应商的规格型号，然后根据下面三个方面确定合适的规格。

① 热射嘴的注射量。

不同规格的热射嘴具有不同的最大注射量，这就务必要求模具设计者根据所要成型的塑件大小、所需流道大小、塑料种类选择合适的规格，并取一定的保险系数。保险系数一般取 1.25 左右，即模具所需塑料为 W 时，热射嘴最大注射量应取 $1.25W$。

② 塑件允许的流道形式。

塑件是否允许热射嘴顶端参与成型、热射嘴顶端结构形状等都会影响其规格选择，流道形式将影响热射嘴的长度选择，详见下述热射嘴长度确定。

③ 流道与热射嘴轴向固定位的距离。

热射嘴轴向固定位是指模具上安装、限制热射嘴轴向移动的平面。此平面的位置直接影响热射嘴的长度尺寸。

为了能更好理解流道、流道与热射嘴轴向固定位的距离对热射嘴长度尺寸的影响，下面以几类常见的热射嘴结构（主要指顶端形状）为例来分析其长度的确定方法。

a. 圆柱式热射嘴：如图 10-17 所示，此类结构的热射嘴允许其顶端参与塑件成型，顶端允许加工，以适应不同的塑件形状。加工后流道的大小应符合模具要求，图 10-18 为可加工的几种形式。

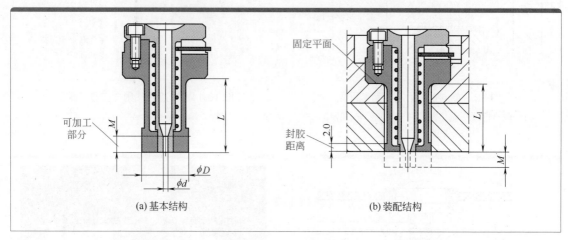

图 10-17　圆柱式热射嘴

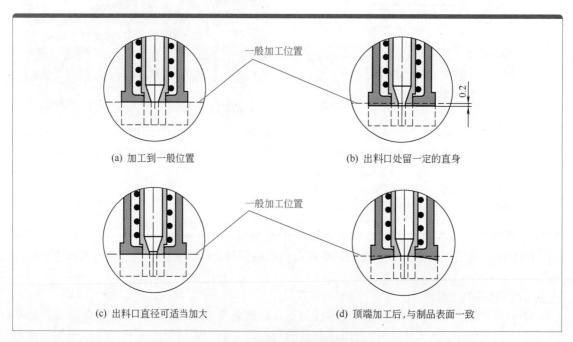

图 10-18　圆柱式热射嘴端面加工形式

热射嘴长度 $L=L_1-Z$；Z 为热膨胀量。

热膨胀量 $Z=L\times13.2\times10^{-6}\times$［热射嘴（热流道板）温度－室温］（℃）。

b. 针点式热射嘴：如图 10-19 所示，这是较常用的结构形式，它既可满足塑件的表面要求，又可防止进料口处产生拉丝。

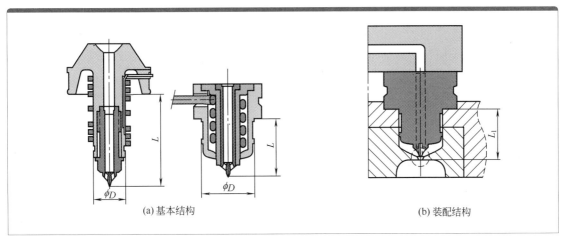

图 10-19　针点式热射嘴结构

热射嘴长度 L 因流道结构不同，计算方法也不同，结构见图 10-19。

射嘴 "A"：$L=L_1-Z$；

射嘴 "B"：$L=L_1-Z-0.2$（mm）；

射嘴 "C"：$L=L_1-Z-J-0.2$（mm）。

Z 为热膨胀量。

热膨胀量 $Z=L\times13.2\times10^{-6}\times$［热射嘴（热流道板）温度 − 室温］（℃）

c. 圆锥式热射嘴：如图 10-20 所示，应用于对流道位质量要求不高的塑件，因为流道处会有一小点残余塑料。

热射嘴长度 $L=L_1-Z-J$；Z 为热膨胀量，计算公式同上。

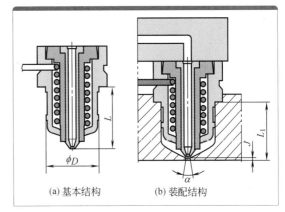

图 10-20　圆锥式热射嘴结构

d. 针阀式热射嘴：如图 10-21 所示，此为针阀式结构，针阀由另外的机构控制，针阀一般穿过热流道板，所以热流道板上的过孔位置应合理计算热膨胀量。此类结构主要应用于流动性好的塑料，防止流道产生流涎。

热射嘴长度 $L=L_1-Z-J$；Z 为热膨胀量，计算公式同上。

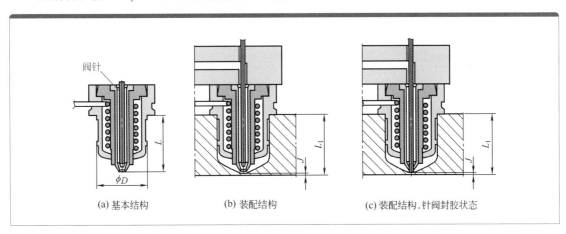

图 10-21　针阀式热射嘴结构

（4）热流道板设计

① 热流道板的分类。

热流道板按其形状可分为 I 形热流道板、H 形热流道板、X 形热流道板和 X-X 形热流道板。形状见图 10-22。模具设计时应根据型腔数量和排位情况选用。

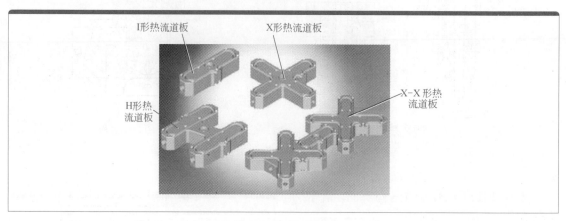

图 10-22　热流道板形状

② 热流道板的装配。

热流道板的平面装配图见图 10-15，热流道板装在支撑板 6 之间，与模具面板、A 板之间的支撑采用具有隔热性质的隔热垫块，隔热垫块由传热率较低的材料制作。

热流道板设计要点：

a. 热流道板必须定位可靠。

为防止热流道板的转动及整体偏移，满足热流道板的受热膨胀，通常采用中心定位和槽型定位的联合方式对热流道板进行定位。具体结构如图 10-23 所示。

受热膨胀的影响，起定位作用的长形槽的中心线必须通过热流道板的中心，见图 10-24。

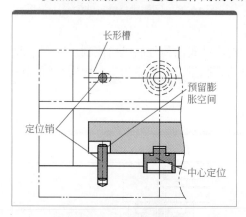

图 10-23　热流道板的定位

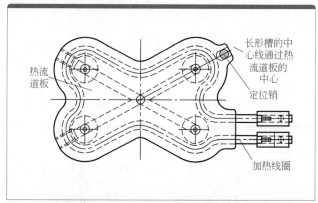

图 10-24　长形槽中心必须经过热流道板中心

b. 热流道板和热流道套要选用热稳定性好、膨胀系数小的材料。

c. 合理选用加热组件，热流道板加热功率要足够。

d. 在需要部位配备温度控制系统，以便根据工艺要求，监测与调节工作状况，保证热流道板工作在理想状态。

e. 装拆方便。热流道模具除了热流道板，还有热射嘴、热组件和温控装置，结构复杂，发生故障概率也相应大，设计时要考虑装拆检修方便。

10.5 热流道模具结构分析

（1）单点式热流道模具结构示例

① 点浇口形式进料的热射嘴模具结构。此结构仅适用于单腔模具，且受流道位置的限制，如图 10-25 所示。

② 热射嘴端面参与成型的热射嘴模具结构。适用于单腔模具，塑件表面有热射嘴痕迹。热射嘴端面可加工，如图 10-26 所示。

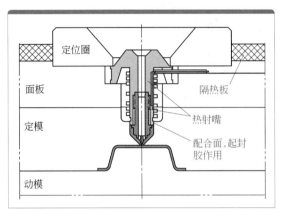

图 10-25 点浇口形式进料的热射嘴模具结构

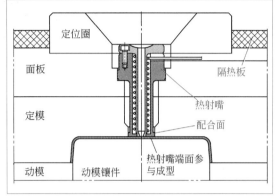

图 10-26 热射嘴端面参与成型的热射嘴模具结构

③ 具有少许常规流道形式的热射嘴模具结构。这种结构的模具可同时成型多个塑件，缺点是会产生部分流道冷料，如图 10-27 所示。

（2）针点式热流道模具结构示例

二级热射嘴针点式进料的热流道模具结构如图 10-28 所示。

另外，根据二级热射嘴的结构及进料方式可产生多种不同的模具结构，但其基本要求相同。

（3）热流道模具设计中的关键技术

① 注射量。

应根据塑件体积大小及不同的塑料选用适合的热射嘴。供应商一般会给出每种热射嘴相

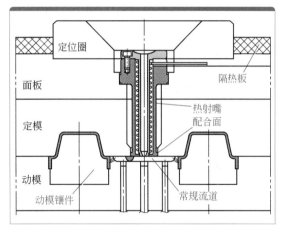

图 10-27 具有少许常规流道形式的热射嘴模具结构

对于不同流动性塑料时的最大注射量。因为塑料不同，其流动性就不尽相同。另外，应注意热射嘴的喷射口大小，它不仅影响注射量，还会产生其他影响。如果喷射口太小，会延长成型周期；如果喷射口太大，喷射口不易封闭，易于流涎或拉丝。

② 温度控制。

热射嘴和热流道板的温度控制极为重要，它直接关系到模具能否正常运转。许多生产过程中出现的加工及塑件质量问题直接来源于热流道系统温度控制的不好，比如：使用针点式浇口方法注塑成型时产品浇口质量差问题，针阀式浇口方法成型时阀针关闭困难问题，多型腔模具中的零件填充时间及质量不一致问题等。如果可能的话，应尽量选择具备多区域分别控温的热流道系统，以增加使用的灵活性及应变能力。不论采用内加热方式还是外加热方式，热射嘴、热流道板中温度应保持均匀，防止出现局部过冷、过热。另外，加热器的功率应能使热射

嘴、热流道板在 0.5～1h 内从常温升到所需的工作温度，热射嘴的升温时间可更短。

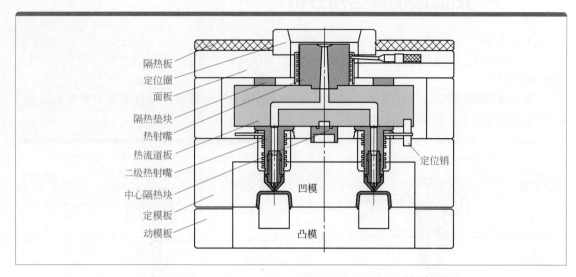

图 10-28　二级热射嘴针点式进料的热流道模具结构

③ 塑料流动的控制。

塑料在热流道系统中要流动平衡。浇口要同时打开使塑料同步填充各型腔。对于零件重量相差悬殊的模具，要通过浇口和流道尺寸的设计来达到平衡进料，否则就会出现有的型腔充模压力不够，有的型腔却充模压力过大，造成飞边过大等质量问题。

热流道尺寸设计要合理，尺寸太小充模压力损失过大；尺寸太大则热流道体积过大，塑料在热流道系统中停留时间过长，损坏材料性能而导致零件成型后不能满足使用要求。

④ 热膨胀。

由于热射嘴、热流道板受热膨胀，所以模具设计时应预算膨胀量，修正设计尺寸，使膨胀后的热射嘴、热流道符合设计要求。另外，模具中应预留一定的间隙，不应存在限制膨胀的结构。如图 10-29、图 10-30 所示，热射嘴主要考虑轴向热膨胀量，径向热膨胀量通过配合部位的间隙来补正；热流道板主要考虑长、宽方向，厚度方向由隔热垫块与模板之间的间隙调节。

热膨胀量按下式计算：

$$D = D_1 + 膨胀量 \quad 膨胀量 = D_1 \times T \times Z$$

式中　D——受热膨胀后的尺寸，此尺寸应满足模具的工作要求；

　　　D_1——非受热状态时的设计尺寸；

　　　T——热射嘴（热流道板）温度 – 室温，℃；

　　　Z——线膨胀系数，一般中碳钢 $Z = 11.2 \times 10^{-6}$，H13 类钢 $Z = 13.2 \times 10^{-6}$。

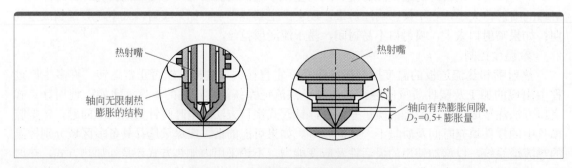

图 10-29　热射嘴的轴向热膨胀量间隙

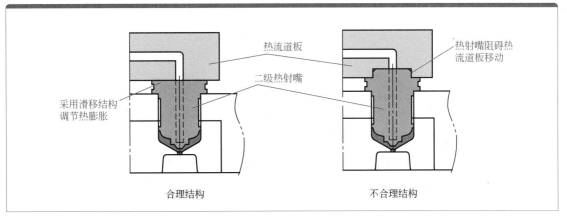

图 10-30　采用滑移结构调节热膨胀

10.6 注塑模具热流道浇注系统设计实例

10.6.1　圆形音箱单点式热流道注塑模具设计

　　制件尺寸较大，圆周面通孔多，注射成型过程中熔体阻力较大，模具主流道采用单点式热流道，分流道采用普通流道，熔体最后由潜伏式浇口进入型腔。根据成型制件结构特点，采用推板脱模的推出系统。模架为标准型二板模架，型号：7075-CT-A250-B100-C140，详细结构见图 10-31 和图 10-32。

　　为了防止潜伏式浇口和分流道脱模时拉断，设计了一个流道延时推出机构，见图 10-31 中"M 处放大"。该机构是在流道推杆 25 下面设计一根活动抵杆 24，在顶出过程中它有一段 2mm 空行程，目的是延缓流道凝料的脱模时间，让制件先脱模，当制件和潜伏式浇口切断后推杆 25 再推动流道和潜伏式浇口凝料脱模，这样就可以减小流道凝料的脱模阻力，解决了潜伏式浇口在脱模过程中断裂的问题。

　　模具工作过程如下：

　　① 注射填充：喂料在注射压力作用下填满型腔。

　　② 冷却定型：喂料在型腔内冷却固化。

　　③ 开模抽芯：制件冷却至有足够刚性后，注塑机拉动动模，模具从分型面 I 处打开，在开模过程中，六根斜导柱 33 带动六个滑块 37 做侧向抽芯。为防止抽芯时滑块将制品拉变形，定模活动型芯 5 先跟随制件同步运动 20mm 后停止，并与制件分离。动、定模完成开模行程后，由斜导柱拨动的六个滑块也完成了侧向抽芯。

　　④ 液压抽芯：完成开模行程后，油缸启动，由拉杆 12 拉动内滑块 11 抽芯，内滑块 11 运动 25mm 后，再拉动延时滑块 9 同步抽芯 50mm。

　　⑤ 制件脱模：八个滑块都完成侧向抽芯后，注塑机顶棍通过模具底板 22 上的 K.O 孔推动推件底板 26，进而推动推板 17，模具从分型面 II 处打开，制件被推离动模型芯 39，制件最后由机械手取出。在制件脱模过程中，流道凝料推杆 25 由于活动抵杆 24 有 2mm 的空行程，而延迟 2mm 后再推动流道凝料脱模。

　　⑥ 合模复位：推杆固定板及各推件在复位弹簧作用下复位，行程开关 28 接通后，油缸推

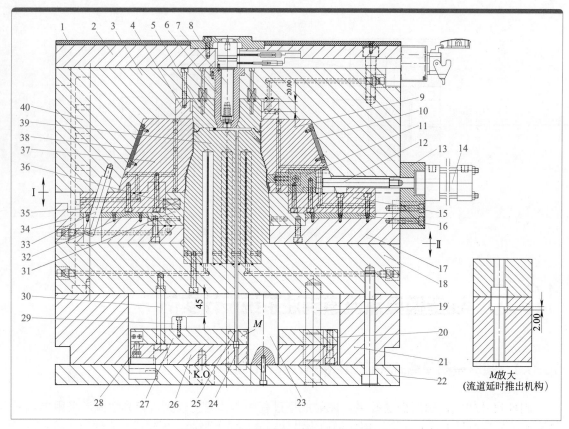

图 10-31　圆形音箱热流道注塑模具结构图

1—隔热板；2—面板；3—定模板；4—定模镶件；5—定模活动型芯；6—热嘴镶套；7—热射嘴；8—定位圈；9—延时滑块；
10，16，32，38—耐磨块；11—内滑块；12—拉杆；13—油缸固定座；14—油缸；15—延时滑块底座；17—推板；18—动模板；
19—副导柱；20—副导套；21—方铁；22—模具底板；23—撑柱；24—延时活动抵杆；25—流道推杆；26—推件底板；
27—推件固定板；28—行程开关；29—限位柱；30—拉钉；31—动模镶件；33—斜导柱；34—导套；35—滑块底座；
36—弹簧；37—滑块；39—动模型芯；40—导柱

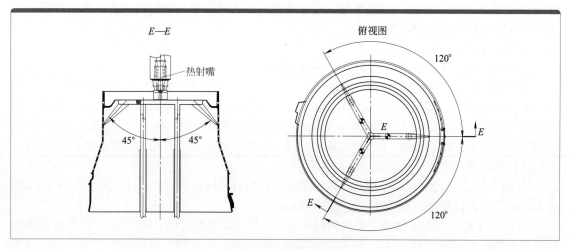

图 10-32　模具浇注系统

动延时滑块 9 和内滑块 11 复位。最后动、定模合模，其他六个滑块在定模板 3 推动下复位，
定模活动型芯 5 在动模型芯 39 的推动下复位。

10.6.2 汽车水箱左右盖多点式热流道注塑模具设计

（1）塑件分析

本模中的两个塑件是某汽车运水系统中水箱的左右盖，详细结构见图 10-33。塑件材料为 PA66 加 30% 玻璃纤维（GF），收缩率 0.35%。单个塑件质量约 50g，平均壁厚 2.5mm。塑件形状复杂，抽芯方向多，侧向分型与抽芯机构相当复杂。为简化模具结构，降低模具的高度，排位时塑件只能打横摆放，这样两个塑件共有 9 处侧向倒扣，其中两个塑件的出入水口部外侧的倒扣由于位置特殊，无法采用径向外侧抽芯，只能采用轴向强制抽芯，这就使得侧向抽芯机构更加复杂。

（2）模具结构设计

模具采用非标模架，外形最大尺寸 530mm×956mm×603mm，总质量 1400kg，其中定模重 720kg，动模重 680kg。模具详细结构见图 10-34。

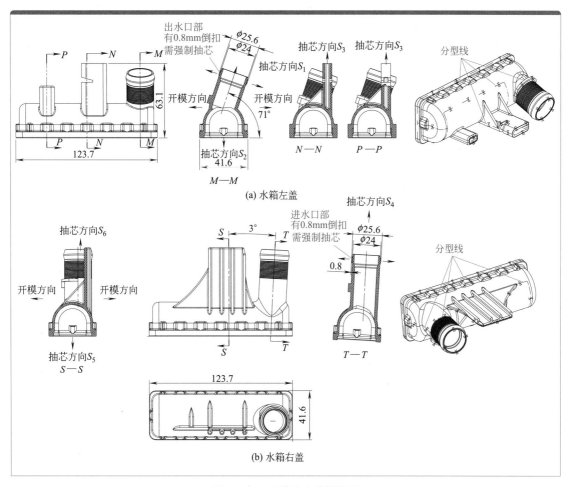

图 10-33 水箱左右盖塑件图

① 浇注系统。

根据模具排位，并经客户同意，浇口位置设计在塑件的上方，见图 10-35。由于产品批量大，根据客户要求，模具采用热流道浇注系统，熔体经热流道直接进入模具型腔。本模的热流道浇注系统由一级热射嘴 72，二级热射嘴 68、70，热流道板 71 以及其他定位零件和隔热零件组成，详见图 10-36。

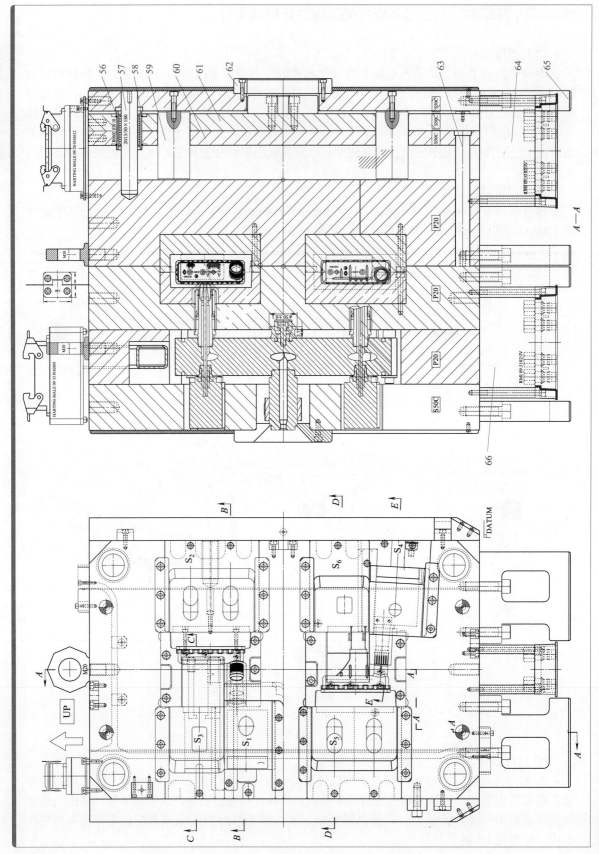

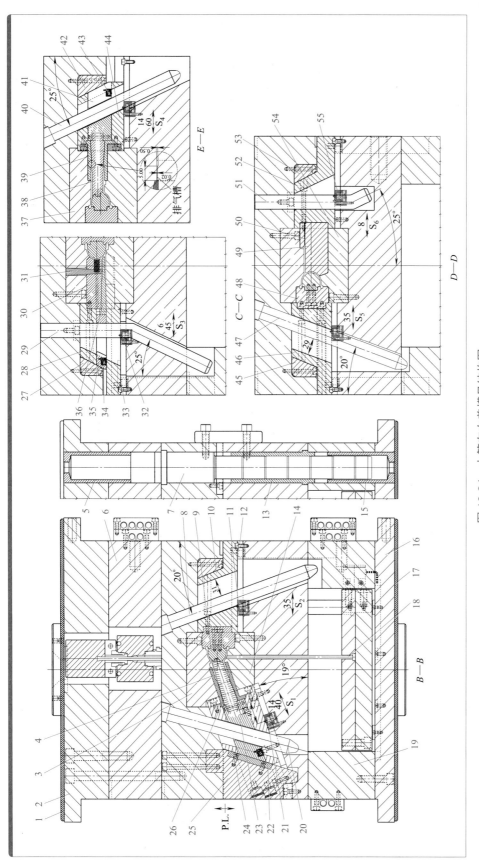

图 10-34　水箱左右盖模具结构图

1—定模隔热板；2—定模固定板；3—左盖定模镶件；4—左盖出水口外侧抽芯；5、15—定位套；6—支撑板；7、56—导套；8、20、40、47—斜导柱；9、30—侧抽芯；10、46、52—滑块；11、21、32—挡销；12—挡销；13—导套；14—导套；16—动模固定板；17—动模隔热板；18—推杆；19—方铁；22—耐磨块；23、35、41—小滑块；24—斜向大滑块；25、27、42、45、53—锁紧块；26—左盖出水口内侧抽芯；28、44—大滑块；29—长导销；31—定模小型芯；33—挡销；34、43—弹簧限位锥；36、38—侧向抽芯；37—右盖定模镶件；39—右盖出水口外侧抽芯；48、49—侧向抽芯；50—排气针（引气）；51—短弯销；54—右盖动模镶件；55—弹簧限位锥；57—导柱；58—导套卡簧；59—撑柱；60—推杆固定板；61—推杆底板；62—动模定位圈；63—复位杆；64—动模多头水管连接器；65—支撑柱；66—定模多头水管连接

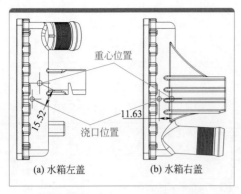

图 10-35　塑件浇口及重心位置

(a) 水箱左盖　　(b) 水箱右盖

热射嘴采用针阀式，油缸驱动（油缸软管接油，有独立油缸冷却水路），进料口直径 3mm。

② 成型零件及排气系统。

本模具的成型零件由定模镶件 3、37，动模镶件 14、54，小型芯 31 以及多个侧向抽芯组成。由于塑件结构复杂，模具型腔局部很容易困气，影响熔体的填充和脱模。模具在镶件结合处和侧向抽芯结合处都设计了排气槽，排气槽深度 0.02mm，长度 5mm，详细结构和尺寸见图 10-35 中的 E—E 局部放大图。另外，成型水箱右盖的型腔有一处是深槽，模具设计了排气针 50 进行排气和引气。

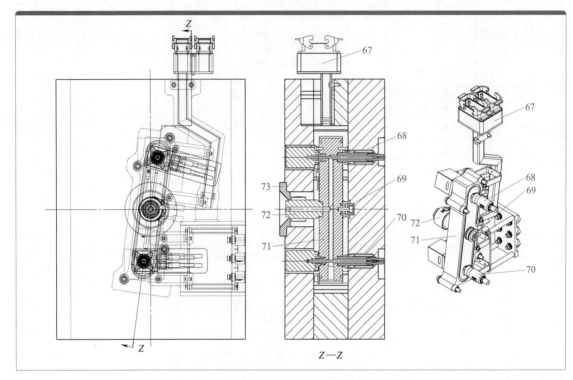

图 10-36　热流道浇注系统

67—电源接口；68，70—二级热射嘴；69—中心定位环；71—热流道板；72—级热射嘴；73—定模定位圈

③ 侧向分型与抽芯机构。

两个塑件共有 9 处侧向倒扣，模具共有六处侧向抽芯机构（其中有三个侧向抽芯机构分别承担两处倒扣的抽芯）。模具侧向抽芯机构非常复杂，从抽芯动力来源上看，有斜导柱抽芯，还有弯销抽芯；从抽芯方向上看，有倾斜方向抽芯，还有垂直于开模方向的抽芯；从抽芯性质上看，有延时抽芯，还有强制抽芯；从抽芯结构上看，有单一滑块抽芯，还有复合抽芯（大滑块 24、28 中走小滑块 23、35）。

本模滑块数量之多，抽芯方向之多，结构和抽芯动作之复杂堪称经典，详见图 10-35。

图中侧向抽芯机构 S_1 的滑行方向与分型面成 19°夹角，它承担水箱左盖出水口内外两侧的倒扣抽芯，其中外侧抽芯采用了强制抽芯，这样就使模具结构大为简化。但要实现强制抽芯，两个抽芯就不能同时抽芯，必须先将内侧抽芯 26 抽出，为外侧强制抽芯留出弹性变形的空间。这种外侧抽芯又叫延时抽芯，即延时抽芯后再强制抽芯。侧向抽芯机构 S_1 包括内侧抽芯 26、外侧抽芯 4、斜导柱 20、斜向滑块 24、锁紧块 25 和定位珠 21。

　　侧向抽芯机构 S_4 和 S_1 结构大致相同，只是滑块的滑动方向和开模方向垂直，相对来说较为简单。

　　侧向抽芯机构 S_2 和 S_5 结构相同，采用的是常规的"斜导柱 + 滑块"结构，主要由斜导柱、滑块、锁紧块、定位珠和挡销组成。

　　侧向抽芯机构 S_3 和 S_6 结构相似，都采用"弯销 + 滑块"的抽芯结构，但 S_3 复杂很多，因为它有两个滑块，需要完成两处抽芯，由于塑件对两个抽芯的包紧力较大，两个抽芯不能同时进行，否则小抽芯会将塑件拉裂。模具采用了小滑块先抽、大滑块后抽的延时抽芯的结构。

　　考虑到侧向抽芯数量多，塑件对侧向抽芯的包紧力大的特点，六个抽芯机构不能同时抽芯，否则塑件会被拉裂或变形。根据塑件结构，S_1 和 S_4 首先抽芯，完成出、入水口的内外侧抽芯后，S_2 和 S_5 才开始抽芯，而 S_3 和 S_6 最后抽芯。六个侧向抽芯机构的抽芯顺序是：S_1、$S_4 \rightarrow S_2$、$S_5 \rightarrow S_3$、S_6。

　　④ 冷却系统。

　　本模具的冷却系统主要由直通式冷却水的管和冷却水胆组成，数量之多、位置之合理亦可作为注塑模具的典型范例，见图 10-37。它的优点主要表现在：

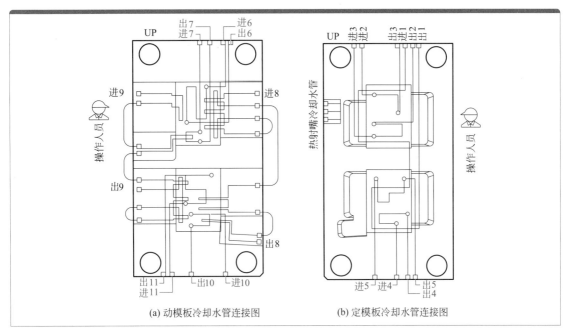

（a）动模板冷却水管连接图　　　　（b）定模板冷却水管连接图

图 10-37　模具冷却系统

　　a. 所有成型零件都有冷却水管冷却；

　　b. 所有侧向抽芯，甚至滑块都通了冷却水；

　　c. 内模镶件上的冷却水都经模板进入，这样不但可以冷却模板，而且水管接头不易损坏，方便拆装；

　　d. 动、定模两侧的冷却水分别由两个多头水管连接器 64、66 接入，使冷却系统虽然复杂，但一目了然，浑然一体。

　　（3）模具工作过程

　　熔体经热流道浇注系统进入模具型腔，填满型腔后经保压、冷却，并固化至足够刚性后，注塑机拉动模具动模，模具从分型面 P.L. 处打开。开模过程如下：

① 模具打开，定模镶件 3 和 37 首先脱离塑件。

② 斜导柱 20 拨动 S_1 中的小滑块 23 做斜向抽芯，侧抽芯 26 开始脱离塑件，同时斜导柱 40 拨动 S_4 中的小滑块 41 抽芯，侧抽芯 38 脱离塑件。

③ 当两个小滑块 23 和 41 滑动 14mm 后，斜导柱 20 和 40 分别拨动大滑块 24 和 44，侧向抽芯 4 和 39 强行从塑件中脱出。此时由于塑件出入水口部内侧的型芯已抽出，塑件有向内弹性变形的空间，模具完成强制抽芯。S_1 和 S_4 的最大抽芯距离分别为 40mm 和 60mm。

④ 斜导柱 47 拨动滑块 46，S_5 开始抽芯，侧抽芯 48 脱离塑件，抽芯距离 35mm。

⑤ 斜导柱 8 拨动滑块 10，S_2 开始抽芯，侧抽芯 9 脱离塑件，抽芯距离 35mm。

⑥ 弯销 51 拨动滑块 52，S_6 开始抽芯，侧抽芯 49 脱离塑件，抽芯距离 8mm。

⑦ 弯销 29 拨动小滑块 35 抽芯，侧抽芯 36 脱离塑件，抽芯 6mm 后，弯销 29 同时拨动大滑块 28，侧抽芯 30 同时脱离塑件，抽芯距离 45mm。

⑧ 完成侧向抽芯后，注塑机顶棍推动模具推杆固定板，进而推动推杆 18，将塑件推离动模镶件和型芯。

⑨ 合模时，斜导柱 20 推动大小滑块 24、23 复位，斜导柱 40 推动大小滑块 44、41 复位，斜导柱 8 和 47 分别推动滑块 10、46 复位，弯销 29、51 分别推动滑块 28、52 复位，推杆由复位杆 63 推回复位。

⑩ 锁模，开始下一次注塑成型。

（4）注意事项

在倾斜的侧向抽芯机构中，各种参数的确定方法与和开模方向垂直的无倾斜的侧向抽芯机构有所不同，主要表现如下：

① 斜导柱倾斜角度的确定：对于滑动方向向下倾斜的滑块，斜导柱与开模方向的夹角加上滑块的倾斜角度应小于或等于 25°，本例滑块倾斜角度为 19°，斜导柱倾斜角度应小于或等于 6°，本例取 6°。与普通侧向抽芯原理相同，锁紧块的倾斜角度比斜导柱倾斜角度大 2°～3°，本例取 8°。

② 抽芯距离：根据塑件及模具结构，本例中水箱左盖出水口内侧最小抽芯距离为 37mm，加上安全距离 3mm，滑块最大滑行距离为 40mm。

③ 斜导柱长度计算：斜导柱长度等于固定长度加有效抽芯长度。固定长度取决于固定板厚度，本例中固定长度为 138.50mm，抽芯有效长度 T 可用作图法或计算法求得，见图 10-38。

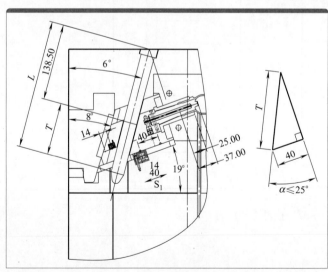

图 10-38　倾斜滑块各参数的设计图解

$$T = 40 \div \sin 25° = 94.65 \ (\text{mm})$$

故斜导柱总长度：138.50+94.65=233.15（mm）

注意：该长度未包括头部导向部分的长度。

第 **11** 章 温度控制系统设计

11.1 概述

11.1.1 什么是模具温度控制系统

注塑模具首先是一种生产工具，它能重复地、大批量地生产结构相同、尺寸精度相同的塑件；其次它还是一个热交换器，在注射成型过程中，注入模具型腔中的熔体温度一般在 200 ～ 300℃之间，熔体在模腔中成型、冷却、固化成塑件，当塑件从模具中取出时，温度一般在 60 ～ 80℃，熔体释放出的热量都传递给了模具。为保证正常生产，模具必须将这部分热量及时传递出去，使模具的温度始终控制在合理的范围内。

模具中将熔体的热量源源不断地传递出去，或者将模具加热到模具正常的注射温度，将模具温度控制在合理范围内的那部分结构就叫作温度控制系统。图 11-1 中的直通式冷却水管和隔片式水井都是模具温度控制系统。

模具的温度控制系统包括模具冷却系统和模具的加热系统。但对于大多数注塑模具来说都需要冷却。

注塑模具需要加热的场合主要有：对于黏度高、流动性差的塑料，如 PC、硬 PVC、PPO、PSF 等，提高模温可以较好地改善其流动性，其模温应控制在 80 ～ 120℃之间。对于这些模具，如果表面散热快，仅靠熔体的热量不足以维持模具高温度的要求，因此模具还需要设置加热系统，以便在注射之前或注射时对模具进行加热，以保证模具正常地生产。

有的模具既要加热，又要冷却。第一种情况是在寒冷地区或是大型模具，模具生产前必须进行预热，当模具的温度达到塑料的成型工艺要求时，即可关闭加热系。如果在注射一段时间后，模具的温度高于塑料的成型工艺要求时，再打开模具的冷却系统，使模具的温度在要求的温度下注射成型。第二种情况是塑件较大，且壁厚不均，则在壁厚尺寸较大处要冷却，在壁薄处要加热，以改善熔体流动性。

对于宽度等于或小于 200mm 的小型模具，且成型塑件精度不太高时，可以不设置加热装置，也不设置冷却装置，模具靠自然冷却。

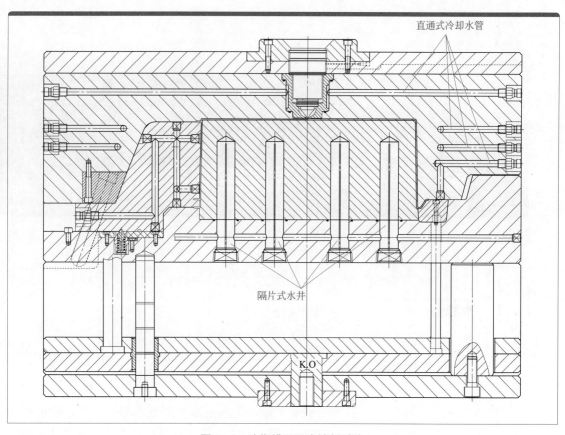

直通式冷却水管

隔片式水井

K.O

图 11-1　注塑模具温度控制系统

11.1.2　温度控制系统设计必须考虑的因素

① 成型塑件的壁厚、投影面积、结构形状；
② 塑件的生产批量；
③ 成型塑料的特性；
④ 模具的大小及结构，成型零件的镶拼方式；
⑤ 浇口的形式，流道的布置。

11.1.3　注塑模具冷却时间的确定

在成型周期中，塑件的冷却时间是指从熔体充满型腔到模具打开，塑件可以推出为止所用的时间。"可以推出"指熔体已充分固化，且具有一定的强度和刚度，推出时不会造成顶白或变形等缺陷。充分固化有三条准则：

① 塑件最大壁厚中心部分的温度已冷却到该种塑料的热变形温度以下；
② 塑件截面内的平均温度已达到所规定的塑件的出模温度；
③ 对于结晶性塑料，最大壁厚的中心温度达到固熔点，或者结晶度达到某一百分比。

塑件的冷却时间，与塑件的尺寸、形状有关，也和塑件所用塑料品种以及模具材料有关，但主要还取决于模具冷却系统的设计。

用理论公式计算出来的冷却时间是不可靠的，也没有任何意义。在实际工作中，常常是试模时调机工程师根据塑件尺寸、结构特点、模具大小以及经验确定一个大致的冷却时间，然后根据制品的成型质量来进行调整，逼近一个合理的数值。

11.2 注塑模具温度控制的重要性

模具温度是指和成型塑件接触的模具型腔表面温度，它直接影响熔体的流动、塑件的冷却和塑件的质量。模具的劳动生产率取决于模具热交换的速度，模具热交换的速度又取决于模具温度、熔体的温度、塑件脱模温度及塑料的热焓。

对高精度及长寿命的模具，温度控制系统的设计非常严格，有时还必须设计专门的温度调节器，严格控制模具各部分的温度。这类注塑模具的温度控制系统是模具设计的难点之一。

（1）不同的塑料对模具温度要求不同

对 PE、PP、HIPS、ABS 等流动性好的塑料，降低模温可减小应力开裂，模温应控制在 60℃左右。

对 PC、硬 PVC、PPO、PSF 等流动性较差的塑料，提高模温有利于减小塑件的内应力，模温应控制在 80～120℃之间。

另外，结晶塑料（如 PE、PP、POM、PA、PET 等）和非结晶塑料（如 PS、HIPS、PVC、PMMA、PC、ABS、聚砜等）的冷却过程不同。对于结晶塑料，冷却经过塑料的结晶区时，热量释放，但塑料的温度保持不变，只有过了结晶区，塑料才能进一步冷却，因此结晶塑料冷却时需要带走的热量比非结晶塑料要多。

表 11-1 为塑件表面质量无特殊要求（即一般光面）时常用的料筒温度、模具温度，模具温度指型芯型腔表面的温度。

表 11-1　常用塑料的料筒温度和模具温度

塑料名称	ABS	AS	HIPS	PC	PE	PP
料筒温度 /℃	210～230	210～230	200～210	280～310	200～210	200～210
模具温度 /℃	40～90	45～75	40～60	80～120	50～95	40～80
塑料名称	PVC	POM	PMMA	PA6	PS	TPU
料筒温度 /℃	160～180	180～200	190～230	200～210	200～210	210～220
模具温度 /℃	30～45	80～100	40～70	40～90	40～60	50～70

（2）模具温度直接影响塑件的外观和尺寸精度

模具温度过高，成型收缩不均，脱模后塑件变形大，还容易造成溢料和粘模。

模具温度过低，则熔体流动性差，熔体填充不良，塑件表面有熔接痕，或表面会产生明显的收缩凹痕或流纹等缺陷。

当模具温度不均匀时，成型塑件在模具型腔内固化后的温度也不均匀，从而导致塑件收缩不均匀，产生内应力，最终造成塑件脱模后变形、开裂、塑件翘曲变形，因此塑件的各部分冷却必须均衡。

模具温度的波动对塑件的收缩率、尺寸稳定性、变形、应力开裂、表面质量等都有很大的影响。

（3）模具温度对成型周期的影响很大

在整个成型周期中，冷却时间约占 80%。其余时间中，熔体填充时间占 5% 左右，顶出及模具的开、合时间占 15% 左右。因此对于生产率要求较高的模具，减小冷却时间是绝对必要的，是缩短生产周期的最佳途径。

11.3 影响模具冷却的因素

热传递的方式有热传导、对流和辐射，模具中热量的95%是通过热传导传递出去的。

模具中热传导的介质主要是冷却水（包括25℃左右的常温水和4℃左右的低温水），有时也用油和铍铜。模具中对流传热主要是用风扇等工具，利用流动的空气对模具进行自然冷却。

影响模具冷却的因素有很多，主要包括以下五点。

（1）"出口"和"入口"冷却介质的温差

热量传递的计算公式如下：

$$Q_1 = C_S m (T_2 - T_1)$$

式中　Q_1——冷却介质带走的热量；

　　　T_2——"出口"冷却介质的温度；

　　　T_1——"入口"冷却介质的温度；

　　　C_S——冷却介质的比热容。

冷却水出、入口处温差一般应小于5℃，精密模具则应控制在2℃以下。为缩小冷却水出入口的温差，可以提高冷却水的速度，也采用5℃左右的低温水。

（2）注入模腔熔体的温度和塑件脱模时的温度之差

熔体从进入型腔到塑件脱模，传给模具的热量的计算公式如下，$T_2 - T_1$为注入模腔的熔体温度和塑件推出模具时的温度之差。不同的塑料T_1和T_2都是不同的，因此其温差也是不同的。

$$Q = G [C_p (T_2 - T_1) + L_e]$$

式中　Q——熔体传给模具的热量，kJ；

　　　G——每次注射塑料的质量，kg；

　　　C_p——塑料的比热容，kJ/(kg·℃)；

　　　T_2——塑件脱模温度，℃；

　　　T_1——熔体进入型腔的温度，℃；

　　　L_e——结晶型塑料熔解潜热，kJ/kg。

（3）冷却介质的品种及流量

冷却介质一般采用水，既经济，冷却效果又好。但冷却水容易使水道生锈，冷却水中的污染物（如碳酸钙等）容易在冷却管道上产生沉淀，它们都会降低热传导的能力，严重时甚至会阻塞管道，减小流量。

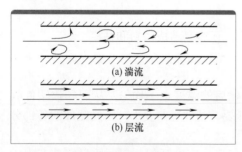

(a) 湍流

(b) 层流

图 11-2　湍流和层流

流体在平直圆管内的流动形式有层流和湍流两种，见图11-2。层流是彼此相邻且平行的薄层流体沿外力方向进行相对滑移时，各层之间无相互影响；湍流时，流体各点速度的大小和方向都随时间而变化，且流体内相互干扰严重。冷却介质的流速以尽可能高为好，其流动状态以湍流为佳。为了使冷却水处于湍流状态，水的雷诺数 Re（动量与黏度的比值）必须达到6000以上。因此，提高冷却介质的速度有利于模具冷却。

（4）模具材料的热导率

从模具冷却的角度去看，用铍铜和铝合金做内模镶件都大大优于钢材，因此很多公仔模或壁厚尺寸很大而结构简单的内模镶件都用铍铜或铝合金。铍铜的热导率是钢的4倍，但它的弹性模量 E 只是钢的1/2，它的抗冲击强度也比工具钢低。另外有一种锻铝也特别适用于塑料及橡胶模具，它的型号是 AlZnMgCu。

（5）冷却系统的设计

包括管道的尺寸、布局、位置和冷却的形式，冷却的形式有一般管道冷却、喷流冷却、水胆冷却和铍铜冷却。

11.4 提高模温调节能力的途径

我们可以从以下几方面来设法提高模具的冷却效果。

（1）适当的冷却管道尺寸

从理论上看，冷却管道尺寸应尽可能大，数量应尽可能多，以增大传热面积，缩短冷却时间，达到提高生产效率的目的。但冷却通道尺寸太大，数量太多，又会导致模具的尺寸增大，流道增长，从而使浇注系统凝料增加，模具排气负担加重等。冷却通道尺寸太大，通道内的水流将变为层流，影响冷却效果。

（2）采用热导率高的模具材料

模具材料通常选钢料，但在某些难以散热的位置，可选铍铜或铝合金。合金作为镶件使用，当然其前提是在保证模具刚度和强度的条件下。

（3）塑件壁厚设计要合理

塑件壁厚越薄，所需冷却时间越少。反之壁厚越厚，所需冷却时间越长。因此塑件设计时不可有过大壁厚，且尽量做到壁厚均匀。

（4）正确的冷却回路

冷却回路尽量使用串联，若采用并联水路，则易产生死水，而影响冷却效果。另外，冷却回路距型腔距离以及各冷却通道之间的间隔应能保证模腔表面的温度均匀。

（5）加强对塑件厚壁部位的冷却

塑件厚壁部位附近温度最高，因此其附近必须设计冷却水道。

（6）快冷和缓冷的设计原则

冷却介质的流动速度较快或冷却介质温度较低谓之快冷，冷却介质的流动速度较慢或冷却介质温度为常温谓之缓冷。快冷可以提高冷却速度，对生产批量大、成型尺寸精度不高的模具可以采用，但对于成型塑件尺寸精度高的精密注塑模具应采用缓冷。

（7）加强模具中心的冷却

模具在生产过程中，模具中心的温度最高，为了确保模具各部位的温度均匀一致，应加强对模具中心部位的冷却。

11.5 模具温度控制系统设计原则

注塑模具温度控制系统设计一般需遵循以下原则。

（1）模温均衡原则

① 由于塑件和模具结构的复杂性，我们很难使模具各处的温度完全一致，但应努力使模具温度尽量均衡，不能有局部过热、过冷现象。图 11-3 为汽车后背门护板注塑模具动、定模冷却水道布置图，因冷却充分，水路设计均匀，大大提高了后背门护板的尺寸精度以及模具的劳动生产效率。

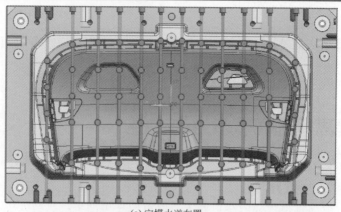

(a) 定模水道布置

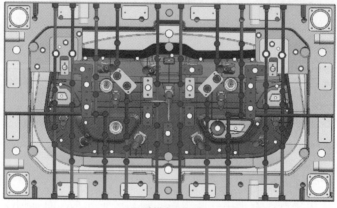

(b) 动模水道布置

图 11-3 汽车后背门护板注塑模具水道布置

② 模具中温度较高的地方有浇口套附近、浇口附近、塑件厚壁附近，这些地方要加强冷却。

③ 要控制进出口处冷却水的温差，精密注射时，温差 ≤ 2°，一般情况时，温差 ≤ 5°。冷却水路总长（串联长度）不可过长，最好小于 1.5 m，而且死水区的长度要尽可能短。

④ 对于三板模具中的脱料板，必须设计冷却水道，这样可以在生产过程中稳定模温，缩短成型周期。

（2）区别对待原则

① 模具温度应根据所使用塑料的不同而不同，当塑料要求模具成型温度 ≥ 80° 时，冷却水道不宜太多太大，对大型模具冬天甚至要加热。

② 模具在冷却过程中，由于热胀冷缩现象，塑件在固态收缩时对定模型腔会有轻微的脱离，而对动模型芯的包紧力却越来越大，塑件在脱模之前主要的热量都传给了动模型芯，因此动模型芯必须重点冷却。

③ 蚀纹的型腔、表面留火花纹的型腔，其定模温度应比一般抛光面要求的定模温度高。当定模需通热水或热油时，一般温度差为 40℃ 左右。

④ 对于有密集网孔的塑件，如喇叭面罩，网孔区域料流阻力比较大，比较难充填。提高该区域的模温可以改善填充条件。要求网孔区域的冷却水路与其他区域的冷却水路分开，可以灵活地调整模具温度。

⑤ 模具温度还取决于塑件的表面质量、模具的结构，在设计温控系统时应具有针对性。

从塑件的壁厚角度考虑，厚壁要加强冷却，防止后收缩变形；从塑件的复杂程度考虑，型腔高低起伏较大处应加强冷却；浇口附件的热量大，应加强冷却；冷却水路应尽可能避免经过熔接痕产生的位置，壁薄的位置，以防止缺陷加重。

（3）方便加工原则

① 冷却水道的截面积不可大幅度变化，切忌忽大忽小。

② 直通式水道长度不可太长，应考虑标准钻头的长度是否能够满足加工要求。

③ 尽可能使用直通水道来实现冷却循环，特殊情况下才用隔片水井、喷流水道或螺旋水道。

11.6 注塑模具冷却系统设计

冷却系统设计
注意事项

注塑模具冷却系统的典型结构有冷却水管、冷却水井和传热棒（片），冷却水井又包括隔片式冷却水井、喷流式冷却水井和螺旋式冷却水井。

11.6.1 冷却水管设计

冷却水管冷却就是在模具中钻削圆孔，模具生产时，向圆孔内通冷却水或冷却油，由水或油源源不断地将热量带走。这种冷却方式加工方便，最常用。其典型结构见图11-4。

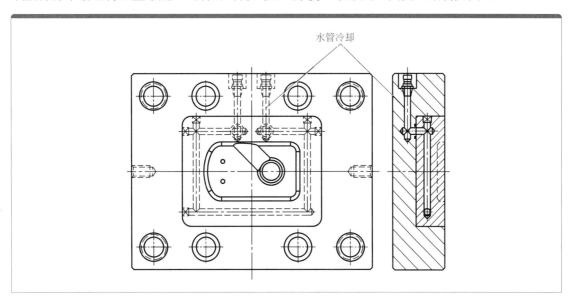

图 11-4　冷却水管

（1）冷却水管直径的设计

牛顿冷却定律：

$$Q = \alpha A \Delta T \theta'$$

式中　Q——冷却介质从模具带走的热量，kJ；

　　　α——冷却管与冷却介质的传热系数，W/（m²·K）；

　　　A——冷却管的热传面积，m²，$A = \pi d^2 / 4$，d 为冷却水管直径；

　　　ΔT——模具温度与冷却介直的温度差，K；

　　　θ'——冷却时间，s。

根据牛顿冷却定律，冷却水管的直径越大越好，但如上节所述，冷却水管直径太大会导致冷却水的流动出现层流，降低冷却效果。冷却水管直径太大还影响模具的强度。因此冷却水管直径不能太小也不能太大。模具设计实践中通常根据模具大小来确定冷却水管的直径，详见表 11-2。

表 11-2　根据模具大小确定冷却管道直径

模具宽度 /mm	冷却管道直径 /mm
200 以下	5
200 ～ 350	6 ～ 8
350 ～ 450	8 ～ 10
≥ 500	10 ～ 13

（2）冷却水管的位置设计

① 冷却水路的布置要根据塑件形状而定。

当塑件壁厚基本均匀时，冷却水路离型腔表面距离最好相等，分布与轮廓相吻合，如图 11-5 所示；当塑件壁厚不均匀时，则在壁厚的地方加强冷却，如图 11-6 所示。

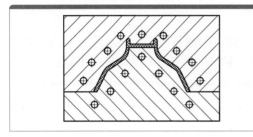 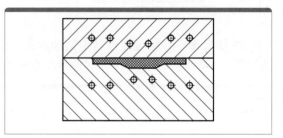

图 11-5　冷却水管至型腔表面距离应尽量相等　　　图 11-6　对厚壁处要加强冷却

塑料熔体在填充时，一般浇口附近温度最高，因而要加强浇口附近的冷却，且冷却水应从浇口附近开始向其他地方流，如图 11-7。

当塑件的长与宽之比值较大时，如果塑件比较平整，壁厚均匀，则水路应沿塑件长度的方向布置，如图 11-8 所示。

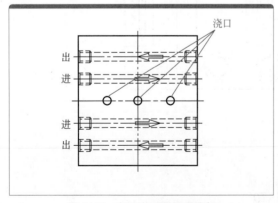 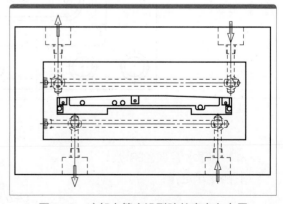

图 11-7　浇口附近要加强冷却　　　图 11-8　冷却水管应沿型腔长度方向布置

对于扁平、薄壁的塑件，在使用侧浇口的情况下，常采用动、定模两侧与型腔等距离钻孔的形式设置冷却水道，如图 11-9 所示。

② 冷却水的作用是将熔体传给内模镶件的热量带走。布置冷却水时要注意是否能让型腔的每一部分都有均衡的冷却，即冷却水管至型腔表面的距离尽可能相等。冷却水到型腔的距离

$B=10 \sim 15\text{mm}$ 较为合宜，如果冷却水管的直径为 D，则冷却水管的中心距离 A 取 $5D \sim 8D$，见图 11-10。当塑件为 PE 时，冷却水不宜顺着收缩方向布置，以防塑件变形。

③ 冷却水道的布置应避开塑件易产生熔接痕的部位，以消除熔接痕的形成。

④ 为提高冷却效果，冷却水必须流经内模镶件，必要时要在冷却水出入口处分别打上 "IN" 和 "OUT" 字样。但如果内模镶件尺寸比较小，或者内模镶件为铍铜或铝合金，水路可以不经内模镶件，只经过模板就可以达到冷却效果，如图 11-10 所示。图中 H 取 $5 \sim 10\text{mm}$。

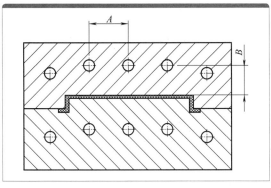

图 11-9　扁平、薄壁的塑件的冷却

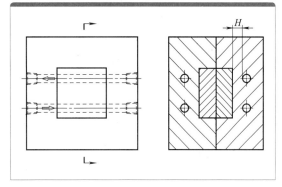

图 11-10　冷却水管只经过模板

⑤ 定模镶件冷却水尽量近型腔，动模镶件冷却水尽量布置于外圈，内模型芯较大时，必须通冷却水。

⑥ 对于大型模具，水路往往较长，设计时要了解本公司钻头的长度。如果设计出来的图纸无法加工，就是不合理的。

⑦ 对于未定型的塑件，冷却水道尽量布置在四周或各腔之间，为塑件结构的局部改动留下余地。

⑧ 冷却水道应避免与模具上的其他机构（如推杆，镶针，型孔，定距分型机构，螺钉，滑块等）发生干涉。设计冷却水道时，必须通盘考虑。冷却管道通常采用钻孔或镗孔的方法加工。钻孔越长，钻孔偏斜度就越大。因此在设计冷却水路时，冷却水管和其他结构孔之间的钢厚至少要 3mm，而对于细长冷却水管（长径比大于 20），建议冷却水道和其他孔之间的钢厚至少要 5mm。

（3）冷却水路的长度设计

① 流道越长阻力越大，流道拐弯处的阻力更大。一般来说，要提高冷却效果的话，冷却水管不宜太长，拐弯不宜超过 5 处。

② 动、定模镶件的冷却水路要分开，不能串联在一起。否则不但影响冷却效果，而且有安全隐患。

（4）水管接头的位置设计

水管接头又称喉嘴，材料为黄铜或结构钢，连接处为英制锥管螺纹，标准锥度为 3.5°。水管接头缠密封胶纸封水，规格有 PT 1/8″、PT 1/4″ 和 PT 3/8″ 三种。水管接头多用 1/4″，深度最小为 20mm。常用水管直径及其塞头与水管接头见表 11-3。合理确定冷却水接头位置，避免影响模具安装、固定。

① 水管接头最好安装在模架上，冷却水通过模架进入内模镶件，中间加密封圈，如果直接将水管接头安装在内模镶件上，则水喉太长，在反复的振动下易漏水，每次维修内模都要将其拆下，增加麻烦并且会影响水管接头原有的配合精度。见图 11-11（a）。

② 水管接头尽量不要设置在模架的顶端，因为水管接头要经常拆卸，装拆冷却水胶管时冷却水容易流进型腔，导致型腔生锈。水管接头也尽量不要设置在模架下端面，因为这样装拆

冷却水胶管时会非常不方便。水管接头最好设置在模架两侧，而最好是在不影响操作的一侧，即背向操作工人的那一侧。见图 11-11（a）。

表 11-3　常用水管直径及其塞头与水管接头

水管直径 /mm	6	8	10	12
水管接头	DT1/8″	DT1/8″	DT1/4″	DT1/4″
水管塞	DT1/8″	DT1/8″	DT1/4″	DT1/4″
水管接头螺纹	$\phi6.00$ DT1/8″	$\phi8.00$ DT1/8″	$\phi10.00$ DT1/4″	$\phi12.00$ DT1/4″

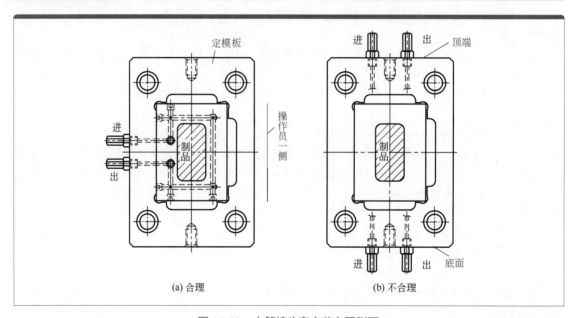

(a) 合理　　　　　　　　　(b) 不合理

图 11-11　水管接头宜安装在两侧面

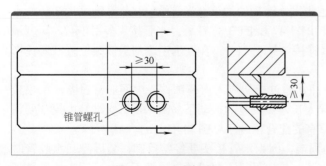

图 11-12　水喉间距

③ 两水喉之间的距离不能小于 30mm，以方便冷却水胶管的装拆。见图 11-12。

④ 冷却水管接头宜藏入模架，如图 11-13 所示。水管接头凸出模具表面时，在运输与维修时易发生损坏。对于直身模架，当水管接头凸出模具表面时，需在模具外表面安装撑柱，以保护其不致损坏。表 11-4 为欧洲标准，

有英制（BSP）及公制（mm）两种。

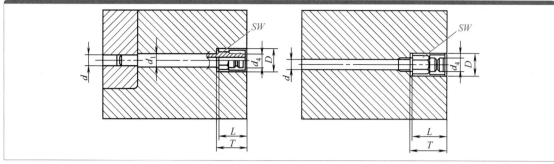

图 11-13　水管接头宜藏入模架

表 11-4　冷却水管接头设计参数

英制	公制 /mm	d_4 /mm	d_1 /mm	加长喉嘴 /mm				标准喉嘴 /mm			
				D	T	SW	L_1	D	T	SW	L
1/8BSP 1/4BSP	M8 M14	9	10	19	23	11	21	25	35	17	32.5
1/4BSP 3/8BSP	M4 M16	13	14	24	25	15	23	34	35	22	32.5
1/2BSP 3/4BSP	M24 M24	19	21	34	35	22	33	—	—	—	—

（5）密封圈的设计

模具温度控制系统常用圆形截面的 O 形密封圈，如图 11-14 所示。材料为橡胶，作用是防止冷却水泄漏。

① 对密封胶圈要求。

a. 耐热性：在 120℃的热水或热油中使用不失效。

b. 由于 O 形密封胶圈处于被钢件挤压状态下，对其硬度有一定要求。

② 胶圈规格（按公制标准，单位 mm）：$\phi19\times2.5$，$\phi25\times2.5$，$\phi15\times2.5$，$\phi16\times2.5$，$\phi20\times2.5$，$\phi19\times3$，$\phi25\times3$，$\phi15\times3$，$\phi16\times3$，$\phi20\times3$，$\phi40\times3$，$\phi35.5\times3$，$\phi30\times3$，$\phi50\times3$，$\phi45.5\times3$，$\phi32\times3$，$\phi50\times4$，$\phi40\times4$。

常用密封圈外径有 $\phi13mm$ 和 $\phi16mm$、$\phi19mm$ 三种。

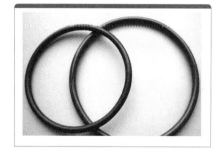

图 11-14　密封圈

注意：如果模具要用热油加热，请采用耐高温的密封圈。

③ 密封圈设计要点。

a. 水路经过两个镶件时，中间必须加密封圈。

b. 对于圆形冷却水道的密封，尽量避免装配时对密封圈的磨损或剪切。圆形型芯和内模镶件之间的配合间隙要适当。过大，则压力不足，易泄漏；过小，密封圈易被镶件切断。见图 11-15。

c. 密封圈槽加工：密封圈的装

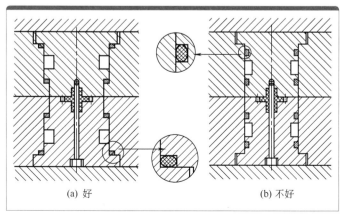

(a) 好　　　　　　　(b) 不好

图 11-15　密封圈应避免装配时受摩擦或剪切

配以及常用密封圈固定槽的尺寸见图 11-16。

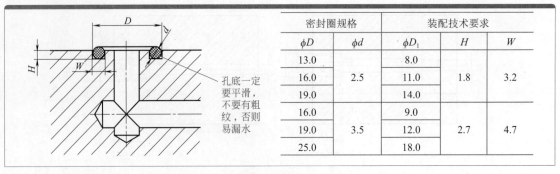

密封圈规格		装配技术要求		
ϕD	ϕd	ϕD_1	H	W
13.0		8.0		
16.0	2.5	11.0	1.8	3.2
19.0		14.0		
16.0		9.0		
19.0	3.5	12.0	2.7	4.7
25.0		18.0		

图 11-16 密封圈的装配尺寸（单位：mm）

11.6.2 冷却水井设计

深腔类模具、大塑件的型芯，用冷却水井冷却效果很好，但型芯加工冷却水井后强度会受到影响，故水井的直径和深度要适当，水井直径一般在 $\phi12 \sim 25mm$ 之间。

任何冷却水井都是由冷却水管输入和输出冷却介质。

（1）隔片式冷却水井

隔片式冷却水井效果很好，一般用于成型塑件为筒状、较高的拱形，无法采用冷却水管但又必须冷却的场合。隔片为不锈钢或铜片，厚度 0.5 ～ 1mm。水井至型腔面的距离必须大于 10mm。典型结构见图 11-17，其中图 11-17（e）为隔片的形状。

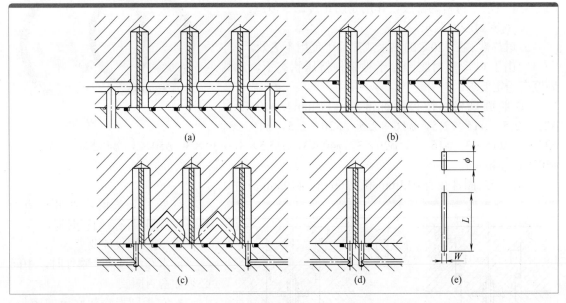

图 11-17 隔片式水井

（2）喷流式冷却水井

对于较长的型芯，不能进行常规冷却时，可在型芯中间装设一个喷水管。冷却水从喷水管中喷出，分别流向周围的冷却型芯壁，如图 11-18 所示。这种冷却效果很好，但需注意两点：

① 水井顶部不能离型腔太近，以免影响模具强度，过冷对熔体流动也不利。

② 冷却水的进出有方向性，只能按图中箭头方向，否则冷却效果不佳。

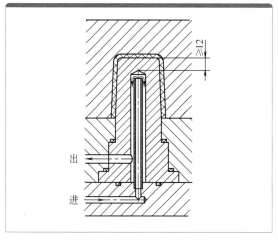

图 11-18　喷流式冷却水井

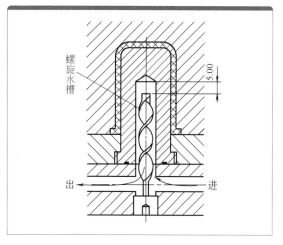

图 11-19　螺旋式冷却水井

（3）螺旋式冷却水井

螺旋式冷却水井形成螺旋水槽，冷却效果绝佳。用于细长型芯的冷却，如图 11-19 所示。

11.6.3　传热棒（片）冷却

对于细长的型芯，如果不能加工冷却水管，或加工冷却水管后会严重减弱型芯强度时，可以用传热棒或传热片冷却。具体做法是：在细长的型芯内，镶上铍铜等热传导率高的细长棒（片），一端连接冷却水，通过冷却传热棒（片）来将型芯热量带走。

图 11-20 为传热棒冷却结构。传热棒底部应有足够的贮水空间，以提高冷却效果。

有时可以将整个型芯都用铍铜或铝合金制作，见图 11-21。对于玩具公仔或壁厚特大的塑件，为提高冷却效果，缩短注射周期，整个内模镶件都用铍铜或铝合金制作。

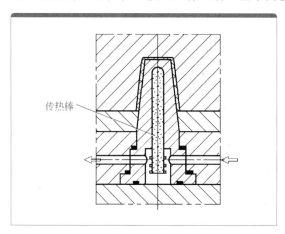

图 11-20　传热棒冷却

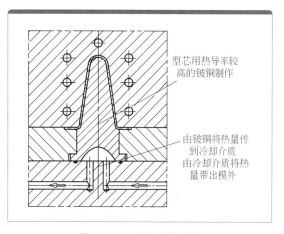

图 11-21　铍铜型芯冷却

11.6.4　冷却系统设计注意事项

（1）是优先考虑模具冷却系统还是模具的脱模系统？

衡量一副模具的设计水平可以看以下四个方面：

① 模具必须做得出来，这是最基本的要求。

② 模具必须以最低的成本做出来，这是最高境界。

③ 模具必须生产出合格的塑件来，这也是最基本要求。

④ 模具必须用最短的时间生产出合格的塑件来，这是最高境界。

根据上述四点的要求，当注塑模具中脱模零件和冷却水管（或水井）位置发生干涉时，在保证塑件能够顺利脱模的情况下，应优先考虑冷却系统，尤其是对于塑件批量大、精度要求高的模具，模具的冷却往往是重中之重。

当然，对于存在很高的加强筋、很高的实心柱、很高的螺柱、深槽和深孔的塑件来说，推杆的位置往往没有选择的余地，此时就必须优先考虑脱模系统了，否则塑件就无法安全顺利推出。

（2）冷却水路应避免并联

冷却水路有串联和并联两种，见图 11-22。冷却介质不管是水还是油，总是沿阻力最小的方向流动，因此冷却水路不应并联，否则冷却水就会抄捷径，从最近的阻力最小的支流道直接流走，导致流道内出现死水，使模具的其他部分得不到冷却。若因模具排位的要求，冷却水路必须并联时，则进、出水的主流道的横截面面积，要比并联支流道的横截面面积的总和还要大。也就是说，同一个串联回路的水道截面积应相等，同一个并联回路的水道截面积不能相等。并联回路的水道截面积如果相等，则需在各支路口加水量调节泵及流量计。

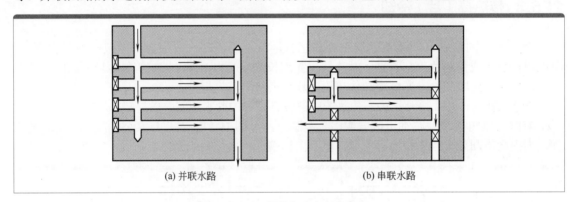

(a) 并联水路　　　　　　　　　　　　(b) 串联水路

图 11-22　并联水路会出现死水

要善于利用隔片和中途塞来控制水流方向，避免产生死水，这是设计冷却系统的技巧所在。中途塞常用有胶圈的喉塞，见图 11-23。也可以用铜制堵头。

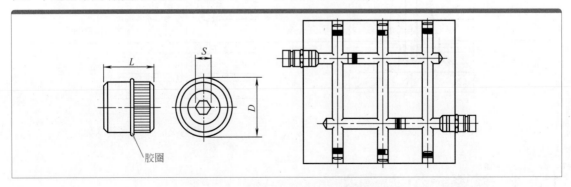

胶圈

图 11-23　利用中途塞来改变水流方向

（3）要充分利用模流分析软件

冷却系统设计原则是快速冷却，均匀冷却，加工简单，并尽量保证模具的温度平衡，使塑件收缩均匀。

从理论上来说，我们要求模具各部位的温度均匀一致，使塑件各部位的收缩率都一样。但在实际工作中这是做不到的，由于塑件结构通常较为复杂，导致型腔各部位的温度往往相差较大，对于多腔注塑模具，模具型腔中各部位的温度通常必须借助模流分析软件来确定。设计冷却系统时，必须对模温高的地方重点冷却，使模具温度尽量均衡，同时在一模多腔的模具排位中，应将大塑件对角排位，以满足模具的热平衡和压力平衡要求。

（4）冷却水的过渡方法

两块拼接在一起的镶件，冷却水必须通过模架过渡，而不应由一块镶件直接进入另一块镶件。见图 11-24。

（5）高温部位宜重点冷却

模具主流道部位常与注塑机喷嘴接触，是模具上温度最高的部位，应加强冷却，在必要时应单独冷却。

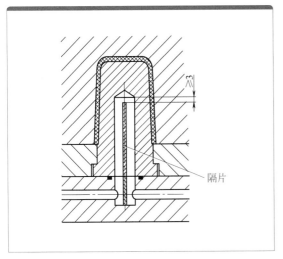

图 11-24　镶件之间的冷却水过渡

11.6.5　冷却系统设计实例

（1）型芯的冷却

熔体冷却包紧在型芯上，熔体固化时大部分热量都传递给了型芯。型芯体积小，冷却水设计困难，但大量的热量必须传递出去，这是模具设计的难点之一。如果型芯的温度太高，轻则使注射成型周期延长，重则导致型芯变形甚至开裂。

型芯的冷却方式取决于型芯的大小，具体可参考以下方法：

① 型芯直径小于 20mm：采用空气冷却，即自然冷却，当塑件批量大，或者局部热量集中难以传出时，也可整个型芯都用铍铜制作。

② 型芯直径 20 ～ 40mm：可以采用水井冷却，见图 11-25。

③ 型芯直径 40 ～ 60mm：可以采用外圈冷却，加隔片，见图 11-26。

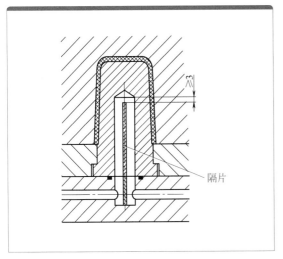

图 11-25　隔片式水井冷却

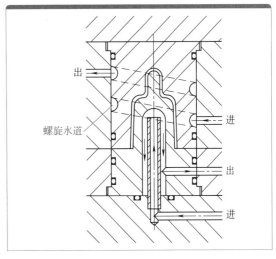

图 11-26　外圈螺旋水道冷却

④ 型芯直径大于 60mm，高度小于 60mm，中间不便上冷却水：可在下端面加工圆形水道冷却，见图 11-27。也可以在型芯内钻削水管，见图 11-28。

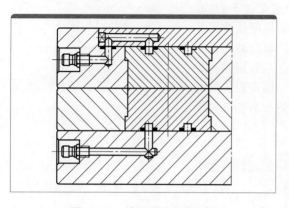

图 11-27　端面圆形水道冷却

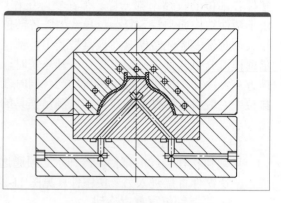

图 11-28　型芯内斜水道冷却

（2）面积较大的扁平类塑件冷却

面积较大的扁平类塑件注塑模具应注意冷却的均衡性，冷却水路的布置要充分，如图 11-29 所示。

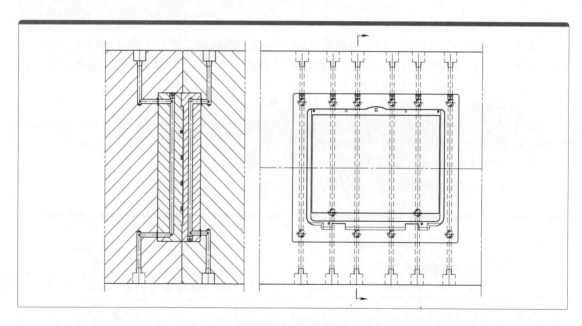

图 11-29　扁平类塑件注塑模具冷却水路

（3）浅型腔模具冷却

见图 11-30。

（4）深型腔模具冷却

见图 11-31。

（5）侧向抽芯机构的冷却

① 滑块的冷却：当侧向抽芯和熔体接触面积较大时，滑块和侧抽芯因吸收熔体热量温度会不断升高，此时滑块也需用冷却水冷却，如图 11-32 所示。

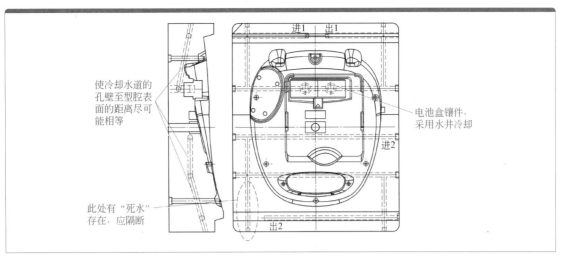

使冷却水道的孔壁至型腔表面的距离尽可能相等

电池盒镶件，采用水井冷却

此处有"死水"存在，应隔断

图 11-30 浅型腔模具冷却实例

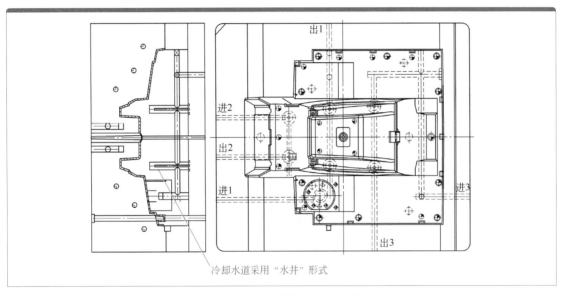

冷却水道采用"水井"形式

图 11-31 深型腔模具冷却实例

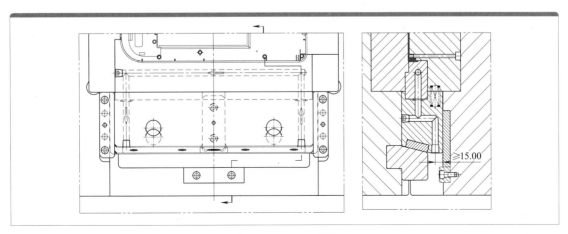

图 11-32 滑块冷却

② 斜推杆的冷却：斜推杆较长，宽度大于或等于 30mm，且斜推杆上型腔面较大，需要设计冷却水道，如图 11-33 所示。

（6）热射嘴的冷却

在热流道注塑模中，热流道板和热射嘴都要加热，而在热射嘴的附近需要冷却。见图 11-34。

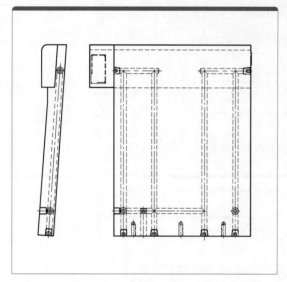

图 11-33　斜推杆冷却水路设计　　　　　　图 11-34　热射嘴冷却

水路距
热射嘴
10mm
以上

10.00

11.7 注塑模具加热系统设计

11.7.1　概述

对于流动性较差的塑料，如 PC，注射成型时要求模具温度在 80℃以上，此时模具中必须设置有加热功能的温度控制系统，根据热能来源，模具的加热方法有热水、热油、蒸气加热法、电阻加热法、工频感应加热法等。

其中热水、热油、蒸气也是通过模具中的水道来加热模具的，结构与设计原则与冷却系统相同。本节不再阐述。

热水、热油、蒸气对于大型模具开机前的预热，正常生产一段时间又须冷却的注塑模而言很方便，可使整个模温较为均衡，有利于提高塑件质量，但模温调节难度大，延滞期较长，设计时应予以考虑。

电加热装置应用较普遍，它具有结构简单、温度调节范围较大、加热清洁无污染等优点，缺点是会造成局部过热。

最常用的加热是在模具外部用电阻加热，即用电热板、电热框或电热棒加热。对于模温要求高于 80℃的注塑模或热流道注塑模，一般采用电加热的方法。电加热又可分为电阻丝加热和电热棒加热。

11.7.2　电阻丝加热装置

采用电阻丝加热时要合理布设电热元件，保证电热元件的功率。如电热元件的功率不足，就不能达到模具的温度；如电热元件功率过大，会使模具加热过快，从而出现局部过热现象，就难以控制模具温度。要使模具加热均匀，应保证符合塑件成型温度的条件。

电阻丝加热有两种方式：

① 把电阻丝组成的加热元件镶嵌到模具加热板内。

② 把电阻丝直接布设在模具的加热板内。

在设计模具电阻加热装置时，必须考虑以下基本要求：

① 正确合理地布设电热元件。

② 电热板的中央和边缘部位分别采用不同功率的电热元件，一般模具中央部位电热元件功率稍小，边缘部位的电热元件功率稍大。

③ 大型模具的电热板，应安装两套控制温度仪表，分别控制调节电热板中央和边缘部位的温度。

④ 要考虑加热模具的保温措施，减小热量的传导和热辐射的损失。一般在模具与注塑机的上、下压板之间，以及模具四周设置石棉隔热板，厚度约为 4 ～ 6mm。

11.7.3　电热棒加热

在模具的适当部位钻孔，插入电热棒，并接入温度自动控制调节器即可，见图 11-35。这种加热形式结构简单，使用安装方便，清洁卫生，热损失比电热圈小，应用广泛。但使用时须注意局部过热现象。

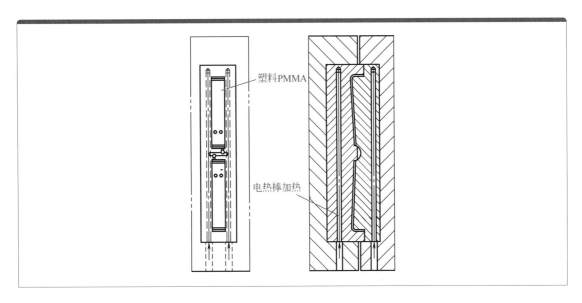

图 11-35　电热棒加热

电加热模具所需总功率的经验计算式为：

$$P=Gq（\text{W}）$$

式中，q 为加热单位质量模具至所需模温的电功率，W/kg，其值可由表 11-5 选取。

表 11-5　单位质量模具所需之加热功率

模具类型	q 值 /（W/kg）	
	采用加热棒时	采用加热圈时
大	35	60
中	30	50
小	25	40

根据模具大小及发热棒功率确定发热棒数量。计算公式如下：

$$n=P/P_e（根）$$

式中　n —— 电热棒根数；

　　　P —— 加热模具所需总功率，W；

　　　P_e —— 电热棒额定功率，W。

电热棒的额定功率及其名义尺寸可根据模具结构及其所允许的钻孔位置由表 11-6 选取。

表 11-6　电热棒外形尺寸与功率表

公称直径 /mm	13	16	18	20	25	32	40	50
允许误差 /mm	±0.1		±0.12			±0.2		±0.3
盖板 /mm	8	11.5	13.5	14.5	18	26	34	44
槽深 /mm	1.5		2		3		5	
长度 L/mm	功率 /W							
60	60	80	90	100	120			
80	80	100	110	125	160			
100	100	125	140	160	200	250		
125	125	160	175	200	250	320		
160	160	200	225	250	320	400	500	
200	200	2850	280	320	400	500	600	800
250	250	320	350	400	500	600	800	1000
300	300	375	420	480	600	750	1000	1250
400		500	550	630	800	1000	1250	1600
500			700	800	1000	1250	1600	2000
650				900	1250	1600	2000	2500
800					1600	2000	2500	3200
1000					2000	2500	3200	4000
1200						3000	3800	4750

11.7.4　模具加热实例

模具加热元件设计时要注意以下两点：

① 一些电气元件尽量设计在冷却水接口的上方，以防漏水滴在电气元件上。

② 系统要能准确控制与调节加热功率及加热温度，防止因功率不够达不到模温要求，或因功率过大超过模温要求。

如图 11-36 所示为模具加热实例，图中发热棒一般用 1/2in（1in=25.4mm），感温线一般用 6mm，最好装配在内模件中。

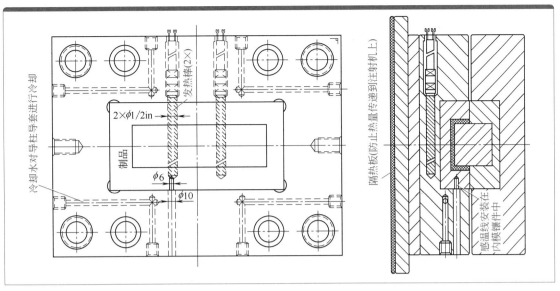

图 11-36　模具加热实例

11.8　注塑模具温度控制系统设计实例

　　本例为某设备上的透明罩注塑模具，一模四腔。模具采用推板推出塑件，考虑到塑件高度尺寸较大，为减小模具的整体高度，模架取消了推杆板和方铁，而改为由注塑机顶棍直接推动推板的结构。塑件的侧向凹孔全部采用定模抽芯，为简化模具结构，定模抽芯均采用液压油缸加滑块的结构。模具一出四件，由于塑件较大较深，为改善走胶，提高成型质量，降低成型周期，模具采用热流道浇注系统。深腔类模具温度控制系统是模具设计的重点，本模凹模采用多层水管冷却，凸模采用多组水道胆冷却，效果很好。模具冷却水道示意图见图 11-37，模具结构详见图 11-38。

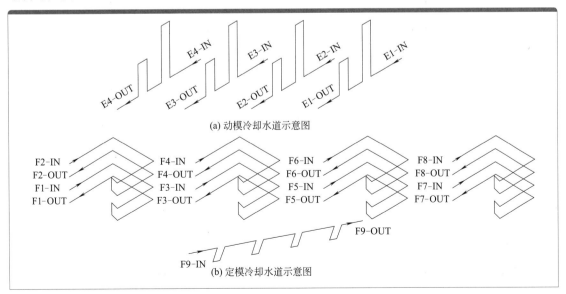

(a) 动模冷却水道示意图

(b) 定模冷却水道示意图

图 11-37　模具冷却水道示意图

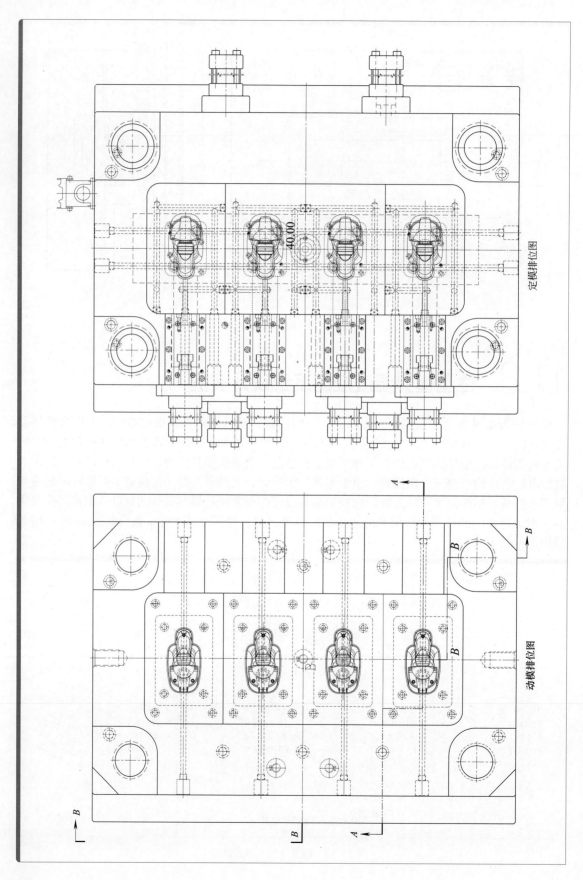

定模排位图

动模排位图

40.00

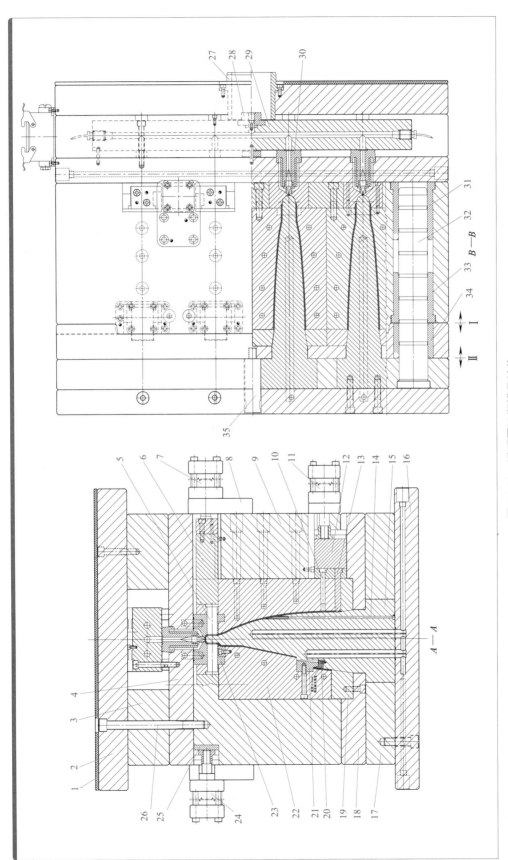

图 11-38 透明罩注塑模具结构

1—隔热板；2—面板；3—撑板；4—热嘴固定板；5—侧抽芯；6—滑块；7—滑板；8—油缸；9—定模板；10—侧抽芯；11—油缸；12—滑块；13—侧抽芯；14、20—动模型芯；15—动模大型芯；16—底板；17—动模板；18—推板；19—推板镶件；21—定模型芯；22—定模小镶件；23—定模镶件；24—油缸；25—连接块；26—螺钉；27—定位圈；28—一级热射嘴；29—热流道板；30—二级热射嘴；31、33、34—导套；32—导柱；35—顶棍连接柱

第12章 脱模系统设计

12.1 概述

12.1.1 什么是注塑模具脱模系统

在注射动作结束后，塑料熔体在模具型腔内冷却成型，由于体积收缩，对型芯产生包紧力，当其从模具中推出时，就必须克服因包紧力而产生的摩擦力。对于不带通孔的筒类、壳类塑件，脱模时还需克服大气压力。

在注塑模中，将成型塑件及浇注系统凝料从模具中安全无损坏地推离模具的机构称为脱模系统，也叫推出系统或顶出系统。安全无损坏是指塑件被推出时不变形，无刮花，不粘模，无顶白，推杆痕迹不影响塑件美观，塑件被推出时不会对人或模具产生安全事故。

脱模系统的动作方向与模具的开模方向是一致的。

注塑模具的脱模系统包括：

① 推出零件：包括推杆、推管、推板、推块等零件，见图 12-1；

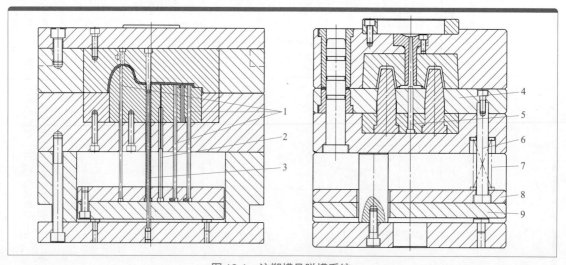

图 12-1 注塑模具脱模系统

1—直身推杆；2—有托推杆；3—推管；4—推板；5—流道拉杆；6—复位杆；7—复位弹簧；8—推件固定板；9—推件底板

② 复位零件：包括复位杆、复位弹簧及推件固定板先复位机构等零件；

③ 固定零件：包括推件固定板和推件底板等零件；

④ 配件：包括高压气体推出的气阀等配件，以及内螺纹脱模系统中的齿轮、齿条、马达、油缸等配件。

12.1.2 脱模系统分类

塑件推出方法受塑件材料及形状等影响，由于塑件复杂多变，要求不一，导致塑件的脱模系统也多种多样。

① 按动力来源分，脱模系统可分为以下三类。

a. 手动脱模系统。指当模具分开后，用人工操纵脱模系统使塑件脱出的系统，它可分为模内手工推出和模外手工推出两种。这类结构多用于形状复杂不能设置脱模系统的模具或塑件结构简单、产量小的情况，目前很少采用。另外，PVC 软胶塑件也常用人工取出。

b. 机动脱模系统。依靠注塑机的开模动作驱动模具上的脱模系统，实现塑件脱离模具。这类模具结构复杂，多用于生产批量大的情况，是目前应用最广泛的一种脱模系统，也是本章的重点。它包括推杆类脱模系统、推管脱模系统、推板类脱模系统、气动脱模系统、内螺纹机动脱模系统及复合脱模。

c. 液压和气动脱模系统。一般是指在注塑机或模具上设有专用液压或气动装置，将塑件通过模具上的脱模系统推出模外或将塑件吹出模外。

② 按照模具的结构特征分，脱模系统可分为一次脱模系统、二次或多次脱模系统、定模脱模系统、高压气休脱模系统、塑件螺纹自动脱模系统等。

12.2 脱模系统设计的一般原则

注塑模具脱模系统设计一般须遵循以下五项原则。

（1）推出平稳原则

① 为使塑件或推件在脱模时不致因受力不均而变形，推件要均衡布置，尽量靠近塑件收缩包紧的型芯，或者难于脱模的部位，如塑件为细长管状结构，尽量采用推管脱模；深腔类的塑件，有时既要用推杆又要用推板，俗称"又推又拉"。

② 除了包紧力，塑件对模具的真空吸附力有时也很大，在较大的平面上，即使没有包紧力也要加推杆，或采用复合脱模或用透气钢排气，大型塑件还可设置进气阀，以避免因真空吸附而使塑件产生顶白、变形。

（2）推件给力原则

① 推力点不但应作用在包紧力大的地方，还应作用在塑件刚性和强度大的地方，避免作用在薄壁部位。

② 作用面应尽可能大一些，在合理的范围内，推杆"能大不小""能多不少"。

（3）塑件美观原则

① 避免推件痕迹影响塑件外观，推件位置应设在塑件隐蔽面或非外观面；

② 对于透明塑件推件即使在内表面其痕迹也"一览无遗"，因此选择推件位置须十分小心，有时必须和客户一起商量确定。

（4）安全可靠原则

① 脱模机构的动作应安全、可靠、灵活，且具有足够强度和耐磨性。采用摆杆、斜顶脱

模时，应提高摩擦面的硬度和耐磨性，比如淬火或表面渗氮。摩擦面还要开设润滑槽，减小摩擦阻力。

② 推出行程应保证塑件完全脱离模具。脱模系统必须将塑件完全推出，完全推出是指塑件在重力作用下可自由落下。推出行程取决于塑件的形状。对于锥度很小或没有锥度的塑件，推出行程等于后模型芯的最大高度加 5 ~ 10mm 的安全距离，见图 12-2（a）。对于锥度很大的塑件，推出行程可以小些，一般取后模型芯高度的 1/2 ~ 2/3 之间即可，见图 12-2（b）。

推出行程受到模架方铁高度的限制，方铁高度已随模架标准化。如果推出行程很大，方铁不够高时，应在订购模架时加高方铁高度，并在技术要求中写明。

③ 螺纹自动脱模时塑件必须有可靠的防转措施。

④ 模具复位杆的长度应保证在合模后与定模板有 0.05 ~ 0.10mm 的间隙，以免合模时复位杆阻碍分型面贴合，如图 12-3 所示。

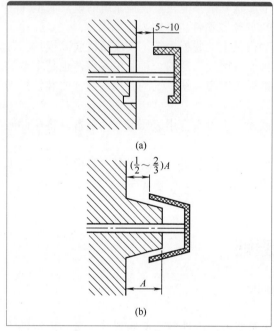

图 12-2　塑件必须安全脱离模具

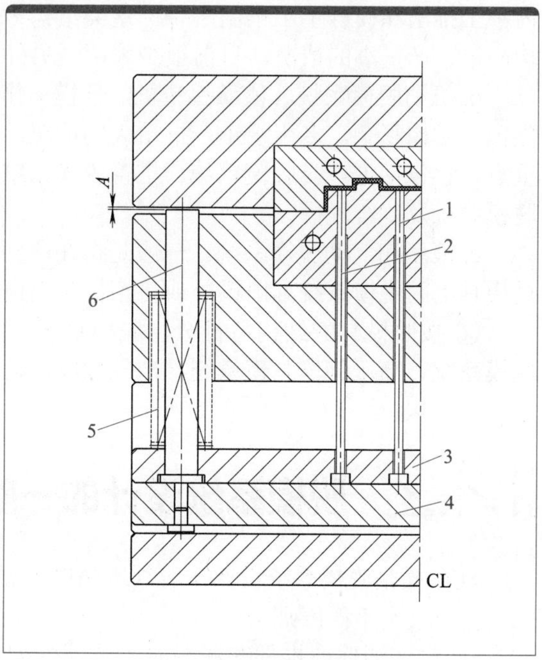

A=0.05 ~ 0.10mm

图 12-3　复位杆的长度

1，2—推杆；3—推件固定板；4—推件底板；
5.—复位弹簧；6—复位杆

⑤ 复位杆和动模板至少应有 30mm 的导向配合长度。复位弹簧是帮助推件固定板在合模之前退回复位，但复位弹簧容易失效，且没有冲击力，如果模具的推件固定板必须在合模之前退回原位（否则会发生撞模等安全事故）的话，则应该再加机械先复位机构。

（5）加工方便原则

① 圆推杆和圆孔加工简单快捷，而扁推杆和方孔加工难度大，应避免采用。

② 在不影响塑件脱模和位置足够时，应尽量采用大小相同的推杆，以方便加工。

12.3　脱模力的计算

脱模力包括如下四点：

① 塑件在模具中冷却定型时，由于体积收缩，产生包紧力。

② 不带通孔壳体类塑件，推出时要克服大气压力。

③ 脱模系统（如推杆、推管和推板等）本身运动的摩擦阻力。

④ 塑件与模具之间的黏附力。

12.3.1 脱模力的分类

① 初始脱模力：开始推出瞬间需要克服的脱模阻力。

② 后继脱模力：后面所需的脱模力，比初始脱模力小很多，计算脱模力时，一般计算初始脱模力。

12.3.2 脱模力的定性分析

① 塑件壁厚越厚，型芯长度越长，垂直于推出方向塑件的投影面积越大，则脱模力越大。

② 塑件收缩率越大，弹性模量 E 越大，则脱模力越大。

③ 塑件与型芯摩擦力越大，则脱模力越大。

④ 推出斜度越小的塑件，则脱模力越大。

⑤ 透明塑件对型芯的包紧力较大，脱模力也较大。

12.3.3 脱模力计算公式

脱模力是指将塑件从型芯上脱出时所需克服的阻力，它是设计脱模机构的依据之一。

当塑件收缩包紧型芯时，其受力情况如图 12-4 所示。未脱模时，正压力（$F_正$）就是对型芯的包紧力，此时的摩擦阻力即为 $F_阻=fF_正$。然而，由于型芯有锥度，故在脱模力（$F_脱$）的作用下，塑件对型芯的正压力降低了 $F_脱\sin\alpha$，即变成了 $F_正-F_脱\sin\alpha$，所以此时的摩擦阻力为：

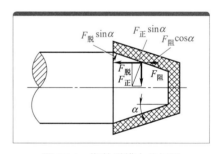

图 12-4　塑件脱模力分析图

$$F_阻=f（F_正-F_脱\sin\alpha）=fF_正-F_脱\sin\alpha \tag{12-1}$$

式中　$F_阻$——摩擦阻力，N；

$\quad\quad f$——摩擦系数，一般取 $0.15\sim1.0$；

$\quad\quad F_正$——因塑件收缩对型芯产生的正压力（即包紧力），N；

$\quad\quad F_脱$——脱模力，N；

$\quad\quad \alpha$——脱模斜率，一般取 $1°\sim2°$。

根据受力图可列出平衡方程式：

$$\Sigma F_x=0$$

即为：

$$F_脱+F_正\sin\alpha=F_阻\cos\alpha \tag{12-2}$$

由于 α 一般很小，式（12-1）中 $fF_脱\sin\alpha$ 项之值可以忽略。当该项忽略时，式（12-2）即为：

$$F_脱=fF_正\cos\alpha-F_正\sin\alpha=F_正(f\cos\alpha-\sin\alpha)\qquad(12\text{-}3)$$

当 $fF_脱\sin\alpha$ 项不忽略时，即为：

$$F_脱+F_正\sin\alpha=(fF_正-fF_脱\sin\alpha)\cos\alpha$$

$$F_脱=\frac{F_正(f\cos\alpha-\sin\alpha)}{1+f\sin\alpha\cos\alpha}=\frac{F_正\cos\alpha(f-\tan\alpha)}{1+f\sin\alpha\cos\alpha}\qquad(12\text{-}4)$$

$$F_正=pA\qquad(12\text{-}5)$$

式中　p——塑件对型芯产生的单位正压力（包紧力），一般取 $8\sim12\text{MPa}$，薄件取小值，厚件取大值；

　　　A——塑件包紧型芯的侧面积，mm^2。

对于不通孔的壳形塑件脱模时，还需要克服大气压力造成的阻力 $F_阻$，其值为：

$$F_阻=0.1A\qquad(12\text{-}6)$$

式中　A——型芯端面面积，mm^2。

故总的脱模力应为：

$$F_总脱=F_脱+F_阻 或 F_总脱=F_脱+0.1A\qquad(12\text{-}7)$$

对于一般模具，采用式（12-3）即可，对要求严格的模具，可以采用式（12-4）。

12.4　推杆类脱模机构设计

推杆包括圆推杆、扁推杆及异形推杆。其中圆推杆推出时运动阻力小，推出动作灵活可靠，损坏后也便于更换，因此在生产中广泛应用。圆推杆脱模系统是整个脱模系统中最简单、最常见的一种形式。扁推杆截面是长方形，加工成本高，易磨损，维修不方便。异形推杆是根据塑件推出位置的形状而设计的，如三角形、弧形、半圆形等，因加工复杂，很少采用，此处不作探讨。

12.4.1　圆推杆

圆推杆俗称顶针，它是最简单、应用最普通的推出装置。圆推杆与推杆孔都易于加工，因此已被作为标准件广泛使用。圆推杆有直身推杆和有托推杆两种。推杆直径在 2.5mm 以下而且位置足够时要做有托推杆；大于 2.5mm 都做直身推杆，直身推杆简称推杆。

圆推杆推出

12.4.1.1　圆推杆推出基本结构

推杆固定在推件固定板上，动、定模打开后，注塑机顶棍推动推件固定板，由推杆推动塑件，实现脱模。如果被顶塑件的表面是斜面的话，固定部位要设计防转结构。推杆推出机构如图 12-5 所示。

推杆推出机构设计要点：

① 推杆上端面应高出镶件表面 $0.03\sim0.05\text{mm}$，特别注明除外；

② 为减少推杆与模具的接触面积，避免发生磨损烧死（咬蚀）现象，推杆与型芯的有效配合长度 L 应取推杆直径的 3 倍左右，但最小不能小于 10mm，最大不宜大于 20mm，非配合长度上单边避空 0.5mm；

③ 推杆与镶件的配合公差为 H7/f7。

12.4.1.2 圆推杆推出的优缺点

（1）圆推杆优点

① 制造加工方便，成本低。圆孔钻削加工，比起其他形状的线切割或电火花加工，要快捷方便得多。另外，圆形推杆是标准件，购买很方便，相对于其他推杆，它的价钱最便宜。

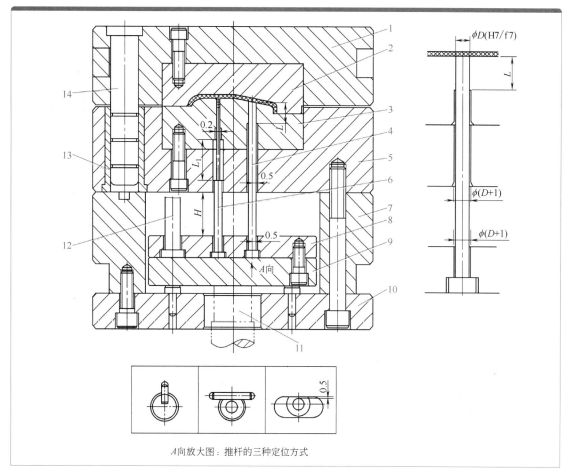

图 12-5　推杆推出机构

1—A 板；2—定模镶件；3—动模镶件；4—直身圆推杆；5—B 板；6—有托推杆；7—方铁；8—推件固定板；
9—推件底板；10—模具底板；11—注塑机顶棍；12—复位杆；13—导套；14—导柱

② 阻力小。可以证明，面积相同的截面，以圆形截面的周长最短，因此摩擦阻力最小，磨损也最小。

③ 维修方便。圆形推杆尺寸规格多，有备件，更换方便。当推杆处因磨损出现飞边时，可以将推杆孔扩大一些，再换上相应大小的推杆。

（2）圆推杆缺点

推出位置有一定的局限性。对于加强筋、塑件边缘及狭小的槽，布置圆推杆有时较困难，若用小推杆，几乎没有作用。

12.4.1.3 圆推杆设计要点

（1）圆推杆位置设计

① 推杆应布置在塑件包紧力大的地方，布置顺序：角、四周、加强筋、空心螺柱（用推管或两支推杆）。推杆不能太靠边，要保持 1 ～ 2mm 的钢厚。见图 12-6（a）。

② 对于表面不能有推杆痕迹或细小塑件的，可在塑件周边适当位置加辅助溢料槽推出，

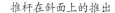

推杆在斜面上的推出

见图 12-6（b）。

③ 推杆尽可能避免设置在高低面过渡的地方；推杆尽量不要放在镶件拼接处，若无法避免，可将推杆对半做于两个镶件上，或在两镶件间镶圆套。见图 12-6（c）。

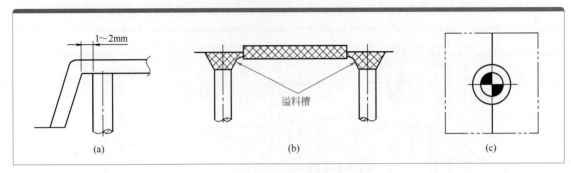

图 12-6　推杆位置

④ 长度大于 10mm 的实心柱下应加推杆，一则推出，二则排气。如果在旁边用双推杆时，实心柱下也应加推杆，以方便排气。见图 12-7。

⑤ 推杆可以顶空心螺柱：低于 15mm 的螺柱，如果旁边能够设置推杆的话可以不用推管，而在其附近对称加两支推杆。见图 12-8。

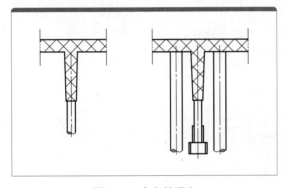

图 12-7　实心柱顶出

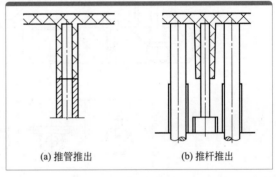

（a）推管推出　　　（b）推杆推出

图 12-8　空心螺柱顶出

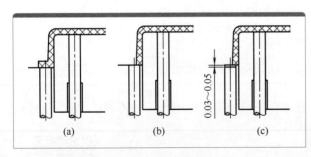

图 12-9　推杆顶边

⑥ 推杆可以顶边，顶边有两种方法：一是外部加一边缘，推杆顶边缘，见图 12-9（a），由于要多出一边缘，须征得客户同意；二是推杆推部分边，见图 12-9（b），因为有一部分要顶定模内模，易将定模内模推出凹陷而产生飞边，所以应将推杆顶部磨低 0.03 ～ 0.05mm，见图 12-9（c）或在复位杆下做推件固定板先复位机构。

⑦ 推杆可以推加强筋：推加强筋的方法有六种，见图 12-10。图 12-10（a）中的推杆一般用直径 2.5 ～ 3.0mm，但这样的话，加强筋两边会增加筋厚，须征得客户同意，且要保证：a. 不影响产品的装配和使用功能；b. 不能导致塑件表面产生收缩凹陷。

在六种方法中，（a）最好，（f）最差。

⑧ 尽量避免在斜面上布置推杆，若必须在斜面上布置推杆时，为防止塑件在推出时推杆滑行，推杆的上端面要加工平行的台阶（见图 12-11），底部须加防转销（俗称管位）防转。

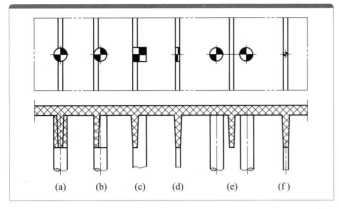

图 12-10　加强筋顶出

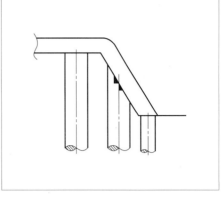

图 12-11　推杆斜面上要设计台阶

⑨圆推杆如何实现延时推出？

图 12-12 是一种常见的推杆延时推出结构，此种形式延时推出装置适用于电视机等大型模具，它先利用推块将产品推出一定距离 S 后，推杆和推块再一起作用将塑件推出。

图中，d=6mm、8mm、10mm 时，D=16mm；d=12mm、16mm、20mm 时，D=26mm。

在采用潜伏式浇口进料时，为了达到自动切断浇口的目的，推流道和浇口的推杆也常采用延时推出，见本书第 9 章。

（2）圆推杆大小及规格

①圆推杆直径应尽量取大些，这样脱模力大而平稳。除非特殊情况，模具应避免使用 1.5mm 以下的推杆，因细长推杆易弯易断。细推杆要经淬火加硬，使其具有足够强度与耐磨性。直径 4～6mm 的推杆用得较多。塑件特别大时可用 12mm，或视需要用更大的推杆。

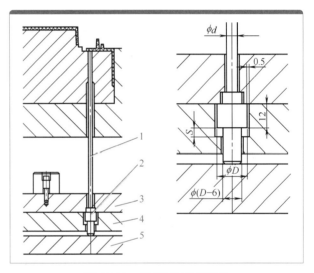

图 12-12　推杆延时推出结构

1—推杆；2—延时销；3—推固定板；4—推件底板；5—模具底板

②直身推杆规格：推杆直径×推杆长度，如 ϕ5mm×120mm。

③推杆过长或推杆细小时，要用有托推杆（见图 12-5 中的件 6）。使用有托推杆开料时，应注明托长。如：有托推杆 1.5×3×90（托长）×200（总长）（mm）。

④推杆标准件长度系列：100mm，150mm，200mm……

⑤直身圆推杆：直径 1～25mm，长度可达 630mm；加托圆推杆最长 315mm，托长 13～50mm。

12.4.2　扁推杆

扁推杆又称扁销，俗称扁顶针，它的推动塑件的一端是方形，而且长宽之比较大，但固定端还是圆形，见图 12-13。它一般用于塑件特殊结构的推出。塑件特殊结构包括塑件内部的特殊筋、深加强筋、槽位等。扁推杆兼有排气作用可帮助成型填充，但扁推杆顶端方孔加工困

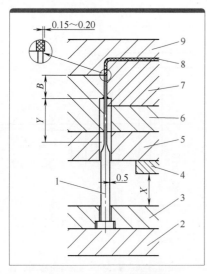

图 12-13　扁推杆装配图

1—扁推杆；2—推件底板；3—推件固定板；
4—限位块；5—B 板；6，7—动模镶件；
8—塑件；9—定模镶件

难，要线切割加工，强度也较圆推杆低。

扁推杆配合长度见表 12-1。

（1）基本结构

图 12-13 是扁推杆的装配图。图中扁推杆 1 和镶件 7 按 H7/f7 配合，配合处起密封、导向和排气的作用。配合长度 B 按表 12-1 所示数字选取。

扁推杆头部易磨损，受力易变形，在模具装配时，扁推杆只能用手轻轻按进去，如用手不能按进去，此扁推杆中心就有问题，必须立即找出问题，并加以解决。

在模具装配时，必须将推件固定板放上推杆后，测试推件固定板是否可畅顺地缓缓滑落。另外，必须加限位块 4，保证 X < Y。

扁推杆是标准件，可以外购，其扁形部分越短强度越高，加工也容易，设计规格中要注明圆柱部分长度。扁推杆规格也要注明托长，如：扁推杆 2.5×10×ϕ12（托直径）×90（托长）×200（总长）（mm）。

表 12-1　扁推杆配合长度

扁推杆宽度 /mm	B /mm	扁推杆宽度	B /mm
< 0.8	10	1.5 ~ 1.8	18
0.8 ~ 1.2	12	1.8 ~ 2.0	20
1.2 ~ 1.5	15		

（2）使用场合

① 不允许在底部加推杆的透明塑件，用扁推杆推边；

② 底部加推杆仍难以推出的深腔塑件，增加扁推杆推边；

③ 底部无法加推杆，推出困难的深腔塑件，用扁推杆推边；

④ 深骨部位：对于高 20mm 以上的深加强筋，建议用扁推杆推出。

（3）优缺点

① 优点：可以根据塑件形状设计推杆形状，脱模力较大，推出平稳。

② 缺点：加工困难，易磨损，以及成本高，在设计模具时尽量不用扁推杆。

12.5　推管脱模机构设计

12.5.1　推管推出基本结构

推管推出

推管俗称司筒，其推出方式和推杆大致相同。推管件包括推管和推管型芯，推管型芯俗称司筒针，见图 12-14，推管的装配方法和推杆一样，而推管型芯 1 用于成型圆柱孔，装在模架底板上，用无头螺钉压住。推管型芯数量多，或者要做防转时，也可做一块或多块压板分别固定。

图 12-14 中推管型芯压板 5 也可以用无头螺钉。

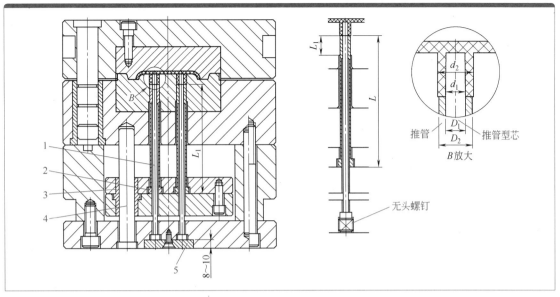

图 12-14　推管脱模机构

1—推管型芯；2—推管；3—推件固定板导套；4—推件固定板导柱；5—推管型芯压板

12.5.2　推管大小的设计

（1）推管直径尺寸确认

推管型芯直径要大于或等于螺柱位内孔直径，推管外径要小于或等于螺柱的外径，并取标准值。即：$D_1 \geq d_1$，$D_2 \leq d_2$，见图 12-14 中 B 处放大图。

（2）推管长度 L

推管长度取决于模具大小和塑件的结构尺寸，外购时在装配图的基础上加 5mm 左右，取整数。

（3）何时加托？

推管壁在 1mm 以下或推管壁径比 ≤ 0.1 的要做有托推管，托长尽量取大值。

（4）推管规格型号

写法 1：推管型芯直径 × 推管直径 × 推管长度，并注明推管型芯长度，如推管 $\phi 3 \times \phi 6 \times 150$。

写法 2：推管直径 × 推管长度；推管型芯直径 × 推管型芯长度，如：推管 $\phi 6 \times 150$，推管型芯 $\phi 3 \times 200$。

12.5.3　推管的优缺点

由于推管是一种空心推杆，故整个周边接触塑件，推出塑件的力量较大且均匀，塑件不易变形，也不会留下明显的推出痕迹。

但是推管制造和装配麻烦，成本高；推出塑件时，内外圆柱面同时摩擦，易磨损出飞边。

12.5.4　推管的使用场合

推管推出常用于三种情况：空心细长螺柱、圆筒形塑件和环形塑件。而用于细长螺柱处

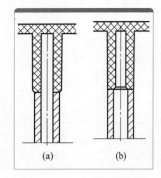

图 12-15　空心螺柱倒角

的推出最多，见图 12-15。但对于柱高小于 15mm 或壁厚小于 0.8mm 的螺柱，则不宜用推管，前者尽量用双推杆，后者用推管推出易产生轴向变形。

12.5.5　推管设计注意事项

① 推出速度快或者柱子较长时，柱子易被挤缩，高度尺寸难保证，要加辅助推出，但在推管旁边太近处加推杆易顶白，推杆宜设置在 15mm 以外。

② 推管推出时，推件固定板应设计导柱导向，以减少推管与镶件和推管型芯的磨损。

③ 对于流动性好的塑料，易出飞边，其模具尽量避免用推管。

④ 推管硬度 50 ～ 55HRC。

⑤ 推管不可与撑柱、顶棍孔和冷却水孔位置干涉。

⑥ 当推管位于模架顶棍孔内时，解决方案有二：一是将塑件偏离，使顶棍孔与推管错开，但这常常造成推出不均匀。二是对于较大的模架可以采用双顶棍孔，而不用中间顶棍孔。

⑦ 推管外侧不做倒角，一般柱子外侧倒角做在镶件上，孔内侧倒角做在推管型芯上。见图 12-15。

⑧ 推管和内模镶件的配合长度 L_1 约等于推管直径的 2.5 ～ 3 倍。

12.6　推板类脱模机构设计

推板类推出是在型芯根部（塑件的侧壁）安装一件与型芯密切配合的推板或推块，推板或推块通过复位杆或推杆固定在推件固定板上，以与开模相同的方向将塑件推离型芯。

推板类推出的优点是推出力量大而且均匀，推出运动平衡稳定，塑件不易变形，塑件表面无推杆痕迹。缺点是模具结构较复杂，制造成本较高，对于型芯周边外形为非圆形的复杂型芯，其配合部分加工比较困难。

12.6.1　推板类脱模机构适用场合

① 大型筒形塑件的推出。

② 薄壁、深腔塑件及各种罩壳形塑件的推出。

推板推出

③ 表面不允许有推杆痕迹的塑件推出。有两种情况表面有推杆痕迹时会影响外观：一是透明塑件；二是动模成型的表面在装配后露在外面。

12.6.2　推板类脱模机构分类

（1）一体式推板脱模机构

推件板为模架上既有的模板，典型结构见图 12-16。模板脱模系统结构较简单，模架为外购标准件，减少了加工工作量，制造方便，最为常用。

（2）埋入式推板脱模机构

推板为镶入 B 板的板类零件，加工工作量大，制造成本较高，典型结构见图 12-18。

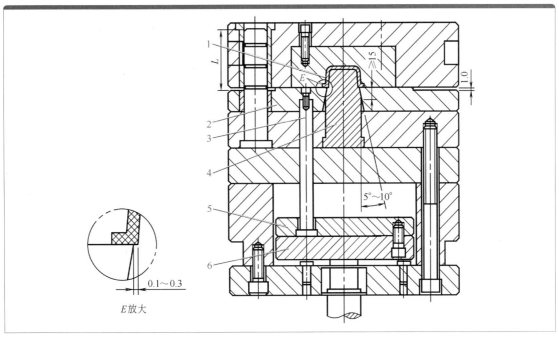

图 12-16　推板脱模机构

1—塑件；2—推板；3—复位杆；4—动模型芯；5—推件固定板；6—推件底板

（3）推块脱模机构

推件板为镶入内模的块状镶件，只推塑件边的一部分，推出位置有较大的灵活性，但脱模力不如前两种推板推出，典型结构见图 12-19。

12.6.3　一体式推板脱模机构设计

一体式推板脱模机构简称推板脱模结构，见图 12-16，推板 2 通过螺钉和复位杆 3 与推件固定板 5 连接在一起，A、B 板打开后，注塑机顶棍推动推件固定板，推件固定板通过复位杆推动推板 2，推板 2 将塑件推离模具。

推板脱模机构设计要点：

① 推板孔应与型芯 4 按锥面配合，推板与型芯配合面用锥面配合：5°～ 10°。推板内孔应比型芯 4 成型部分大 0.1 ～ 0.3mm（见图 12-16 中的 E 处放大），防止发生两者之间擦伤、磨花和卡死等现象。这一点对透明塑件尤其重要。

② 为提高模具寿命，型芯 4 应氮化或淬火处理。复杂推板要设计成能线切割加工。

③ 对于底部无通孔的大型壳体、深腔、薄壁等塑件，当用推板推出时，须在型芯 4 顶端增加一个进气装置，以免塑件内形成真空，致推出困难或损坏。

④ 推板推出时必须有导柱导向，因此有推板的模架，一定不可以将导柱安装在定模 A 板上，而必须将导套安装在动模 B 板上；而且导柱高出推板分型面的高度 L，应大于推板推出距离，使推板自始至终不脱离导柱，以保证推板复位可靠。

⑤ 推板材料应和内模镶件材料相同，当塑料为热敏性的塑料时，尤其要注意。当型芯 4 为圆形镶件时，推板上可以采用镶圆套的方法，以方便加工。见图 12-17。

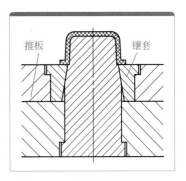

图 12-17　推板上的镶套结构

12.6.4 埋入式推板脱模机构设计

因为简化型三板模架的动、定模板之间无导柱导套，因此这种模架没有推板，如果此时塑件需要用推板推出时，可考虑用埋入式推板，其典型结构见图 12-18。动、定模打开后，顶棍推动推件固定板，推件固定板通过推板复位杆 3 推动埋入式推板 6，从而将塑件推出。

为减少摩擦以及复位可靠，埋入式推板四周要做 5°锥面，型芯和埋入式推块之间也要以锥面配合。

12.6.5 推块脱模机构设计

平板状或盒形带凸缘的塑件，需要推边时，如用推板推出，推板难以加工，或塑件会黏附模具时，则应使用推块脱模系统，因推块可以只推塑件或其边的局部。此时推块也是型腔的组成部分，所以它应具有较高的硬度和较低的表面粗糙度。见图 12-19。

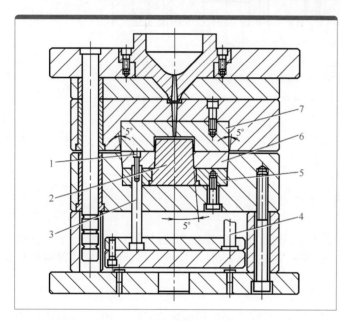

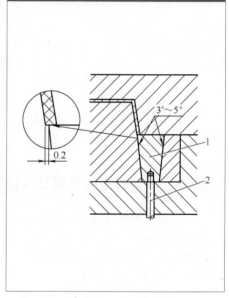

图 12-18　埋入式推板脱模机构

1—螺钉；2—型芯；3—推板复位杆；4—复位杆；5—动模镶件；
6—埋入式推板；7—定模镶件

图 12-19　推块脱模机构

1—推块；2—推杆

推块 1 的复位形式有两种：一种是依靠塑料压力和定模镶件压力，另一种是采用复位杆。但多数情况是二者联合使用。

推块设计要点：

①推块周边必须做 3°～ 5°斜度。

②推块用 H13 材料，淬火至 52 ～ 54HCR。

③推块离型腔内边必须有 0.1 ～ 0.3mm 以上距离（注：一般为 0.2mm），以避免顶出时推块与型芯摩擦。

④推块底部推杆必须防转，以保证推块复位可靠。

⑤推块与推杆采用螺纹连接，也可采用圆柱紧配合，另加横向固定销连接。

12.7 螺纹自动脱模机构设计

塑件的螺纹分外螺纹和内螺纹两种，精度不高的外螺纹一般用哈夫块成型，采用侧向抽芯机构，见图 12-20。

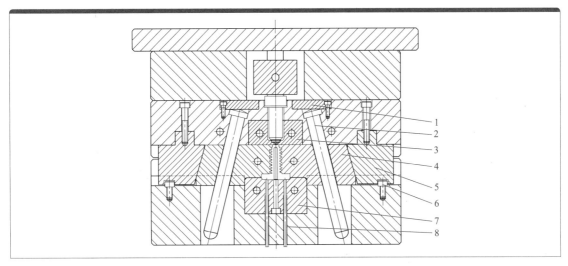

图 12-20 外螺纹侧向抽芯机构

1—压块；2—斜导柱；3—定模镶件；4—滑块；5—锁紧块；6—挡销；7—动模镶件；8—推杆

而内螺纹则由螺纹型芯成型，其脱模系统可根据塑件中螺纹的牙形、直径大小和塑料品种等因素采用螺纹型芯不旋转的强行脱模和螺纹型芯旋转的自动脱模机构。

内螺纹强行脱模需满足下面公式：

$$伸长率 =（螺纹大径 - 螺纹小径）/ 螺纹小径 \leq A$$

其中 A 的值取决于塑料品种：ABS 为 8%，POM 为 5%，PA 为 9%，LDPE 为 21%，HDPE 为 6%，PP 为 5%。螺纹强行脱模结构见本章后面的强行脱模机构设计，本节重点介绍螺纹自动脱模机构。

12.7.1 螺纹自动脱模机构的分类

（1）按动作方式分

① 螺纹型芯转动，推板推动塑件脱离，见图 12-21。齿条 8 带动齿轮 6，齿轮 5 再带动齿轮 10，齿轮 10 带动螺纹型芯 4 实现内螺纹脱模。螺纹型芯 4 在转动的同时，推板 13 在弹簧 12 的作用下推动塑件脱离模具。

特别注意：当塑件的型腔与螺纹型芯同时设计在动模上时，型腔就可以保证不使塑件转动。但当型腔不可能与螺纹型芯同时设计在动模上时，模具开模后，塑件就离开定模型腔，此时即使塑件外形有防转的花纹，也不起作用，塑件会留在螺纹型芯上与之一起运动，便不能推出。因此，在设计模具时要考虑止转机构的合理设置，比如采用端面止转等方法。见图 12-21 中的零件 3。

② 螺纹型芯转动同时后退，产品自然脱离，见图 12-22。

齿条 10 带动齿轮轴 14，齿轮轴 14 带动齿轮 15，齿轮 15 带动螺纹型芯 9，螺纹型芯 9 一边转动，一边在螺纹导管 11 的螺纹导向下向下做轴向运动，实现内螺纹脱模。

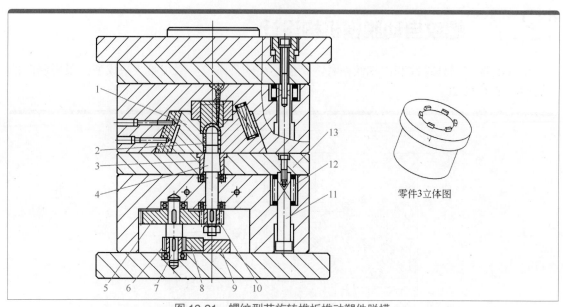

图 12-21　螺纹型芯旋转推板推动塑件脱模

1—斜滑块；2—塑件；3—镶套；4—螺纹型芯；5，6，10—传动齿轮；7—齿轮轴；8—齿条；9—挡块；
11—拉杆；12—弹簧；13—推板

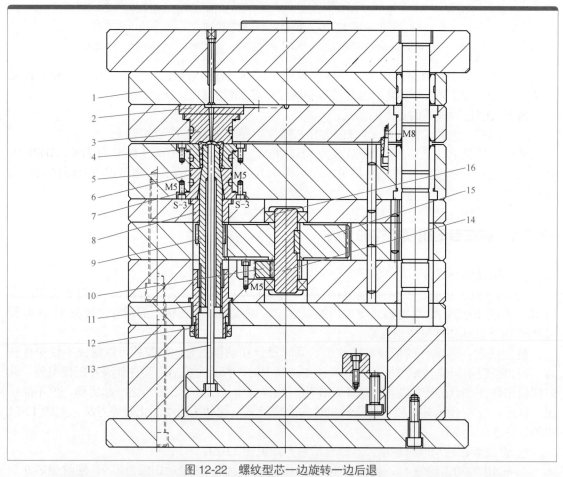

图 12-22　螺纹型芯一边旋转一边后退

1—脱料板；2—压板；3—定模镶件；4，5—动模镶件；6，7—密封圈；8—镶套；9—螺纹型芯；10—齿条；
11—螺纹导管；12—螺母；13—推杆；14—齿轮轴；15—传动齿轮；16—轴承

（2）按动力来源不同分

①"油缸＋齿条"螺纹自动脱模机构：动力来源于液压。依靠油缸给齿条以往复运动，通过齿轮使螺纹型芯旋转，实现内螺纹推出。见图 12-23。

②"油马达／电机＋链条"螺纹自动脱模机构：动力来源于马达。用变速马达带动齿轮，齿轮再带动螺纹型芯，实现内螺纹推出。一般电动机驱动多用于螺纹扣数多的情况。见图 12-24。

③"齿条＋伞齿"螺纹自动脱模机构：动力来源于齿条，或者来源于注塑机的开模力量。这种结构是利用开模时的直线运动，通过齿条轮或丝杠的传动，使螺纹型芯做回转运动而脱离塑件，螺纹型芯可以一边回转一边移动脱离塑件，也可以只做回转运动脱离塑件，还可以通过大升角的丝杠螺母使螺纹型芯回转而脱离塑件。见图 12-25。

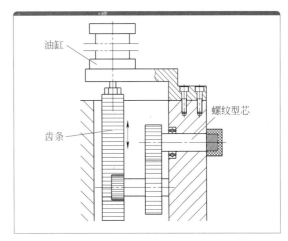

图 12-23　"油缸＋齿条"螺纹自动脱模机构

④ 来福线丝杆螺纹自动脱模机构：动力来源于注塑机开模力量。开模时丝杆带动来福线螺母转动，进而带动齿轮转动，最后带动螺纹型芯转动，实现自动脱模。结构见图 12-26。

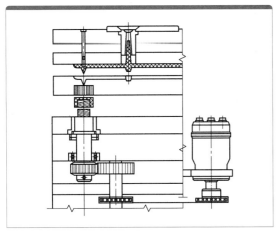

图 12-24　"油马达／电机＋链条"螺纹自动脱模机构

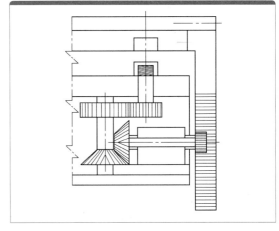

图 12-25　"齿条＋伞齿"螺纹自动脱模机构

12.7.2　螺纹自动脱模机构设计要点

（1）确定螺纹型芯转动圈数

$$U=L/P+U_s$$

其中　U——螺纹型芯转动圈数；

　　　U_s——安全系数，为保证完全旋出螺纹所加余量，一般取 0.25～1；

　　　L——螺纹牙长；

　　　P——螺纹牙距。

（2）确定齿轮模数

模数决定齿轮的齿厚。

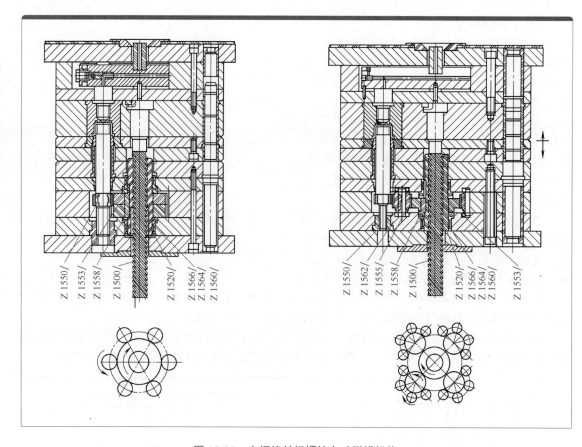

图 12-26 来福线丝杆螺纹自动脱模机构

工业用齿轮模数一般取 $m \geqslant 2mm$。在塑件螺纹自动脱模机构中，传动齿轮的模数通常取1.5mm 或 2mm。

模数和其他参数的关系：

分度圆直径：$d=mz$；

齿顶圆直径：$d_a=m(z+2)$；

齿轮啮合条件：模数和压力角相同，同时分度圆相切。

（3）确定齿轮齿数

齿数决定齿轮的外径。当传动中心距一定时，齿数越多，传动越平稳，噪声越低。但齿数多，模数就小，齿厚也小，致使其弯曲强度降低，因此在满足齿轮弯曲强度条件下，尽量取较多的齿数和较小的模数。为避免干涉，传动齿数一般取 $z \geqslant 17$，但螺纹型芯的齿数应尽可能少，不过最少不应少于 14 齿，且最好取偶数。

（4）确定齿轮传动比

传动比决定啮合齿轮的转速。

传动比在高速重载或开式传动情况下选择质数，目的为避免失效集中在几个齿上。传动比还与选择哪种驱动方式有关系，比如采用齿条＋锥度齿或来福线螺母这两种驱动时，因传动受行程限制，需大一点，一般取 $1 \leqslant i \leqslant 4$；当选择油缸或电机时，因传动无限制，既可以结构紧凑点节省空间，又有利于降低电机瞬间启动力，还可以减慢螺纹型芯旋转速度，一般取 $0.25 \leqslant i \leqslant 1$。

12.8 气动脱模系统设计

气动推出常用于大型、深腔、薄壁或软质塑件的推出，这种模具必须在后模设置气路和气阀等结构。开模后，压缩空气（通常为 $0.5 \sim 0.6\mathrm{MPa}$）通过气路和气阀进入型腔，将塑件推离模具。这里以玩具车的轮胎注塑模为例，介绍两种气动推出模的典型结构。

图 12-27 是某款玩具车的轮胎，材料为 PVC60°，轮胎外圆周表面有规律地布置着多个胶柱，方向呈辐射状，胶柱分两段，根部大一级，这种结构在强行推出时不会在根部断裂。塑件表面无法加顶针，而且内部存在较大侧凹，外部存在多个凸起胶柱，因此不能采用一般的顶出方式推出。由于 PVC60° 为软质塑料，故采用气动强行推出。

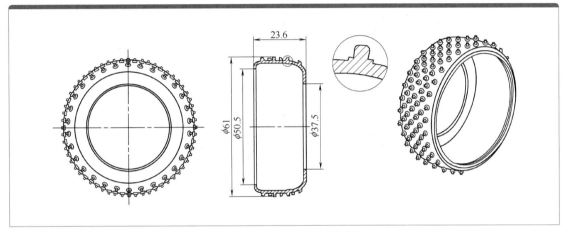

图 12-27　玩具车轮胎零件图

12.8.1　锥面阀门式气吹模

这种结构采用的气阀结构为 $90° \sim 120°$ 的锥面阀门，如图 12-28 所示。模具推出过程是：开模后，打开气阀，压缩空气推开阀门 1，与此同时弹簧 3 被压缩，高压空气进入型芯和塑件之间，将轮胎塑件强行推出。压缩空气关闭后，阀门在弹簧的作用下复位闭合。这种结构的缺点是装拆麻烦，制造成本较高，由于气阀完全依靠弹簧复位，生产过程中弹簧经常疲劳失效，需要更换，影响模具的劳动生产率。

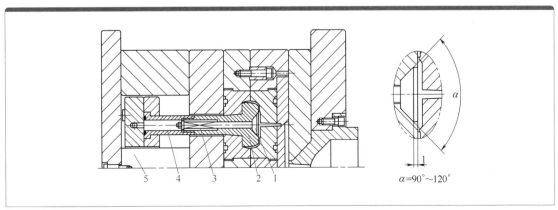

图 12-28　锥面阀门气动脱模机构

1—阀门；2—活动型芯；3—弹簧；4—推杆；5—撑柱

12.8.2　推杆阀门式气吹模

这种气动推出注塑模气阀不用弹簧复位，简单实用，很少出故障。详细结构见图 12-29。

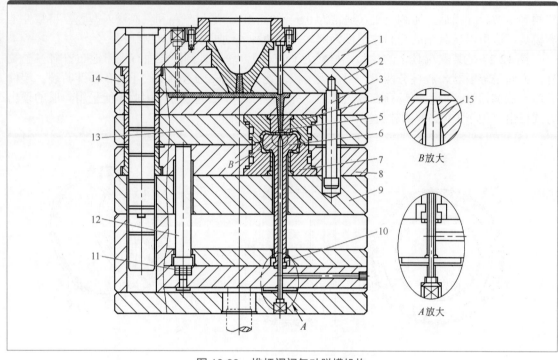

图 12-29　推杆阀门气动脱模机构

1—面板；2—脱料板；3—拉杆；4—定模镶件；5—镶件；6—活动型芯；7—动模镶件；8—动模 B 板；
9—托板；10—卡环；11—先复位弹簧；12—复位杆；13—定模 A 板；14—定模压板；15—堵气杆

模具工作过程：

① 熔体充满型腔，经保压和固化后，注塑机动模板带动动模后退，模具在开闭器的作用下，先从脱料板 2 和定模压板 14 之间打开，浇注系统凝料被拉断。

② 在拉杆 3 作用下，脱料板 2 和面板 1 再打开，浇注系统凝料前半部分自动脱落。

③ 在开闭器的作用下，A、B 板打开，塑件从定模镶件 4 中强行脱出。

④ 模具完全打开后，注塑机顶棍推动模具推件固定板，并通过推件固定板推动活动型芯 6，塑件从动模镶件 7 中被强行推出。在这过程中，堵气杆 15 相对活动型芯 6 后退。当塑件被完全推出后，堵气杆 15 脱离活动型芯 6 的堵气孔，堵气孔变成了通孔。

⑤ 打开安全门，操作工人手动打开气阀（本模具的压缩气体开关通常挂在安全门上），压缩气体由推件底板进入推杆，再进入型芯 6 和塑件之间，将塑件强行推离型芯 6。

⑥ 塑件推出后，注塑机推动动模合模，开始下一次注射成型。

12.9　二次脱模设计

12.9.1　二次脱模适用场合

① 塑件对模具包紧力太大，若一次推出，容易变形。大型薄壁塑件若单独承受推杆施加

的力的作用，很容易变形，常常要分几次推出。

② 强制脱模。塑件有倒扣，可以采用强行脱模，但强行脱模必须有塑件弹性变形的空间，若塑件倒扣和其背面都在动模侧或定模侧成型时，则必须采用二次脱模：倒扣的背面先脱离模具，再将塑件倒扣强行推离模具。

③ 全自动化生产时，为保证塑件安全脱落，有时也采用二次脱模。

12.9.2 二次脱模系统的分类

二次脱模系统有很多种，单组推件固定板和双组推件固定板二次脱模系统是常用的二次脱模系统。单组推件固定板二次脱模系统是指在脱模系统中只设置了一组推板和推件固定板，而另一次推出则是靠一些特殊零件的运动来实现。双组推件固定板二次脱模系统是在模具中设置两组推板，它们分别带动一组推出零件实现塑件二次推出的推出动作。

12.9.3 因包紧力太大而采用二次脱模

（1）单组推件固定板二次脱模

图 12-30 是单组推件固定板二次脱模结构实例。开模时，模具先从分型面 I 处打开，塑件脱离定模型芯 1 和定模型腔。打开距离 T 后，定距分型机构中的件 12 拉动件 13，进而拉动动模推板 10，模具再从分型面 II 处打开，打开距离 L，由限位螺钉 9 控制，在这一过程中，塑件脱离动模型芯 3。完成开模行程后，注塑机顶棍 4 通过模具的 K.O. 孔推动推件底板 5 和推件固定板 6，进而推动推杆 7，将塑件推离动模推板 10。

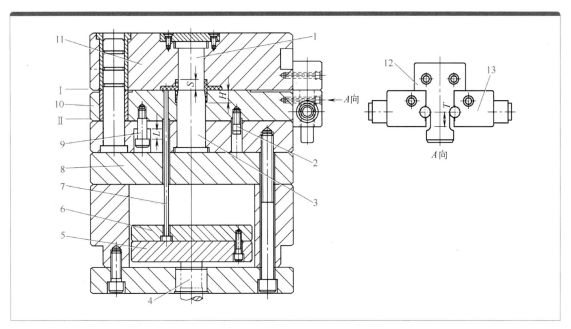

图 12-30　因包紧力大而采用单组推件固定板二次脱模

1—定模型芯；2—尼龙塞；3—动模型芯；4—注塑机顶棍；5—推件底板；6—推件固定板；7—推杆；
8—托板；9—行程螺钉；10—动模推板；11—定模 A 板；12，13—行程拉钩组件

（2）双组推件固定板二次脱模

图 12-31 是双组推件固定板二次脱模结构实例。开模时，模具先从分型面 I 处打开，塑件脱

离定模型腔。完成开模行程后，注塑机顶棍 11 通过模具的 K.O. 孔推动第一组推件固定板 7 和推件底板 8，进而推动推杆 5 直接推动塑件。由于弹簧 12 的作用，第二组推件固定板 9 和 10 及推板推杆 6 同步推出，使塑件首先脱离动模型芯 15。双组推件固定板推出距离 L 后，在挡块 13 的作用下，第二组推件固定板 9、10 停止运动，但第一组推件固定板继续前进，将塑件推离推板 2。

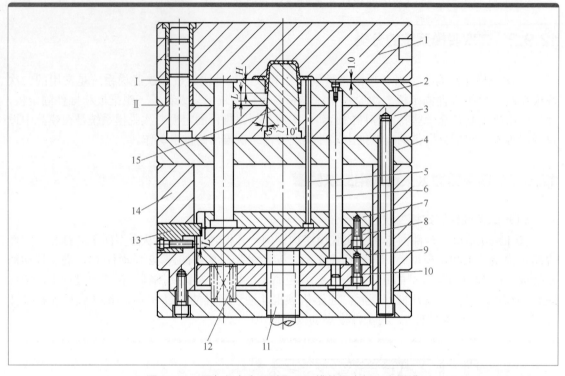

图 12-31　因包紧力大而采用双组推件固定板二次脱模

1—定模 A 板定模型芯；2—推板；3—动模 B 板；4—托板；5—推杆；6—复位杆；7—推件固定板；8—推件底板；
9—复位杆固定板；10—复位杆底板；11—注塑机顶棍；12—弹簧；13—行程挡块；14—撑铁；15—动模型芯

12.9.4　因塑件存在倒扣而采用二次脱模

　　塑件存在侧向凹凸结构（包括螺纹），但不采用侧向抽芯结构，而是依靠推杆或推板，使塑件产生弹性变形，将塑件强行推离模具，这种推出方式就叫强行脱模。强行推出的模具相对于侧向抽芯的模具来说，结构相对简单，用于侧凹尺寸不大、侧凹结构是圆弧或较大角度斜面且精度要求不高的塑件。

强制脱模 1　　　　强制脱模 2

　　强行脱模还有一种结构是利用硅橡胶型芯强制推出。利用具有弹性的硅橡胶来制造型芯，开模时，首先退出硅橡胶型芯中的芯杆，使得硅橡胶型芯有收缩空间，再将塑件强行推出。此种模具结构更简单，但硅橡胶型芯寿命低，适用于小批量生产的塑件。本书对这种结构不作讨论。

　　（1）强行推出必须具备的条件

　　强行推出必须具备四个条件：

　　① 塑料为软质塑料，如 PE、PP、POM 和 PVC 等。

　　② 侧向凹凸允许有圆角或较大角度斜面。

　　③ 倒扣尺寸较小，侧向凹凸百分率满足下面的条件：通常含玻璃纤维 GF 的工程塑料凹

凸百分率在 3% 以下；不含玻璃纤维 GF 者凹凸百分率可以在 5% 以下。凹凸百分率计算公式见图 12-32。

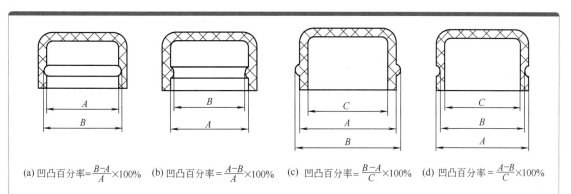

(a) 凹凸百分率=$\frac{B-A}{A}\times100\%$ (b) 凹凸百分率=$\frac{A-B}{A}\times100\%$ (c) 凹凸百分率=$\frac{B-A}{C}\times100\%$ (d) 凹凸百分率=$\frac{A-B}{C}\times100\%$

图 12-32　侧向凹凸百分率计算

④ 需要强行推出的部位，在强行推出时必须有弹性变形的空间。如果强行推出部位全部在动模上成型，则成型侧凹（凸）部位的型芯必须做成活动型芯，在塑件推出时，这部分型芯先和塑件一起被推出，当需要强行推出的部位全部脱离模具后，顶杆再强行将塑件推离模具，即二次脱模。

（2）强行脱模的二次脱模典型结构设计

常用的强行脱模二次脱模结构有以下几种：

① 弹簧二次脱模机构。

见图 12-33。塑件结构较简单，但有一处存在倒钩，无法采用内侧抽芯，需要采取强行脱模。

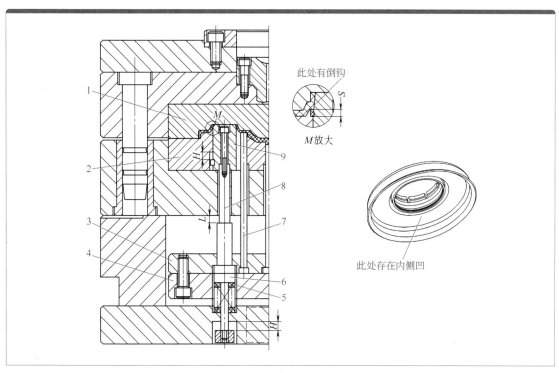

图 12-33　弹簧二次脱模

1—定模镶件；2—动模镶件；3—推件固定板；4—推件底板；5—弹簧；6—顶杆；7—推杆；
8—型芯推杆；9—活动型芯

模具工作过程：动、定模打开后，注塑机顶棍通过模具 K.O. 孔推动推件固定板，在弹簧 5、顶杆 6 和推杆 7 的作用下，活动型芯推杆 8 和活动型芯 9 随塑件一起被推出。当推出 L 距离后活动型芯推杆 8 和活动型芯 9 停止运动，塑件在推杆 7 的作用下被强行推出。图中：$H > L > S$。

②活动型芯二次脱模机构。

如图 12-34 所示，塑件中心存在倒钩，需要强行脱模，强行脱模之前，必须抽出活动型芯 6。模具在定距分型机构的作用下，先从分型面Ⅱ处打开距离 L，活动型芯 6 脱离塑件后，再从分型面Ⅰ处打开，最后注塑机顶棍推动推杆将塑件强行推出。

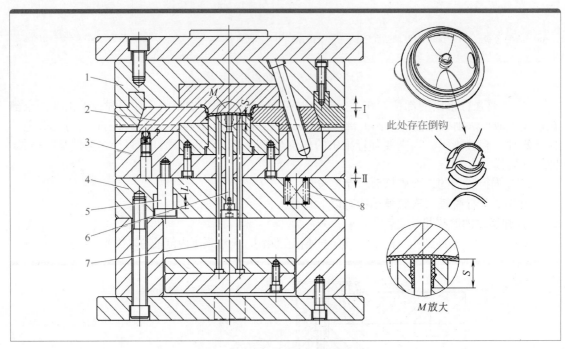

图 12-34　活动型芯二次脱模结构

1—A 板；2—滑块；3—B 板；4—托板；5—限位螺钉；6—活动型芯；7—推杆；8—弹簧

③双（组）推件固定板二次脱模机构。

双（组）推件固定板二次脱模的典型结构见图 12-35 和图 12-36。

图 12-35 的工作原理：活动型芯 1 固定在推件固定板 5 和 6 中，推杆固定在推件固定板 3 和 4 中，L 必须大于 S。

模具打开后，注塑机顶棍推动推件固定板 4，在弹簧 8 及塑件对活动型芯 1 包紧力的作用下，推件固定板 5 和 6 跟着推件固定板 3 和 4 一起走，当推件固定板 5 和 6 完成行程 L 后，被方铁挡住，由于 L 大于 S，此时有倒钩的塑件结构已经脱离模具，强行脱模时塑件有变形的空间。推杆 2 继续前进，强行将塑件推离模具。

图 12-36 的工作原理和图 12-35 的相似。模具打开后，顶棍推动推件固定板 8 和 9，在弹簧 7 及塑件对活动型芯 14 包紧力的作用下，上推件固定板 5 和 6 跟着下推件固定板 8 和 9 一起走，当推件固定板 5 和 6 被限位块 13 挡住后，必须做到有倒钩的塑件结构已经脱离模具，强行脱模时塑件有变形的空间，这时顶棍继续推动 8 和 9，弹簧 7 压缩，推杆 11 强行将塑件推离模具。

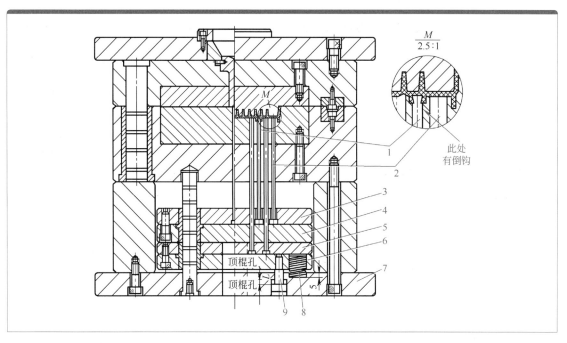

图 12-35　双（组）推件固定板二次脱模结构（一）

1—活动型芯；2—推杆；3,4—第一组推件固定板；5,6—第二组推件固定板；
7—底板；8—弹簧；9—限位杆

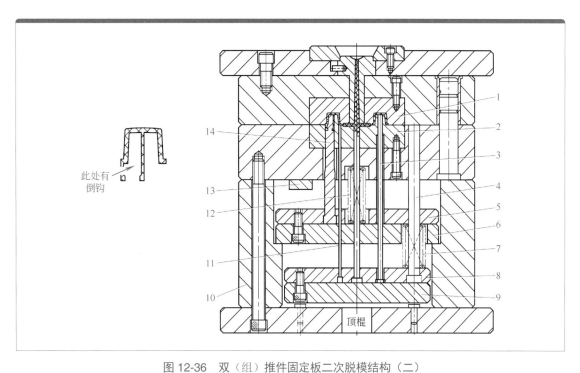

图 12-36　双（组）推件固定板二次脱模结构（二）

1—定模镶件；2—动模镶件；3,11—推杆；4—复位杆；5,6—上推件固定板（组）；7—弹簧；8,9—下推件固定板（组）
10—方铁；12—弹簧；13—限位块；14—活动型芯

12.10 定模脱模机构设计

12.10.1 定模脱模机构应用场合

模具打开时，塑件必须留在有脱模机构的半模上。这是模具设计的最基本的要求。

由于注塑机的推出机构都在安装动模的一侧，所以注塑模具的脱模机构通常都设计在动模内，开模后塑件必须留在动模。这种模具结构简单，动作稳定可靠。

但经常会碰到下面两种情况：

① 塑件外表面不允许有任何进料口的痕迹，浇注系统与顶出系统必须设计在同一侧，由动模成型外表面，定模成型内表面。此类塑件包括托盘、茶杯、DVD、电脑或收音机的面盖等。

② 动模成型内表面，定模成型外表面，但外表面结构比内表面结构复杂，模具有大部分型芯在进料的定模一侧。开模后，塑件因对定模的包紧力大于对动模的包紧力而留在定模一侧。

以上两种情况，推出机构都需设置在定模一侧，这种模具俗称倒推模。倒推模的脱模机构都设计在定模内。

定模脱模机构也是由推杆、复位杆、推件固定板、推件底板、导向装置等组成的。

12.10.2 定模脱模机构的动力来源

定模脱模机构不能依靠注塑机的顶棍来推动，其动力来源通常有以下三种：

① 机械：开模时，通过拉钩、拉杆或链条，由动模拉动定模中的推件固定板或推板，将塑件安全无损坏地推离定模型芯。

② 液压：在定模上安装液压缸，由液压来控制脱模机构，实现塑件的推出。

③ 气压：在定模侧设计高压气阀，由压缩气体将塑件推离模具。

12.10.3 定模脱模机构设计实例

（1）拉钩式定模脱模机构

拉钩式定模脱模机构见图 12-37，塑件为平板类零件，表面质量要求很高，推杆和浇口必须在同一侧，模具采用定模脱模机构。开模时动模板 1 和定模板 4 打开，当开模距离达到 150mm 时，安装于动模板上的拉钩 2 钩住了安装于定模板上的拉钩 3，进而拉动定模内的推件固定板 5 和推件底板 6，由定模推杆将塑件推离定模镶件。

（2）液压油缸定模脱模机构

见图 12-38，塑件对定模镶件的包紧力大于对动模镶件的包紧力，开模时塑件留在定模镶件上。开模后由液压油缸 5 拉动定模侧的推件固定板 3，进而由推杆 4 将塑件推离定模镶件 7。

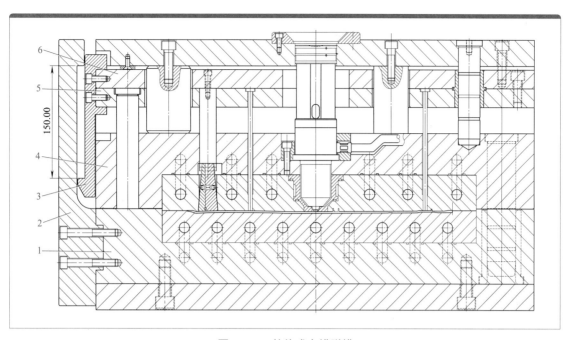

图 12-37　拉钩式定模脱模

1—动模 B 板；2—外拉钩；3—内拉钩；4—定模 A 板；
5—推件固定板；6—推件底板

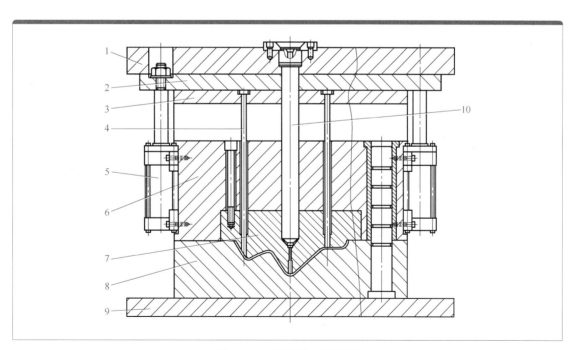

图 12-38　液压油缸定模脱模

1—面板；2—推件底板；3—推件固定板；4—推杆；5—液压油缸；6—定模 A 板；
7—定模镶件；8—动模 B 板；9—底板；10—热射嘴

12.11 推件固定板先复位机构设计

12.11.1 什么是推件固定板先复位机构

推件固定板是指固定推出零件的模板。塑件推出后，模具推件必须退回原位，以便恢复

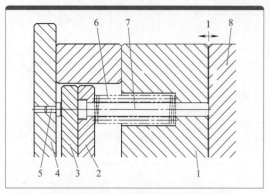

图 12-39 推件固定板常规复位机构

1—动模 B 板；2—推件固定板；3—推件底板；
4—动模固定板；5—限位钉；6—复位弹簧；
7—复位杆；8—定模 A 板

完整的型腔，推件安装在推件固定板上，推件复位装置是通过推动推件固定板来带动推杆复位的。将推件固定板推回原位的机构叫推件固定板复位机构。常规的复位机构是复位杆和复位弹簧联合使用，见图 12-39。

在常规的复位机构中，复位杆没有先复位的功能，它必须在动、定模合模时，由定模 A 板推动复位杆完成推件固定板的复位。复位弹簧有先复位的功能，当注塑机的顶棍退回时，复位弹簧即可将推件固定板推回原位。但弹簧没有冲击力，容易疲劳失效，而且复位精度也不高，作为先复位机构它是不可靠的。

在有些模具中，推杆必须在合模之前就要准确可靠地复位，此时就必须再增加机械先复位机构，或将模具装配在有顶棍拉回功能的注塑机上生产。

在动、定模合模之前就将推件固定板推回原位，进而将推出零件推回原位的机构叫推件固定板先复位机构。

12.11.2 推件固定板先复位机构的作用

① 避免推出零件和侧向抽芯机构发生干涉。如果这种情况发生，将给模具带来灾难性的后果：损坏模具或注塑机的机械部件。因此要尽量将推件布置于侧抽芯或斜滑块在分模面上的投影范围之外，若无法做到，则必须设计先复位机构。

② 避免在合模过程中，因推件固定板没有完全复位而导致斜推杆或推块等零件先于推杆和定模接触。这种情况不会造成模具的即时损坏，但久而久之，定模镶件会压出凹坑，使塑件产生飞边。在模具制造过程中，复位杆的高度常常取负公差，以保证合模后分型面的密合。因此，在有斜推杆（靠塑件中间的碰穿孔来复位时）及推块的模具中，经常会发生合模时定模先推动斜推杆和推块，使斜推杆和推块受到扭矩和摩擦力的作用，造成型腔磨损并损害精度。

设计模具先复位机构是基于墨菲（Murphy）定理："如果可能发生，就会发生。"由于模具价格较贵，必须保证模具运行绝对安全可靠。

12.11.3 推件固定板先复位机构的使用场合

以下模具需加推件固定板先复位机构：

（1）侧向抽芯底部有推杆或推管

这种情况下，如果推杆或推管不能在侧抽芯推入型腔之前回位的话，二者就会发生碰撞，导致模具严重损坏，见图 12-40。

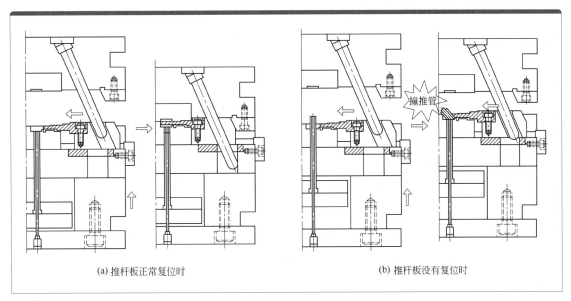

(a) 推杆板正常复位时　　　　　　　　　(b) 推杆板没有复位时

图 12-40　侧向抽芯机构下有推杆或推管

注意：在一定条件下，即使侧向抽芯底部有推杆或推管，也可以不使用推件固定板先复位机构，其条件是：推杆端面至侧抽芯的最近距离 H 要大于侧抽芯与推杆（或推管）在水平方向的重合距离 S 和 $\cot\alpha$ 的乘积，即 $H > S\cot\alpha$，也可以写成 $H\tan\alpha > S$（一般大于 0.5mm 左右），这时就不会产生推杆与活动滑块之间的干涉。如果 S 略大于 $H\tan\alpha$ 时，可以加大 α 值，使其达到 $H\tan\alpha > S$，即可满足避免干涉的条件，如图 12-41 所示。

（2）定模斜滑块下有推杆或推管

此时，如果推杆或推管不能顺利退回就合模的话，定模斜滑块和推杆或推管也可能相撞，从而损坏型腔。由于定模斜滑块和推杆在不同的排位图上表示，因此这一点在模具设计时很容易被忽视，设计者必须注意，见图 12-42。

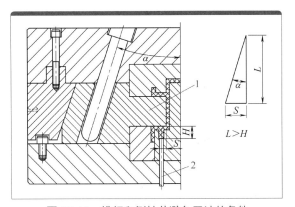

图 12-41　推杆和侧抽芯避免干涉的条件

1—侧向抽芯；2—推杆

（3）塑件用推块推出

由于推块上端面与定模镶件 1 相碰，如果推块 2 不能在合模之前复位，每次都要由定模镶件 1 推回的话，由于推块 2 硬度远大于定模镶件 1 硬度，定模镶件 1 很快就会被撞出凹痕。见图 12-43。

（4）斜推杆的位置塑件有碰穿孔

如图 12-44 所示，这种情况下，如果斜推杆 2 不能随推件固定板在合模之前复位的话，那么合模时，定模镶件就会和斜推杆撞击，使定模镶件出现凹痕，使塑件产生飞边。

（5）用圆形推杆顶边，推杆的一部分"顶空"

如图 12-45 所示，如果每次合模时推杆 2 都和定模镶件撞击，因推杆硬度高，久而久之定模镶件就会撞出凹坑，成型塑件产生飞边。

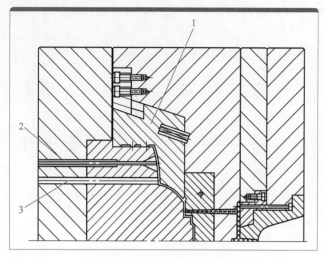

图 12-42 斜滑块底部有推件

1—斜滑块；2—推管；3—推杆

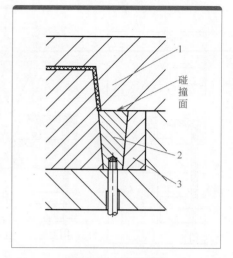

图 12-43 推块脱模

1—定模镶件；2—推块；3—动模镶件

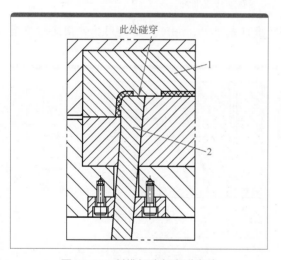

图 12-44 斜推杆头部有碰穿孔

1—定模镶件；2—斜推杆

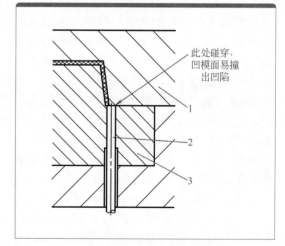

图 12-45 推杆头有顶空

1—定模镶件；2—推杆；3—动模镶件

在上述五种情况中，侧抽芯或定模斜滑块下有推杆或推管是最危险的，一旦撞模，后果不堪设想，必须加推件固定板先复位机构，以防万一。

12.11.4 推件固定板先复位机构的分类

推件固定板先复位机构有以下形式：

① 复位弹簧；

② 复位杆＋弹力胶（或弹簧）；

③ 有拉回功能的注塑机顶棍；

④ 摆杆式先复位机构；

⑤ 连杆（蝴蝶夹）先复位机构；

⑥ 铰链先复位机构；

⑦ 液压先复位机构。

12.11.5　推件固定板先复位机构设计

（1）复位弹簧

复位弹簧的作用是在注塑机的顶棍退回后，模具的 A、B 板合模之前，就将推件固定板推回原位，见图 12-46。

有些塑件必须推数次才能安全推落，或者在全自动化注射成型时，为安全起见，将程序设计为多次推出，如果注塑机的顶棍没有拉回功能，这两种情况中都是靠弹簧来复位。复位弹簧宜采用矩形蓝弹簧。

复位弹簧有先复位的功能，但复位弹簧容易失效，尤其是在弹簧的预压比及压缩比的选取不合理时，复位弹簧会很快疲劳失效。即使选择合理，复位弹簧也有一定的寿命。一旦失效，则会失去先复位的功能，因此复位弹簧不能单独使用。

复位弹簧的长度、直径、数量及位置的设计，详见本书第 6 章。

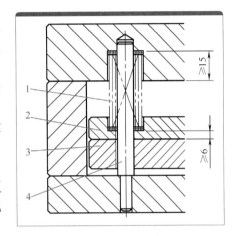

图 12-46　复位弹簧

1—复位弹簧；2—推件固定板；
3—推件底板；4—导杆

（2）复位杆 + 弹力胶（或弹簧）

一般的复位杆需要靠定模推动，才能将推件推回，没有先复位功能，见图 12-47（a）。如果要使推件固定板先于合模之前退回的话，可以在复位杆下加弹力橡胶或弹簧，见图 12-47（b）。开模后，在弹力的作用下，复位杆向上推出 1.5 ~ 2mm，合模时，复位杆先于动模板接触定模板，做到推件固定板先复位，从而保护推杆、斜推杆或推块。

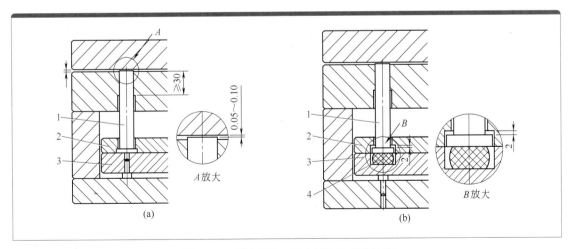

图 12-47　"复位杆 + 弹力胶"先复位机构

1—复位杆；2—推杆固定板；3—推杆底板；4—弹力橡胶（或弹簧）

但这种结构只能提前 2mm 复位，而且依靠弹簧或弹力胶有时不可靠，常用于以下三种场合：

① 动模有推块。

② 斜推杆顶面与定模镶件接触。

③ 用圆形推杆顶边，推杆的一部分"顶空"，与定模镶件接触。

在这种结构中，合模后弹簧或弹力胶处于压缩状态，对定模 A 板有一个推力作用。如果模具有定距分型的要求，A、B 板之间不能先开，则阻碍 A、B 板打开的力，必须大于受压弹簧的推力，这是必须注意的。

（3）注塑机顶棍

推件固定板通过螺纹联结在注塑机的顶棍上，塑件推出后，推件固定板由注塑机顶棍拉回，见图 12-48。但一般的注塑机都没有这种功能。

（4）摆杆式先复位机构

摆杆式先复位机构是最常用的先复位机构，效果好，安全可靠。摆杆式先复位机构有单摆杆式先复位机构和双摆杆式先复位机构两种，分别见图 12-49 和图 12-50。

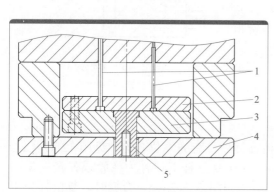

图 12-48　具有拉回功能的注塑机顶棍

1—推杆；2—推件固定板；3—推件底板；
4—动模底板；5—顶棍连接柱

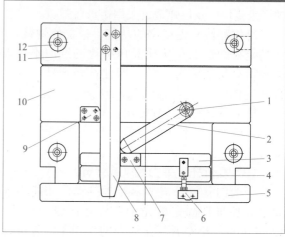

图 12-49　单摆杆式先复位机构

1—转轴；2—摆杆；3—推件固定板；4—推件底板；
5—模具底板；6—行程开关；7—摆杆挡块；8—推块；
9—推杆挡块；10—动模板；11—定模板；12—支撑柱

摆杆式先复位机构设置在模具的上下两侧，对称布置。挡块材料用油钢淬火，其他可用 45 钢（或黄牌钢 S45C 和 S50C）。

（5）连杆先复位机构

连杆先复位机构俗称蝴蝶夹先复位机构，它比摆杆式先复位机构效果更好，复位得更快，但结构较为复杂。连杆先复位机构也有单连杆（单蝴蝶夹）先复位机构和双连杆（双蝴蝶夹）先复位机构两种，分别见图 12-51 和图 12-52。

（6）铰链先复位机构

该先复位机构由连杆先复位机构简化而来，特点同连杆先复位机构，见图 12-53。

摆杆先复位机构、连杆先复位机构和铰链先复位机构都装配在模具的上下侧，在模板外面，需要加支撑柱保护。

（7）液压先复位机构

液压先复位机构是利用油缸活塞来推动推件固定板在合模之前复位，多用于定模推出机构中。图 12-54 是一设计实例，油缸固定在推件底板上，活塞固定在模具面板上，在注射过程中，面板固定在注塑机定模板上，静止不动，液压推动活塞时，活塞不动，油缸带动推件固定板来回运动。

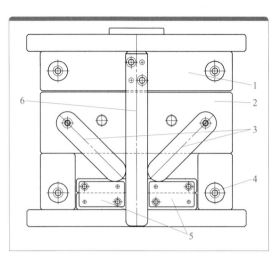

图 12-50　双摆杆式先复位机构

1—定模板；2—动模板；3—摆杆；4—支撑柱；
5—摆杆挡块；6—推块

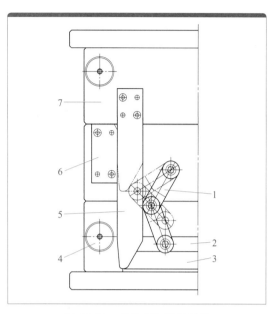

图 12-51　单连杆先复位机构

1—蝴蝶夹；2—推件固定板；3—推件底板；4—支撑柱；
5—推块；6—推杆挡块；7—定模板

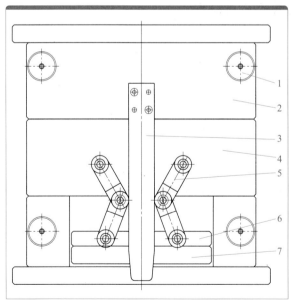

图 12-52　双连杆先复位机构

1—支撑柱；2—定模板；3—推块；4—动模板；
5—蝴蝶夹；6—推件固定板；7—推件底板

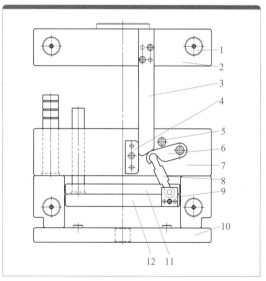

图 12-53　铰链先复位机构

1—支撑柱；2—模具面板；3—长推块；4—挡块；
5—挡销；6,8—铰链臂；7—动模板；9—铰链臂固定板；
10—模具底板；11—推杆面板；12—推件底板

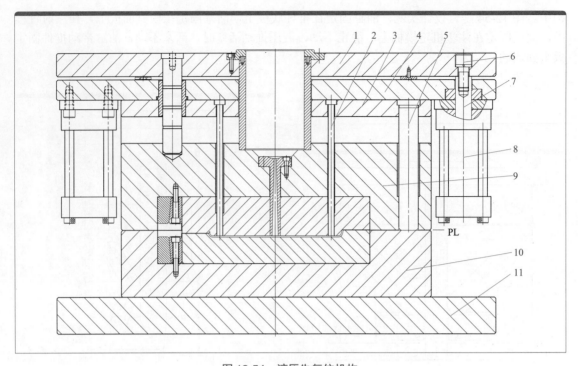

图 12-54　液压先复位机构

1—模具面板；2—推杆；3—推件固定板；4—推件底板；5—复位杆；6—连接螺钉；7—活塞；
8—油缸；9—定模板；10—动模板；11—模具底板

12.12　注塑模具脱模系统设计实例

12.12.1　推块脱模设计实例

一模出二件，模具属小型模具，采用埋入式推块推出。浇口采用塔接式浇口，既便于熔胶填充，又不会影响外观，模具结构简单可靠。为了减小磨损，推块和动模型芯以及动模板均采用锥面配合，锥度取 5°（一般是 3°～5°）。模具详细结构见图 12-55。

模具工作过程：熔体通过浇口套 3 内的主流道，经分型面上的分流道，最后由侧浇口进入型腔，在型腔中冷却固化后，模具由注塑机拉动开模。模具完成开模行程后，注塑机顶棍通过模具的 K.O 孔推动推杆底板 17，进而推动推杆 12，推杆 12 推动推块 8，推块 8 将塑件推离动模型芯 7。模具完成一次注射。

12.12.2　强行脱模设计实例

强行脱模实例见图 12-56。

本模具所生产的两个塑件是一个零件的左右两半，装配时通过搭扣联结，两塑件的搭扣均存在倒扣，倒扣深度均为 0.4mm，倒扣处采用强行脱模。

模具工作过程如下：

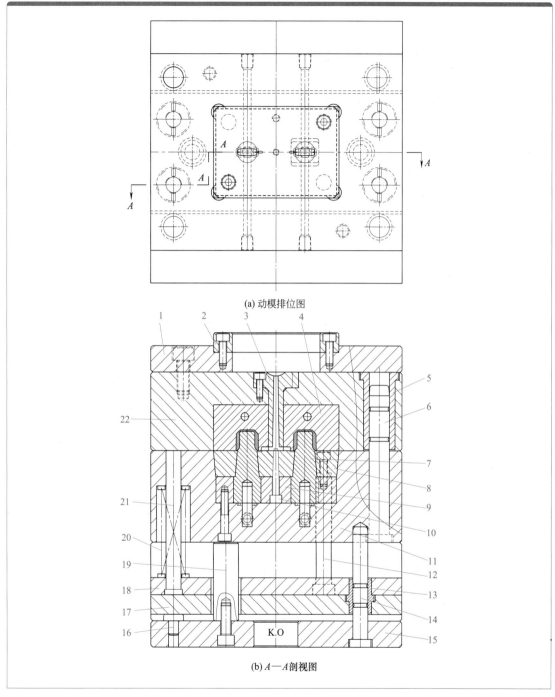

(a) 动模排位图

(b) A—A剖视图

图 12-55 推块脱模实例

1—模具面板；2—定位圈；3—浇口套；4—定模镶件；5—导套；6—导柱；7—型芯；8—推块；9—型芯固定板；
10—拉料杆；11—动模 B 板；12—推杆；13—导套；14—导柱；15—动模底板；16—限位钉；17—推件底板；
18—推件固定板；19—撑柱；20—复位弹簧；21—复位杆；22—定模 A 板

① 熔体通过主流道、分流道和点浇口进入模具型腔，在型腔中冷却固化后，注塑机拉动动模后退。在定距分型机构的作用下，模具先从分型面 I 处打开，在拉料杆作用下，浇注系统凝料和塑件分离。受小拉杆 9 的限制，分型面 I 处的开模距离为 125mm。

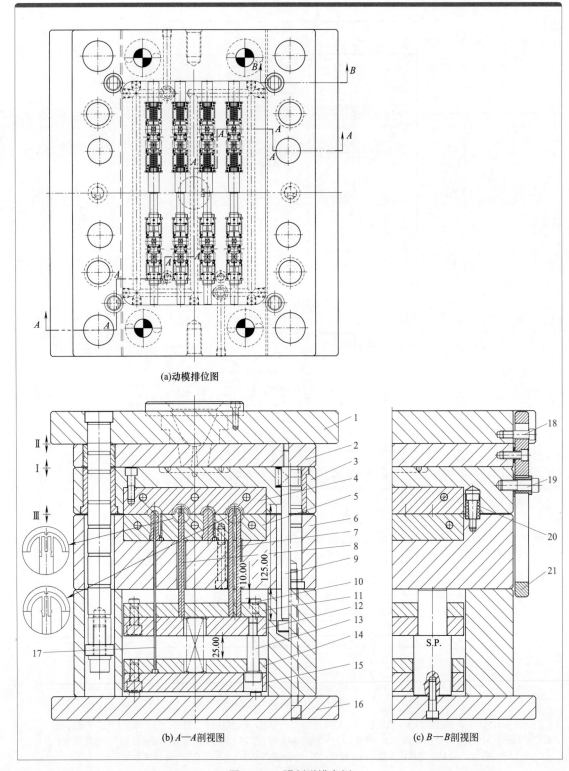

(a)动模排位图

(b)A—A剖视图

(c)B—B剖视图

图 12-56　强制脱模实例

1—定模面板；2—脱料板；3—定模 A 板；4—定模镶件；5—动模镶件；6—动模 B 板；7,8—活动型芯；
9—小拉杆；10—挡销；11,14—推杆固定板；12,15—推杆底板；13—复位螺钉；
16—弹簧；17—推杆；18,19—挡销；20—尼龙塞；21—行程控制块；22—模具底板

② 动模继续后退，模具再从分型面Ⅱ处打开，此时脱料板 2 强行将浇注系统凝料推出模具，实现模具自动脱浇。在限位钉的作用下，分型面Ⅱ的开模距离为 10mm。

③ 动模继续后退，尼龙塞 20 被强行从定模板中拉出，模具最后从分型面Ⅲ处打开，塑件脱离定模型腔。

④ 完成开模行程后，注塑机顶棍通过底板的 K.O. 孔推动第一组推杆板 14 和 15，在弹簧 16 和塑件倒扣包紧力的作用下，第二组推板随第一组推板一起运动，结果是固定于第二组推板上的活动型芯 7 和 8 随塑件一起被推出。受挡销 10 的作用，第二组推板运动距离为 10mm。

⑤ 塑件被推出 10mm 后，搭扣背面已完全脱离模具，存在倒扣的结构已有弹性变形的空间。第一组推板及其推杆继续前进，将塑件强行推离模具。完成一次注塑成型。

第**13**章 导向定位系统设计

13.1 概述

13.1.1 什么是注塑模具导向定位系统

注塑模具上的零件按其活动形式可分为两大类：相对固定的零件和相对活动的零件。相对固定的零件一般通过螺钉联结，通过销钉或本身的形状定位；相对活动的零件则必须有精确的导向机构，使其能够按照设计师给定的轨迹运动。保证活动零件按照既定的轨迹运动的结构，叫模具的导向系统。

模具在生产过程中相对活动零件有侧向抽芯机构、二板模模架中的动模部分、推件固定板，以及三板模模架中除定模的面板和固定于面板上的浇口套、导柱和拉料杆以外，全部都是活动零件。

另外，模具在高温高压下成型，当塑件严重不对称时，成型零件还会受到很大的侧向压力的作用，使其有错位的倾向，为提高模具的刚度和强度，还必须有定位结构。注塑模具中承受侧向力，保证动、定模之间及各活动零件之间相对位置精度，防止模具在生产过程中变形错位的结构叫模具的定位系统。这种机构包括锥面定位块、锥面定位柱、直方块边锁、内模管位等。

导向系统也能起到定位的作用，但对于精密模具、偏向压力较大的模具以及大型的模具，仅靠导向系统是很危险的，因为它会使导柱导套之间产生很大的摩擦力，这种摩擦，轻则导致磨损，损害模具既有的精度，重则局部产生高温，将导柱导套接触表面熔化而"烧死"。

综上所述，注塑模具中用于保证各活动零件在开、合模时运动畅顺、准确复位，以及在注塑机锁模力和熔体胀型力作用下不会错位变形的那部分机构统称为模具的导向定位系统，详见图13-1和图13-2。

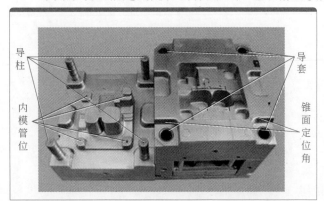

图 13-1 二板模具上的导向定位系统

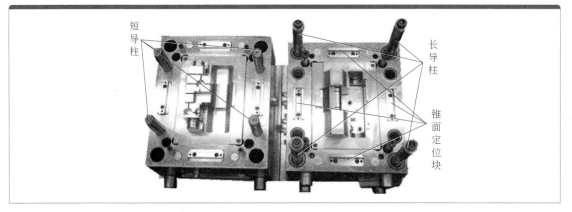

图 13-2　三板模具上的导向定位系统

13.1.2　导向定位系统的必要性

在注塑模具上，所有运动的零件都必须得到准确的导向和定位。原因如下：

（1）模具要反复开、合

注塑模具在生产过程中，活动零件较多，每次开合模时都要有精确的导向和定位，以保证成型零件每次合模后的配合精度，最终保证塑件尺寸精度的稳定性和延续性。注射机的拉杆也能起导向作用，但其精确度不够。不精确的导向定位，将引起模具动、定模的成型零件的错位，使塑件壁厚变化，达不到产品的设计要求。

（2）模具要承受高压

模具在生产过程中，受到强大的锁模压力和熔体胀型力的作用，没有良好的导向定位系统则无法保证其强度和刚度。

（3）模具要承受高温

在生产过程中，模具的温度会有较大的升高，温度升高后自然会有热胀冷缩带来的变形，需要导向定位系统保证成型零件在模具温度升高后仍能保证其相对位置的精度。

（4）模具是一种高精度的生产工具

为保证模具的装配精度，必须有良好的导向定位系统。在一般的机械结构中，不允许重复定位，但在注塑模具中，经常用重复定位来提高模具的刚性和强度。

（5）模具寿命要求高

模具是一种大批量生产的工具，其寿命通常为数十万次、数百万次甚至数千万次，为保证模具的长寿命要求，必须有良好的导向定位系统。

13.1.3　导向定位系统分类

注塑模具中导向定位系统可分为导向和定位两类。

（1）导向系统

见图 13-3。

① 导柱导套类导向机构，它又包括：

a. A、B 板的导柱导套：对动、定模起导向作用，见图 13-3 中的件 1 和件 2。

b. 脱料板及 A 板的导柱导套：在三板模模架中，对定模中的脱料板及 A 板等起导向作用，在简化型三板模模架中，它还对 B 板也起导向作用，见图 13-3 中的件 5～7。

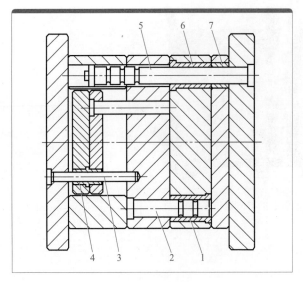

图 13-3　导向系统

1—A、B 板导套；2—A、B 板导柱；3—推件固定板导柱；
4—推件固定板导套；5—脱料板导柱；
6—B 板导套；7—脱料板导套

c. 推件固定板的导柱导套：对推件固定板及推件底板起导向作用，见图 13-3 中的件 3 和件 4。

② 侧向抽芯机中的导向槽，如滑块的 T 形槽、斜推杆的方孔和斜滑块的 T 形扣等，见第 8 章。

（2）定位系统

① A、B 板之间的定位系统：保证定模 A 板和动模 B 板之间的相互位置精度。常用的结构有边锁、锥面定位销和锥面定位块，见图 13-4。

② 内模镶件之间的定位系统：保证内模镶件在合模后的相互位置精度，俗称内模管位。

③ 侧向抽芯机构的定位系统。

13.1.4　导向定位的作用

导向定位的作用有以下四点。

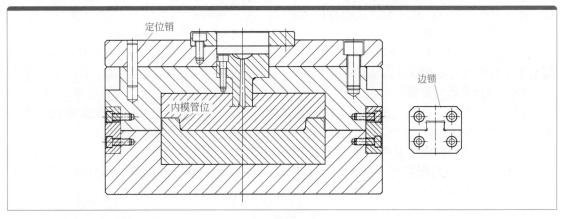

图 13-4　定位系统

（1）定位作用

模具闭合后，保证动、定模位置正确，保证型腔的形状和尺寸精度。导向系统在模具装配过程中也会起到定位作用，即方便于模具的装配和调整。

（2）导向作用

合模时，首先是导向零件接触，引导动、定模准确闭合，避免型芯先进入型腔造成成型零件的损坏。

（3）承受一定的侧向压力

塑料熔体在充模过程中可能产生侧向压力，另外，受成型设备精度的影响，动、定模之间经常会产生错位的切向力，这些力量必须由导向定位系统来承担，以保证模具的精度和使用寿命。

（4）承受模具重量

模具上的活动件，如推件固定板和推件底板，三板模模架中的脱料板和定模 A 板，二板模模架中的推板等，它们开模时及开模后都悬挂在导柱上，须由导柱支撑其重量。见图 13-5。

图 13-5 三板模具开模示意图

13.2 注塑模具导向系统设计要点

导柱导套及斜面镶条定位形式

13.2.1 导柱导套一般要求

① 导柱与导套的配合为间隙配合，公差配合为 H7/f7。
② 合模时，应保证导向零件先于型芯型腔接触。
③ 由于塑件通常留在动模，所以为了便于塑件取出，导柱通常安装在定模。

13.2.2 导柱设计

（1）形状
导柱按其截面形状不同可分为圆形导柱和方形导柱两种。导柱前端应倒圆角、半球形或做成锥台形，以使导柱能顺利地进入导套，图 13-6 是常用的圆形导柱。圆形导柱表面有多个环形油槽，用于储存润滑油，减小导柱和导套表面的摩擦力。

（2）材料
导柱应具有硬而耐磨的表面和坚韧而不易折断的内芯，因此多采用 20 钢，表面进行渗碳淬火处理，或者 T8、T10 钢，经淬火处理，表面硬度为 50 ～ 55HRC。导柱固定部分的表面粗糙度 Ra 0.8μm，导向部分的表面粗糙度为 Ra 0.4μm。

（3）公差与配合
导柱与固定板的配合为 H7/k6，导柱与导套的配合为 H7/f7。

（4）易出现的问题
① 导柱弯曲变形；
② 导柱导套磨损卡死。

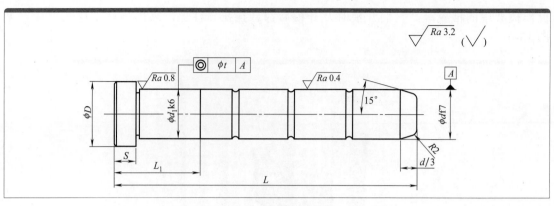

图 13-6　常用圆形导柱

13.2.3　导套设计

（1）形状

为使导柱顺利进入导套，导套的前端应倒圆角。导向孔最好做成通孔，以利于排出孔内的空气。如果模板较厚，导孔必须做成盲孔时，可在盲孔的侧面打一个小孔排气或在导柱的侧壁磨出排气槽。

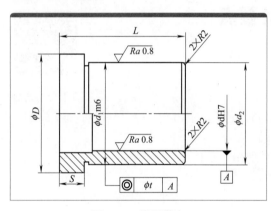

图 13-7　常用导套

（2）材料

可用与导柱相同的材料或铜合金等耐磨材料制造导套，但其硬度应略低于导柱硬度，这样可以减轻磨损，以防止导柱或导套拉毛。

（3）固定形式及配合精度

直身导套用 H7/r6 过盈配合镶入模板，为了增加导套镶入的牢固性，防止开模时导套被拉出来，可以用止动螺钉紧固。有托导套（如图 13-7 所示）一般采用过渡配合 H7/m6 镶入模板，导套固定部分的粗糙度 Ra 为 0.8μm，导向部分粗糙度 Ra 为 0.8μm。

13.2.4　定、动模之间圆形导柱导套设计

（1）圆形导柱导套的装配方式

导柱的装配一般有图 13-8 中的四种方式，一般常用（a）和（d）型，定模板较厚时，为减小导套的配合长度，则常用（b）型。动模板较厚及大型模具，为增加模具强度用（c）型，定模镶件落差大，塑件较大，为便于取出塑件，常采用（d）型。

（2）圆形导柱的长度设计

A、B 板之间导柱的长度一般应比型芯端面的高度高出 $A=15 \sim 25$mm，见图 13-9。当有侧向抽芯机构或斜滑块时，导柱的长度应满足 $B=10 \sim 15$mm，如图 13-10 所示。当模具动模部分有推板时，导柱必须装在后模 B 板内，导柱导向部分的长度要保证推板在推出塑件时，自始至终不能离开导柱，见图 13-11。

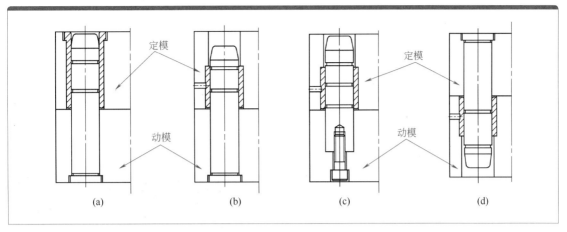

图 13-8　导柱导套的装配

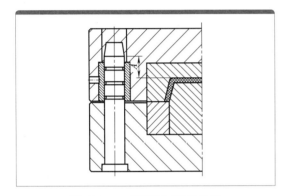

图 13-9　一般情况下导柱长度

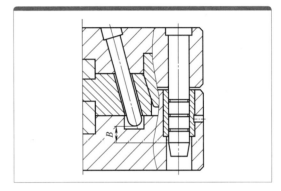

图 13-10　有侧向抽芯时导柱长度

（3）圆形导柱导套的数量及布置

A、B 板之间的导柱导套数量一般为 4 根，合理均布在模具的四角，导柱中心至模具边缘应有足够的距离，以保证模具强度（导柱中心到模具边缘距离通常为导柱直径的 1～1.5 倍）。为确保合模时只能按一个方向合模，可采用等直径导柱不对称布置或不等直径导柱对称布置的方式。龙记模架采用等直径导柱，其中有一个导柱导套不对称布置的方法，以防止动、定模装错。

（4）导套的排气

如果导套内孔装配后有一端封闭，如图 13-12 所示，合模时，由于导柱导套之间间隙很小，导套里面的气体难以及时排出，会影响导柱插入；开模时，导套内产生真空，又

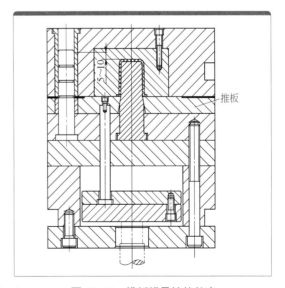

图 13-11　推板模导柱的长度

会影响导柱拔出。解决的办法是，在导套的封闭端开设排气槽，排气槽深度 1～2mm，宽度 5～10mm。

13.2.5　方导柱设计

　　模具质量超过15t的模具要用方导柱，见图13-13。机械手取件时，上侧方导柱要缩短。方导柱材料为P20，硬度28～32HRC，采购方导柱需附图。

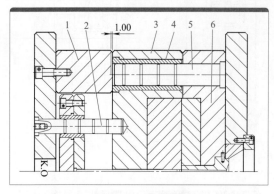

图 13-12　导套排气

1—撑柱；2—推件板导柱；3—动模B板；4—导套；
5—导柱；6—定模A板

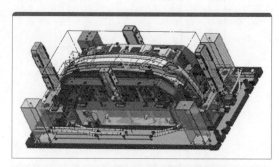

图 13-13　汽车前保险杠注塑模具方导柱

（1）方导柱布置

　　① 四面布置方导柱：如图13-14（a）所示，这种布置方式主要适用于所有大型汽车模具，但需要注意方导柱设计不能妨碍机械手取件，如果妨碍到机械手取件可按图13-14（b）设计。

　　② 两面方导柱加圆导柱：如图13-14（b）所示，这种布置方式主要用于保险杠注塑模具。圆导柱布置在模具的地侧（即下侧），避免挡住机械手取件。

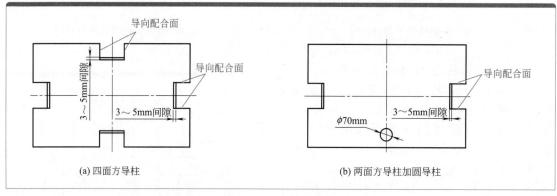

图 13-14　方导柱布置

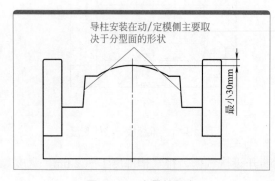

图 13-15　方导柱长度

　　③ 方导柱在动、定模的原则：方导柱安装在动模还是定模主要取决于分型面的形状，通常安装在高出分型面的型芯一侧，且高出模具型芯至少30mm，以保护型芯、型腔。如图13-15所示。

（2）方导柱类型

　　图13-16～图13-18是方导柱常用的三种类型，表13-1是方导柱的主要尺寸。

（3）方导柱高度

　　方导柱高度对飞模机的设计要求：对于产

品落差较大，方导柱特别高的情况，要注意合模时方导柱在插入定模之前的距离达 15mm 时，模具的总高度 L 必须小于 2450mm，如图 13-19 所示。如果超过 2450mm 则会妨碍飞模机翻模，可能出现类似问题的模具有汽车保险杠注塑模具。如果要解决方导柱高度问题，可以按图 13-20 所示在方导柱上加支撑柱。图中 ϕD 等于方导柱厚度，H_2 根据方导柱实际所需要的高度确定。

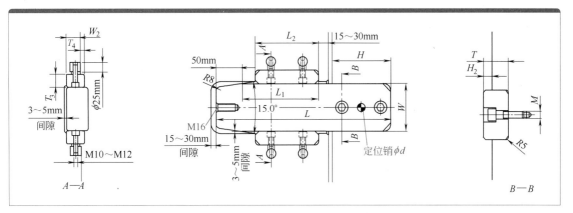

图 13-16　方导柱类型（一）

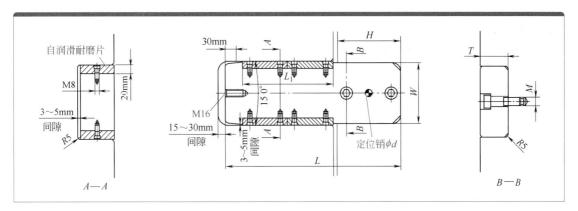

图 13-17　方导柱类型（二）

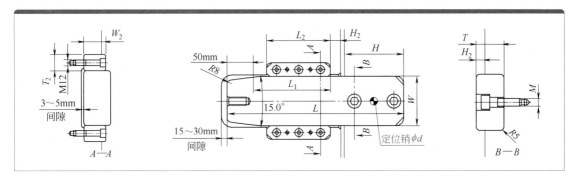

图 13-18　方导柱类型（三）

表 13-1　方导柱主要尺寸　　　　　　　　　　　　　　　　　　　　mm

W	T	H	M	ϕd	T_3	W_2
80	40	100	M16	$\phi 12$	25	40
120	60	150	M20	$\phi 16$	30	60
160	80	200	M24	$\phi 20$	35	80

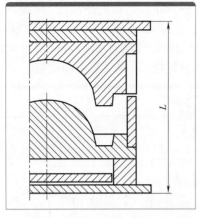

图 13-19　方导柱高度不能影响飞模机

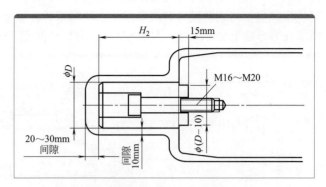

图 13-20　方导柱上加支撑柱

13.2.6　三板模定模导柱导套设计

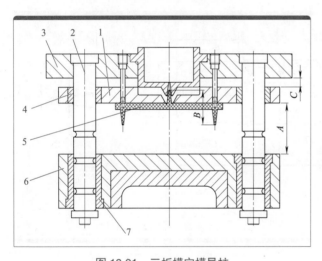

图 13-21　三板模定模导柱

1—脱料板；2—导柱；3—面板；4—直身导套；5—浇注系统凝料；
6—定模 A 板；7—有托导套

三板模具定模中脱料板及 A 板的导柱又叫拉杆，都采用圆形的。它安装在三板模模架的面板上，导套安装在脱料板及 A 板上，只用于三板模模架，见图 13-21。

（1）导柱长度

导柱长度 = 面板厚度 + 脱料板厚度 + 定模板厚度 + 面板和脱料板之间的开模距离 C + 脱料板和定模板之间的开模距离 A。

① 面板和脱料板的开模距离 C 一般取 6～10mm。

② 脱料板和定模板的开模距离 A = 浇注系统凝料总高度 +30mm。其中，30mm 为安全距离，是为了浇注系统凝料能够安全落下，防止其在模具中"架桥"。另外，为了维修方便，以及防止浇注系统凝料卡滞在 A 板和脱料板之间，尺寸 A 至少要取 100mm。

③ 上式计算数值再往上取 10 的倍数。

（2）导柱直径

三板模具定模导柱的直径随模架已经标准化，一般情况下无须更改，但因为导柱要承受 A 板和脱料板的重量，所以在下列情况下，导柱应该加粗 5mm 或 10mm，防止导柱变形。

① 定模 A 板很厚，支撑定模板重量的脱料板导柱容易变形；

② 定模板厚度一般以上，但它在导柱上的滑动距离较大；

③ 定模板厚度一般以上，但模架又窄又长（如长宽之比为 2 左右）。

导柱的直径加大后，其位置也要做相应改动。

13.2.7　推件固定板导柱导套设计

（1）推件固定板导柱的作用

推件固定板导柱主要作用是承受推件固定板的重量和推件在推出过程中所承受的扭力，对推件固定板和推件底板起导向定位作用，目的是减少复位杆、推杆、推管或斜推杆等零件和动模内模镶件的摩擦，提高模具的刚性和寿命。

（2）推件固定板导柱使用场合

标准模架上一般没有推件固定板的导柱导套，在模具设计时，若有下列情况必须设计推件固定板导柱导套，并在购置模架时说明。

① 模具浇口套偏离模具中心，见图13-22。主流道偏心会导致注射机推动推件固定板的顶

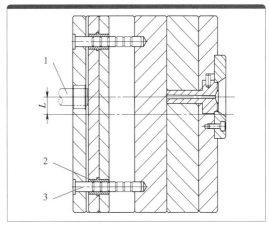

图 13-22　主流道偏离模具中心
1—顶棍；2—推件固定板导套；3—推件固定板导柱

棍 1 相对于模具偏心，在顶棍推动推件固定板时，推件固定板会承受扭力的作用，这个扭力最终会由推件承受，细长的推件在承受扭力后容易变形，而采用推件固定板导柱 3 可以分担这一扭力，从而提高复位杆和推件等的使用寿命。

② 直径小于 2.0mm 的推杆数量较多时。推杆直径越小，承受推件固定板重量后越易变形，甚至断裂。

③ 有斜推杆的模具。斜推杆和后模的摩擦阻力较大，推出塑件时推件固定板会受到较大的扭力的作用，需要用导柱导向。

④ 精密模具。精密模具要求模具的整体刚性和强度很好，活动零件要有良好的导向性。

⑤ 塑件生产批量大，寿命要求高的模具。

⑥ 有推管的模具。推管中间的推杆型芯通常较细，若承受推件固定板的重量则很易弯曲变形，甚至断裂。

⑦ 用双（组）推件固定板的二次推出模。此时推板的重量加倍，必须由导柱来导向。

⑧ 塑件推出距离大，方铁需要加高。因力臂加长，导致复位杆和推件承受较大的扭矩，必须增加导柱导向。

⑨ 模架较大，一般情况下，模架大于 350mm 时，应加推件固定板导柱来承受推件固定板的重量，增加推件固定板活动的平稳性和可靠性。

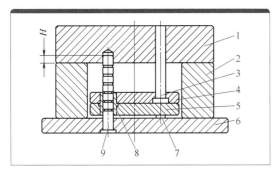

图 13-23　推件固定板导柱装配方式（一）
1—B 板；2—方铁；3—复位杆；4—推件固定板；
5—推件底板；6—动模底板；
7—垃圾钉；8—推件固定板导套；9—推件固定板导柱

（3）推件固定板导柱的装配

推件固定板导柱的装配通常有三种方式：

① 装配方式 1：导柱固定于动模底板上，穿过推件固定板，插入动模托板或 B 板，导柱的长度以伸入托板或 B 板深 H=10～15mm 为宜，见图13-23。这种方式最为常见，用于一般模具。

② 装配方式 2：导柱固定于动模托板上，穿过两块推件固定板，不插入底板，见图13-24。

③ 装配方式 3：导柱固定于动模底板上，穿过推件固定板，但与装配方式 1 不同的是它不插入动模托板或 B 板，见图13-25。

装配方式 2 和 3 常用于模温高及压铸模具中。

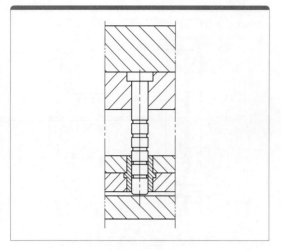

图 13-24　推件固定板装配方式（二）

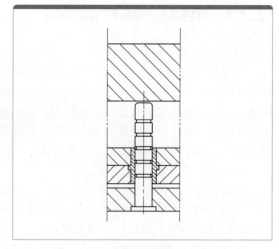

图 13-25　推件固定板装配方式（三）

（4）推件固定板导柱的数量和直径

推件固定板导柱的直径一般与标准模架的复位杆直径相同，但也取决于导柱的长度和数量。如果方铁加高，则导柱的直径应比复位杆直径大 5 ～ 10mm。

推件固定板导柱的数量和位置见图 13-26。

① 对宽 400mm 以下的模架，推件固定板采用 2 支导柱即可，B_1= 复位杆之间距离，此时导柱直径可取复位杆直径，也可根据模具大小取复位杆直径加 5mm。

② 对宽 400mm 以上的模架，推件固定板采用 4 支导柱，A_1= 复位杆至模具中心的距离，B_2 参见表 13-2，此时导柱直径取复位杆直径即可。

表 13-2　B_2 的取值

模架[①]	4040	4045	4050	4055	4060	4545	4550	4555	4560	5050	5060	5070
B_2/mm	252	302	352	402	452	286	336	386	436	336	436	536

① 模架长宽尺寸，如"4050"表示模架宽 400mm，长 500mm。

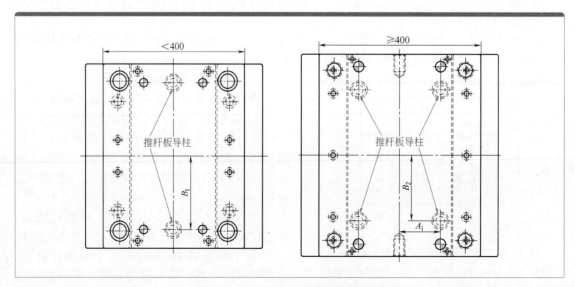

图 13-26　推件固定板导柱的数量和位置

13.3 注塑模具定位系统设计要点

13.3.1 定位系统的作用

注塑模具定位系统的作用主要是保证动、定模在合模和注射成型时精确定位，分担导柱所承受的侧面压力，提高模具的刚度和配合精度，减少模具合模和注射成型时所产生之误差，让内模镶件的摩擦力降至最低，帮助模具在注塑时不因胀型力而产生变形，从而提高模具的寿命。模具定位尺寸越大、数量越多，效果越好。当模具不设置定位系统时，导柱导套就兼起定位机构的作用。但严格来说，导柱导套的作用主要是导向，如果还要承受侧向压力，则其寿命将受到严重影响。

13.3.2 定位系统使用场合

锥面定位

下列情况必须设计定位系统：
① 大型模具：模宽 400mm 以上；
② 深腔或塑件精度要求很高的模具；
③ 模腔配置偏心；
④ 存在多处擦穿孔；
⑤ 存在不对称侧向抽芯；
⑥ 塑件严重不对称，胀型力偏离模具中心；
⑦ 分型面为非规则的斜面或曲面；
⑧ 产品批量大，模具寿命要求高；
⑨ 动、定模的内模镶件要外发铸造加工时，为保证动、定模镶件的位置精度，也经常设计锥面定位块定位。

13.3.3 定位系统的分类

注塑模具定位系统按其安装位置可分为 A、B 板之间的定位和内模镶件定位两大类。
（1）A、B 板之间的定位系统
A、B 板之间的定位系统常用于大型模架（模宽 400mm 以上），承担模具在生产时的侧向压力，提高模具的配合精度和生产寿命。这种系统又包括锥面定位块、锥面定位柱、边锁和模架原身定位。
① 锥面定位块。装配于 A、B 板之间，使用数量 4 个，对称或对角布置效果最好。其装配图和外形图见图 13-27，标准件。锥面定位块两斜面的倾斜角度取 5°～10°。
② 锥面定位柱。锥面定位柱的装配位置、作用以及使用场合，和锥面定位块完全相同，数量 2～4 个。其装配图和外形图见图 13-28，属标准件。
③ 边锁。边锁装配于模具的四个侧面，藏于模板内，防止碰坏或压坏。边锁有锥面锁和直身锁两种，见图 13-29，常用于大型模具或精密模具，用于提高动、定模 A、B 板的配合精度及模具的整体刚度。
④ 模架原身定位。锥面定位块和锥面定位柱是常用的定位结构，但对于大型模具要承受较大的侧向力时，一般采用模架原身定位效果最好，见图 13-30。

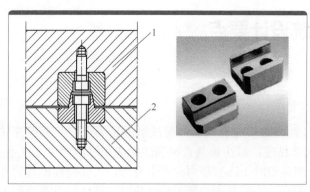

图 13-27　锥面定位块
1—定模 A 板；2—动模 B 板

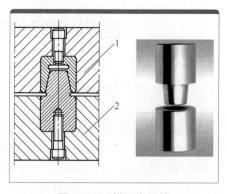

图 13-28　锥面定位柱
1—定模 A 板；2—动模 B 板

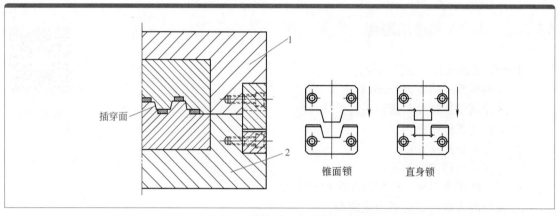

图 13-29　边锁的两种结构及装配
1—定模 A 板；2—动模 B 板

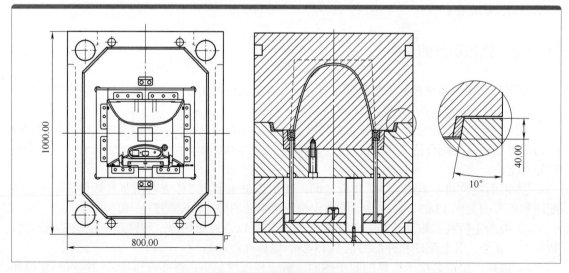

图 13-30　模架原身锥面定位

（2）内模镶件之间的定位系统

内模镶件之间的定位系统又叫内模管位，常设计于内模镶件的四个角上，用整体式定位效果好，见图 13-31。

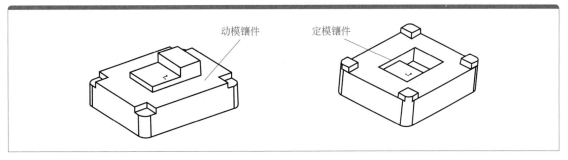

图 13-31　内模镶件原身锥面定位立体图

　　这种结构常用于精密模具、分型面为复杂曲面或斜面的模具以及塑件严重不对称，在注射成型中会产生较大的侧向分力的模具。内模镶件定位角的尺寸可根据镶件长度来取：当 $L < 250\text{mm}$ 时，W 取 15～20mm，H 取 6～8mm；当 $L \geqslant 250\text{mm}$ 时，W 取 20～25mm，H 取 8～10mm。见图 13-32。

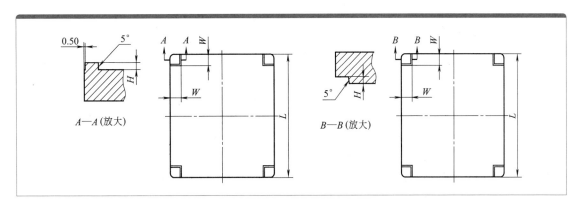

图 13-32　内模原身锥面定位平面图

　　图 13-33 和图 13-34 为采用内模定位的两个实例。

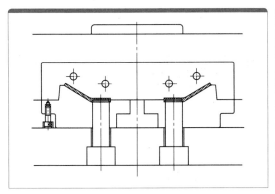

图 13-33　内模原身锥面定位实例（一）

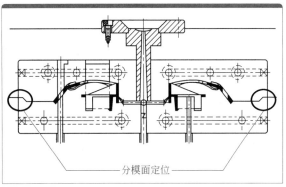

图 13-34　内模原身锥面定位实例（二）

第14章 排气系统设计

14.1 概述

14.1.1 什么是排气系统

注塑模具属于型腔模，在浇注系统和型腔内有大量气体、这些气体包括空气、塑料中的水分因高温而变成的气体以及塑料及塑料添加剂在高温下分解的气体。在注射成型过程中将型腔和浇注系统内的气体及时排出，在开模和塑件脱模过程中将气体及时引入，防止塑件和型腔壁之间产生真空的结构叫排气系统。

具体地说，注塑模的排气系统包括以下两个方面：

① 注塑模在注射成型时，将模具型腔及浇注系统内的空气和塑料本身因受热或凝固产生的低分子挥发气体及时排出模外的结构，即模具的排气系统，见图 14-1；

② 大型制品在开模时为避免制品粘定模或顶出制品时不致使制品变形而设计排气系统。

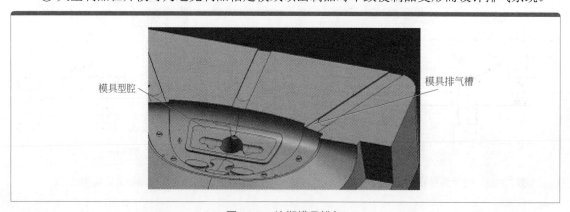

图 14-1　注塑模具排气

14.1.2 型腔气体不能及时排出的后果

在注塑模的设计阶段，排气系统的设计就应该引起足够的重视。模具型腔内的气体如果不能及时排出，会严重影响制品的成型质量和注塑周期。具体如下：

① 在制品表面形成流痕、气纹、接缝，使表面轮廓不清。

② 填充困难或局部飞边。气体不能及时排出，必然加大注射压力，导致型腔被撑开而形成飞边。

③ 熔体填充时气体被压缩而产生高温，造成制品困气处局部炭化烧焦。

任何气体都遵循下面的规律：

$$压强 \times 体积 = 常数$$

如果型腔内的气体无处逃逸，当体积被压缩得越来越小时，压强和熔体前进的阻力就越来越大。空气被压缩，它的热焓就被集中在很小的体积里，因而造成很大的温升，有时温度可以达到数百摄氏度，使最前面的熔体被烧焦。

④ 气体被熔体卷入形成气泡（尤其在壁厚处），致使制品组织疏松，强度下降。模具浇注系统及型腔内的空气若不能及时排出，则常在流道或厚壁部位产生气泡；分解气产生的气泡常沿制品的壁厚分布，而水分变成的气体则无规则地分布在制品上。

⑤ 使制品内部残留很高的内应力，表面流痕和制品局部熔接不良，产生熔接痕，这样既会影响外观，又影响熔接处的强度。型腔气体不能及时排出，将导致注射速度下降，熔体温度很快降低，注射压力必须提高，残余应力随之提高，翘曲的可能性增加。如果想提高料温，以降低注射压力，料温必须升得很高，这样又会引起塑料降解。

⑥ 气体无法及时排出，必然降低熔体填充速度，使成型周期加长。严重时还会造成填充不足等缺陷。有了适当的排气，注射速度可以提高，充填和保压可达良好状态，不须过度增加料筒和喷嘴的温度。注射速度提高后，塑料制品的质量又会有更大的改善。

模具出现以上问题，若不能通过调整注塑工艺参数来解决，那么就是模具的排气系统设计不合理了。合理地开设排气槽，不但可以消除制品在注塑过程中的缺陷，还可以大大降低注射压力、注射时间、保压时间以及锁模压力，使制品成型由困难变为容易，进而提高生产效率，降低生产成本，降低机器的能源消耗。

越是薄壁制品，越是远离浇口的部位，排气槽的开设就越显得重要。另外对于小型制品或精密制品也要重视排气槽的开设，因为它除了能避免制品表面灼伤和填充不足外，还可以消除制品的各种缺陷，减少模具污染等。

对于轻度排气不良的模具，往往可以在试模后进行补救，如在填充不良的区域，或制品灼伤的部位开设排气槽。但对于严重排气不良的模具，即使增加排气镶件，有时也无济于事。大型制品的排气系统，如果在设计阶段被忽视，在试模后将很难进行补救。

在快速注射和精密注射成型的模具中，排气系统的设计具有举足轻重的作用。

14.1.3　模具中容易困气的位置

模具中容易困气的位置一般是以下几个地方：

① 薄壁结构型腔，熔体流动的末端；

② 厚壁结构的型腔空气容易卷入熔胶，形成气泡，是排气系统设计的难点；

③ 二股或二股以上熔体汇合处常因排气不良而产生熔接痕或填充不足等缺陷；

④ 型腔中，熔体流动的末端；

⑤ 模具型腔盲孔的底部，在制品中则多为实心柱位的端部；

⑥ 成型制品加强筋和螺丝柱的底部；

⑦ 模具的分型面上。

14.2 注塑模具排气方式

先引入两个概念：

一级排气槽：排气槽中只允许气体排出，不允许熔体泄漏，靠近型腔的那部分，见图 14-2。一级排气槽深度 C 小于塑料溢边值，长度通常为 3 ~ 5mm。

二级排气槽：为了气体排出通畅，在一级排气槽之后，将排气槽加深至 0.5mm。加深的部分称为二级排气槽。

14.2.1 流道排气

熔体在填充过程中，模具浇注系统内的气体要尽量在分流道内排出，以减轻模具型腔的排气负担。分流道的排气槽开设在分型面内，效果好，不容易堵塞，而且深度可以比型腔的排气槽深度大 0.05mm 左右。见图 14-3。

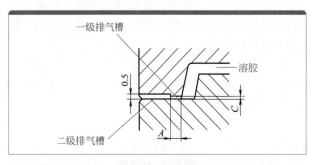

图 14-2 排气槽

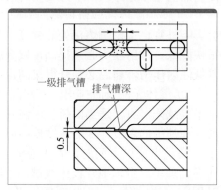

图 14-3 流道排气

流道一级排气槽深度：

① 流动性好的塑料：0.075mm。

② 流动性差的塑料：0.10mm。

流道排气槽宽度和分流道同宽。

排气槽长度 5mm。

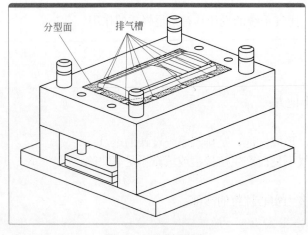

图 14-4 分型面排气

排气通道通大气 0.5mm 深。

14.2.2 分型面排气

分型面是气体主要排出的地方。若分型面为平面，则用磨削加工，磨削加工后的分型面贴合得非常好，型腔内的气体不易排出，必须在型腔一侧开设排气槽排气；若分型面为曲面或斜面，则多用 CNC、电极加工或线切割加工，加工后的分型面可以直接排气，无须在分型面上再加工排气槽。分型面上排气槽的设计见图 14-4、图 14-5。

一级排气槽深度：根据塑料品种确定，应小于塑料的溢边值。

宽度：5～10mm。

长度：3～5mm，A1抛光。

二级排气槽深度：0.5mm。

若需要开多个排气槽，则两排气槽之间的距离：30～50mm。

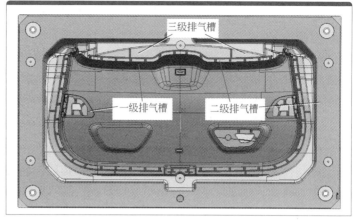

图 14-5　汽车门板分型面排气实例

14.2.3　镶件配合面及侧向抽芯结构排气

定模内模为保证外观，一般采用整体式，而避免镶拼结构。但后模内模为方便加工、维修及节省材料，常采用镶拼结构。镶拼结构还是模具排气至关重要的一部分。镶件有以下几种排气方法：

① 当排气极困难时采用镶拼结构等：如果有些模具的死角气体无法排出，则应在不影响产品外观及精度的情况下采用镶拼结构，这样不仅有利于气体排出，有时还可以改善原有的加工难度和便于维修，如图 14-6 采用镶拼结构不但解决了排气问题，而且可以用铣床加工取代电极加工，型腔抛光也变得更加简单。

② 在纵向位置上装上带槽的板条开工艺孔，见图 14-7。

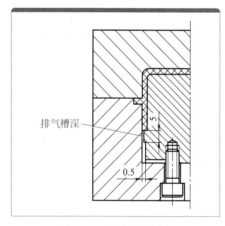

图 14-6　镶件侧面排气

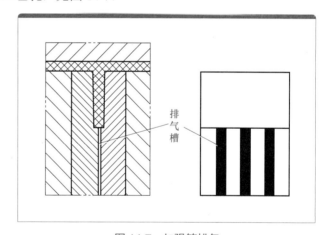

图 14-7　加强筋排气

③ 利用型腔的槽或嵌件碰穿部位排气，见图 14-8。

④ 侧向抽芯和内模镶件也是间隙配合，公差配合 H7/f7，其间隙也能排气。

14.2.4　加排气杆

专门为排气而增加的小镶件，见图 14-9。

镶拼式侧隙引气

14.2.5　推杆（或推管）与动模镶件的配合面排气

推杆、推管和动模镶件的配合是间隙配合，公差配合 H7/f7，其间隙可用来排气。

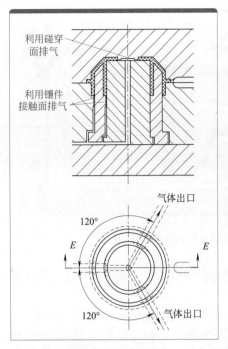

图 14-8　碰穿面排气

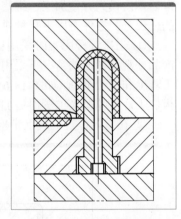

图 14-9　排气杆排气

图 14-10 为推管排气示意图。S 为配合间隙，亦即排气槽深度，可取塑料溢边值的 1/2。A 为排气槽深度，可取 3～5mm，H 为二级排气槽深度，可取 0.3～0.5mm，L 可取 5～8mm。推杆的排气槽可参考推管外径的排气槽制作。

14.2.6　在困气处加冷料井

在熔体的汇合处，或熔体最后到达的地方，增加冷料井，将困气所形成的融合线引入冷料井，成型后再将其切除，见图 14-11。如果切除后会留下明显痕迹的话，须征得客户同意。

14.2.7　增加凸起

对于装喇叭用的封闭加强筋，为了改善困气对流动的影响，可在圆周外侧均匀增加圆形凸起，凸起高出 H 值可取 0.50mm 左右。如图 14-12 所示。

14.2.8　透气钢排气

透气钢是一种透气性金属材料，由粉末烧结而成，价钱比黄金还贵，因此实际设计时很少使用。

使用透气钢时要注意以下几点：

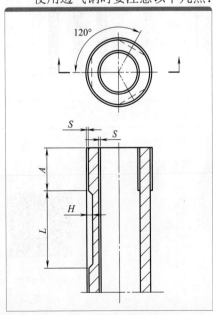

图 14-10　推管排气

① 透气钢的疏气效果与厚度成反比，所以其使用厚度为 30~50mm。

② 加工面及成型面要用放电加工来疏通气孔。透气钢须疏气的部分在精加工时（侧壁及底部）除电蚀外，不可作任何机械加工（磨床或铣床）；粗加工时可作任何机械加工。

③ 研磨抛光后冷却时禁用酒精及水。

④ 镶件底要做疏气坑。

⑤ 透气钢可直接用螺钉联结。

⑥ 透气钢如要开冷却水，冷却水孔要作电镀处理。

⑦ 透气钢出厂硬度为 35~38HRC，但可淬硬至 55HRC，测试硬度需用特别的仪器。

⑧ 检查透气的方法，可涂少量液体如脱模剂在透气钢工件表面上，再由出气处吹入高压气体，检查泡沫鼓起的情况便可知道透气性能。

⑨ 清洁阻塞透气孔的方法：

a. 加热工件至 500°F，保持时间最少 1h。

b. 冷却至室温后，浸入丙酮，保持时间最少 15min。

c. 取出工件，用高压风从工件底部吹出阻塞物。

d. 重复 b、c 程序，直至没有阻塞物（污秽）被吹出。

⑩ 透气钢镶件的装配方法可参考图 14-13。

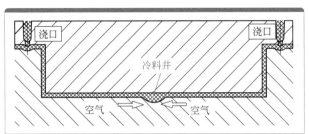

图 14-11 加冷料井

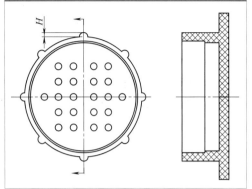

图 14-12 增加凸起

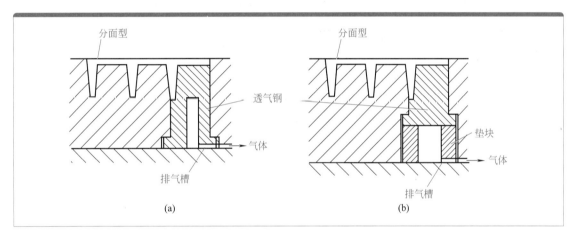

图 14-13 透气钢的两种装配方法

14.3 型腔排气系统设计要点

14.3.1 排气槽的位置和方向

① 尽量开设在分型面上，并尽量开设在型腔一侧。分型面面积大，且易清理，不易堵塞，排气效果最好。若在无型腔的一侧开排气槽，会多出塑料，造成分型面起级，可能影响装配。见图 14-14。

② 排气槽尽量开设在料流末端，熔体最后汇合处或制品厚壁处。见图 4-15。

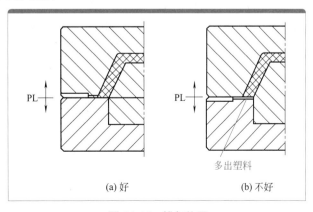

图 14-14 排气位置

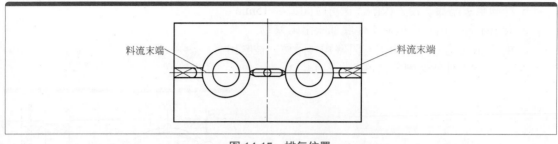

图 14-15　排气位置

③ 对大型模具排气槽方向最好是朝上或朝下，尽量避开操作工人。若无法避开，可采用弧形或拐弯排气槽，见图 14-16。

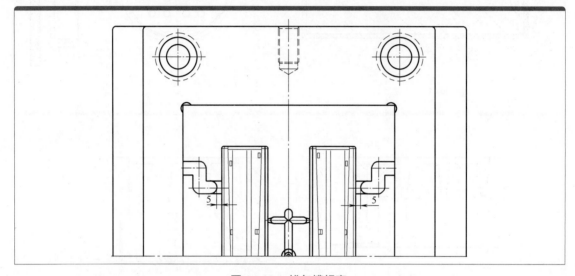

图 14-16　排气槽拐弯

14.3.2　排气槽深度设计

排气槽深度应视塑料品种不同而不同，排气槽深度如果不适当，将在制品上产生飞边毛刺，影响制品的美观和精度，其次还会引起排气槽堵塞。排气槽深度应小于塑料溢边值。塑料溢边值如下：

（1）流动性好的塑料，如 PS、PE、PA、PP 等，其溢边值为 0.025 ～ 0.04mm。

（2）流动性中等的塑料，如 HIPS、ABS 等，其溢边值为 0.04 ～ 0.06mm。

（3）流动性差的塑料，如 PVC、PC、HPVC 等，其溢边值为 0.06 ～ 0.08mm。

根据以上溢边值，常用塑料及其排气槽深度可按表 14-1 确定。

表 14-1　常用塑料的排气槽深度　　　　　　　　　　　　　　　　　　　　mm

树脂名称	排气槽深度	树脂名称	排气槽深度
PE	0.02	PA（含玻纤）	0.03 ～ 0.04
PP	0.02	PA	0.02
PS	0.02	PC（含玻纤）	0.05 ～ 0.07
ABS	0.03	PC	0.04
SAN	0.03	PBT（含玻纤）	0.03 ～ 0.04
ASA	0.03	PBT	0.02
POM	0.02	PMMA	0.04

14.3.3 排气槽长度和宽度设计

排气槽长度 A 是从模腔内表面到内模外边缘，但排气槽深度 C 在整个排气槽的长度上并不是一样的，由模腔向外约 $5 \sim 8mm$ 以后的排气槽部分，槽深度要放大至 $0.3 \sim 0.5mm$，见图 14-17。槽宽 B 因型腔大小而异，一般为 $5 \sim 12mm$。在浇注系统分流道末端开设排气槽，其宽度应等于分流道的宽度。

14.3.4 排气槽数量设计

排气槽数量太多是有害的，因为如果作用在模腔分型面未开排气槽部分的锁模压力太大，容易引起模腔材料变形甚至开裂，这是很危险的。排气槽数量取决于型腔的大小，一般来说，两排气槽之间的距离不能小于 30mm。

对有些制品，如齿轮等，可能连最微小的飞边也是不允许存在的。这一类制件最好采用以下方式排气：

① 彻底清除流道内气体，于流道内多开设排气槽，不要将浇注系统内的空气带入型腔；
② 用粒度为 200# 的碳化硅磨料对分型面配合表面进行喷丸处理。

14.3.5 排气槽的清理

很多塑料都会在排气槽表面留下少量的残余物，即类似料粉的东西。时间长了，这些残余物就会堵住排气槽，使气体排出困难。因此排气槽的清理是很重要的。分型面上的排气槽，清理比较容易，推杆表面的料粉，由于自身的运动，可以自我清理，即使人工清理，也非常方便。而镶件之间的排气槽，则必须定期拆模清理，比较麻烦。

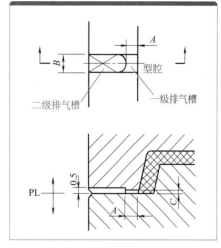

图 14-17　排气槽尺寸

14.4 注塑模具型腔进气装置设计

在成型大型深腔类塑制品时，塑料熔体充满整个型腔，模腔内的气体被全部排除，此时制品和定模型腔，以及制品和后模型芯之间基本上形成真空，由于大气压力，将造成脱模困难，如果采用强行脱模，势必破坏塑件质量，轻则导致制品变形，重则使制品粘定模或粘动模。为解决这一问题，必须在定模或动模，或者动、定模同时加进气装置，避免产生真空。

在内模中，很多能排气的结构，同时也能进气，比如镶件、推杆、侧向抽芯结构、排气杆等。但分型面是主要的排气结构，却对进气作用不大，因为真空一般都出现在型腔或型芯的中间。

典型的进气机构见图 14-18 和图 14-19。本模的制品是工厂常用的塑料盆，尺寸较大，开模时，凹模与制品之间会产生真空，易使制品粘定模。因此在定模部分增加进气装置，保证制品留在动模型芯上。制品推出时，制品与型芯之间也易产生真空，因此采用气动推出，既可以消除真空，又使推出平稳可靠。

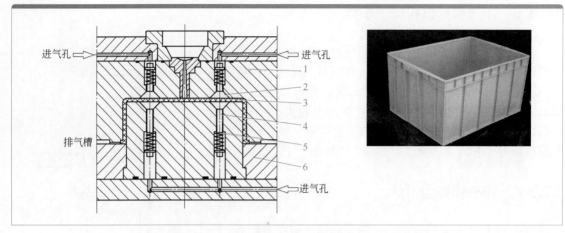

图 14-18 进气装置和排气装装置实例（一）

1, 5—弹簧；2—定模进气阀；3—胶盆；4—动模进气阀；6—动模型芯

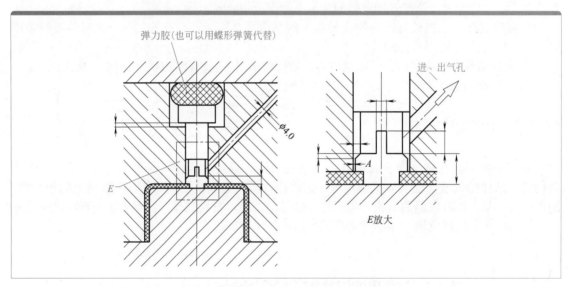

图 14-19 进气装置和排气装装置实例（二）

大头顶引气

气阀式引气

第 3 篇

注塑模具制造

第 **15** 章　注塑模具材料选用

15.1　注塑模具钢必备之性能

　　塑料在成型时因分子的拉伸和剪切，在制品中会留有残余应力，这种残余应力会使制品翘曲变形，甚至开裂。模具钢材在加工的过程中也会有残余应力产生，这种残余应力也会使模具变形甚至开裂。

　　模具对钢材的要求很高，钢材的选择是否适当，对模具寿命、加工性、精度等影响很大。具体要求因模具的结构、模具的寿命、成型制品的塑料品种、成型制品的外观要求、尺寸精度不同而不同，一般要求如下：

① 购买方便；

② 机械加工性能良好；

③ 抛光容易，加工面美观；

④ 强度、韧性和耐磨性好；

⑤ 无砂孔等内部缺陷；

⑥ 热处理容易，热变形小；

⑦ 耐热性好，热膨胀系数低；

⑧ 焊接性能好；

⑨ 对热敏性塑料，钢材要有耐腐蚀性。

材料选用

　　当尺寸精度要求很高时，应使用已热处理的材料或应力变形小的热轧模具钢。如果塑件生产批量很大，模具成型零件用的钢材还要求淬火。

15.1.1　模具钢材耐磨性

　　为了提高塑件的强度和耐磨性，经常在塑料中加入玻璃纤维。为了提高塑件的导电性，防护电波干扰，可以在塑料中加入金属纤维。为了得到一种塑料磁铁，可以采用与亚铁盐磁铁复合而成。这些添加剂提高了塑料性能，使塑料的用途日益扩大，但这些添加剂也使得塑料熔体和模具型腔表面的摩擦加剧，造成模具型腔的磨损，影响制品的尺寸精度。因此，欲提高塑料注塑模具的寿命，必须使用耐磨性好的钢材。

　　耐磨性是模具材料要求条件中最重要的性质，对于模具寿命、精度保持、溢料去除等的后加工都有相当的影响。

耐磨性根据合金元素的多少，内部应力的有无而不同。钢材中硅、钨、铬和钒等微量元素含量越高，耐磨性越好。

耐磨性一般与硬度成正比，因此，模具的型腔面的硬度增加，可解决耐磨问题。

15.1.2　镜面抛光性

在注射成型模具中，模具型腔的表面粗糙度直接影响制品表面的粗糙度。对于透明制品，型腔型芯表面要求镜面抛光，此时模具材料抛光性便成了主要问题。在抛光性能方面，必须做到：

① 无砂孔；

② 无擦伤；

③ 非金属物极少；

④ 均一的组织（无偏析等）；

⑤ 微细的结晶粒度（无粗的组织）；

⑥ 适当的硬度；

⑦ 适当的力学性能。

模具材料的镜面抛光，还必须注意以下抛光技术：

① 必须使用抛光能力高的研磨膏（钻石膏）。

② 抛光力量必须均匀合理，不均一的抛光力量将产生橘子皮似的表面。

③ 因电极加工，线切割加工所发生的变质异常层需用砂纸打磨去除，然后再用研磨膏研磨。

15.1.3　切削加工的工艺性

注塑模零件加工大致可分为机加工（如车、普通铣、数控铣、磨、钳、雕刻、抛光等）、电加工（如电极加工、线切割加工等）和铸造加工，模具钢材的选用必须兼顾模具的使用寿命和模具的加工两个方面。从切削加工工艺性来考虑其模具材料的话，最好采用切削时可用常规机械加工的低硬度材料，但这种材料难以保证模具的寿命和型腔精度。因此在实际工作中，经常采用切削性好的预硬化（出厂时经过调质处理）模具钢材作为模具的内模镶件。而对于精密模具和长寿命模具，可以对预硬化钢材加工后的型芯型腔表面进行氮化处理，以提高型芯型腔的耐磨性。

15.1.4　耐腐蚀性

聚氯乙烯（PVC），含有溴、氯等的点卤素系化合物、磷化合物的难燃树脂，加硫后的ABS，聚甲醛，含有氯、一氧化碳的低发泡树脂等的塑料在高温时会散发出对模具有腐蚀作用的气体，成型这些塑料制品的模具成型零件必须采用不锈钢。

具有防腐蚀性的模具钢材有420、2316、S136和PAK90等。另外铍铜也是很好的耐腐蚀性材料。

另外，为了使模具有防腐蚀性，也可以在型腔镀铬，但硬质镀铬有以下缺点：

① 对于腐蚀性气体的耐蚀性弱；

② 电镀层会带有电气镀层特有针孔或龟裂，模具在长时间的注射成型后镀铬层容易剥落。

15.2 注塑模具选材的依据

注塑模具选材的依据包括模具寿命、塑料特性、模具零件的作用与功能以及模具的成本。

15.2.1 模具的寿命

模具是一个长寿命的生产工具，根据生产批量的大小，模具所用的钢材也不同。详细情况参见表 15-1 和表 15-2。

表 15-1　根据模具寿命选用国产钢材

塑料类别	塑料名称	生产批量 / 件			
		$< 10^5$	$10^5 \sim 5 \times 10^5$	$5 \times 10^5 \sim 1 \times 10^6$	$> 1 \times 10^6$
热固性塑料	通用型塑料 酚醛 密胺 聚酯等	45、50、55 钢 渗碳钢渗碳 淬火	渗碳合金钢渗碳 淬火 4Cr5MoSiV1+S	Cr5MoSiV1 Cr12 Cr12MoV	Cr12MoV Cr12MolV1 7Cr7Mo2V2Si
	增强型 （上述塑料加入纤维 或金属粉 等强化）	渗碳合金钢 渗碳淬火	渗碳合金钢 渗碳淬火 4Cr5MoSiV1+S Cr5Mo1V	Cr5MolV Cr12 Cr12MoV	Cr12MoV Cr12MolV1 7Cr7Mo2V2Si
热塑性塑料	通用型塑料 聚乙烯 聚丙烯 ABS 等	45、55 钢 渗碳合金钢 渗碳淬火 3Cr2Mo	3Cr2Mo 3Cr2NiMnMo 渗碳合金钢 渗碳淬火	4Cr5MoSiV1+S 5NiCrMnMoCaS 时效硬化钢 3Cr2Mo	4Cr5MoSV1+S 时效硬化钢 Cr5MolV
	工程塑料 （尼龙，聚 碳酸酯等）	45、55 钢 3Cr2Mo 3Cr2NiMnMo 渗碳合金钢 渗碳淬火	3Cr2Mo 3Cr2NiMnMo 时效硬化钢 渗碳合金钢 渗碳淬火	4Cr5MoSiV1+S 5CrNiMnMoVCaS Cr5MolV	Cr5MolV Cr12 Cr12MoV Cr12MolV1 7Cr7Mo2V2Si
	增强工程塑料 （工程塑 料中加入增强 纤维金属粉等）	3Cr2Mo 3Cr2NiMnMo 渗碳合金钢 渗碳淬火	4Cr5MoSiV1+S Cr5MolV 渗碳合金钢 渗碳淬火	4Cr5MoSiV1+S Cr5MolV Cr12MoV	Cr12 Cr12MoV Cr12Mo1V1 7Cr7Mo2V2Si
	阻燃塑料 （添加阻燃 剂的塑料）	3Cr2Mo+ 镀层	3Cr13 Cr14Mo	9Cr18 Cr18MoV	Cr18MoV+ 镀层
	聚氯乙烯	3Cr2Mo+ 镀层	3Cr13 Cr14Mo	9Cr18 Cr18MoV	Cr18MoV+ 镀层
	氟化塑料	Cr14Mo Cr18MoV	Cr14Mo Cr18MoV	Cr18MoV	Cr18MoV+ 镀层

表 15-2　根据模具寿命选用进口钢材

模具寿命	10 万次以下	10 万～ 50 万次	50 万～ 100 万次	100 万次以上
镶件钢材	P20/PX5 738 CALMAX 635	NAK80 718H	SKD61（热处理） TDAC（DH2F）	AIAS420 S136
镶件硬度	（30±2）HRC	（38±2）HRC	（52±2）HRC	（60±2）HRC
模架钢材	S55C	S55C	S55C	S55C
模架硬度	（18±2）HRC	（18±2）HRC	（18±2）HRC	（18±2）HRC

15.2.2　塑料的特性

有些塑料有酸腐蚀性，有些塑料因添加了增强剂或其他改性剂，如玻璃纤维对模具的损伤较大，选材时均要综合考虑。有强腐蚀性的塑料（如 PVC、POM、PBT 等）一般选 S136、2316、420 等钢材；弱腐蚀性的塑料（如 PC、PP、PMMA、PA 等）除选 S136、2316、420 外，还可选 SKD61、NAK80、PAK90、718H 等钢材。不同塑料选用的钢材参见表 15-3。

表 15-3　根据塑料特性选择模具钢材

塑料缩写名	模具要求			模具寿命	建议用材		应用硬度	抛光性
	抗腐性	耐磨	抗拉力		AISI	YE 品牌		
ABS	无	低	高	长	P20	2311	48～50HRC	A3
				短	P20+Ni	2738	32～35HRC	B2
PVC	高	低	低	长	420ESR	2316ESR	45～48HRC	A3
				短	420ESR	2083ESR	30～34HRC	A3
HIPS	无	低	中	长	P20+Ni	2738	38～42HRC	A3
				短	P20	2311	30～34HRC	B2
GPPS	无	低	中	长	P20+Ni	2738	37～40HRC	A3
				短	P20	2311	30～34HRC	B2
PP	无	低	高	长	P20+Ni	2738	48～50HRC	A3
				短	P20+Ni	2738	30～35HRC	B2
PC	无	中	高	长	420ESR	2083ESR	48～52HRC	A2
				短	P20+Ni	2738 氮化	550～720HV	A3
POM	高	中	高	长	420MESR	2316ESR	45～48HRC	A3
				短	420MESR	2316ESR	30～35HRC	B2
SAN	中	中	高	长	420ESR	2083ESR	48～52HRC	A2
				短	420ESR	2083ESR	32～35HRC	A3
PMMA	中	中	高	长	420ESR	2083ESR	48～52HRC	A2
				短	420ESR	2083ESR	32～35HRC	A3
PA	中	中	高	长	420ESR	2316ESR	45～48HRC	A3
				短	420ESR	2316ESR	30～34HRC	B2

产品的外观要求对模具材料的选择亦有很大的影响，透明件和表面要求镜面抛光，必须选用 S136、2316、718S、NAK80、420 等钢材，透明度要求特别高的模具首选 S136，其次是 420。

15.2.3　模具零件的作用与功能

不同的零件在模具中的作用不一样，选用的钢材也不尽相同。

① 定模镶件的材料要优于动模镶件的材料，硬度也要比动模镶件高 5HRC 左右。

② 型芯材料与镶件材料一样，型芯硬度应低于镶件硬度 4HRC 左右。

③ 定位销使用材料为 SKD61（52HRC）。

④ 侧向分型与抽芯机构部分钢材：

a. 侧向抽芯和内模镶件如果要相对滑动的话，一般情况下不能选相同的材料；若选用相同材料，则滑动表面必须氮化，而且硬度要不一样，宜相差 2HRC 左右。

b. 滑块使用材料为 P20 或 718。

c. 压块使用材料为 S55C（需热处理至 40HRC）或 DF2 淬火至 52HRC。

d. 耐模块使用材料为 DF2 淬火至 52HRC。

e. 斜导柱使用材料为 SKD61（52HRC）。

f. 楔紧块使用材料为 718。

g. 导向块使用材料为 DF2（油钢需热处理至 52HRC）。

⑤ 斜推杆钢材。

斜推杆应采用自润滑及导热性能好的材料。斜推杆与内模镶件所用的钢材不可相同，避免摩擦发热而产生黏结卡死。钢材的配合可参考表 15-4。

斜推杆氮化前，斜推杆与配合孔之间应留有适当的间隙。斜推杆的钢材硬度及是否氮化可参照表 15-4。

表 15-4　斜推杆材料

内模镶件材料	斜推杆材料
H-13 48～52HRC	S-7 54～56HRC 铍铜
S-7 54～56HRC	H-13 48～52HRC（需氮化） 铍铜
420SS 48～50HRC	H-13 48～52HRC（需气氮） 420SS 50～52HRC（需液氮） 440SS 56～58HRC（需液氮） 铍铜
P-20 35～38HRC	H-13 48～52HRC（需气氮） 铍铜

⑥ 其他零件各部分材料。

a. 标准浇口套部分材料按厂商标准。

b. 三板模浇口套部分材料使用 S55C 或 45 钢（需热处理至 40HRC）。

c. 拉杆、限位块、支撑柱、先复位机构等，使用材料为 S55C 或 45 钢。

d. 其他零件如无特殊要求，均使用材料 S55C 或 45 钢。

15.2.4　模具的成本

"不懂经济学的工程师只能算半个工程师"。模具设计工程师必须有经济头脑，必须熟悉各种模具钢材的价格，在满足需要的前提下，选用最便宜的钢材。不同品种的钢材价格相差很大，比如同样具有防腐蚀功能，S136 比 PAK90 和 22136 的价钱就要贵很多；同样可以镜面抛光，S136H 就比 NAK80 贵很多。另外进口钢材比国产钢材又要贵很多。一副模具因材料不同，成本可能相差几千元甚至上万元，模具设计工程师绝不能忽视这一点。

15.3　注塑模具常用材料及其特性

（1）C45# 中碳钢

美国标准编号：AISI 1050～1055；日本标准编号：S50C～S55C；德国标准编号：1.1730。中碳钢或 45 钢香港称为黄牌钢，此钢材的硬度为 170～220HB。价格便宜，加工容易，在模具上用作模架、撑柱和一些不重要的结构件。

（2）40CrMnMo7 预硬注塑模具钢

美国、日本、新加坡、中国标准编号：AISI P20，有些欧洲国家编号为 DIN：1.2311、

1.2378、1.2312。这种钢是预硬钢，一般不适宜热处理，但是可以氮化处理，此钢种的硬度差距也很大，从 28 ～ 40HRC 不等。由于已作预硬处理，机械切削也不太困难，所以很合适做一些中低档次模具的镶件，有些生产大批量的模具模架也采用此钢材（有些客户指定要用此钢作模架），好处是硬度比中碳钢高，变形也比中碳钢稳定，P20 这种钢由于在注塑模具中被广泛采用，所以品牌也很多，其中在华南地区较为普遍的品牌有：

① 瑞典一胜百公司（ASSAB）生产两种不同硬度的牌号：一是 718S，硬度 290 ～ 330 HB（相当于 33 ～ 34HRC）；二是 718H，硬度 330 ～ 370HB（相当于 34 ～ 38HRC）。

② 日本大同公司（DAIDO）也生产两种不同硬度的牌号：NAK80［硬度（40±2）HRC］及 NAK55［硬度（40±2）HRC］。一般情况下，NAK80 作定模镶件，NAK55 作动模镶件，要留意 NAK55 型腔不能留 EDM 火花纹，据钢材代理解释是因为含硫，所以电火花加工（EDM）后会留有条纹。

③ 德胜钢厂（THYSSEN），德国产，有好几种编号：GS-711（硬度 34 ～ 36HRC）、GS738（硬度 32 ～ 35HRC）、GS808VAR（硬度 38 ～ 42HRC）、GS318（硬度 29 ～ 33HRC）、GS312（硬度 29 ～ 33HRC），GS312 含硫不能做 EDM 纹，在欧洲作模架较为普遍，GS312 的 Code 为 40CrMnMoS8。

④ 百禄（BOHLER）澳洲产，编号有 M261（38 ～ 42HRC）、M238（36 ～ 42HRC）、M202（29 ～ 33HRC），M202 型腔不能留电火花加工（EDM）纹路，也是因为含硫。

（3）X40CrMoV51 热作钢

美国、中国、新加坡标准编号 AISI H13；DIN（欧洲）1.2344；日本 SKD61。这种钢材出厂硬度是 185 ～ 230 HB，须热处理。

用在注塑模具上的硬度一般是 48 ～ 52HRC，也可氮化处理，由于经过淬火热处理，加工较为困难，故在模具的价格上比较贵一些，若是需要热处理到 40HRC 以上的硬度，模具一般用机械加工比较困难，所以在热处理之前一定要先对工件进行粗加工，尤其是冷却水孔、螺钉孔及攻螺纹等必须在热处理之前做好，否则要退火重做。

这种钢材普遍用于注塑模具，品牌很多，常用的品牌还有一胜百（ASSAB）的 8407（热作工具钢）、德胜（THYSSEN）的 GS344ESR 或 GS344EFS。

（4）X45NiCrMo4 冷作钢

AISI 6F7 欧洲编号 DIN 1.2767，这种钢材出厂硬度 260HB，需要热处理，一般应用硬度为 50 ～ 54HRC，欧洲客户常用此钢，因为此钢韧性好，抛光效果也非常好。但此钢在华南地区不普遍，所以品牌不多，德胜（THYSSEN）有一款叫 GS767。

（5）X42Cr13（不锈钢）

AISI：420 STAVAX；DIN：1.2083。出厂硬度 180 ～ 240HB，需要热处理，应用硬度 48 ～ 52HRC，不适合氮化热处理（锐角处会龟裂）。此钢耐腐蚀及抛光的效果良好，所以一般透明制品及有腐蚀性的塑料，例如 PVC 及防火料、V2、V1、V0 类的塑料很合适用这种钢材，此钢材也很普遍用在注塑模具上，品牌也很多，如一胜百（ASSAB）S136，德胜（THYSSEN）GS083-ESR、GS083 GS083VAR。采用德胜钢材的要注意，如果塑件是透明件，那么定、动模镶件都要用 GS083ESR（据钢厂资料，ESR 电渣重熔可提高钢材的晶体均匀性，使抛光效果更佳），不是透明制品的动模镶件一般不需要太低的粗糙度，可选用普通的 GS083，此钢材价格比较便宜一些，也不影响模具的质量，此钢材有时客户也会要求用作模架，因为防锈关系，可以保证冷却管道不生锈，以达到生产周期稳定的目的。

（6）X36CrMo17（预硬不锈钢）

DIN：1.2316，AISI：420 STAVAX，出厂硬度 265 ～ 380HB。如果塑件是透明制品，有些公司一般不采用此钢材，因为抛光到高光洁度时，由于硬度不够很容易有坑纹，同时在注塑时也很易产生花痕，要经常再抛光，所以还是用 1.2083ESR 经过热处理调质硬至 48 ～ 52HRC，可省却很多的麻烦，此钢硬度不高，机械切削较易，模具完成周期短一些。

很多公司大多在中等价格模具上采用这款具有防锈功能的钢，例如有腐蚀性的塑料，如上文提及的 PVC、V1、V2、V0 类。此钢用在注塑模具上也很普遍，品牌也多，比如：一胜百（ASSAB）S136H，出厂硬度为 290 ～ 330HB；德胜钢厂（THYSSEN）GS316（265 ～ 310 HB）、GS316ESR（30 ～ 34HRC）、GS083M（290 ～ 340HB）、GS128H（38 ～ 42HRC）；日本大同（DAIDO）PAK90（300 ～ 330HB）。

（7）X38CrMo51 热作钢

"AISI H11" 欧洲 DIN 1.2343，此钢出厂硬度为 210 ～ 230HB，必须热处理，一般应用硬度为 50 ～ 54 HRC。据钢厂的资料，此钢比 1.2344（H13）韧性略高，在欧洲比较多采用，有些公司也常用此钢作定模及动模镶件，由于在亚洲及美洲地区此钢不甚普及，所以品牌不多，只有 2 ～ 3 个品牌在香港，如德胜钢厂（THYSSEN）的 GS343 EFS，此钢可氮化处理。

（8）S7 重负荷工具钢

出厂硬度为 200 ～ 225HB，需要热处理，淬火后硬度可达 54 ～ 58HRC，美国客户多采用此钢，用于定、动模的镶件及滑块，欧洲及华南地区不太普遍。主要品牌有一胜百（ASSAB）COMPAX-S7 及德胜钢厂（THYSSEN）GS307。

（9）X155CrVMo121 冷作钢

AISI D2 欧洲编号：DIN 1.2379，日本 JIS SKD11 出厂硬度为 240 ～ 255HB，应用硬度 56 ～ 60HRC，可氮化处理，此钢多用在模具的滑块上，日本客户比较多用。品牌有一胜百（ASSAB）XW-41、大同钢厂（DAIDO）DC-53 / DC11、德胜钢厂（THYSSEN）GS-379。

（10）100MnCrW4 & 90MnCrV8 油钢

AISI 01，DIN 1.2510 & AISI 02，DIN 1.2842 出厂硬度 220 ～ 230HB，要热处理，应用硬度 58 ～ 60HRC，此钢用在注塑模具上一般是耐磨块、压块及限位钉（俗称垃圾钉）上，品牌有一胜百（ASSAB）的 DF2、德胜（THYSSEN）的 GS-510 及 GS-842、龙记（LKM）2510。

（11）Be-Cu 铍铜

此材料热传导性能好，一般用于注塑模具中温度较高又难以冷却的成型零件，或者斜推杆等摩擦热较多的零件。铍铜还可铸造优美的曲面、立体文字（最大铸造 300mm×300mm），适用于需要快速冷却或精密铸造的模芯和镶件。铍铜硬度高，切削性能好。品牌有 MOLDMAX 30 和 MOLDMAX 40，硬度分别为 26 ～ 32HRC 和 36 ～ 42HRC。德胜（B2）出厂硬度为 35HRC。

主要化学成分（%）：Be 1.9，Co+Ni 0.25，Cu 97.85。

（12）AMPCO940 铜合金

此材料出厂硬度为 210HB，用在模具难以设计冷却水道的地方，散热效果也很理想，只是较铍铜软一些，强度也没有铍铜那么好，用于产量不大的模具。

（13）铝合金

借着航空、太空实验室及通用车辆所衍生的技术，铝材工业已开发出一种锻铝，特别适于注塑模具及橡胶模具用。这种铝合金材料（如 AlZnMgCu）已成功地应于欧洲（特别是在德国及意大利）与美国。

模具的使用温度通常可达 150 ～ 200℃，在此温度下使用的铝合金材料抗拉强度会下降 20%。由于使用条件的差异，无法确定高温下铝合金的抗拉强度。一般而言，在高温下材料的性能较难预测。

在一般用途下，抗压强度等于抗拉强度，所有的 AlZn 合金，其疲劳性都很好。

与钢材作直接硬度比较有困难，因为多数钢材都经表面硬化或类似的处理，都以洛氏硬度测量，而铝材都以布氏硬度测量。

表 15-5 是常用塑料模具钢材的特性及用途一览表，供模具设计工程师参考。

表 15-5　常用塑料模具钢材的特性及用途一览表

钢厂编号	标准规格	硬度	一般特性及用途	适用模具零件	备注
8407	H-13（改良型）	热处理 48～52HRC	热模钢，高韧性，耐热性好，适合 PA、POM、PS、PE、EP 塑胶模。金属压铸，挤压模	内模镶件，滑块，侧向抽芯，型芯，浇口套，斜顶	一胜百钢材
2344	H-13	热处理 48～52HRC	热模钢，高韧性，耐热性好，适合 PA、POM、PS、PE、EP 塑胶模。金属压铸，挤压模	内模镶件，滑块，侧向抽芯，型芯，浇口套，斜顶	LKM
2344super	H-13（改良型）				
S136	420	热处理 48～52HRC	高镜面度，抛光性能好，抗锈防酸佳，适合 PVC、PP、EP、PC、PMMA 塑胶模	内模镶件，滑块，侧向抽芯，型芯，斜顶	一胜百钢材
S136H		不需热处理（预加硬）			
2083	420	热处理 48～52HRC	防酸，抛光性能良好，适合酸性塑料及要求良好抛光模具	内模镶件，滑块，侧向抽芯，型芯，浇口套，斜顶	LKM
2083H		不需热处理（预加硬）			
718	P20（改良型）	不需热处理（预加硬）	高抛光度，高要求内模件，适合 PA、POM、PS、PE、PP、ABS 塑料模具	内模镶件，滑块，侧向抽芯，型芯，斜顶	一胜百钢材
718H					
738	P20 加镍	不需热处理（预加硬）	适合高韧性及高磨光性塑料模具	上下内模，模芯镶件，浇口件，定位圈	LKM
738H					
P20HH	P20（改良型）	不需热处理（预加硬）	高硬度、高光洁度及耐磨性，适合 PA、POM、PS、PE、PP、ABS 塑料模具	内模镶件，型芯	美国芬可乐
NAK80	P21（改良型）	不需热处理（预加硬）	高硬度，镜面效果佳，放电加工良好，焊接性能佳。适合电蚀及抛光性能模具	内模镶件，滑块，侧向抽芯，型芯，斜顶	日本大同
NAK55	P21 加硫（改良型）	不需热处理（预加硬）	高硬度，易切削，加厚焊接性良好。适合高性能塑胶模具	动模镶件，型芯	日本大同
2311	P20	不需热处理（预加硬）	适合一般性能塑胶模具钢	内模镶件，型芯	
638	P20	不需热处理（预加硬）	加工性能良好 适合高要求大型模架及下模	动模镶件，型芯	
DF2	0-1	热处理 54～56HRC	微变形油钢。耐磨性好	压条，耐磨板，大推圈，齿条，滚轮等	
2510					
S50C-S55C	1050	不需热处理（预硬）	黄牌钢 适合模架配板及机械配件	模板，拉板，支板，撑头，锁紧块，定位块等	
Moldmax30	BE-CU	预硬 26～32HRC	合金铍铜，优良导热性，散热效果好，适合需快速冷却的模芯及镶件	内模镶件，斜顶，侧向抽芯	价格高 美国合金铍铜
Moldmax40		预硬 36～42HRC			
C1100P	JIS H3100		电蚀红铜，导电性能特佳	电火花加工用的电极	日本三宝

第 **16** 章 注塑模具制造基本知识

16.1 模具制造一般流程

模具制造一般流程是：审图→备料→模架加工→电极加工→成型零件加工→钻冷却水孔和推杆孔→模具结构件加工→检验→装配→配模（FIT 模）→试模→生产。

（1）模架加工工艺

① 打编号；

② A/B 板加工；

③ 面板加工；

④ 推杆固定板加工；

⑤底板加工。

镶件加工工艺

（2）模具成型零件加工工艺

① 刨：如果毛坯为锻造件，须先进行刨削加工，留铣削余量 0.4 ～ 0.5mm。

② 铣床加工：粗加工飞六边。在铣床上加工要保证垂直度和平行度，留磨削余量 0.1 ～ 0.2mm。先将铣床机头校正，保证在 0.02mm 之内，校正压紧工件，再加工螺孔底孔、推杆孔、穿丝孔、镶针沉头开粗、浇口套配合孔，倒角。

③ 粗磨：先磨大面，再用夹具夹紧磨小面，保证垂直度和平行度在 0.05mm，留双边精加工余量 0.05 ～ 0.1mm。

④ 钳工加工。

⑤ CNC 粗加工、半精加工。

⑥ 热处理：淬火或调质。

⑦ 精磨。

⑧ CNC 精加工。

⑨ 电火花加工。

⑩ 抛光（省模）：保证光洁度，控制好型腔尺寸。

型芯加工工艺

⑪ 打编号和装配标记：打编号要统一，型芯也要打上编号，并与模架上编号一致。成型零件上的方向标记应与模板一致，装配时对准即可不易出错。

（3）模具侧向抽芯机构零件加工工艺

① 侧抽芯加工；

②滑块加工；

③压紧块加工；

④定位零件加工。

（4）定模 A 板和动模 B 板加工（即动定模框加工）工艺

①A、B 板加工应保证模框的平行度和垂直度为 0.02mm；

②铣床加工：螺钉孔，运水孔，推杆孔，机嘴孔，倒角；

③钳工：攻牙，去毛刺。

（5）面板加工工艺

铣床加工浇口套配合孔、定距分型机构配合孔和拉料杆配合孔。

（6）推杆固定板加工工艺

推杆板与 B 板用复位杆定位，B 板面向上，由上而下钻推杆孔，推杆沉头需把推杆板反过来底部向上，校正，先用钻头粗加工，再用铣刀精加工到尺寸，倒角。

（7）底板加工工艺

铣床加工：划线，校正，镗 K.O. 孔，倒角。

注意：有些模具需强拉强顶的要加做强拉强顶机构，如在推杆板上加钻螺孔。

（8）试模

（9）加工浇注系统及排气槽

排气槽深度根据塑料流动性确定，一般在 0.02 ～ 0.05mm 之间，宽度 6 ～ 15mm。

16.2 注塑模具型腔抛光

16.2.1 模具型腔表面为何要进行抛光

模具型腔表面一般通过车、铣等机械加工，或电火花、线切割等电加工获得，这些加工方法获得的表面粗糙度一般在 $Ra1.6 \sim 3.2\mu m$ 之间。型腔表面粗糙度决定了塑料制品表面的粗糙度，由于塑料制品表面的粗糙度不尽相同，有的粗，有的细，对于透明塑件，更要求型腔表面像镜面一样光滑。针对不同的粗糙度要求，在机加工或电加工之后，通常都要用砂纸或研磨膏对型腔表面进行抛光。另外，光滑的型腔表面还有以下作用。

①制品较易脱模；

②能够减少塑料熔体对模具型腔面的磨损；

③可以降低由于暂时性的负荷过高或由于疲劳而引起的模具型腔局部开裂；

④减小塑料熔体的流动阻力。

16.2.2 如何判断模具型腔表面质量

判断模具型腔表面质量优良与否应满足以下两点。

①模具型腔表面必须具有几何学上正确无误的平面或曲面，没有裂纹、砂眼等缺陷；

②模具型腔表面不能有刮花、磨损等痕迹，例如碳化粒子被扯出而留下之细小洞穴和局部脱皮等等。若模具型腔表面质量要求严格时，表面粗糙度必须用仪器测量判定。模具型腔镜面抛光表面通常以肉眼判断，但肉眼判断往往产生偏差。因为经肉眼判断认为平滑的表面可能

并非是几何学上的完全平滑者。

抛光标准：

① 试模前必须检查抛光是否完全符合要求或是否全部完成。

② 有火花纹的地方是否正确及是否可以脱模。

③ 需要镜面抛光的成型零件，钢材必须用 ASSAB 136，硬度为 52～54HRC。钢材 NAK80 也可以镜面抛光，价钱还比较便宜。

注塑模具型腔经常要用 EDM 火花电蚀加工，此时需注意以下几点：

① 用窄脉冲电流加工。因为宽脉冲电流粗加工容易留下凹穴，抛光时会留下深孔。

② EDM 加工的机床很重要，质量不好的 EDM 机床火花纹深浅不一，局部会留下深孔。这些微细的深孔往往抛光到钻石膏后才看到，此时又必须从 #320 砂纸开始抛光，会浪费大量工时。

16.2.3　模具抛光过程

模具抛光一般先使用粗的油石对机械加工的模具型腔表面进行粗的打磨，打磨去除机械加工时刀具留下的刀痕，然后再使用细的油石打磨去除粗油石打磨的痕迹，然后再用细的砂纸对细油石打磨过的表面进行打磨，最后再使用抛光膏或研磨膏对模具的型腔表面进行最后的精抛光打磨，从而达到光亮如镜的效果。这就是一般对模具进行抛光的全过程。当然了，如果有可能的话，可以使用超声波抛光机来对模具进行抛光，这样效率更高。

要想获得高质量的抛光效果，最重要的是要具备高质量的油石、砂纸和钻石研磨膏等抛光工具和辅助品。而抛光程序的选择取决于前期加工后的表面状况，如机械加工、电火花加工、磨加工等等。机械抛光的一般过程如下：

① 粗抛：经车、铣、电火花、磨等工艺后的表面可以选择转速在 35000～40000r/min 的旋转表面抛光机或超声波研磨机进行抛光。常用的方法有利用直径 ϕ3mm、WA # 400 的轮子去除白色电火花层。然后再用油石手工研磨，条状油石加煤油作为润滑剂或冷却剂。一般的使用顺序为 #180 → #240 → #320 → #400 → #600 → #800 → #1000。油石抛光方法，这个作业是最重要的高难度作业，根据加工品的不同规格，分别约 70°角位均衡地进行交叉研磨。最理想的往返范围约为 40～70mm。油石作业也会根据加工品的材质而变化。许多模具制造商为了节约时间而选择从 #400 砂纸开始。

② 半精抛：半精抛主要使用砂纸和煤油。油石作业结束后是砂纸作业，砂纸作业时，要注意镶件和型芯的圆边、圆角和橘皮的产生。砂纸配合较硬的木棒像油石作业一样约 70°角交叉地进行研磨，一面砂纸研磨次数约 10～15 次。如果研磨时间过长，砂纸的研磨力会降低，这样就会导致加工面出现不均匀现象，这也是产生橘皮的原因之一。

砂纸作业时一般都采用竹片进行研磨，实际使用材质弹力小的木棒或硬度低的铝棒约 45°角进行研磨是最为理想的。研磨面不能使用橡胶或者弹性高的材料，不能用 45°角研磨的形状可以用锐角。砂纸的号数依次为：#220 → #320 → #400 → #600 → #800 → #1000 → #1200 → #1500。实际上 #1500 砂纸只适用于淬硬的模具钢（52HRC 以上），而不适用于预硬钢，因为这样可能会导致预硬钢件表面烧伤。

③ 精抛：精抛主要使用钻石研磨膏。若用抛光布轮混合钻石研磨粉或研磨膏进行研磨的话，则通常的研磨顺序是 9μm（#1800）→ 6μm（#3000）→ 3μm（#8000）。9μm 的钻石研磨膏和抛光布轮可用来去除 #1200 和 #1500 砂纸留下的发状磨痕。接着用粘毡和钻石研磨膏进行抛光，顺序为 1μm（#14000）→ 1/2μm（#60000）→ 1/4μm（#100000）。

精度要求在 1μm 以上（包括 1μm）的抛光工艺必须在模具加工车间中一个清洁的抛光室

内进行。若进行更加精密的抛光则必需一个绝对洁净的空间。灰尘、烟雾、头皮屑和口水沫都有可能报废数个小时工作后得到的高精密抛光表面。

16.2.4　模具抛光工具及机械

抛光工具：砂纸，油石，绒毡辘，钻石膏，钻石表锉，火石，钻石磨针，各式铜片，各式竹片，纤维油石，砂布靴，前后拉动头，圆转动打磨机，风动前后拉动头。

抛光工具规格及类别：

砂纸：150#、180#、320#、400#、600#、800#、1000#、1200#。

金砂纸：0#、2/0#、3/0#、4/0#、5/0#、6/0#。

油石：抛光未经热处理 P-20 模具钢，用牌子 GESSWEIN DF，普通油石粗细规格有 120#、220#、400#、600#。

EDM 油石：抛光已热处理的 H13 模具钢，用 BORIDE EDM 150#、180#、320# 粗度。

绒毡辘：圆柱形，圆锥形，方形尖嘴。

毛扫：抛光一些大平面及弧面的镜面抛光。

钻石膏：1#、3#、6#、9#、15#、25#、35#、60#。

颜色：白、黄、橙、绿、蓝、啡、红、紫。

表锉：方，圆，扁，小，角，弯锉及其他形状。

火石仔：按柄尺寸有 ϕ3/32in、ϕ1/8in、ϕ1/4in、ϕ6mm、ϕ3mm。

形状有圆柱形、圆锥形或用火石王打成你所需要的形状及大小。

钻石磨针：一般 3/32in 柄及 1/8in 柄，有圆波形、圆柱形、长直杜形、长圆锥形。

砂石靴：配合前后拉动头及双面胶纸贴在靴上用的，尺寸分为大小两种：17mm×28mm，8mm×17mm。

铜片：ϕ1/8in，ϕ1/4in，柄打成扁形以方便贴上砂纸抛光深骨或平面。

竹片：各式形状应适合操作者及依模具形状而造成，作用是压着砂纸，在型腔表面研磨，达至客户所要求的粗糙度。

纤维油石：200#、300#、400#、600#、800#、1000#、1200#。

颜色：灰、浅啡、橙、黑、蓝、白、红。

16.2.5　抛光的一般知识及技巧

① 新的模具零件开始抛光时，应先用煤油抹洗清洁，然后用酒精将所有油渍及不应有的杂物抹清，令模具型腔表面能较好地接触油石，抛光时油石面不会粘上污物以至失去切削功能。

② 抛光应从型腔的底部角边位置、成型加强筋的深坑及死角开始，之后再抛光大身位和大平面。

③ 对于镶拼式成型零件，个别地方需先沿边缘抛光，去除粗纹或火花纹，然后将所有成型零件装夹在一起抛光至要求。

④ 大平面或深腔类模具，一定要抛去粗纹后再用平的钢片与红丹检查型腔表面有否高低不平或倒扣的不良情况出现。如有不平或倒扣，成型制品会黏模或拖花。

⑤ 有些成型零件的某个平面可能一部分是成型表面，一部分是装配封胶的表面，对此必须用双面胶纸将砂纸或锯片贴在不能抛光平面上，对装配平面进行保护。

⑥ 如果型芯过高，导致局部抛光困难的话，则型芯最好改为镶件，如图 16-1。

⑦ 抛光型腔平面用前后拉动、拖动油石的柄尽量放平，倾斜角度不要大于 25°，因斜度大由上往下冲易导致型腔研出很多粗纹，见图 16-2。

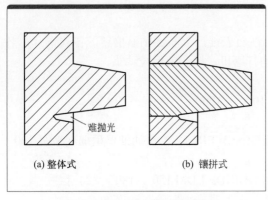

图 16-1　镶拼式成型零件方便抛光

(a) 整体式　　(b) 镶拼式

难抛光

图 16-2　抛光姿势

⑧ 如果型腔表面用铜片或竹片压着砂纸抛光，砂纸不可以比工具的面积大，否则会研到不应研的地方。

⑨ 如果型腔面积较小，不要用前后枪夹着油石成 30°或 45°抛光，这样会造成平面高低不平。应磨成细小粒油石，用竹片或前后枪连同铜柄压着油石抛光，去除粗纹后再用砂纸抛光。

⑩ 用铜片或竹片抛光，工具形状应跟模具型腔相似，不至将型腔研到变形。例如平面要用平的竹片，小或圆面用小或圆的竹片抛光。

⑪ 当抛光平面靠近抛光者身边的时候，砂纸或油石应倾斜 15°～30°，避免研出深坑。

⑫ 用 150#、180# 和 220# 粗抛油石抛光时，不应加煤油，抛光砂纸 320# 以上除外。如果用机动头拉动砂纸前后抛光也不应加煤油，手动用铜片或竹片则视具体情况而定。

⑬ 模具型腔表面如果不允许有火花纹，抛光者要观察清楚，找出火花纹而将其消除。检查型腔表面是否有火花纹的方法是，先将型腔表面洗干净，均匀涂上铜酸，约 3～5min 后，用水洗净镶件，用风枪吹干。若型腔表面无火花纹将会变暗，型腔表面有火花纹的将显现闪亮的斑点。

⑭ 铜电极抛光。抛光粗电极只要将铜电极表面突出的东西抛光即可，凹下的不一定要抛光。精电极则要研至光滑，所有角、边和平面都要研至平滑光顺，若存在凹坑须找出原因，尽量研平。

⑮ 用 400# 以上的砂纸抛光时应保证周围环境清洁，砂纸在剪开前应将砂纸卷上，互相摩擦，将砂纸上稍粗砂粒去除，这样会避免抛光时突然打出粗纹。

⑯ 数控铣床加工型腔表面后，一般应先从 400# 纸开始研去粗纹，接着再依次用 600#、800# 和 1000# 抛光，刀纹研除后，可采用金砂纸进一步抛光，必要时可添加研磨膏一同抛光。

16.2.6　镜面抛光

（1）钢材

内模镶件 ASSAB 136 或 NAK80 等不锈钢，硬度 52～54HRC。

（2）加工方法

① 先粗加工型腔表面，单边预留 0.5mm 精加工余量。

② 精加工有几个方法，首选 CNC 高速精铣。

③ 如果用 EDM 电蚀加工型腔，火花机首选 CHAMILLES ROBOFORM35，蚀至 CH9（0.28μm）；次选 Makino，蚀至 1# 粗度交抛光。在特别情况下，可用 Chamilles 电蚀至 CH3（0.14μm），再用 15# 钻石膏开始抛光。

④ 用 600# 砂纸抛光，接着 1000# 砂纸，加润滑液。

⑤ 用钻石膏抛光。先用 6#，再用 3# 完成后用煤油清洗。

⑥ 如发现型腔表面有砂眼，需要用 320# 油石开始重新抛光。重做④⑤项目。

（3）镜面抛光技巧

镜面抛光为一项费时费资之工序，但采用正确的方法可以提高抛光效率。首先必须保持清洁，抛光必须在清洁无尘的室内进行，手掌及模具均须进行彻底清洁。因硬度高的尘粒会损坏即将完工的型腔表面。其次每支打磨棒只可用于一个级别的钻石膏，并须保存于防尘之密封容器内。最后，钻石膏号数愈精细，则施用的稀释液应愈少。抛光时所施加的压力须依据研磨棒的硬度及钻石膏之粗细而定。若为最精细的 3# 及 1# 钻石膏，所施的压力只能相当于为研磨棒的重量。若采用较快的磨削速率，可选用较硬的工具及较粗的钻石膏。抛光应先从角落、边缘及坑槽开始。尖锐的角落及边缘应小心抛光以免变成钝角及圆边，且应选用较硬之工具。

（4）解决研磨过度问题

俗话说"愈磨愈糟"，打磨过程所遇到的最大难题为研磨过度。研磨过度结果有两种，一种是型腔表面出现"橙皮"状，另一种是型腔表面出现微型坑穴。这两种"打磨过度"现象多数发生于机械研磨，而人工研磨时则很少发生。

其中"橙皮"状表面多发生于受热过高、过度渗碳及加工研磨时施用过大压力及时间太长的模具上。因为较硬的钢材能接受较大的研磨压力，故硬度低的钢材容易被研磨过度。

若发觉模具型腔研磨得不如意时，多数人会直觉上施以较大之压力欲求速成，但结果往往适得其反，形成微型坑穴的原因主要如下：抛光时用力过大或时间过长。应施用轻微的压力使凸出之粒子磨平，但用力过大则会磨去钢材较软的本体而露出整粒粒子，露出的粒子在研磨力的作用下脱落而留下凹坑。补救方法，重新用砂轮研磨，以最后工序之较粗一级砂纸研磨型腔表面。然后再一级一级提高砂纸的精细程度，逐级抛光。所以当使用 10# 钻石膏或比 10# 更细的钻石膏抛光时应使用较硬的研磨棒，施以较轻的压力，并尽量在较短时间完成。

抛光是一门技术要求较高的工种，易学难精，必须采用正确的方法和工具，才能达到较高的专业水平。为了提高生产效率，我们要学习外国先进抛光知识及技术，逐步达到国际标准。

（5）镜面抛光实例一

抛光对象：1.2767 钢材的模具镶件，硬度 56 ～ 60HRC，抛光面为 φ28mm 凹球体，深度为 20mm。抛光程度：抛光由 EDM 纹（CHARMILLES #33）抛光至 A-2 镜面。

抛光过程及技巧：

① 用金刚石环。

最高速度 20000r/min，往复行程 1mm。慢研圈抛，顺时针方向由外向内一圈一圈抛光，直至型腔中心（大约需 2min）。清理工件，检查是否已清除所有火花纹。如完成转至第②步。

② 用铜环。

在工件上加 15μ 石膏润滑剂。轻力按铜砂轮沿球面抛光，移动慢 8mm/s。顺时针方向按指定路线从外到内。用力均匀，避免磨纹深浅不一致。抛光完成后清理，检查型腔表面是否达到效果，完成后进行第③步（大约需 5min）。

③ 用塑料环（PP 料）。

工件加 6μ 钻石膏润滑剂，重复第②步方法。用力轻柔。完成后清洗工件，检查效果，达到效果后进入第④步（大约需 3min）。

④ 用布胶环。

工件加 3μ 钻石膏，轻按布环重复第②步工序。完成后检查工件粗糙度，未达要求后，进入第⑤步（大约需 5min）。

⑤ 用布手动研。

模具型腔表面加 1μ 钻石膏抛光，方法见第②步工序（大约 3min），整个过程大约需要30min，包括清洗、更换工具及检查工件。

（6）镜面抛光实例二

抛光对象：模具型腔表面尺寸 100mm×150mm×20mm，硬度 48～52HRC，四面底角 R3mm，四边角 R6.5mm，加工面由火花机加工成型。抛光要求：#1 S.P.I.。

首先用煤油清洗油渍，抹干后用酒精再抹至干爽。用 150# EDM 油石，先抛光 R3mm 圆角和边角 R6.5mm，再抛光大平面，直至没有火花纹，转 320# 油石重复一次，或用 180# 砂纸抛光至无 150# 油石纹，用 320# 砂纸与前次的方向成 45°或 90°抛至没有粗纹，只有 320# 砂纸纹，再换成 400# 砂纸旋转 45°或 90°，抛去所有 320# 砂纸纹，接着依次换 600#、800#、1000#、1200#、0#、2/0#、3/0# 和 4/0# 金砂纸，抛光至全部纹消失。

接着开始用钻石膏抛光，先将成型零件用煤油、酒精清洗干净，先用 15# 钻石膏，以及直径 φ1in 转动打磨机抛光大平面，再用 φ3/8in 直径转动打磨机抛光四边 R 圆角。抛光时间不宜太长，因为零件发热型腔表面会产生橙皮纹或细小针孔。钻石膏不要加太多，最好表面形成一层均匀的薄膜。注意速度要慢，可稍微用力压着抛光。

抛光好后用干净纸巾或医用棉花轻抹抛光表面，检查有没有砂纸纹，无纹可用纸擦净型腔表面，用煤油和酒精抹净后用 3#、6# 和 9# 钻石膏，重复以上操作，最后用 1# 钻石膏用棉花轻按抹擦型腔至光亮，抛光便完成，见图 16-4。

图 16-3　实例一抛光面

图 16-4　实例二抛光面

时间：①粗抛光要视型腔表面之粗细，一般应在 20h 左右完成。

② 精抛光至金砂纸 4/0# 约需 24h。

③ 钻石膏抛光全部过程约 1.5h。

总时间 45.5h。

16.2.7　抛光工艺及技巧

要得到合格的型腔表面，模具钢材的内部质量很重要，但抛光工艺及技巧也非常重要。若技巧使用得当，可以事半功倍，获得优良的型腔表面，反之，低劣之技巧破坏型腔表面，浪费人工和钢材。

模具型腔抛光不要一开始就使用最细的油石、砂纸和研磨抛光膏，用细油石和细砂纸不能消除粗的纹路。虽然打磨出来的活的表面看起来很光亮，但是侧面一照，粗的纹路就显现出来了。因此，要先从粗的油石、砂纸或者研磨抛光膏开始打磨，然后再换比较细的油石、砂纸或研磨抛光膏进行打磨，最后再用最细的研磨抛光膏进行抛光，循序渐进。这样虽然比较麻烦，工序多，但实际上并不慢，一道接一道的工序，将前面粗的加工纹路打磨掉，再进行下面的工序，不会返工，一次走下来就可以使模具的粗糙度达到要求。

一般来说，型腔复杂的注塑模具一般采用数控铣床、电火花机床或仿形机床加工。若模具表面要求平滑，则经铣加工后的表面，必须再进行粗磨、精磨及抛光等工序。经电蚀加工表面则只须作精磨及抛光。经仿形加工的模具只须进行钻石膏抛光。

快捷及良好的打磨过程始自砂轮打磨，消除机械加工所留下的刀纹。不论利用机械打磨还是人力打磨，都应注意以下几点。

① 砂轮研磨时应使用大量冷却液，切勿产生局部过热而影响模具硬度。

② 应选用清洁及无伤痕的砂轮或油石。高硬度的钢材应选用较软的油石。

③ 每次使用较精细的砂纸抛光时，工件及指掌必须彻底清洗干净，避免较粗粉尘或污垢在型腔表面留下刮痕。

④ 当每次更换较细一级的砂轮或砂纸抛光时，应改变抛光方向，与前次抛光方向成45°。当新的抛光纹完全盖过前次抛光纹后再多加25%时间继续抛光，以消除已变形的型腔表层。

⑤ 不断变换抛光方向的优点是可以避免产生不规则花纹。

⑥ 当研磨大型平坦模具型腔表面时，应尽量避免使用软性的手持打磨机，应选用打磨石以避免形成不规则花纹。

16.3 钳工加工

16.3.1 划线作用及工具

通过划线，明确表示出表面加工位置和加工余量，确定孔的位置，使模具加工有标志和依据。划线是一种复杂、细致而重要的工作，它直接关系产品质量好坏，线若划错，模具工件会作废。一个工件在已经进行多道机床加工工序后，若划线时因粗心大意看错图纸划错线而造成废品，损失就更大了。

划线的基本工具有平台、曲尺、曲铮、钢尺、卡尺、角度尺、划针、高度尺、中心冲、V 形块和分度盘等，见图 16-5。

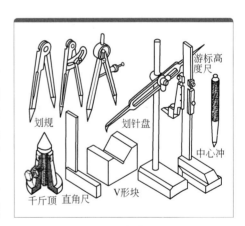

图 16-5 划线工具

16.3.2 锉削加工

锉削前，锉刀的选择很重要。要锉削加工的零件是多种多样的，如果选择不当，会浪费工时或锉坏工件，也会过早使锉刀失去切削能力。因此，对于钳工，必须正确选用锉刀。

① 锉刀的断面形状和长短，应根据加工工件表面的形状和工件大小来选用；

② 锉刀的粗细，应根据加工工件材料的性质、加工余量、尺寸精度和表面粗糙度等来选用。

锉削方法：

① 工件的夹持：要正确地夹持工件，否则影响锉削质量。

② 工件最好夹持在钳口中间，使虎钳受力均匀。

③ 工件夹持要紧，但不能把工件夹变形。

④ 工件伸出钳口不宜过高，以防锉削时产生振动。

⑤ 夹持不规则的工件应加衬垫，薄工件可以钉在木板上，再将木板夹在虎钳上进行锉削，锉削大而薄的工件边缘时，可用两块三角块或夹板夹紧，再将其夹在虎钳上进行锉削。夹持已加工面和精密工件时，应用软钳口（铝和紫铜制成），以免夹伤表面。

锉刀的选择：

① 粗锉刀用于锉软金属，以及加工余量大、精度等级低和表面粗糙度大的工件。细锉刀用于锉加工余量小、精度等级高和表面粗糙度小的工件。

② 新锉刀的齿比较锐利，适合锉软金属，新锉刀用一段时间后，再锉硬金属较好。

锉削平面，是锉削中最基本的操作。为了使平面易于锉平，常用下面几种方法：

① 直锉法（普通锉削方法）：锉刀的运动方向是单方向，并沿工件表面横向移动，这是钳工常用的一种锉削方法。为能够均匀地锉削工件表面，每次退回锉刀时，向旁边移动 5 ～ 10 mm。

② 交叉锉法：锉刀的运动方向是交叉的，因此，工件的锉面上能显出高低不平的痕迹。这样容易锉出准确的平面。交叉锉法很重要，一般在平面没有锉平时，多用交叉锉法来找平。

③ 顺向锉法：一般在交叉锉后采用，主要用来把锉纹锉顺，起锉光、锉平作用。

④ 推锉法：用来顺直锉纹，改善表面粗糙度，修平平面。一般加工量很小，并采用锉面比较平直的细锉刀。握锉方法是两手横握锉刀身，拇指靠近工件，用力均匀，平稳地沿工件表面推拉锉刀，否则容易把工件中间锉凹。为使工件表面不致擦伤和不减少吃刀深度，应及时清除锉齿中的切削。

⑤ 用顺锉或推锉法锉光平面时，可以在锉刀上涂些粉笔灰，以减少吃刀深度。

16.3.3　FIT 模

FIT 模又称配模，其作用是判断分型面是否完全贴合，防止分型面贴合不良导致漏胶、成型制品产生飞边等缺陷。

FIT 模工具：风动、电动、圆转动打磨机，前后拉动打磨头，火石仔，钻石锣嘴，红丹，厚薄不同的垫片（SHIM），手扫和大锤等。

垫片（SHIM）：不同尺寸的垫片或铜片，尺寸有 0.1mm、0.2mm、0.3mm、0.4mm、0.5mm、1mm、1.5mm、2mm、3mm、5mm、6mm、8mm、10mm 和 12mm 等，这是方便每次试尺寸时不用到磨床磨薄垫片。如果尺寸还是不符合，可用皱纹纸代替。

操作：先要找出一面尺寸已做好的模芯或模板，将碰穿部位和擦穿部位抛至顺滑。合模前检查清楚细小及高出的地方是否切削量太多，如太多则要重新磨削或重新铣削，力求缩短 FIT 模时间。初次合模时部分模具零件可能难看得到是否已接触，最好是在贴合的地方加上一张纸，以便容易看到，以免不小心将细小零件撞坏，用 FIT 模机或用大锤都可以采用此方法。若导柱与导套符合要求的话，用吊机将型芯或镶件装上，用胶锤或铜锤轻轻打下去，直至停下来。型芯和模板之间要放垫片，将厚度尺寸记下，将模具打开便能看到模板或镶件哪些地方接触到，哪些地方接触不良。在安全的情况下，将垫片厚度加厚 0.2mm，再将模具合上。如导柱导套不顺滑，则要在有碰穿的地方加上数张皱纹纸。当纸上有红丹时则要测量动模平面空间，确定垫片尺寸，测量纸的厚度和垫片厚度，就可以找出碰穿部位应磨去多少。如果平面部位碰到红丹，就要看垫片多厚，如垫片厚度是 0.8mm，那么碰到红丹地方就是高出 0.8mm，就可将此处的分型面用铣床、磨床或打磨机切削 0.7mm，留下 0.1mm FIT 模余量和安全余量，但如果碰穿位是斜面，则要用三角函数计算，要留下充足的 FIT 模余量。

FIT 模后红丹浅色的地方加工余量不多，相反呈现深咖啡色和黑色的地方则是加工余量最多的地方，应重点加工。加工余量多的地方可用打磨机、铣床或磨床加工，加工余量小的地方可用锉刀锉削或砂纸打磨。

16.4 钻床加工

钻床通常用于加工尺寸较小、精度要求不太高的孔，如冷却水孔和螺纹底孔等。钻床上除了钻孔，也可进行扩孔、铰孔、攻螺纹、锪孔和刮平面等的加工，见图 16-6。

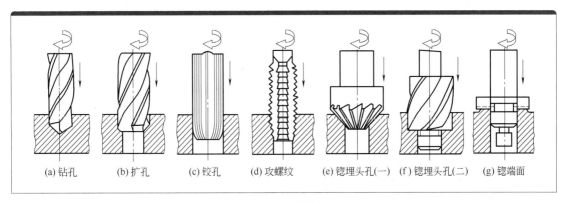

(a) 钻孔　(b) 扩孔　(c) 铰孔　(d) 攻螺纹　(e) 锪埋头孔(一)　(f) 锪埋头孔(二)　(g) 锪端面

图 16-6　钻削加工

钻削加工技巧及注意事项如下：

① 安全措施：不可戴手套，要戴上防护眼镜。

② 工具：钻床和钻头，钻头的种类很多，如麻花钻、拨头。

③ 刀具刃磨：磨钻头的目的，是要把钝了或损坏的切削部分磨成正确的几何形状，或工件材料变化时，钻头的切削部分和角度也需要重新修磨，使钻头保持良好的切削性能。

④ 方法：磨钻头，右手握钻头的前端（也可按个人习惯用左手），左手握住柄部。磨刀刃时右手使刃口接触砂轮，左手使钻头柄部向下摆动，所摆动的角度即是钻头的后角。当钻头柄部向下摆动时，右手握动钻头绕自身的中心旋转。磨出的钻头，钻心处后角会大些，有利于钻削。磨刀刃时，钻头切削部分的角度应符合要求，两条主切削刃要等长，顶角应在钻头中心线平分。在工作中大都做眼部检查，将钻头切削部分朝上竖起，两眼平视，观看刃口。由于两个切削刃一前一后，会产生视差，常常感到左刃（前刃）高于右刃。所以必须将钻头转动 180° 再目测。此外，也可在钻床上进行试钻。

⑤ 工件的夹持：可将工件直接用压板、螺钉固定工件。螺钉尽量靠近工件，使压紧力较大，垫铁应比所压工件略高或等高。如工件表面已经精加工，在压板下应垫一块铜片，以免在工件上压出印痕。

⑥ 按照划线钻孔：在工件上正确位置进行划线。划线时，一定要根据工件图的尺寸要求，正确地划出两条交叉线，交点即为孔的中心，然后用顶尖或中心钻在交点上打上印记。钻孔

时，首先开动钻床，钻头的尖端对准交叉点印记。在试钻时手动进刀，钻出孔径的 1/4in 左右时再提起钻头，检查所钻圆孔中心是否在划线的交叉点上。如果位置正确，再继续钻孔，钻到差不多同钻头直径一样大小时，要提起钻头再查测一次，除了检查位置是否正确外，还要看钻头是否垂直，一切都正确后便可用压板和螺钉将工件锁紧，钻至所要的深度或钻穿。但如钻通孔，孔下面必须留出钻头的空间，否则钻头会钻伤工作台面。又如果钻出的孔径跟中心偏离，就得改正。一般只需将工件摆过一些就行了。如钻头较大或偏心较多，就在钻歪的孔径相对方向一边用样冲或尖錾錾低些（可錾几条坑）逐渐将偏斜部分移正过来。钻孔时，每当钻头钻进深度达孔径 3 倍时，必须将钻嘴提出，排除铁屑，防止钻头过度磨损或折断，以及影响孔壁的粗糙度。当钻大直径孔时，因为钻头尖的切削作用很小，这时应分两次加工，先钻一细孔，扩大钻头的导孔后再用大钻头。这样可以省力，且孔的精确度容易得到保证。一般超过 ϕ1/2in 的孔可分两次钻或多次而每次直径以 1/4in 递增。

⑦ 在斜面上钻孔及攻 1/4in NPT 喉牙，先用 ϕ1/2in 的 45° 头锪刀铣出满 ϕ1/2in 的孔，之后才配合应钻的钻头和攻牙。

⑧ 绞孔：绞刀按使用方法，分为机用绞刀和手用绞刀两种。绞孔的前道工序，必须留有一定的加工余量，供绞孔时加工。绞孔的加工量适当，绞出的孔壁光洁。如果余量过大，容易使绞刀磨损，影响孔的表面粗糙度，还会出现多边形。绞孔余量应根据孔径的大小来确定，一般在 0.2 ～ 0.4mm 之间。绞刀工作时，其后面孔壁的摩擦很大，所以绞孔时必须使用冷却润滑液。

⑨ 用手绞刀，工作夹持要正确，绞刀在把手装上后，将绞刀插入孔内，用角尺校正。两手握持把手，稍加衡压力，按顺时针方向绞削。机绞刀与手绞刀同样严禁倒转。如在绞削中有困难时，仍要按顺时针方向用力向上提起，查明原因，及时处理。

16.5 磨床加工

磨削加工作用：提高位置精度、尺寸精度和表面光洁度。

效率：磨削加工每次进刀量很小，为提高效率，磨削余量不能太大，粗磨余量通常取 0.3 ～ 0.4mm，精磨余量通常取 0.1 ～ 0.2mm。

进给量：粗磨 0.05 ～ 0.10mm，精磨 0.01 ～ 0.03 mm（合适预磨量）。

砂轮号数和形状见图 16-7。

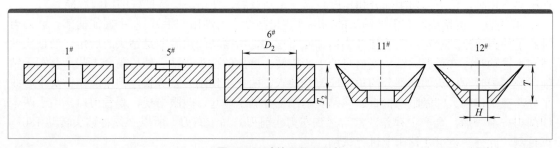

图 16-7　砂轮号数和形状

砂轮的标志印在砂轮的端面上，其顺序是：形状代号、尺寸、磨料、粒度号、硬度、组织号、结合剂、线速度。

例如：外径 300mm、厚度 50mm、孔径 75mm、棕刚玉、粒度 60#、硬度 L、5 号组织、陶瓷结合剂、最高工作线速度 35m/s 的平形砂轮标记为：

砂轮 1-300×50×75-A60L5V-35　GB 2484—94

修整砂轮的目的：整形和修锐。整形是为了使砂轮获得精确的表面轮廓；修锐的本质是降低磨削过程所需的功率负载，使磨削更易进行。修整砂轮的工具通常是金刚石笔和金刚石滚轮。

金刚石笔角度应是斜向 15°，金刚石笔要常转动，务求笔嘴成尖型，能使砂轮锋利。洗砂轮时，金刚石笔应在砂轮中心偏左约 1～2mm，作用是修整砂轮时平台移动而不损害金刚石笔和产生危险。每次修磨 0.2～0.3mm，来回 2～3 次。金刚石笔移动速度应为 300mm/min。金刚石笔不应过长，而收笔孔要顺配不可过松。金刚石笔应放在平台左面中心，这样修磨的火石沙不会打花平台。不同金刚石笔修磨效果见表 16-1。

表 16-1　不同金刚石笔修磨效果

金刚石笔形状	尖笔	平或圆嘴笔
效果	锋利	封密砂轮
切削效率	高	低
切削能力	高	低
工件精度	高	低
工件热度	低	高

磨削加工注意事项：

① 放工件前先用粒度较大的细油石（1000#）轻推平面，抹净，再用干净的手感觉是否清洁无尘。

② 必须用逆刀方向。

③ 用砂轮加工工件的圆弧角时，最细的圆弧角可达到砂粒直径的十分之一。

磨削时，除了正确选择砂轮、磨削条件和修整条件外，磨削液及其供给方法的选择，对于磨削效果也有相当大的影响。

① 润滑作用：减少工作表面与磨粒之间的摩擦，使磨削力下降，同时使磨粒的磨损降低，延长砂轮使用寿命，保证工件表面粗糙度的要求。

②冷却作用：带走热量，防止工件有烧伤、裂纹、变形等现象，使工件尺寸稳定。

③清洗作用：清洗砂轮表面，防止磨屑堵塞砂轮气孔和附在砂轮表面上，保证工件表面粗糙度要求和延长砂轮使用寿命。

砂轮的使用安全：

① 砂轮在安装前应进行仔细的外观检查。用胶锤轻力敲砂轮，观察有无裂纹和损伤，未经检验或检验后发现有破裂声等，应严禁使用。

② 紧固砂轮时，螺钉不能拧得过紧。在拧紧螺钉时，要对称进行，拧紧力要逐次加大。

③ 新砂轮第一次安装在磨床上后，必须在有防护罩的情况下，空运转 5min，此时操作者应站在砂轮旋转方向的侧边，以防意外。

16.6　推杆孔的加工方法

16.6.1　圆推杆孔加工

① 材料为 P-20 钢材。

先画中心线，用中心钻钻比推杆孔小 0.4mm 或 1/64in 的粗孔。用机捻捻孔（新捻把要磨斜入口），再用铰刀研光，配推杆。

② 材料为硬钢 H-13、420、S-7 45HRC 以上，加工步骤如下：

a. 淬火前，先划中心线确认中心位置，然后钻推杆避空孔及穿线孔，线孔直径可参考表 16-2。

表 16-2　线孔直径

推杆孔直径	穿线孔直径
ϕ1/8in 以上	钻 ϕ3/32in
ϕ1/8~1/16in	EDM 打孔 ϕ0.5mm
ϕ1/16in 以下	EDM 打孔 ϕ0.3mm

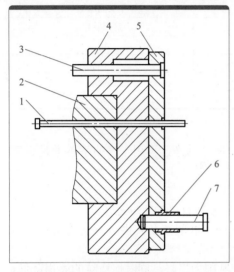

图 16-8　推杆孔加工

1—推杆；2—镶件；3—动模 B 板；4—复位杆；
5—推杆固定板；6—推杆固定板导套；
7—推杆固定板导柱

b. 磨好工件后线切割推杆孔。

c. 线切割两次：一粗一精；当孔直径小于 1.5mm 时，必须使用光刀程序加工（可防止火花过界及表面过粗）。

c. 线切割后，必须用铰刀研孔，配推杆。

注：因线切割推杆孔后，在放大 50 倍时，会看到线切割孔身有凹凸表面。在注塑 PP 和尼龙时，有超过 0.02mm 飞边，故线切割后需研孔。

推杆孔加工见图 16-8。

推杆和推杆孔配合公差为 H7/f6。

推杆测试程序：

① 先将后模板竖立放平台上。

② 把推杆板紧贴后，装上复位杆、中托司及导柱（导柱必须通过中托司插入模板管位中）。

如无导柱设计，可用复位杆孔作为导向基准。

③ 把每支推杆由后模前面顺推入至推杆板孔，如能通过便合格，如不能通过，应了解是否避空不够或孔中心偏心。如两托推杆，必须从后望是否同中或正常顺放，不能用力推进。

④ 完成第三点，再由针板面放入顺推介子头，确保介子有足够避空，如遇有管位推杆，也应是刚好推进，不能用硬物打入。

必须要按以上方法，才算完成检查程序。

检查方法：

① 正确方法是：

推杆由正面插入，然后通过托板及推杆板，由于正面的间隙小，如遇到不同心的孔会卡住阻止前推。

结果一：检查到斜孔及不同心避空孔，不能接受，见图 16-9。

结果二：如果只有小许偏差，可以用手指轻轻推进，还算合格，见图 16-10。

有托推杆的检查方法相同，不同的只是用直身推杆代替有托推杆；然后检查推杆与推杆板的孔是否同心。

② 错误方法：推杆由避空孔插入，然后通过托板及内模推杆孔，见图 16-11。由于其间孔径间隙大，就算不同中心的孔及斜孔亦可以通过（最多擦边过），所以永远检查不出问题，且会导致推杆折断及针板不顺。

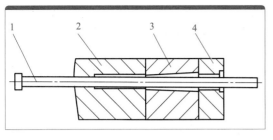

图 16-9　推杆孔倾斜且不同心

1—推杆；2—镶件；3—动模 B 板；4—推杆固定板

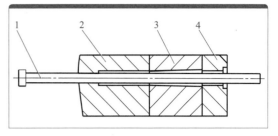

图 16-10　推杆孔轻微倾斜但不影响装配

1—推杆；2—镶件；3—动模 B 板；4—推杆固定板

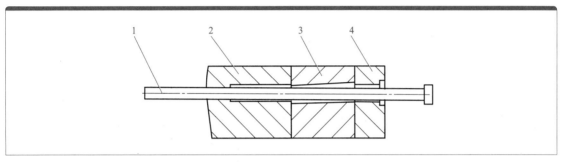

图 16-11　不正确的方法

1—推杆；2—镶件；3—动模 B 板；4—推杆固定板

16.6.2　扁推杆孔加工

① 以两件镶件合并，其中一件镶件加工扁推杆的配合方槽。见图 6-12。

a. 间隙不能超过塑料所容许的溢料值。

b. 圆角可取 $R0.25\,\mathrm{mm}$，可用砂轮加工成型。

② 整体式，镶件原身割出扁推杆孔，见图 16-13。

a. 间隙不能超过塑料所容许的溢料值。

b. 介子脚可以无扁瓣。

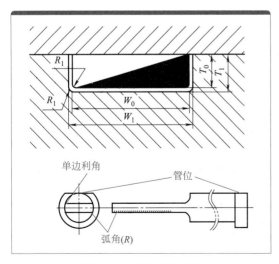

图 16-12　两件镶件合并

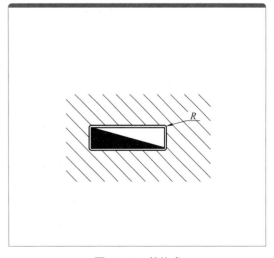

图 16-13　整体式

c. 4 边要有圆角（*R*），一般圆角为 *R*0.25mm；如需要更小的弧角，可用 ϕ0.05mm、ϕ0.10mm。夹具检视扁顶圆度（*R*）方法：把推杆放在一个做了标准弧度的夹具上，然后用 20 倍放大镜检查。

如果复位杆上套有复位弹簧，装配推杆时会比较困难，尤其是细小的推杆，很容易夹断或撞坏。

下面有两种常用方法，通常都用第一种方法。

第一种：在对角 2 支复位杆上端面加公制螺钉 M5mm 或 M6mm，或英制 3/16in 或 1/4in-UNC，见图 16-14（a）。

第二种：在动模板上增加 2 支螺钉，装配后不拆除，螺钉尺寸为 1/4in 或 3/8in，根据螺钉长度而定，见图 16-14（b）。

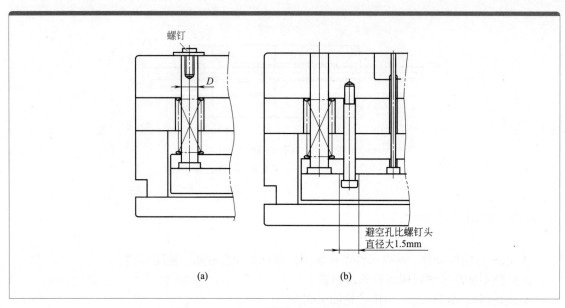

图 16-14　有复位弹簧时推杆的装配方法

16.7　冷却水道测试

注塑模具中的冷却水道很多，装配后必须检查其密封性，防止漏水。检查的方法如下：

① 模板垂直，即模具横放，如同装在注塑机上，从最低孔位注水，最高孔出水。这样可以防止空气压缩在水道内导致检测不准确，见图 16-15。

② 根据模具装配图，确定喉牙是美制（NPT）、英制（BSP）还是公制（mm）。

③ 找出相对编号"IN""OUT"，接上相应之水管，先用风枪试吹是否相通。

④ 先注入水并将空气排出（由下方入水，上面出水），注满水后放走一部分水，使余下空气排走。加压至 30～60psi（1psi=6.895kPa）后锁紧，保持 3min，如气压未有降低，且模板喉塞位置和模框四周没有水渗出，说明合格。

⑤ 检查完毕后，必须将冷却水道内所有水分吹出，以免生锈。

⑥ 吹水时应用布盖住水以免溅湿其他模具零件，造成生锈。

注意事项：

① 每次试模前必须检查冷却水是否正常，保证上机时不会漏水。

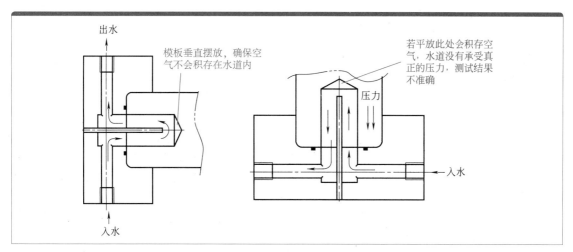

图 16-15　检测水道密封性的方法

②检查水道内有没有残留铁屑：用细铁棒通一通或用加长嘴风枪伸入水道底吹。

③检查喉塞有没有加密封纸，确定没有漏水或渗水情况。

④隔水片标准厚度为 1/16in、5/64in、3/32in。必须做成斜角 45°，且放到底及不能转动超过 5°。

⑤冷却水孔尺寸和藏头尺寸等，要合乎标准。

16.8　电极加工

16.8.1　电火花加工

电火花机是一种先进的金属加工机床，没有机械加工残余应力，可加工已热处理和一般刀具不能加工的工件。电火花加工又称 EDM，当加工的地方深而窄，刀具不能切削时，就可以电火花加工。电火花加工原理见图 16-16。

电极：可用铜电极和石墨电极加工。可以铜蚀铜，石墨蚀铜和铍铜，石墨可蚀乌铜。另外钢可蚀钢、乌铜可蚀石墨，但加工量不可太多，它只可以蚀约 0.05～0.1mm。如果加工量多，加工时需要很长时间，宜用铜电极。

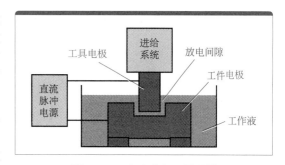

图 16-16　电火花加工原理图

夹具：轻力磁盘，螺钉，码铁（EROWA）以及不同尺寸夹头。

设备组成部分：火花机可分手动，CNC 机（全计算机化），附设 ATC 装设（自动换电极装设），C 轴（转头设备）。

电极火花位设置：有特粗电极、粗加工电极、精加工电极、留皮纹电极数种。一般火花位由缩细直径 0.1～1mm 不等，要视工件大细深浅而定，及注意光洁度要求。

修补：炭精，红铜电极如有破损，可按电极不同形状用镶嵌方法修补（视形状而定）。

石墨类别：ISO 63，88；POCO 100，200；POCO AF-5；EDM 100，200；EDM 3。

粗加工用 POCO 100，EDM 100；

精加工用 ISO 63，POCO 200；

绞公用 ISO 88，POCO200，EDM3。

石墨：

① 是一种能抵受高热力，耐热能力达 4200℃的材料。火花机加工时，速度快，导电性良好，石墨重量为铜的 1/5，大大减轻 EDM 主轴负荷。

② 当加工石墨等较为硬性的材料时，碰缺机会大，所以需注意加工方向。

电火花机操作：将工件放在轻力磁盘或工作台平面，用码铁螺钉收紧，用千分表校正基准面，用电极碰基准面后，依据图纸要求沿 X、Y 轴移动，加减火花进给深度，调校深度，按启动开关，电火花机有不同的加工条件，视工件要求而选定。

粗加工：因粗加工所需的火花位较大，所以粗公减幼公的火花位差数就是粗公加工时的火花位；一般稍预细 0.05mm 给幼公加工。

精加工：视成品光洁度要求而加工，一般要预抛光尺寸。如果模框精度高就要进行精加工，抛光就比较容易，节省抛光时间。大模零件抛光比较容易，电火花加工精度不用太高，节省火花机加工时间。

工作液：常用工作液有煤油、机油、去离子水、乳化液等。其作用是压缩放电通道的区域，提高放电能量密度，加速蚀物排出。

可以在电极钻孔冲液或吸液，但孔不要太大，否则被加工表面会留下一点凸出的钢材要再加工。同时需注意，如果在内模镶件里镶嵌了铍铜后用电蚀加工的话，加工时所产生的铜屑会弹至加工表面，导致出现粗纹，此时要加大工作液的冲洗速度。

16.8.2　线切割加工

线切割又称 WEDM，其加工原理和电火花加工相同，只不过将电极换成了钼丝。

（1）损耗工具

树脂，切割铜线，镀层铜线，过滤器，水，轴承，导电体，线嘴，油石，去锈水，防锈油（使用完去锈水才可以加上去），机床线条油（雪油）。

（2）用品

码铁，不锈钢螺钉，线切割机专用批士，EROWA 各类型夹头。

（3）树脂作用

树脂的作用是净化水中电离子，将水中电导率降低。

当三菱机的刻度在 25 度以下，西部机在 200 度以下操作会正常，如高出此刻度就要重加树脂；一般要换水或更换过滤器。

（4）切割线

有普通线、镀层线以及出品商为各种牌号机所特制的切割线，直径一般使用 0.10～0.30mm。

（5）工件安装

圆工件装在 V 形夹具上，非常精确而且不可偏心。工件可用一件钢板先切割一个孔，将圆工件放入孔中后加工。细小工件可用批士夹住。大工件平放在平台后用码铁夹紧加工或配合 EROWA 头夹住加工，所有夹头用不锈钢制成。

（6）操作

将工件装配好用千分表校正，开机将切割线移至加工基准面，接触工件底座，当火花机切割线位置调整好以后，按图纸所需尺寸存入计算机加工，计算机会自动计算火花间隙以设定线与工件接触放电距离。另因有火花位存在，所割的最小圆角 R 不能小于线的半径。

实例 1：见图 16-17，如果要保证尺寸 10mm，线粗为 ϕ0.25mm，则碰数后要移动 10.125mm，视精度要求。

实例 2：见图 16-18，切割直径 ϕ5mm 孔，当切割线接触工件基准边后，分别向 X、Y 两个方向移动 "10.0mm + 线半径"。切割线直径为 ϕ0.25mm 时，半径为 0.125mm，切割线沿 X、Y 轴移动 10.125mm，如要尺寸很准确，需要从粗加工开始分 3 ～ 4 次完成。

实例 3：见图 16-19，切割线碰基准边见火花后移 25mm + 切割线直径 ϕ0.25mm。

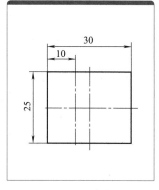

图 16-17　实例 1

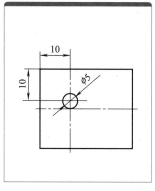

图 16-18　实例 2

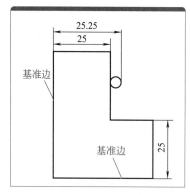

图 16-19　实例 3

16.9　烧焊

模具做失误了比如铣多了，被撞塌角了或磨损了，或改模等等就需要把有缺陷的地方烧焊堆起来，再打磨或用机床把它做成你需要的样子就好了。烧焊相当于在模具的型腔内补加一块材料。烧焊一般有激光烧焊和氩弧焊。模具烧焊要注意以下几点：

① 所有模具镶件，不论任何地方如需烧焊或补铍，都必须取得客人同意才可进行，不可自行决定。

② 烧焊之前钳工要在工件上标设好需要烧焊部位和烧焊量，有关的尺寸一定要在烧焊前先做好测量并做好记录，以便修模前、后数据对照，这样可以对修模尺寸更加有把握，免得产生重复试模和修模。

③ 烧焊的方法和技巧很重要，否则难以保证烧焊质量。

a. 模具镶件必须预热至 150 ～ 200℃（参考各种钢材之要求）。

b. 所用焊枝必须和镶件钢材相同。

c. 枕起和擦穿的部位无需蚀皮纹，抛光至 2# 即可。

d. 尽量用细火。

e. 烧焊后不能将工件立即吹冷，要让工件慢慢降温，这样可以减少应力，避免硬度不均情况。

f. 淬火镶件应在淬火之前烧焊，这样可以做到硬度均匀，减小应力。

g. 有蚀纹地方尽可能不烧焊，结构单薄或易于变形之工件烧焊后必须消除应力，如回火等。

16.10　注塑模具装配

一副模具由动模和定模两部分组成，动模和定模又分别由成型零件、结构件、冷却系统、脱模系统、导向定位系统、侧向抽芯机构和排气系统等组成。装配就是把已经加工好，并经过检查合格的模具零件（包括模板、镶件、型芯、螺钉、弹簧、撑柱、定位圈、撑头、推杆、推管、浇口套、导柱、导套等等），通过各种形式连接成模架系统、成型系统、定距分型机构、热流道浇注系统、脱模系统、冷却系统、导向定位系统等组件，再将这些组件连接成动模和定模部件，动、定模装配后就得到一副模具。

清除键槽的锐边，以防装配过紧。修锉键的尖角。安装轴承时先将轴承、轴和配轴承外圈的孔用清洁的煤油或汽油洗涤。洗涤后，在配合面上涂上啤令油，必须保证轴承的滚动体不受压力，配合面不擦伤。轴承装在轴上时，不可用手锤直接敲打轴承外圈，应使用附加工具，将力加在内圈上，不允许外圈受力，即在配合较紧的座圈上加力。轴与滚动轴承的内圈较紧时，可用钢料车成套，压在轴承内圈上，用手锤敲入。

在螺纹自动脱模注塑模具装配时，圆柱齿轮传动结构装配的技术要求很高。装配主要技术要求有：①工件传动均匀，没有噪声；②相互啮合的齿轮轴要互相平行，并保持一定的中心距；③齿轮间应有一定的间隙，并要有足够的接触斑点。

安装齿轮时，应检查齿轮的轮齿和轮孔有无碰伤，并去掉毛刺。压装时，要避免齿轮在轴上歪斜和产生变形。

装配零件：装配零件时一定要看清楚字唛及方向。拧螺钉时要留意螺钉长度是否合理，太短锁紧力不够，太长又会顶牙底。装配零件前应确定冷却水已试妥，不能整副模具装好后才试冷却水，避免因存在问题导致模具反复装拆。

装推杆时，先拿每一尺寸的推杆分别放入推杆孔单独试试，确保推杆字唛和方向相符，全部装好后要重新检查两次才将推杆板装上。

清洁模面：高光洁度的模面，需用幼滑纸巾加火水轻轻抹去模面油污及脏物。不可用力，不可重复用同一页纸抹模，可多用一些纸，免致弄花模面，清洁后再用酒精将平面擦光滑，喷一层薄防锈剂，切勿用手抹擦型腔表面。

注塑模具装配详见第 17 章，此处不再叙述。

16.11　试模前模具检查

① 所有模具如在 2 天内试模，全套模均不应喷防锈剂及在镶件成型表面及装配表面涂油。因为有油会困气，并且镶件所渗出之防锈油会弄污成品。

② 所有模具必先检查动作畅顺后，才交给试模部。

③ 如有特别装置，必须注明及通告试模部。

④ 推杆板如有行程开关，行程开关位置必须向上，电线从上面接入较方便。

⑤ 如推杆板有行程限制，需用红笔注明在模具上，及通告试模部。

⑥ 开模行程如有限制，必须用专用红笔注明在模具上，并且需书面通知试模部。

⑦ 所有模具必须根据《模具检查表》检查后才交试模部。特别要注意疏气及浇口抛光。

⑧ 如模具有替换镶件要求，必须告知试模部更换的方法。

⑨ 所有斜顶必须低过模面最少 0.05 ～ 0.1mm。防止铲胶。

⑩ 检查所有侧向抽芯是否有可靠的导向和限位零件。

⑪ 检查所有侧向抽芯机构是否有安全装置，防止铲或撞坏模具。

⑫ 如有液压或气压抽芯，应检查所有油路或气路是否畅顺，是否有行程开关保证其准确开启或关闭。

⑬必须核对塑件图和模具图是否有特别要求，检查是否做妥。

为了保证试模正常，检查人员必须熟悉模具结构及技术要求，对交付试模的模具应首先进行下列有关的检查：

（1）外观

①模具的开合高度、码模尺寸、离模形式、开模距离是否符合客人和注塑机要求。

②模具外围应无凸出和锋锐的毛刺，并应打上模具编号和成品代号。

③应检查吊环螺孔是否能安全将模具吊装到注塑机上。

④各种附件、备件是否备齐，如油管接头盒水管接头。

⑤应有吊模方向的字样"TOP"。

⑥法兰和浇口套尺寸是否符合客人要求，是否与注塑机相配合。

⑦检查热射嘴、热流道板及其电源插座。

⑧顶棍孔的位置及尺寸是否符合要求。

（2）模具型腔

①推杆孔是否已有倒扣，针孔和浇口是否已打磨光滑。

②浇口是否与图纸尺寸一致。

③排气槽是否足够。

④成品内腔粗糙度是否达到客人要求。

⑤型芯及所有深骨位底部要清洁干净。

⑥在不一定要利角的角位，应用细砂纸加工圆角；可用手指触摸感觉有没有倒扣现象。

⑦各滑动零件应配合适当；前后位置的定位要正确可靠；斜导柱配合要可靠。如模件使用温度高于60℃时，各运动部件的间隙应保证在升温后不会因膨胀而卡死。

⑧每一件镶件及行位要试好冷却水才可将整套模装好。

⑨试模前要试推杆，用吊机拉起整套推杆板，检查它能否自动滑落。

⑩检查模腔内的成品编号。

第 **17** 章　注塑模具装配

17.1　概述

　　模具装配就是将制造合格的模具零件组合在一起，形成模具，并生产出合格的制品的过程。模具装配是模具制造过程的最后阶段，装配质量直接影响模具的精度和寿命及使用性能，也影响到模具生产的制造周期和生产成本。

　　简单模具装配时，装配过程由模具钳工自己掌握；复杂模具装配时，则需编制装配工艺规程。模具的装配工艺规程规定了模具零件和组件的装配顺序、装配基准的确定、装配的工艺方法及技术要求、装配过程中所使用的工具和工装、检验方法和验收条件等内容，它是模具装配的指导技术文件。模具装配工艺规程不仅是指导模具装配的技术文件，也是制订模具生产计划和进行生产技术准备的依据。模具装配工艺规程包括：模具零件和组件的装配顺序，装配基准的确定，装配工艺方法和技术要求，装配工序的划分以及关键工序的详细说明，必备的二级工具和设备，检验方法和验收条件等。

　　注塑模具装配是注塑模具制造过程中重要的工序，模具质量与模具装配紧密联系，模具零件通过铣、钻、磨、CNC、EDM、车等工序加工，经检验合格后，就进入装配工序。没有高质量的模具零件，就没有高质量的模具；但只有高质量的模具零件而没有高质量的模具装配工艺技术，也不能得到高质量的注塑模具。

　　注塑模具装配前的准备如下：

　　① 必须研究和熟悉装配图纸上的技术要求，了解模具结构和零件的作用以及相互连接的关系。

　　② 确定装配方法，程序和准备好所需用的工具，熟悉装配工艺规程。

　　③ 划分装配单元。将产品划分为套件、组件和部件等装配单元是制订装配工艺规程重要的一步。装配单元划分要便于装配，并应合理选择装配基准件。装配基准件应是产品的基体或主干零件、部件，应有较大体积和重量，有足够支撑面和较多公共结合面。

　　④ 确定装配顺序。在划分装配单元并确定装配基准件后，即可安排装配顺序。注塑模具安排装配顺序一般原则是先难后易、先内后外、先小后大。

　　⑤ 清洗零件。装配的所有零、部件，均应经过清洗、擦干。有配合要求的，装配时涂以适量的润滑油。装配所需的所有工具，应清洁、无垢无尘。

　　⑥ 零件检测。所有成型件、结构件都无一例外，应当是经检验确认的合格品。检验中如

有个别零件的个别不合格尺寸或部位，必须经模具设计者或技术负责人确认不影响模具使用性能和使用寿命，不影响装配。否则，有问题的零件不能进行装配。配购的标准件和通用件也必须是经过进厂入库检验合格的成品。同样，不合格的不能进行装配。

⑦ 模板及镶件有冷却水道的话要先测试后装配。对要求修改的零件，要进行修配。装配普通或加长的水管接头时，要低于模板平面 1mm（最少 0.5mm），避免搬运或存放时碰断。

⑧ 对旋转零件要进行必要的垂直度和同轴度检查，避免因零件不同轴与旋转中心不一致而引起的不顺畅导致的其他损坏。

⑨ 在螺纹自动脱模注塑模具中，转动螺纹型芯、齿轮主轴通常采用平键传递扭矩。平键与键槽的两侧面必须要顺紧配（采用 H7/h6 的公差与配合）。保证在正反转时不会产生松动现象，以免降低轴承和键槽的使用寿命及其稳定性。而键顶面和齿轮间必须留有 0.5mm 的间隙。

⑩ 场地清洁。模具的组装、总装应在平整、洁净的平台上进行，尤其是精密部件的组装，更应在平台上进行。

⑪ 装配工具准备。过盈配合（H7/m6、H7/n6）和过渡配合（H7/k6）的零件装配，应在压力机上进行，一次装配到位。无压力机需进行手工装配时，不允许用铁锤直接敲击模具零件（应垫以洁净的木方或木板），只能使用木质或铜质的榔头。

17.2 注塑模具装配的精度

注塑模具的装配必须保证以下精度：

① 相关零件的位置精度：如定位销孔与型孔的位置精度，上、下模之间及动、定模之间的位置精度，型腔、型孔和型芯之间的位置精度等。其中定模座板上平面与动模座板下平面须平行，平行度 ≤ 0.02mm/300mm。模具成型位置尺寸应符合装配图纸规定要求，动、定模中心重复度 ≤ 0.02mm。

② 相关零件的运动精度：如导柱和导套的配合状态、侧向抽芯机构、螺纹自动脱模机构、端子自动送料精度等。注塑模具所有导柱、导套之间的滑动应平稳顺畅，无歪斜和阻滞现象。注塑模具所有滑块的滑动平稳顺畅，无歪斜和阻滞现象，复位、定位准确可靠，符合装配图纸所规定的要求。注塑模具所有斜顶的导向、滑动平稳顺畅，无歪斜和阻滞现象，复位、定位准确。注塑模具顶出系统所有复位杆、推杆、顶管、顶针运动平稳顺畅，无歪斜和阻滞现象，限位、复位可靠。

③ 相关零件的配合精度：如镶件和模板、型芯和镶件、脱模零件和镶件等的配合精度。

④ 相关零件的接触精度：如动定模分型面、内模管位、定位块、滑块与锁紧块以及嵌件和镶件等的接触精度等。装配好的模各封胶面必须配合紧密，间隙小于该模具塑料材料溢边值50%，避免各封胶面漏胶产生披锋。保证各封胶面有间隙排气，能保证排气顺畅。装配好的模具各碰插穿面配合均匀到位，避免各碰插穿面烧伤或漏胶产生披锋。

⑤ 型腔尺寸精度：装配好的模具成型尺寸应符合装配图纸规定要求，最大外形尺寸误差 ≤ ±0.05mm。

⑥ 模具浇注系统须保证浇注通道顺畅，所有拉料杆、限位杆运动平稳顺畅可靠，无歪斜和阻滞现象，限位行程准确，符合装配图纸所规定的要求。

⑦ 注塑模具冷却系统运水通道顺畅，各封水堵头封水严密，保证不漏水渗水。

⑧ 注塑模具各种外设零配件按总装图纸技术要求装配，先复位机构动作平稳可靠，复位可靠；油缸、气缸、电器安装符合装配图纸所规定的要求，并有安全保护措施。

⑨ 注塑模具各种水管、气管、模脚、锁模板等配件按总装图纸技术要求装配，并有明确标识，方便模具运输和调试生产。

17.3 注塑模具装配工具、量具一览表

注塑模具装配常用工具和量具见表 17-1。

表 17-1　注塑模具装配常用工具和量具

设备种类	设备名称	加工范围或测量范围	技术特点
设备	起重设备	10 ~ 20t	运输、起重、FIT 模
	普通铣床		铣削加工规则面
	摇臂钻床		加工螺孔、过孔、冷却孔、顶针孔
	台式钻床		加工螺孔、过孔、冷却孔、顶针孔
	平面磨床		磨削规则面加工
	翻模机		大型模具翻转
	切针机		切割顶针、销钉等圆柱形零件
	电动打磨机		修配型面、碰穿面、插穿面
	气动打磨机		修配型面、碰穿面、插穿面
刀具、工具	白钢铣刀		粗铣、半精铣削规则面
	合金铣刀		半精铣、精铣削规则面
	普通钻嘴		加工螺孔、过孔、冷却孔、顶针孔
	加长钻嘴		加工大型镶件冷却孔、顶针孔
	平锉		去除加工毛刺
	金刚锉		修配型面、碰穿面、插穿面
	异形金刚锉		修配型面、碰穿面、插穿面
	铜锤		校正工件、FIT 模
	砂轮打磨头		修配型面、碰穿面、插穿面
	金刚打磨头		修配型面、碰穿面、插穿面
	砂轮片		
	风枪		清洁零部件
量具	游标卡尺	0.02mm	零部件检测测量
	千分尺	0.01mm	零部件检测测量
	深度尺	0.02mm	零部件深度尺寸检测测量
	高度尺	0.02mm	画线取数
	塞尺	0.01mm	零部件槽缝尺寸检测测量
	角度尺		零部件角度尺寸检测测量
	直角尺		曲尺
	百分表	0.01mm	拖表，校正工件
	R 规		零部件 R 圆角尺寸检测测量

17.4 注塑模具装配的特点

模具装配图及验收技术条件是模具装配的依据。构成模具的标准件、通用件及成型零件等符合技术要求是模具装配的基础。但是，并不是有了合格的零件，就一定能装配出符合设计

要求的模具，合理的装配工艺及装配经验也是很重要的。

模具装配过程是按照模具技术要求和各零件间的相互关系，将合格的零件按一定的顺序连接固定为组件、部件，直至装配成合格的模具。它可以分为组件装配和总装配等。

要装配一副合格的模具，首先要选择装配基准，进行组件装配、调整、修配、总装、研磨抛光、检验和试模、修模等工作。在装配时，零件或相邻装配单元的配合和连接，必须按照装配工艺确定的装配基准进行定位与固定，以保证它们之间的配合精度和位置精度，从而保证模具零件间精密均匀地配合，模具开合运动及其他辅助机构（如卸料、抽芯、送料等）运动的精确性，保证成型制件的精度和质量，保证模具的使用性能和寿命。通过模具装配和试模也将考核制件的成型工艺、模具设计方案和模具制造工艺编制等工作的正确性和合理性。

模具装配工艺规程是指导模具装配的技术文件，也是制订模具生产计划和进行生产技术准备的依据。模具装配工艺规程的制订根据模具种类和复杂程度，各单位的生产组织形式和习惯做法视具体情况可简可繁。模具装配工艺规程包括：模具零件和组件的装配顺序，装配基准的确定，装配工艺方法和技术要求，装配工序的划分以及关键工序的详细说明，必备的二级工具和设备，检验方法和验收条件等。

模具装配属单件装配生产类型，特点是工艺灵活性大，大都采用集中装配的组织形式。模具零件组装成部件或模具的全过程，都是由一个工人或一组工人在固定的地点来完成。模具装配手工操作比重大，要求工人有较高的技术水平和多方面的工艺知识。

17.5　模具装配工艺

在学习模具装配方法之前，首先了解装配尺寸链的概念。

装配工艺

17.5.1　装配尺寸链

任何产品都是由若干零、部件组装而成的。为了保证产品质量，必须在保证各个零、部件质量的同时，保证这些零、部件之间的尺寸精度、位置精度及装配技术要求。无论是产品设计还是装配工艺的制订以及解决装配质量问题等，都要应用装配尺寸链的原理。

在产品的装配关系中，由相关零件的尺寸（表面或轴线间的距离）或相互位置关系（同轴度、平行度、垂直度等）所组成的尺寸链，叫作装配尺寸链。其特征是封闭性和相关性，即组成尺寸链的有关尺寸有一定的联系，并按一定顺序首尾相连接构成封闭图形，没有开口，见图 17-1。组成装配尺寸链的每一个尺寸称为装配尺寸链环，图 17-1 共有 5 个尺寸链环。

装配尺寸链分为组成环和封闭环。其中，组成环是对装配精度有直接影响的零、部件的尺寸或位置尺寸；而封闭环则是不同零件或部件的表面或轴心线间的相对位置尺寸（即装配精度），它是装配过程最后形成和保证的，是一个结果尺寸或位置关系，不能独立变化。与装配精度要求发生直接影响的那些零件、部件的尺寸和位置关系，是装配尺寸链的组成环，组成环分为增环和减环。

（1）封闭环的确定

在装配过程中，间接得到的尺寸称为封闭环，它往往是装配精度要求或是技术条件要求的尺寸，用 A_0 表示。在尺寸链的建立中，首先要正确地确定封闭环，若封闭环找错了，整个尺寸链的解也就错了。

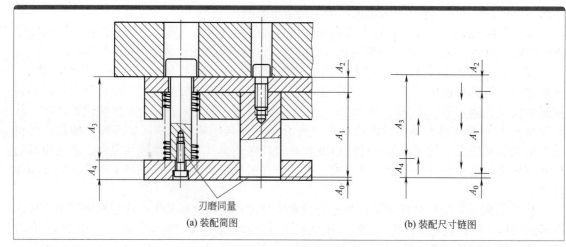

刃磨同量

(a) 装配简图　　　　　　　　　　(b) 装配尺寸链图

图 17-1　装配尺寸链

（2）组成环的查找

在装配尺寸链中，直接得到的尺寸称为组成环，用 A_i 表示，如图 17-1 中 A_1、A_2、A_3、A_4。由于尺寸链是由一个封闭环和若干个组成环所组成的封闭图形，故尺寸链中组成环的尺寸变化必然引起封闭环的尺寸变化。当某个组成环尺寸增大（其他组成环尺寸不变），封闭环尺寸也随之增大时，则该组成环为增环，以 $\vec{A_i}$ 表示，如图 17-1 中 A_3、A_4。当某个组成环尺寸增大（其他组成环不变），封闭环尺寸随之减小时，则该组成环称为减环，用 $\overleftarrow{A_i}$ 表示，如图 17-1 中的 A_1、A_2。

为了快速确定组成环的性质，可先在尺寸链图上平行于封闭环，沿任意方向画一箭头，然后沿此箭头方向环绕尺寸链一周，平行于每一个组成环尺寸依次画出箭头，箭头指向与封闭环相反的组成环为增环，箭头指向与封闭环相同的为减环，如图 17-1（b）所示。

（3）建立装配尺寸链的原则

① 简化原则：注塑模具的结构通常都比较复杂，对某项装配精度有影响的因素很多，因此，查找装配尺寸链时，在保证装配精度的前提下，可忽略那些影响较小的次要因素，使装配尺寸链的组成环适当简化。

② 最短路线原则：由尺寸链的基本理论可知，封闭环公差等于各组成环公差之和。在装配精度一定的条件下，组成环数越少，分配到各组成环的公差就越大，则组成环零件的精度就越容易保证。因此，在建立装配尺寸链时要求组成环的环数应尽量少一些。

③ 方向性原则：在同一装配结构中，当不同方向都有装配精度要求时，应按不同方向分别建立装配尺寸链。例如，自动脱螺纹注塑模具中，有一种蜗杆蜗轮副传动机构，在装配过程中为了保证蜗杆蜗轮的正常啮合，蜗杆蜗轮副两轴线间的距离、垂直度以及蜗杆轴心线与蜗轮中心平面的重合度均有一定的精度要求，这是三个不同方向的装配精度，因此需要在三个不同方向上分别建立装配尺寸链。

（4）装配尺寸链计算的基本公式

装配尺寸链的计算方法有极值法和概率法两种。下面介绍极值法装配尺寸链计算法。

① 公称尺寸计算公式：封闭环的公称尺寸等于各组成环公称尺寸的代数和。

$$A_0 = \sum_{i=1}^{m} \vec{A_i} - \sum_{i=m+1}^{n-1} \overleftarrow{A_i}$$

② 公差计算公式：封闭环的公差等于各组成环公差之和。

$$T_0 = \sum_{i=1}^{m} T_i$$

③ 偏差计算公式：封闭环的上极限偏差等于所有增环的上极限偏差之和减去所有减环的下极限偏差之和。

$$\mathrm{ES}_0 = \sum_{p=1}^{n} \mathrm{ES}_p - \sum_{q=n+1}^{m} \mathrm{EI}_q$$

封闭环的下极限偏差等于所有增环的下极限偏差之和减去所有减环的上极限偏差之和。

$$\mathrm{EI}_0 = \sum_{p=1}^{n} \mathrm{EI}_p - \sum_{q=n+1}^{m} \mathrm{ES}_q$$

式中　　m——包括封闭环在内的尺寸链总环数；

　　　　n——增环的数目。

17.5.2　注塑模具装配方法

注塑模具装配的工艺方法有互换装配法、修配装配法和调整装配法。

互换装配法的工艺特点是：①装配操作简单，质量稳定；②便于组织流水作业；③有利于维修工作；④对零件的加工精度要求较高。

修配装配法的工艺特点是：①依靠工人的技术水平，可获得很高的精度，但增加了装配过程中的手工修配或机械加工；②在复杂、精密的部装或总装后作为整体配对进行一次精加工，消除其累积误差。

调整装配法的工艺特点是：①零件可按经济加工精度加工，仍有高的装配精度，但在一定程度上依赖工人技术水平；②采用定尺寸调整件时，操作较方便，可在流水作业中应用；③增加调整件或机构，易影响配合副的刚性。

由于模具生产属单件生产，又具有成套性和装配精度高的特点，所以目前模具装配以修配装配法和调整装配法为主。随着模具技术和设备的现代化，模具零件制造精度将逐渐满足互换装配法的要求，互换装配法的应用将会越来越多。

（1）修配装配法

在单件小批生产中，当装配精度要求高时，如果采用完全互换法，则使相关零件的要求很高，这对降低成本不利。模具都属于单件生产，常常采用修配法。

修配法是在某零件上预留修配量，装配时根据实际需要修整预修面来达到装配要求的方法。修配法的优点是能够获得很高的装配精度，而零件的制造精度可以放宽。缺点是装配中增加了修配工作量，工时多且不易预先确定，装配质量依赖工人的技术水平，生产效率低。

图 17-2 所示是一注射模的浇口套组件。浇口套装入定模板后要求上面高出定模板0.02mm，以便定位圈将其压紧。下表面则与定模板平齐。为了保证零件加工和装配的经济可行性，上表面高出定模板平面的 0.02mm 由加工精度保证，下表面则选择浇口套为修配零件，预留高出定模板平面的修配余量 h，将浇口套压入模板配合孔后，在平面磨床上将浇口套下表面和定模板平面一起磨平，使之达到装配要求。

采用修配装配法时应注意：

① 应正确选择修配对象。即选择那些只与本装配精度有关，而与其他装配精度无关的零件作为修配对象。然后再选择其中易于拆装且修配面不大的零件作为修配件。

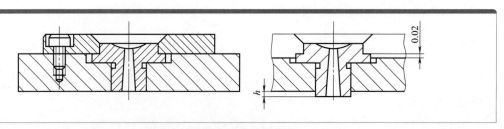

图 17-2　浇口套组件修配装配

② 应通过尺寸链计算。合理确定修配件的尺寸和公差，既要保证它有足够的修配量，又不要使修配量过大。

③ 应考虑用机械加工方法来代替手工修配。如用手持电动或气动修配工具。

（2）调整装配法

将各相关模具零件按经济加工精度制造，在装配时通过改变一个零件的位置或选定适当尺寸的调节件（如垫片、垫圈、套筒等）加入到尺寸链中进行补偿，以达到规定装配精度要求的方法称为调整装配法。

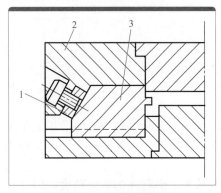

图 17-3　调节装配法
1—调整垫片；2—紧楔块；3—滑块型芯

图 17-3 所示是塑料注射模滑块型芯水平位置的装配调整示意图。根据预装配时对间隙的测量结果，从一套不同厚度的调整垫片中，选择一个适当厚度的调整垫片进行装配，从而达到所要求的型芯位置。

调整装配法的优点是：

① 在各组成环按经济加工精度制造的条件下，能获得较高的装配精度。

② 不需要做任何修配加工，还可以补偿因磨损和热变形对装配精度的影响。

缺点是：需要增加尺寸链中零件的数量，装配精度依赖工人的技术水平。

（3）互换装配法

装配时，各个配合的模具零件不经选择、修配、调整，组装后就能达到预先规定的装配精度和技术要求，这种装配方法称互换装配法。它是利用控制零件的制造误差来保证装配精度的方法。其原则是各有关零件公差之和小于或等于允许的装配误差。用公式表示如下：

$$\delta_\Delta \geqslant \sum_{i=1}^{n} \delta_i$$

式中　　δ_Δ——装配允许的误差（公差）；

　　　　δ_i——各有关零件的制造公差。

在这种装配中，零件是可以完全互换的。互换装配法的优点是：

① 装配过程简单，生产率高。

② 对工人技术水平要求不高，便于流水作业和自动化装配。

③ 容易实现专业化生产，降低成本。

④ 备件供应方便。

但是互换装配法将提高零件的加工精度（相对其他装配法），同时要求管理水平较高。

17.5.3　注塑模具的装配工艺过程

在总装前应选好装配的基准件，安排好上、下模（动、定模）装配顺序。如以导向板作基准进行装配时，则应通过导向板将凸模装入固定板，然后通过上模装配下模。在总装时，当模具零件装入上下模板时，先装作为基准的零件，检查无误后再拧紧螺钉，打入销钉。其他零件以基准件配装，但不要拧紧螺钉，待调整间隙试冲合格后再紧固。

　　型腔模往往先将要淬硬的主要零件（如动模）作为基准，全部加工完毕后再分别加工与其有关联的其他零件。然后加工定模和固定板的 4 个导柱孔、组合滑块、导轨及型芯等零件，配镗斜导柱孔，安装好顶杆和顶板。最后将动模板、垫板、垫块、固定板等总装起来。模具的装配工艺过程如图 17-4 所示。

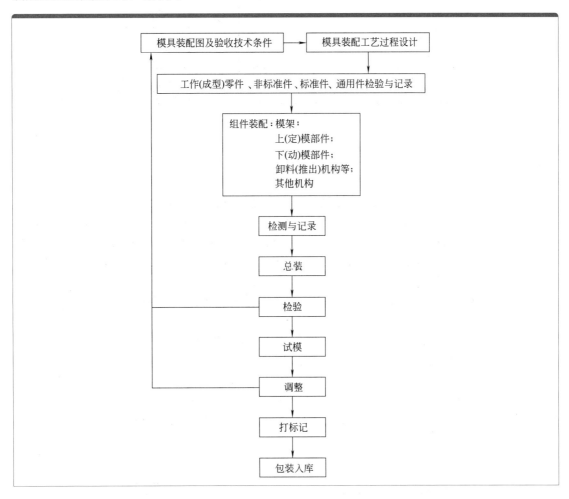

图 17-4　装配工艺过程

17.6　注塑模具主要组件装配

17.6.1　导柱、导套的组装

　　导柱、导套在两板模中分别安装在动、定模型腔固定模板中。为保证动模和定模的合模精度，导柱、导套安装孔加工时往往采用配镗来保证安装精度。图 17-5 为导柱、导套孔配镗示意图。

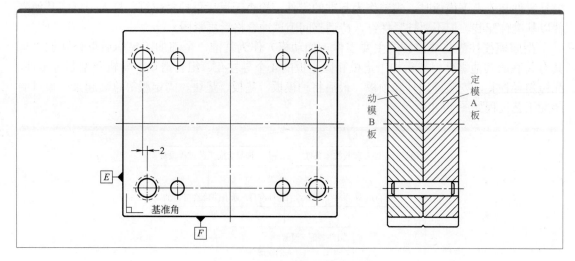

图 17-5　导柱、导套孔配镗示意图

（1）导柱、导套孔配镗

① A、B 板分别完成其六个平面的加工并达到所要求的位置精度后，以 E、F 面作为镗削加工的定位基准。镗孔前先加工工艺销钉定位孔（以 E、F 面作基准，配钻、铰后装入定位销）。180mm×180mm 以内的小模具，用 2 个 ϕ8mm 销钉定位；600mm×600mm 以内的中等模具用 4 个 ϕ8mm 或 ϕ10mm 的定位销定位；600mm 以上的大模具则需要 6～8 个 ϕ2～16mm 的销钉定位。

② 以 E、F 面作基准，配镗 A、B 板中的导柱导套孔（先钻预孔再镗孔，镗后再扩台阶固定孔）。

③ 为保证模具使用安全，四孔中之一孔的中心应错开 2mm。

④ 镗好后清除毛刺、铁屑，擦净 A、B 板。

（2）导柱、导套的装配

① 选 A、B 任一板，利用芯棒，如图 17-6 所示。在压力机上，逐个将导套压入模板。芯棒与模板的配合为间隙配合 H7/f7；而导套与模板的配合为过渡配合 H7/m6。

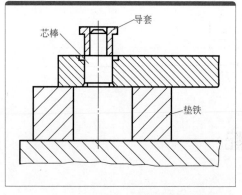

图 17-6　利用芯棒压入导套

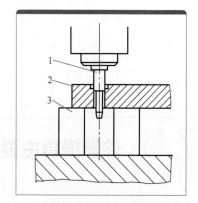

图 17-7　短导柱装配

1—导柱；2—定模板；3—平行垫块

② 图 17-7 所示为短导柱用压力机压入定模板的装配示意图。图 17-8 所示为长导柱压入固定板时，用导套进行定位，以保证其垂直度和同心度的精度要求。

装配时先要校正垂直度，再压入对角线的两个导柱，进行开模合模，试其配合性能是否良好。如发现卡、刮等现象，应涂红粉观察，看清部位和情况，然后退出导柱，进行纠正，并校正后，再次装入。在两个导柱配合状态良好的前提下，再装另外两个导柱。每装一次均应进行一次上述检查。

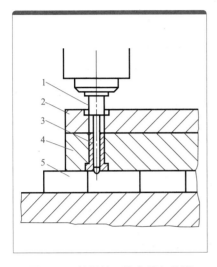

图 17-8　长导柱、导套导向装配

1—导柱；2—固定板；3—导套；
4—定模板；5—平行垫块

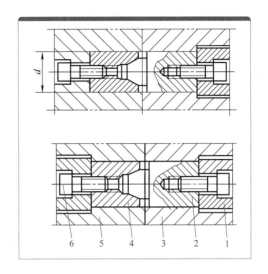

图 17-9　圆锥定位件的组装

1—调整圈；2,4—圆锥定位件；
3—定模板；5—动模板；6—螺钉

（3）圆锥定位件的组装

采用圆锥定位件锥面定位属导柱、导套进行一次初定位后采用的二次精定位。当模具动、定模有精定位要求时，模具常选用圆锥定位件。圆锥定位件的组装如图 17-9 所示。

圆锥定位件材料选用 T10A，热处理 56～60HRC。锥面应进行配研，涂红粉检验，其配合锥面的 85% 以上应印有红粉，且分布均匀。

导柱、导套装入模板后，大端应高出模板 0.1～0.2mm，待成型件安装好后，在磨床上一同磨平，如图 17-10 所示。

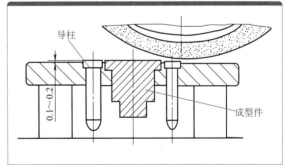

图 17-10　装入后一同磨平

17.6.2　浇口套的组装

图 17-11（a）所示为二板模浇口套的装配示意图，图 17-11（b）为三板模点浇口型腔结构。浇口套装入模板后高出 0.02mm，压入后，端面与模板一起磨平。

图 17-12 所示为斜浇口套的装配关系和位置。两块模板应首先加工并装以工艺定位钉，然后，采用调整角度的夹具，在镗床上镗出 dH7 的浇口套装配孔。压入浇口套时，可选用半径 R 与浇口套喷嘴进料口处的 R 相同的钢珠，用垫板（铜质）将斜浇口套压入到正确装配位置，然后与模板一起将两端面磨平。为便于装配，浇口套小端有与轴心线相交的倒角或是相宜的圆角 R。

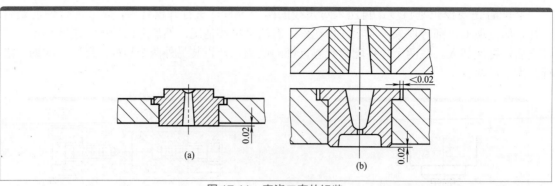

图 17-11　直浇口套的组装

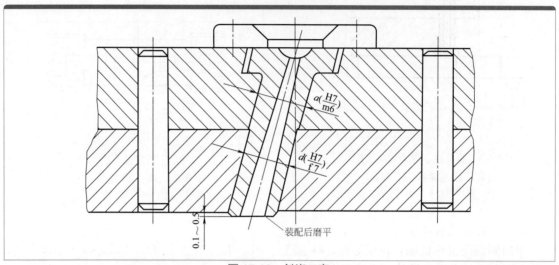

图 17-12　斜浇口套

17.6.3　热流道板的组装

图 17-13 所示为一副热流道注塑模具的热流道板装配图。

装配顺序：

① 件 12 依次装入件 13 之后，将件 13 旋入件 5，旋紧防漏料（螺纹为细牙螺纹）；

② 件 11 找正方向后装入件 5，用顶丝顶紧；

③ 件 1 装入件 9（H7/f7 配合），将件 2～4 装入件 9 之后，使件 1 小端向上，而将件 5 与件 1 小端相配合的孔向下，对准件 1 小端套入并找正（找正方法：使件 5 与件 9 左右两端长度之差异为零即已找正、对中）；

④ 用中心销钉将件 17 装在件 5 上；

⑤ 此时，需要测量件 13 端面处的高度 H 值，再测量件 17 端面处的 H 值，按最小值进行修磨，使其一致，再将件 8 高度修磨与之相同；

⑥ 将件 8 装在件 9 上；

⑦ 最后用件 15 装好件 16，插入电热管 6，并将电热管电源线接入绝缘性能良好的电源盒插座中，从而完成热流道板的装配，此时，应进行电热功率的测试和调整，使之符合设计要求为止。

热流道板中的分流道通孔和电热管安装孔（盲孔）属深孔加工，用深孔钻或枪钻在专用深孔机床上加工。分流道通孔由两端加工对接，须特别注意定位基准和定位精度（用块规定位，百分表校正），保证孔的同轴度。分流道加工后，应进行珩磨，以保证其表面质量的要求。

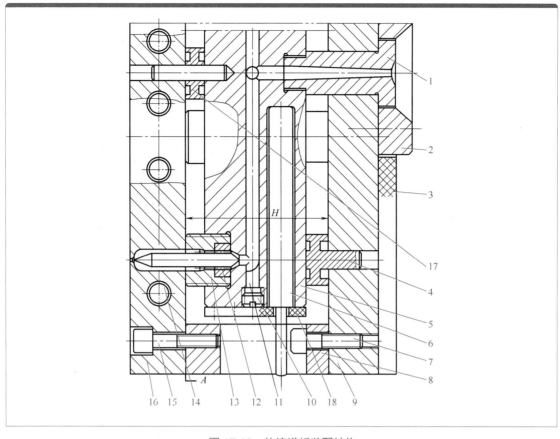

图 17-13 热流道板装配结构

1—浇口套；2—定位圈；3—石棉隔热板；4—支承件；5—热流道板；6—电热管；7—固定螺钉；8—支承板；9—定模固定板；10—顶丝；11—堵塞；12—分流梭芯；13—热喷嘴；14—冷却水道；15—螺钉；16—定模板；17—垫板；18—隔热板

17.6.4 成型镶件的组装

① 成型镶件固定孔的加工。

A、B 板用导柱导套定位后，镗 A、B 板上的成型镶件固定孔。除镗削加工之外，不论固定孔是圆形孔还是矩形孔，只要是通孔，均可采用线切割加工或铣削加工，铣削还可以加工不同深度的盲孔。成型镶件大端的台阶固定孔，可以用镗或铣加工而成。成型镶件在压力机上压入后，大端高出台阶孔 0.1～0.2mm，装配后磨平，如图 17-14 所示。A 板上的定模型腔镶件压入后，小端应高出 A 板的分型面 1～2mm。若是多型腔模具，所高出的 1～2mm 高度，应在磨床上一齐磨平，保证等高。

② A、B 板上的成型镶件固定孔在加工之前，应检验其位置精度：成型镶件固定孔与两端面（分型面）的垂直度为 0.01～0.02mm；两孔的同轴度为 0.01～0.02mm。

③ 成型镶件孔若为复杂的异形孔，则通孔用线切割加工或数控铣加工；盲孔则只能用数控铣粗加工、半精加工、成型磨精加工。

17.6.5 斜滑块（哈夫拼合件）的组装

斜滑块（哈夫拼合件）的组装如图 17-15 所示。

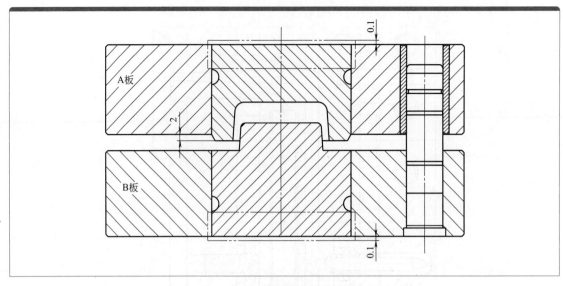

图 17-14　成型镶件固定孔的加工

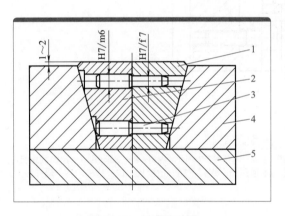

图 17-15　斜滑块装配

1—右斜滑块；2—左斜滑块；3—定位销；
4—动模板；5—支承板

① 斜滑块的固定锥孔的锥面应保证与斜滑块件 1 和件 2 的斜面密合，涂红粉检验应符合其配合锥面的 85% 以上应印有红粉，且分布均匀的要求。锥面小端有 2 ～ 3mm 高的直孔，作为斜面加工的装配"让刀"，起退刀槽作用。

② 哈夫镶拼块若为圆锥体，可备以两块料，加工好配合面，并对配合面进行研磨，使之完全密合。通过工艺销定位后，则可以车削、磨削加工而成，高度上留磨削余量。

③ 哈夫块若为矩形件，则用夹具按斜度要求校平后先铣后磨，完成两斜面的加工，高度留余量。然后用线切割从中切开，一分为二，将切口研平。

④ 两定位销孔在未加工斜面之前先钻后铰。

⑤ 装配后，哈夫块大端高出固定孔上端面（即分型面）1 ～ 2mm，哈夫块应倒 60°角。小端应比固定孔的下平面凹进 0.01 ～ 0.02mm。

⑥ 采用红粉检验：垂直分型面应均匀密合，两斜面或圆锥面与孔应有 85% 印有红粉且分布均匀。三瓣合斜滑块的加工、装配工艺和技术要求与哈夫滑块完全相同。

17.6.6　多件镶拼型腔的装配

多件镶拼型腔的装配如图 17-16 所示。装配要点如下：

① 俯视图所示的四角处，装配孔的 R 尺寸应比镶入的镶拼件的圆角 R_1 小 0.5 ～ 1mm。

图 17-16　多件镶拼型腔

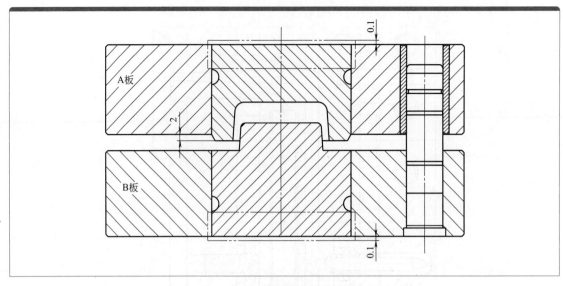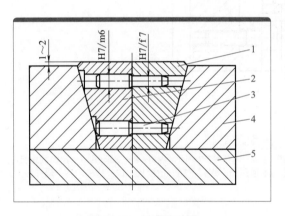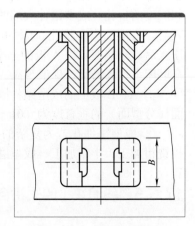

② 装配尺寸精度为 H7/m6 或 H7/n6。

③ 宽度尺寸 B，三镶件应同时磨，保证一致。

④ 高度尺寸留余量，小端倒角，压入后两端与模板一同磨平。

⑤ 压力机压入。

⑥ 装配前检验固定孔的垂直度为 0.01 ~ 0.02mm。镶拼件上的成型面分开抛光，达到要求后再进行装配压入。

17.6.7　型芯的组装

图 17-17 为型芯的组装示意图。图（a）中，正方形或矩形型芯的固定孔四角，加工时应留有 R0.3 的圆角为宜，型芯固定部位的四角则应有 R_1=0.6 ~ 0.8mm 的圆角为宜。型芯大端装配后磨平。装配压入时用液压机，固定模板一定要放置水平位置，打表校平后，才能进行装配。当压入 1/3 后，应校正垂直度，再压入 1/3，再校正一次垂直度，以保证其位置精度。图（b）中，固定台阶孔小孔入口处倒角 1×45°，以保证装配。

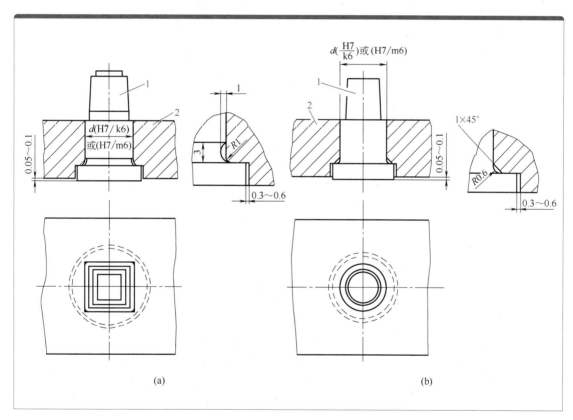

图 17-17　型芯的组装示意图

1—型芯；2—型芯固定板

如图 17-18 所示，型芯的装配配合面与成型面同为一个平面，加工简便，但不正确。因压入时，成型面通过装配孔后，将成型面表面破坏。正确的装配方法应当如图 17-19 所示。图（a）的成型面有 30′ ~ 2° 的脱模斜度，其配合部位尺寸应当比成型部位的大端相同或略大 0.1 ~ 0.3mm。如与大端尺寸相同，则装配孔下端入口处应有 1° 的斜度，高度 3 ~ 5mm。这样压入时，成型面不会被擦伤，可保证装配质量（六方型芯如有方向要求，则大端应加工定位销）。图（b）中的型芯为铆装结构，特点是：型芯只是大端进行局部热处理，小端保持退火状态，便于铆装。小端装配孔入口处应倒角或圆角，便于进入。小端与孔的配合只能用 H7/K6 的过渡配合而切不可用 H7/m6 的过盈配合，否则压入时，小端较软会变形弯曲。小端装配时，用木质或铜质手锤轻轻敲入。成型面上端应垫木方或铜板。

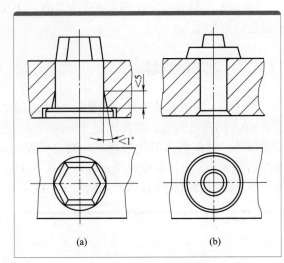

图 17-19　正确的配合装配

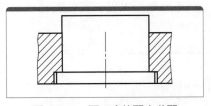

图 17-18　不正确的配合装配

17.6.8　多件整体型腔凹模的装配

如图 17-20 所示，在成型通孔时，型芯 2 穿入件 1 孔中。在装配时先以此孔作基准，插入工艺定位销钉，然后套上推块 4，作定位套，压入型腔凹模 3。而件 5 上的型芯固定孔，以件 4 的孔作导向进行反向配钻、配铰即可。

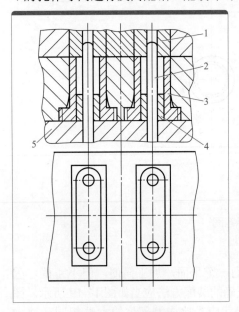

图 17-20　凹模装配

1—定模镶件；2—型芯；3—型腔凹模；
4—推块；5—型芯固定板

17.6.9　单型腔与双型腔拼块的镶入装配

图 17-21（a）所示为单型腔拼块的镶拼装配。矩形型腔拼合面在热处理后须经修平后才能密合，因此矩形型腔热处理前应留出修磨量，以便热处理后进行修磨，最后达到要求尺寸精度。修磨法有二：其一，如果拼块材料是 SCM3、SCM21 或 PDS5 等预硬易切镜面钢，预硬热处理后硬度为 40 ～ 45HRC，用硬质合金铣刀完全可以加工、修理，也可用砂轮更换铣刀，在铣床上精磨出所需型腔；其二，如果材料为非易切钢，热处理硬度超过 50HRC 而难以切削加工，则可用电火花加工精修后抛光，也可达到要求。

镶拼的拼合面应避免出现尖锐的锐角形状以免热处理时出现变形而无法校正和修磨，故不能按型腔内的斜面作全长的斜拼合面（点划线位置），而应当做成如图所示的实线表示的 Y 向拼合面。

图 17-21（b）所示为将两个型腔设计在镶拼的两

块镶件上，便于加工，但拼合面应精细加工，使其密合。拼块装配后两端与模板一同磨平。

17.6.10　侧抽芯滑块的装配

如图 17-22 所示，型腔镶件按 H7/K6 配合装入模板（圆形镶件则应装定位止转销）后，两端与模板一同磨平。装入测量用销钉，经测量得 A_1 和 B_1 的具体尺寸，计算得出 A、B 之值，$A+B+\varDelta$（修磨量）＝侧滑块高，侧滑块上的侧型芯中心的装配位置即是尺寸 A、B。同理可量出滑块宽度和型芯在宽度方向的具体位置尺寸。滑块型芯与型腔镶件孔的配制如表 17-2 所示。

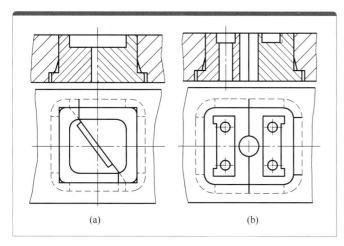

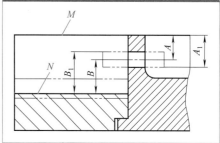

图 17-21　单、双型腔拼块的装配　　　　　　图 17-22　抽芯滑块装配

表 17-2　滑块型芯与型腔镶件孔的配制

序号	结构形式	结构简图	加工示意图	说明
1	圆形的滑块型芯穿过型腔镶块		(a) (b)	方法一（图 a） ①测量出 a 与 b 的尺寸 ②在滑块的相应位置，按测量的实际尺寸，镗型芯安装孔。如孔尺寸较大，可先用镗刀镗 $\phi6\sim10\,\mathrm{mm}$ 的孔，然后在车床上校正孔后车制 方法二（图 b） 利用二类工具压印，在滑块上压出中心孔与一个圆形印，用车床加工型芯孔时可校正此圆
2	非圆形滑块型芯穿过型腔镶块			型腔镶块的型孔周围加修正余量。滑块与滑块槽正确配合以后，以滑块型芯对动模镶块的型孔进行压印，逐渐将型孔进行修正
3	滑块局部伸入型腔镶块	A 向		先将滑块和型芯镶块的镶合部分修正到正确的配合，然后测量得出滑块槽在动模板上的位置尺寸，按此尺寸加工滑块槽

17.6.11 楔紧块的装配和修磨

楔紧块的装配方法见表 17-3。楔紧块斜面的修磨量如图 17-23 所示，修磨后涂红粉检验，要求 80% 的斜面印有红粉，且分布均匀。

表 17-3 楔紧块的装配方法

序号	楔紧块形式	简图	装配方法
1	螺钉、销钉固定式		①用螺钉紧固楔紧块 ②修磨滑块斜面，使与楔紧块斜面密合 ③通过楔紧块对定模板复钻、铰销钉孔，然后装入销钉 ④将楔紧块后端面与定模板一起磨平
2	镶入式		①钳工修配定模板上的楔紧块固定孔，并装入楔紧块 ②修磨滑块斜面 ③楔紧块后端面与定模板一起磨平
3	整体式		①修磨滑块斜面（带镶片式的可先装好镶片，然后修磨滑块斜面） ②修磨滑块，使滑块与定模板之间具有 0.2mm 间隙。两侧均有滑块时，可分别逐个予以修正
4	整体镶片式		

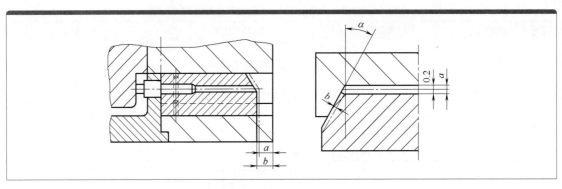

图 17-23　修磨量

17.6.12　脱模推板的装配

脱模推板一般有两种。

一种是产品相对较大的大推板或是多型腔的整体大推板，其大小与动模型腔板和支承板相同。这类推板的特点是：推出制品时，其定位系四导柱定位即在推出制品的全过程中，始终不脱离导柱（导柱孔与 A、B 板一起配镗）。因板件较大，与制品接触的成型面部分，多采用镶套结构，尤其是多型腔模具。镶套用 H7/m6 或 n6 与推板配合装紧，大镶套多用螺钉固定。

另一种是产品较小，多用于小模具、单型腔的镶入式锥面配合的推件板，如图 17-24 所

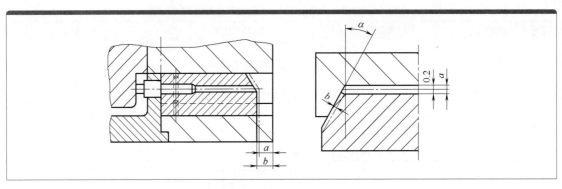

示。镶入式推板与模板的斜面配合应使底面贴紧,上端面高出 0.03 ～ 0.06mm,斜面稍有 0.01 ～ 0.02mm 的间隙无妨。推板上的型芯孔按型芯固定板上的型芯位置配作,应保证其对于定位基准底面的垂直度在 0.01 ～ 0.02mm 之内,同轴度也同样要求控制在 0.01 ～ 0.02mm 之内。推板底面的推杆固定螺孔,按 B 板上的推杆孔配钻、配铰,保证其同轴度和垂直度。

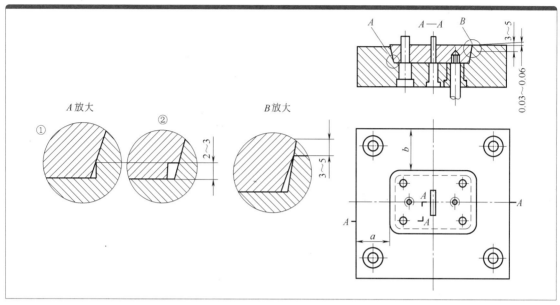

图 17-24 推件板装配

17.6.13 推出机构的装配

(1) 推出机构导柱、导套的装配

如图 17-25 所示,将件 7、件 8 在件 6 上划线取中后,配钻、铰工艺销钉件 2 的固定孔(根据模具的大小,工艺销钉定位可取 4 个、6 个或 8 个),装定位销。再根据图纸要求,划线、配钻、配铰导柱孔(从件 6 向件 7、件 8 钻镗之后,在件 7、件 8 上扩孔至导套 9,达装配尺寸要求,将导套压入件 7)。

(2) 推杆的安装

图 17-26 中,件 1 与件 6 用销钉定位,定位后,通过件 5 在件 6 上钻出推杆孔。图 (b) 中,件 6、件 7 用销钉 2 定位后(图 17-25 件 2),换钻头(比件 5 顶杆孔的钻头大 0.6 ～ 1mm)对件 6 上的顶杆孔扩孔,同时一并钻出件 7 上的顶杆通孔。卸下件 7,翻面扩顶杆大端的固定台阶孔,从而完成顶杆固定板、支承板、定模板型腔镶件上顶杆孔和顶杆过孔的加工。件 1 在下,件 6、件 7 依次叠放(件 7 装导套,套入导柱上),插入推杆、复位杆

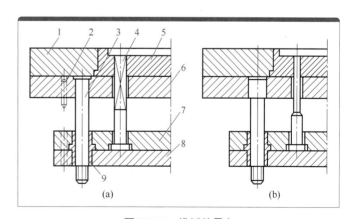

图 17-25 推板的导向

1—动模 B 板；2—销钉；3—导柱；4—推杆；5—镶件；6—托板；
7—推件固定板；8—推件底板；9—导套

（复位杆的加工、安装与推杆相同），再装上件 8（图 17-25）。件 7、件 8 用螺钉紧固。

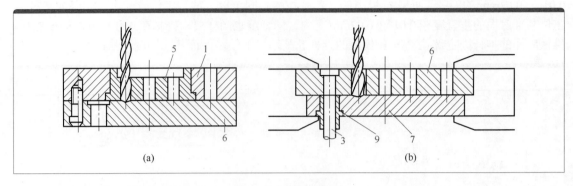

图 17-26　推杆的安装

17.6.14　耐磨板斜面精定位的装配

（1）圆锥形锥面

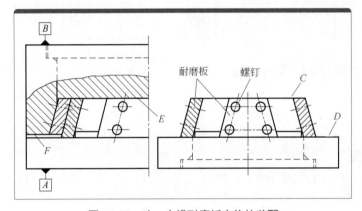

图 17-27　动、定模耐磨板定位的装配

圆锥形锥面内，外圆均可采用车削加工后再用锥度砂轮精磨，然后镶入耐磨板。定模的下端面、动模的上端面一起磨平。应保证 $A \sim E$ 五面的相互平行度误差不超过 $0.01 \sim 0.02$mm 的范围。动、定模耐磨板的斜面配合处应密合，见图 17-27。

（2）矩形斜面

矩形斜面可先铣后磨，再装耐磨板。镶拼结构易于加工。小模具可采用整体结构。动、定模耐磨板的斜面配合处应密合。此结构优点是定位精度高，耐磨，寿命长。磨损后易于修理和更换。

17.7　注塑模具装配实例

如图 17-28 所示为汽车后视镜镜座注塑模具。基于美观和安全可靠的要求，镜座外廓采用不同尺寸的圆弧组成，表面经细皮纹亚光处理。镜座最大外形尺寸为 248mm×67mm×25mm。模具外形尺寸为 450mm×300mm×380mm。

17.7.1　模具主要结构

（1）二次内侧抽芯

产品注射成形后，利用两次内抽芯，将模具中一整圈全封闭型的内槽成型镶件在设定的时间内退离产品内槽，完成全部内抽芯。这是该模具结构的核心部分。

本模具将成型产品内槽的动模镶件分为两组，先抽出其中一组，让出第二组抽出所需的空间，然后再将第二组全部抽出，如图 17-28 所示。2 个 $R14mm$ 和 2 个 $R22mm$ 的 4 个圆角的圆弧形内槽，在抽芯时只往一个方向（X 或 Y 方向）抽是抽不出来的，所以应按图中所示的燕尾与燕尾槽的二等分中心线 45° 方向抽，才能抽出。

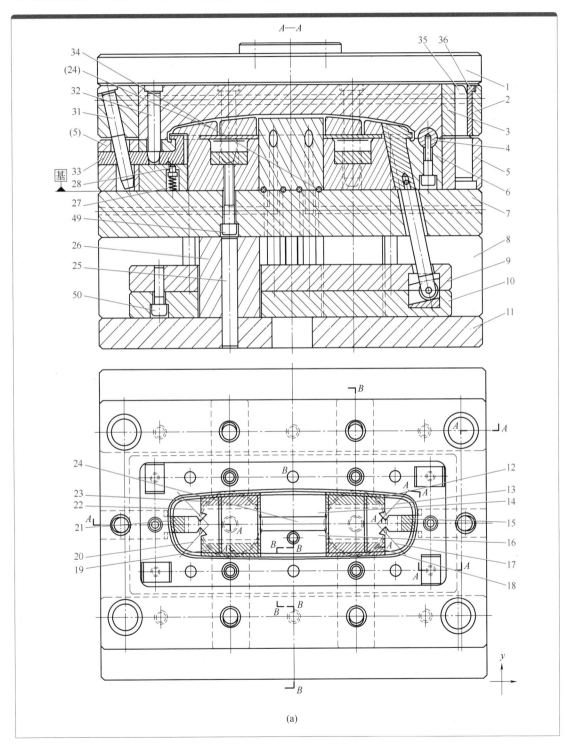

图 17-28

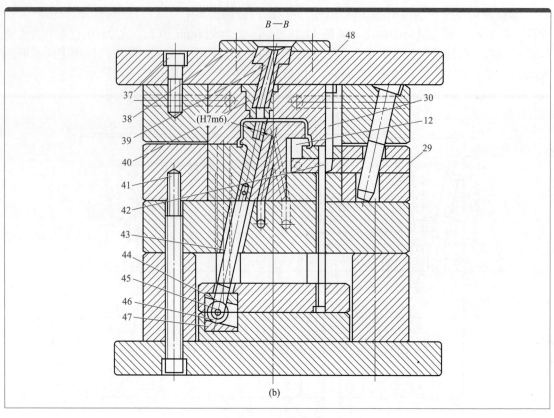

图 17-28　模具结构图

1—定模固定板；2—定模型腔镶套固定板；3—定模型腔镶套；4—精密定位销；5—动模型腔镶套固定板；
6—动模型腔镶套；7—支承板；8—支承块；9—推杆、复位杆固定板；10—推板；11—动模固定板；
12,18,19,23—内抽芯长镶件；13,17,20,22—燕尾内抽芯镶件；14,16—内抽芯斜推镶件；
15,21—内抽芯短镶件；24—动模型腔主体镶件；25—定位销；26—支承柱；27—弹簧；
28—弹簧定位销；29—大滑块；30—固定销；31—斜导柱；32—锁紧定位销；33—小滑块；
34—橡胶密封圈；35—导柱；36—导套；37,41,49—内六角螺钉；38—定位环；39—斜浇口；
40—镶套；42—复位杆；43—斜推杆；44—上耐磨板；45—轴销；46—滚珠轴承；
47—下耐磨板；48—拉料杆；50—主体镶件固定螺钉

　　根据上述分析和产品结构尺寸的要求，将产品内槽成型镶件分为两组：一组由成型 2 个 R14mm 和 2 个 R22mm 圆角的镶件，即图 17-28 中 4 个燕尾形抽芯镶件 13、17、20、22，以及成型尺寸 $64^{+0.4}_{0}$ mm 的两内槽成型镶件 14、16，共 6 件组成；另一组由如图 17-28 中双点划线所示的件 15、21 以及件 12、18、19 和 23 共六件组成。

　　内槽镶件的抽芯过程说明如下：开模时第一次抽芯是用四件大滑块 29 和两件小滑块 33，利用斜导柱 31 的水平分力将滑块内推，从而将件 15、21 和件 12、18、19、23 推离产品内槽，完成第一次内抽芯。滑块与件 15、21 以及件 12、17、19、23 按 H7/k6 配合相互镶接，用销钉紧固，装卸方便。在 12° 斜推杆推力的作用下，同样具有 12° 斜度的燕尾镶件 13、17、20、22 以及在尺寸 $64^{+0.4}_{0}$ mm 范围内的两件 12° 斜推镶件 14 和 16 在斜面的导向作用下，将产品从型腔中推出，同时也将此 6 件镶件推离产品内槽，完成第二次抽芯。

　　斜导柱与滑块上的斜导柱孔之间在合模时靠抽芯方向一侧设有一定的间隙，以此保证在开模时锁紧定位销 32 完全脱离滑块之后，斜导柱才能与滑块上的斜导柱孔接触，对滑块产生推动作用（斜导柱为 12°，锁紧销为 15°），即常用的延缓式抽芯。弹簧 27 和弹簧定位销 28 的作用是在开模状态时对滑块进行定位，以保证再次合模时斜导柱能准确、顺利地再次插入滑块斜导柱孔中。锁紧销在合模时，也同时插入滑块中，与斜导柱一起共同锁紧滑块和与之相连的各抽芯镶件。

斜推杆 43 下端铣扁，两面各装一个双面都有防尘盖的滚珠轴承 46，并与轴销 45 按 H7/k6 连接。轴销两端各装一件弹簧卡圈，防止轴承脱出。轴承之下是耐磨板 47，其宽度与两个轴承装好后的总宽度相同，硬度与轴承相同，为 58～60HRC，粗糙度值小于 Ra0.8μm，用优质不锈钢 9Cr18 加工。轴承上方是与单一轴承同宽的两块耐磨块 44，与件 47 一起共同将轴承不松不紧地限位于其间（可以滚动而不允许上下有间隙产生晃动），44 与 47 要求相同。耐磨板厚度便于修磨，从而使斜推杆的长度也易于控制，能保证与件 5、件 7 的贴合面（即高度方向的装配基准面）保持齐平，保证了装配精度。斜推杆与各抽芯镶件按 H7/f7 配合，用销钉连接，装卸方便。

（2）浇注系统

从模具结构图中可知，主流道是斜向的直流道，利用 φ26mm 的安装孔直抵产品型腔，所以流道短，又是两侧同时进料，产品易于注满。

因固定安装孔偏离产品的几何中心，亦即偏离模具中心 13mm，如采用通常的直浇口套，则浇口套的中心即注射压力中心也将偏离模具中心 13mm，高压下的塑料经垂直的直流道直接喷射在动模镶件 16 和拉料杆 48 的上端面，使其磨损加剧，这无疑会降低模具的使用寿命。改为图 17-28（b）中的 B—B 截面所示的斜浇口套，使注射压力中心仍保留在模具中心位置，高压下的塑料喷射入浇口套时的第一受力点仍在模具中心。进入斜浇口套后，因其斜面的分力作用，使原有的冲击力大大减小了，对模具的冲击损坏也最大限度地减小了。

由于产品对外观有较高要求，因此不可能在整个外表面及四周边缘处设置进料口，以免留下疤痕。因此，只能在镶套 40 的下端即 φ26mm 安装孔的内表面两侧设置两片宽 6mm、深 0.6～0.8mm 的薄膜式进料口，朝向产品长度的两端。因为薄，且又在孔内表面的下端，因此对产品外观毫无影响。

（3）动、定模型腔的定位

因产品分别在动模和定模型腔中成型，为使产品在成型后，在分型面周围一圈接口处不错位，只留下一条轻微的合模线，在模具设计和制造工艺上采取了以下措施：

动、定模型腔镶套 3 和 6 的全部外形装配尺寸必须在一起配磨，达到 K6 和 Ra0.8μm 以及形位公差的相关要求，以保证两镶套外形装配尺寸和基准面的完全相同。

利用两镶套上的锁紧定位销孔，装入工艺定位销定位后配镗，如图 17-28 所示的两对相互成 90° 的精密定位卧销孔。镗后与卧销研磨以求密合，再将件 3 上卧销孔的深度 9mm 磨去 0.4mm，如图 17-29 所示。装上卧销后，动、定模因在 X 和 Y 两个方向均有精密定位销的定位，从而保证了动、定模型腔的精确定位。

件 2、件 5 上的型腔镶套固定孔，也必须用工艺销钉定位（可利用 4 个导柱、导套孔中的 2 个，用长导套代替销钉定位），配铣后配磨（将圆柱铣刀换为圆柱砂轮配磨之），并达到 H7 和 Ra0.8μm 以及形位公差的相关要求。

加工件 3、件 6 的型腔时，必须取同一基准面，用块规定位并打表校准后加工。

上述措施可确保动、定模镶套装配后型腔的精确对准，避免错位的发生。

（4）冷却系统

在定模型腔镶套固定板 2 和定模型腔镶套 3 上有

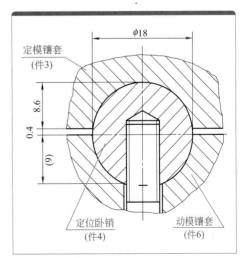

图 17-29　定位卧销

成井字形、围绕在定模型腔上方的冷却水道，采用防漏橡胶密封件密封。在动模型腔主体镶件24 中和支承板 7 上也有冷却水道和相应的橡胶密封件密封。充分的冷却可保证成型后的产品能及时冷却、固化。

（5）拉料杆与斜推杆

如图 17-28（b）中的 B—B 截面所示，主流道拉料杆 48 安装在正对主流道的斜推镶件 16 上端，当件 16 在推出产品的同时，也将开模时被拉料杆拉断的主流道一起推出。件 48 与件 16 按 H7/m6 装配，斜推杆 43 端部与件 16 按 H7/k6 装配。

（6）导柱与导套

4 个导柱、导套孔中的 3 个均在井字形对称排列的 3 个交点上，而另一个则偏离对称交点3mm，以防止动、定模整体装配时因疏忽将动、定模方向装反，造成型腔损伤。

另外，导套 36 装入件 2 后，应在其上端磨出一小槽直通模板外，以便注射成型时排气，避免困气。

17.7.2　注塑模具制造及装配工艺要点

该模具在制造中必须注意以下几点：

① 凡外形尺寸（尤其是外形装配尺寸）相同的零件，应进行整体加工，再分开后各自加工其余不同尺寸的部位。

② 凡装配时有配合要求的、有定位要求的或装配后在某一方位上处于同一平面的零件，应取同一基准面准确定位，打表校准后再行加工。

③ 本模具所有抽芯零件抽芯时，都是利用斜面之间的相对运动和斜面分力的推动作用来在图 17-30 所示的线切割 12° 专用夹具上切出，以保证 12° 的一致，减少误差，提高精度，确保抽芯和产品推出时的灵活、平稳、可靠。所有斜导柱的配合孔必须配镗，保证 12° 斜度的准确和一致。

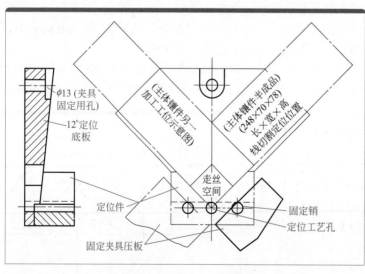

图 17-30　线切割 12° 专用夹具

④ 如图 17-28 中的 A—A 截面所示，件 13、17、20、22 和件 14、16 与件 5 ～ 7 进行组装时，在高度方向均以件 6、件 7 的贴合面为统一基准面，与之贴紧（打红油检查），密合无间后紧固，到加工中心进行动模整体型腔面的三维加工（留抛光余量，加工后抛光到 Ra0.8μm）。这样可以保证上述所有的动模型腔抽芯镶件的分型面全都在一个水平面上，避免出现产品内槽各抽芯镶件接口处因为分开加工而出现的高低不平。

⑤ 所有模板均进行锻造后调质处理，并达到 30 ～ 32HRC，所有易磨损零件应进行表面热处理。

第18章 注塑模具试模及常见问题分析与对策

18.1 塑料模具的试模和验收

根据产品的要求和合同规定，经设计、制造、装配、调试和检验的模具还必须在相应的成型机上进行该产品的成型试生产。这种成型试生产的过程称为试模。

试模的目的是实际验证：模具结构是否正确、可靠；使用性能是否良好、稳定；所成型的制品是否合格。

试模是检验模具制造是否合格的有效而且是唯一的手段，试模的目的不仅是要得到合格的塑料制品，而且要取得合理的注射成型工艺参数，包括压力、温度和成型周期。

（1）试模前首先应选定相应的成型机

根据产品产量、重量、模具结构尺寸以及产品材料的成型工艺要求等因素来确定成型机的注射量、锁模力、成型压力及其规格型号。

安装模具前，可按成型工艺过程的要求条件进行试运转，运转正常进行预热。

（2）模具的安装、机床的调整及试模

模具完成总装配，经检查确认合格后，可在选定的注射机上，以确保操作者的安全和设备、模具的完好无损为原则，进行安装、固定，并对机床进行调整，以确保试模工作的顺利进行。

① 模具安装前的检查。

检查模具的合模高度以及最大外形尺寸是否符合所选定的机床的相应尺寸条件；检查吊装模具上的吊环螺钉和模具上的相应螺孔是否完好无损，孔的位置是否能保证吊装的平稳和安全可靠。

检查有气动和液压结构的模具，其配件是否齐全、完好无损；检查阀门、行程开关、油嘴等控制元件的动作是否灵活可靠。

检查定位环尺寸、浇口套主浇道入口孔等是否与机床的相关部位对正。

检查动模固定板上推杆孔的尺寸位置是否与机床的推杆尺寸位置相符合，有无偏移。

检查并核算模具的最大开模距离是否在机床模板的最大开模距离的范围内。

检查模具导柱、导套的配合是否良好，有无卡滞或松动现象。

选择与机床模板上螺孔尺寸相同的螺钉，用以固定模具。

② 模具安装。

模具检查后，装上吊环螺钉，进行整体吊装。吊装时，由操作者一人指挥，要慢，要稳。操作者应在模具一侧，控制并防止模具离地后大幅度摆动。吊到机床上方开始下放时，更要慢而稳，以防碰坏机床或模具。严禁模具吊在空中无人控制；严禁任何人站在模具下方。

模具与机床定位孔对准后，慢慢合拢机床与模具。同时，再次查看是否对正，此时，机床不加压；吊具不松吊；操作机床喷嘴；慢慢靠近；轻轻接触浇口套；查看是否对正。经检查无误，模具各部正常，可稍加压力之后，松开吊具并撤离机床。

③ 模具的固定。

用压板、螺钉将模具分别固定在机床的动、定模板上。螺钉、压板的固定位置和压紧处分配要合理。紧固时要对角线同时拧紧，用力均匀，一步步增加拧紧力，严防一处完全紧死，再紧另一处。

大型、特大型模具（注射量在 1800cm³ 以上的设备上生产的模具）除增加压板螺钉的尺寸和数量以外，还应在模具的下方，安装支承压板，协助承载模具的重量，以保证模具和机床的安全和生产的顺利进行。

有侧抽芯结构的模具应使抽芯方向水平。

④ 机床的调试。

慢速开模后，调整顶出杆的位置，应使推杆固定板与动模垫板间留有间隙（5mm 左右），防止工作时损坏模具。计算好模板行程，固定行程滑块控制开关，调整好动模板行程距离。试验、校好顶出杆工作位置。调整合模装置限位开关。最后低压、慢速合模，观察各零件工作位置是否正确。

⑤ 试模。

模具安装好后，空模具开、合、顶出、复位，侧抽芯各部动作反复进行多次，开合时要慢、要稳。既要细心观察各部零件动作的状态、平衡程度、运动位置，还要仔细聆听运动声音是否正常，有无杂音、干磨声、撞击声等，以便及早发现问题，消除隐患，确保安全。

检查、清除螺杆和料筒内的非试模用的残料和杂质。试模料开封使用后，余料一定要封严，严禁开口不封，避免杂质侵入，损坏机床或模具。

试模中清除浇口凝料、飞边等，只允许用竹、木、铜、铝器具，严禁用铁质工具。

试模初始几模，型腔要喷脱模剂，模具滑动配合部分喷涂润滑油。初始前几模压力不宜大，料不宜打满，逐步调整增加。每注射一模都要仔细检查观察，无异常现象，再进行下一模。当工艺参数调整到最佳值，试模样品也达到最佳状态，应进行记录，检验样品，写出检验报告，并有明确结论。

（3）模具验收

模具验收主要根据合同要求的条款和双方的协议。验收要根据试模样品检验报告和结论，根据试模状态记录，也可根据国家验收技术条件进行。

模具验收应填写验收单，双方负责人应在验收单上签字。

验收合格的模具装箱交货。装箱应有装箱清单，写明装箱物品名称、数量、日期等。

18.2 评价塑件是否合格的三个指标

18.2.1 成型质量

塑件质量包括内部质量和外观质量。

内部质量包括组织是否疏松，内部是否有气泡、裂纹及烁斑银纹等缺陷。

外观质量包括完整性、颜色和光泽。完整性是指模具注射成型得到的塑料制品，要和产品的设计图纸中要求的结构形状完全相符，并且不能有熔接痕、填充不足和收缩凹陷等缺陷。颜色是指成型塑件的颜色必须和客户的色板一致，对于透明塑件，透明度要很好，不能有白雾、黑点黑斑、银纹震纹等缺陷。光泽是指成型塑件表面的粗糙度要符合客户的要求，蚀纹和喷砂都要符合客户要求的规格。

18.2.2　尺寸及相互位置的准确性

成型塑料制品的尺寸必须符合设计图纸的公差要求，装配后必须达到产品的功能要求和寿命要求。

18.2.3　与用途相关的力学性能、化学性能

力学性能包括承受拉力和压力的性能，承受冲击力的性能等等；化学性能包括耐酸耐腐蚀性能，抗辐射性能，耐特殊环境的性能等。

18.3　造成塑件缺陷的原因

试模时塑件出现不良现象的种类很多，原因也很复杂，有模具方面的问题，也有塑料方面的问题，还有注射成型工艺方面的问题。

（1）塑料问题

塑料问题包括塑料质量、配料及干燥等。塑料品种如果不良不纯，共混比例不当或者应该干燥的塑料（如 PC、ABS、PA 等）没有干燥，都会造成诸如内部组织疏松、强度差、内部气泡、表面有银纹等质量问题。

（2）成型工艺问题

成型工艺三要素包括注射压力、温度和周期等。调机就是在这三者之间找到一组合适的值，使模具能够在最短的时间内，成型出合格的制品。但调机是一门细致而复杂的技术，很多缺陷都是因调机不当造成的。

（3）模具问题

即使是模具设计高手，再加上高水平的做模师傅，也难以保证模具在试模和生产时没有任何问题。模具问题包括模具设计、制造及磨损。这里有一点要注意，塑件结构不合理，也会造成塑件出现缺陷。但塑件结构问题直接导致模具问题，作为一个模具设计工程师，必须对塑件结构不合理可能带来的问题有先知先觉，并及时和客户或产品设计工程师沟通，将问题杜绝在模具制造之前。

在以上所有问题中，塑料问题最易解决，成型工艺参数的调整对于有经验的调机师傅来说也不难，最复杂、最难解决的问题是模具问题，如果是模具结构设计不合理，或者制造精度差，则必须卸模改良，否则会导致试模失败，影响整个产品的开发进度。

18.4　塑件常见缺陷原因分析与对策

18.4.1　塑件尺寸不稳定

塑件尺寸变化，本质上是塑料不同收缩程度所造成的。料温、模具温度、注射压力、注

塑周期的波动都会导致塑件尺寸的变化，尤其是结晶度较大的 PP、PE、PA 等更是如此。

主要原因分析如下：

（1）注塑机方面

① 塑化容量不足：应选用塑化容量大的注塑机。

② 供料不稳定：应检查注塑机的电压是否波动，注射系统的组件是否磨损或液压系统是否有问题。

③ 螺杆转速不稳定：应检查马达是否有故障，螺杆与料筒是否磨损，液压阀是否卡住，电压是否稳定。

④ 温度失控，比例阀、总压力阀工作不正常，背压不稳定。

（2）模具方面

① 模具强度和刚性不足，型芯、型腔材料耐磨性差。

② 一模多腔的模具浇注系统不合理。尺寸精度要求很高时，模具型腔的数量不宜超过 4 腔，而且应采用平衡布置。

③ 模具冷却系统设置不平衡，模具各处温差大，导致塑件各处的收缩率不一致。

（3）塑料方面

① 再生料的使用量太大。一般来说再生料所占比例不能超过 30%，透明塑件的再生料比例不能超过 20%，而精度要求很高的塑件则不能使用再生料。

② 干燥条件不一致，颗粒不均匀。

（4）成型工艺方面

① 塑料加工温度过低：应提高温度，因为温度越高，尺寸收缩越小。

② 对结晶型塑料，模具温度要低些。

③ 成型压力、成型温度和成型周期要保持稳定，不能有过大的波动。

④ 注射量不稳定。

18.4.2 塑件填充不良

如图 18-1 所示，塑件填充不良是一个经常遇到的问题，但也是比较容易解决的问题。当调整注塑成型工艺条件解决不了时，可从模具设计制造上进行改进，一般都是可以解决的。

（1）注塑机方面

① 注塑机塑化容量小。当制品质量超过注塑机实际最大注射量时，供料量就入不敷出。若塑件重量接近注塑机实际注射量时，就有一个塑化不够充分的问题，塑料在料筒内受热时间不足，结果不能及时地向模具提供合格的熔体。这种情况只有更换注射量更大的注塑机才能解决问题。有些塑料如尼龙（特别是尼龙 66）熔融温度范围窄，比热容较大，需用塑化容量较大的注塑机才能保证塑料熔体的供应。

② 温度计显示的温度不真实，明高实低，造成料温过低。这是由于温控装置如热电偶及其线路或温差毫伏计失灵，或者是由于远离测温点的电热圈老化

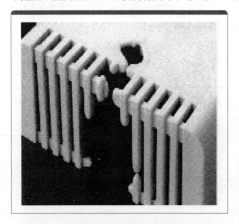

图 18-1 塑件填充不良

或烧毁，加温失效而又未曾发现或没有及时修复更换。

③ 喷嘴内孔直径太大或太小。太小，则由于流通直径小，料流的比体积增大，容易致冷，堵塞进料通道或消耗注射压力；太大，则流通截面积大，塑料熔体进入型腔的单位面积压力

低，导致注射力小，熔体流动速度慢，温度很快降低。

对于非牛顿型塑料熔体，因没有获得大的剪切热而不能使黏度下降也会造成充模困难。

喷嘴与主流道入口配合不良，常常发生模外溢料，模内充不满的现象。

喷嘴本身流动阻力很大或有异物、塑料炭化沉积物等堵塞；喷嘴或主流道入口球面损伤、变形，影响与对方的良好配合；注塑机机械故障或偏差，使喷嘴与主流道轴心产生倾侧位移或轴向压紧面脱离。

注塑机喷嘴球头直径比模具浇口套头部凹形圆球直径大，因边缘出现间隙，在溢料挤迫下逐渐增大喷嘴轴向推开力，从而造成塑件填充不良。

④ 塑料块堵塞加料通道。由于塑料在料斗干燥器内局部熔化结块，或注塑机料筒进料段温度过高，或塑料等级选择不当，或塑料内含的润滑剂过多，都会使塑料在进入进料口或螺杆起螺端深槽内时过早地熔化，粒料与熔料互相黏结造成"搭桥"，堵塞通道或包住螺杆，随同螺杆旋转作圆周滑动，不能前移，造成供料中断或无规则波动。这种情况只有在疏通通道，排除料块后才能得到根本解决。

⑤ 喷嘴冷料入模。注塑机通常都因顾及压力损失而只用直通式喷嘴。但是如果料筒前端和喷嘴温度过高，或在高压状态下料筒前端储料过多，产生"流涎"，使塑料在未开始注射而模具敞开的情况下，意外地抢先进入主流道入口并在模板的冷却作用下变硬，从而妨碍熔体顺畅地进入型腔。这时，应降低料筒前端和喷嘴的温度以及减少料筒的储料量，降低背压压力避免料筒前端熔料密度过大。

⑥ 注塑周期过短。由于周期短，型腔还没有充满注塑机就停止供料造成缺料，在电压波动大时尤其明显。要根据供电电压对周期作相应调整。调整时一般不考虑注射和保压时间，主要考虑调整从保压完毕到螺杆退回的那段时间，既不影响充模成型条件，又可延长或缩短料粒在料筒内的预热时间。

（2）模具方面

① 模具浇注系统设计不合理。流道太小、太长，截面非圆形或浇口太小，增加了熔体的流动阻力。但流道或浇口太大，导致注射力不足也会导致填充不良；流道、浇口有杂质、异物或炭化物堵塞；流道、浇口粗糙有伤痕，或有锐角，表面粗糙度不良，使料流不畅；流道没有开设冷料井或冷料井太小，或开设方向不对；对于多型腔模具要尽量采用平衡流道，否则会出现只有主流道附近或者浇口粗而短的型腔能够注满而其他型腔则填充不良。

② 模具结构设计不合理。模具过分复杂，流道转折多，浇口选择不当，浇口数量不足或位置不当；塑件壁厚局部很薄，熔体填充困难，应增加整个塑件或局部的壁厚，或在填充不足处的附近设置辅助流道或浇口；模腔内排气不充分造成塑件填充不良的现象是屡见不鲜的，这种缺陷大多发生在型腔的转弯处、远角、深凹陷处、被厚壁部分包围着的薄壁部分以及用侧浇口成型的薄底壳的底部等处。消除这种缺陷的设计包括开设有效的排气孔道，选择合理的浇口位置使空气容易预先排出，必要时特意将型腔的困气区域的某个局部制成镶件或加排气针，使空气从镶件缝隙溢出；对于多型腔模具容易发生浇口分配不平衡的情况，必要时应减少注射型腔的数量，以保证其他型腔塑件合格。

（3）成型工艺方面

① 进料调节不当，缺料或多料。加料计量不准或加料控制系统操作不正常、注塑机或模具操作条件所限导致注射周期反常、预塑背压偏小或料筒内料粒密度小都可能造成缺料，对于颗粒大、空隙多的粒料和结晶性的比体积变化大的塑料如聚乙烯、聚丙烯、尼龙等以及黏度较大的塑料如 ABS 应调大注射量，料温偏高时也应调大注射量。

当料筒端部存料过多时，注射时螺杆要消耗额外多的注射压力来压紧、推动料筒内的超额囤料，这就大大地降低了进入模腔的塑料熔体的有效射压而使型腔难以充满。

② 注射压力太低，注射时间短，柱塞或螺杆退回太早。熔融塑料在偏低的工作温度下黏度较高，流动性差，应以较大压力和速度注射。比如在注塑 ABS 彩色塑件时，着色剂的不耐高温限制了料筒的加热温度，这就要以比通常高一些的注射压力和延长注射时间来弥补。

③ 注射速度慢。注射速度对于一些形状复杂、厚薄变化大、流程长的塑件，以及黏度较大的塑料如增韧性 ABS 等具有十分重要的意义。当采用高压尚不能注满型腔时，应考虑采用高速注射才能克服填充不良现象。

④ 料温过低。料筒前端温度低，进入型腔的熔料由于模具的冷却作用而使黏度过早地上升到难以流动的地步，妨碍了对远端的充模；料筒后段温度低、黏度大的塑料流动困难，阻碍了螺杆的前移，结果造成看起来压力表显示的压力足够而实际上熔体在低压低速下进入型腔；喷嘴温度低则可能是固定加料时喷嘴长时间与冷的模具接触散失了热量，或者喷嘴加热圈供热不足或接触不良造成料温低，可能堵塞模具的进料通道；如果模具不带冷料井，用自锁喷嘴，采用后加料程序，喷嘴较能保持必需的温度；刚开机时喷嘴太冷有时可以用火焰枪做外加热以加速喷嘴升温。

（4）塑料方面

塑料流动性差。塑料厂常常使用再生碎料，而再生碎料往往会反映出黏度增大的倾向。实验指出：由于氧化降解生成的分子断链单位体积密度增加了，故增加了在料筒和型腔内流动的黏滞性，再生碎料引起了较多气态物质的产生，使注射压力损失增大，造成充模困难。为了改善塑料的流动性，应考虑加入外润滑剂如硬脂酸或其盐类，最好用硅油（黏度 $300 \sim 600 cm^2/s$）。润滑剂的加入既提高塑料的流动性，又提高稳定性，减少气态物质的阻力。

18.4.3 塑件翘曲变形

塑件变形、弯曲、扭曲现象的发生主要是由于塑料成型时流动方向的收缩率比垂直于流动方向的大，使塑件各向收缩率不同，见图 18-2。另外，注射充模时由于塑件结构复杂，塑件冷却至室温后不可避免地会在塑件内部留有较大的残余内应力，这些应力有时会使塑件在成型后 2h 内变形，有的会在 7 天后甚至 30 天后缓慢变形。所以从根本上说，模具设计决定了塑件的翘曲倾向，要通过变更成型条件来抑制这种倾向是十分困难的，最终解决问题必须从塑件结构和模具结构的改良着手。造成这种现象的原因主要有以下几个方面：

图 18-2　塑件翘曲变形

（1）模具方面

① 塑件结构不合理。壁厚不一致，结构严重不对称，塑件成型后极易变形。塑件厚薄的过渡区必须平缓、圆滑过渡，否则不但影响熔体流动，而且会导致塑件变形开裂。对于结构不合理但因产品功能或外形要求又不能改变时，可以增加塑件壁厚或增加抗翘曲结构，比如加强筋来增强塑件抗翘曲能力。

② 模温不均衡：冷却系统的设计要使模具型腔各部分温度均匀，尽量消除型腔内的温度差。塑件出模时各处温度一致，则收缩率也一致，结构就不容易变形。

③ 浇注系统不合理。大型塑件、平板类塑件、深腔类塑件都应该采用点浇口浇注系统，否则容易变形。浇口位置应对着型腔宽敞部位，否则也容易变形。另外浇注系统尺寸设计要合理，尽量消除型腔内的密度差、压力差。

④ 顶出系统不合理。顶出件布置不平衡，脱模斜度过小，型芯、型腔表面的粗糙度差，抛光的方向不对，导致脱模力不平衡，都会使塑件脱模时就变形开裂。

⑤ 排气系统设计不合理，脱模时塑件和型芯或型腔接触的局部产生真空，导致推出不平衡而变形。

⑥ 模具所用的材料强度不足，镶件或型芯在成千上万次的高温、高压熔体的作用下变形，导致模塑件也变形。

（2）塑料方面

结晶性塑料各向异性显著，内应力大。脱模后未结晶化的分子有继续结晶化倾向，处于能量不平衡状态，易发生翘曲变形。另外，收缩率较大的塑料通常比收缩率小的塑料变形大。

（3）成型工艺方面

① 注射压力太高、保压时间不够、熔体温度太低、速度太快会造成内应力增加而出现翘曲变形。

② 模具温度过高、冷却时间过短、脱模时的塑件过热而出现顶出变形。

③ 在保持最低限度充料量下，减少螺杆转速和背压，以及降低密度来限制内应力的产生，可改善塑件变形。

需要注意的是，在实际工作中，塑件的结构和所采用的塑料往往是不能轻易改变的，对付塑件翘曲变形的办法通常只有针对性地模具设计和改变注塑成型工艺参数，必要时还可对容易翘曲变形的塑件进行夹具软性定形或脱模后立即进行退火处理，以消除内应力。

另外，当产品的翘曲变形可以利用调整浇口位置、流道配置以及改变成型工艺条件等方式降低到可接受的范围时，冷却设计可以单纯地仅就均衡冷却来加以考虑。利用不均衡冷却使得现有的翘曲反向扳回，是削足适履、似是而非的做法，因为这样生产的产品质量并不稳定。

18.4.4　塑件产生飞边

飞边见图 18-3，又称溢边、披锋、毛刺等，大多发生在模具的分型面、镶件结合面或顶出件和镶件型芯配合面上，飞边在很大程度上是由模具制造精度差、零件变形或注塑机锁模力不足造成。具体分析如下：

（1）注塑机方面

① 注塑机锁模力不足。选择注塑机时，注塑机的额定锁模力不能低于注射时型腔胀型力的 1.25 倍，否则将造成胀模，出现飞边。

② 合模装置调节不佳，肘杆机构没有伸直，动定模合模不均衡，模具平行度不能达到要求，造成模具单侧一边被锁紧而另一边贴合不良的情况，注射时将出现飞边。

③ 注塑机动、定模板平行度差，或模具安装得不平行，或拉杆受力分布不均、变形不均，都将造成合模不紧密而产生飞边。

图 18-3　塑件出现飞边

④ 止回环磨损严重；弹簧喷嘴内的弹簧失效；料筒或螺杆的磨损过大；进料口冷却系统失效造成"架桥"现象；料筒调定的注射量不足，缓冲垫过小等都可能造成飞边反复出现，必须及时维修或更换配件。

⑤ 锁模机铰磨损或锁模油缸密封组件磨损出现滴油或回流而造成锁模力下降。加温系统

失控造成实际温度过高应检查热电偶、加热圈等是否有问题。

（2）塑料方面

① 塑料黏度太高或太低都可能出现飞边。黏度低的塑料如聚乙烯、聚丙烯、尼龙等，流动性好，易产生飞边，则应提高锁模力；吸水性强的塑料或对水敏感的塑料在高温下会大幅度地降低流动黏度，增加出现飞边的可能性，对这些塑料必须彻底干燥；掺入再生料太多的塑料黏度也会下降，再生料的比例要严格控制，否则会形成恶性循环。塑料黏度太高，则流动阻力增大，产生大的背压使模腔压力提高，造成合模力不足而产生飞边。有时塑料中加入太多的润滑剂，也容易造成塑件产生飞边。

② 塑料原料粒度大小不均时会使加料量变化不定，造成塑件或不满，或飞边。

（3）模具方面

① 模具分型面制造精度差。活动模板（如中板）变形翘曲；分型面上沾有异物或模框周边有凸出的撬印毛刺；旧模具因早先的飞边挤压而使型腔周边疲劳塌陷。

② 模具设计不合理：

a. 模具型腔分布不平衡或平行度不好造成受力不平衡而造成局部飞边，局部填充不足，应在不影响塑件完整性的前提下使流道尽量平衡布置。

b. 模具中活动构件、滑动型芯受力不平衡时会造成飞边。

c. 模具排气不良：在模具的分型面上没有开设排气槽，或排气槽太浅或太深，或受异物阻塞都将造成飞边。

d. 当塑件壁厚不均时，应在制品壁厚尺寸较大的部位进料，可以防止一边缺料一边出飞边的情况。

e. 当制品中央或其附近有较大成型孔时，习惯上在孔内侧开设侧浇口，在较大的注射压力下，如果合模力不足，模具的这部分支承作用力又不够时，就容易发生轻微翘曲变形造成飞边。

f. 如模具侧面带有活动构件，其侧面的投影面积也受成型压力作用，如果支承力不够也会造成飞边。

g. 活动型芯配合精度不良，或固定型芯与型腔安装位置偏移也会产生飞边。

h. 对多型腔模具应注意各分流道和浇口的合理设计，否则将造成充模受力不均而产生飞边。

（4）成型工艺方面

① 注射压力过高或注射速度过快。由于高压高速，对模具的张开力增大导致溢料。要根据制品厚薄来调节注射速度和注射时间，薄制品要用高速迅速充模，充满后不再注射；厚制品要用低速充模，并让表层在达到终压前大体固定下来。另外，注射时间、保压时间过长也容易造成飞边。

② 调机时，锁模机铰未伸直，或开、锁模时调模螺母经常会动而造成锁模力不足出现飞边。

③ 料筒、喷嘴温度太高或模具温度太高都会使塑料黏度下降，流动性增大，在高压下进入型腔造成飞边。

④ 加料量过大造成飞边。值得注意的是不要为了防止收缩凹陷而注入过多的熔料，这样凹陷未必能"填平"，而飞边却会出现。这种情况应用延长注射时间或保压时间来解决。

如果飞边和塑件填充不良反复出现，其原因可能是：

① 塑料原料粒度大小悬殊不均时会使加料分量不定。

② 螺杆的过胶头、过胶圈及过胶垫圈的磨损过大，使熔料可能在螺杆与料筒之间回流造成飞边或不满。

③ 料筒设定的注料量不足，即缓冲垫过小会使注射量时多时少而出现飞边或填充不良。

18.4.5　塑件收缩凹陷

"凹痕"是由于浇口封口后或者缺料注射引起的局部内收缩造成的，见图18-4。塑件表面产生的凹陷或者微陷是注塑成型过程中的一个老问题。凹痕一般是由于塑料制品壁厚增加引起制品收缩率局部增加而产生的，它可能出现在外部尖角附近或者壁厚突变处，如凸起、加强筋或者支座的背后，有时也会出现在一些不常见的部位。产生凹痕的根本原因是材料的热胀冷缩，因为热塑性塑料的热膨胀系数相当高。膨胀和收缩的程度取决于许多因素，其中塑料的性能，最大、最小温度范围以及模腔保压压力是最重要的因素。还有塑件的尺寸和形状，以及冷却速度和均匀性等也是影响因素。

塑料成型过程中膨胀和收缩量的大小与所加工塑料的热膨胀系数有关，成型过程的热膨胀系数称为"模塑收缩"。随着模塑件冷却收缩，模塑件与模腔冷却表面失去紧密接触，这时冷却效率下降，模塑件继续冷却后，模塑件不断收缩，收缩量取决于各种因素的综合作用。模塑件上的尖角冷却最快，比其他部件更早硬化，接近模塑件中心处的厚的部分离型腔冷却面最远，成为模塑件上最后释放热量的部分，边角处的材料固化后，随着接近塑件中心处的熔体冷却，模塑件仍会继续收缩，尖

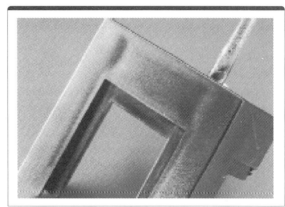

图18-4　塑件出现收缩凹痕

角之间的平面只能得到单侧冷却，其强度没有尖角处材料的强度高。塑件中心处塑料的冷却收缩，将部分冷却的与冷却程度较大的尖角间相对较弱的表面向内拉。这样，在注塑件表面上产生了凹痕。凹痕的存在说明此处的收缩率高于其周边部位的收缩率。如果模塑件在一处的收缩高于另一处，那么模塑件就会产生翘曲。模内残余应力会降低模塑件的冲击强度和耐温性能。有些情况下，调整工艺条件可以避免凹痕的产生。例如，在模塑件的保压过程中，向模腔额外注入塑料熔体，以补偿成型收缩。大多数情况下，浇口比塑件其他部分薄得多，在塑件仍然很热而且持续收缩时，小的浇口已经固化，固化后，保压对型腔内的模塑件就不起作用。

半结晶塑料的模塑件收缩率高，这使得凹痕问题更严重；非结晶性材料的模塑收缩较低，会最大程度地减小凹痕；加入玻璃纤维增强的塑料，其收缩率更低，产生凹痕的可能性更小。

现将造成收缩凹陷的主要原因与对策归纳如下：

（1）注塑机方面

① 喷嘴孔尺寸太大或太小。太大会造成融料回流而出现收缩，太小时又会因阻力大注射量不足而出现收缩。

② 锁模力不足。锁模力不足会造成飞边，使型腔内熔体减少，出现收缩，应检查锁模系统是否有问题。

③ 塑化量不足。应选用塑化量大的注塑机，检查螺杆与料筒是否磨损。

（2）模具方面

① 塑料制品设计要做到壁厚均匀，保证收缩一致。厚的注塑件冷却时间长，会产生较大的收缩，因此厚度大是凹痕产生的根本原因，设计时应加以注意，要尽量避免厚壁部件，若无法避免，应设计成空心的，厚的部件应平滑过渡到公称壁厚，用大的圆弧代替尖角，可以消除

或者最大限度地减轻尖角附近产生的凹痕。

② 模具的冷却、加热系统要保证型腔各处的温度基本一致。

③ 浇注系统要保证熔体通畅，阻力不能过大，如主流道、分流道、浇口的尺寸要适当，粗糙度要合理，分流道拐弯时要圆弧过渡。

④ 对薄壁塑件应提高温度，保证料流畅顺，对厚壁塑件应适当降低模温。

⑤ 浇口要对称开设，尽量开设在塑件厚壁部位，应增加冷料井容积。

（3）塑料方面

结晶性的塑料比非结晶性塑料收缩率高，加工时要适当增加注射量，或在塑料中加成核剂，以加快结晶，减少收缩凹陷。成核剂是适用于聚乙烯、聚丙烯等不完全结晶塑料，通过改变树脂的结晶行为，加快结晶速率、增加结晶密度和促使晶粒尺寸微细化，达到缩短成型周期、提高制品透明性、表面光泽、抗拉强度、刚性、热变形温度、抗冲击性、抗蠕变性等物理力学性能目的的新功能助剂。

（4）成型工艺方面

① 料筒温度过高，容积变化大，易出现收缩凹陷。但对流动性差的塑料应适当提高温度，特别是前段温度，可提高熔体的流动性。

② 注射压力、速度、背压过低、注射时间过短，使注射量或密度不足而出现收缩凹陷；压力、速度、背压过大、时间过长造成飞边也会出现收缩凹陷。

③ 注射量过大时会消耗注射压力；注射量过小时，填充不足，又会出现收缩凹陷。

④ 对于不要求精度的塑件，及注射保压完毕，外层基本冷凝硬化而内部尚柔软但又能顶出的塑件，可及早脱模，让其在空气或热水中缓慢冷却，这样可以使收缩凹陷平缓而不那么明显，而且不会影响使用。

18.4.6 塑件开裂

开裂，包括塑件表面丝状裂纹、微裂、顶白、开裂及因塑件粘模、流道粘模而造成的创伤性开裂，按开裂时间分为脱模开裂和应用开裂，见图18-5。主要由以下几个方面的原因造成：

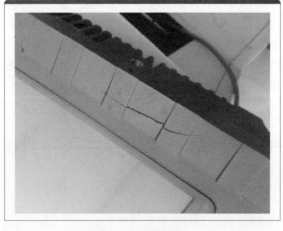

图 18-5　塑件开裂

（1）成型工艺方面

① 加工压力过大，速度过快，充料过多，注射、保压时间过长，都会造成内应力过大而开裂。

② 调节开模速度与压力防止快速强拉塑件造成脱模开裂。

③ 适当调高模具温度，使塑件易于脱模，适当调低料温防止降解。

④ 预防由于熔接痕、塑料降解造成机械强度变低而出现开裂。

⑤ 适当使用脱模剂，注意经常消除模面附着的气雾等物质。

⑥ 塑件残余应力，可通过在成型后立即进行退火热处理来消除内应力而减少裂纹的生成。

（2）模具方面

① 顶出要平衡，如推杆数量、截面积要足够，脱模斜度要合理，型腔面要足够光滑，这

样才能防止由于外力导致顶出残余应力集中而开裂。

② 塑件结构不能太薄，过渡部分应尽量采用圆弧过渡，避免尖角、倒角造成应力集中。

③ 尽量少用金属嵌件，以防止嵌件与塑件收缩率不同造成内应力加大。

④ 对深腔塑件应设置适当的脱模进气孔道，防止形成真空负压而影响脱模。

⑤ 主流道要足够大使浇注系统凝料未来得及固化时就脱模，这样易于脱模。

⑥ 浇口套内的主流道与喷嘴应吻合对正，主流道凝料应易于和料筒内的料分离，防止冷硬料的拖拉而使塑件粘在定模上。

（3）塑料方面

① 再生料含量太多，造成塑件强度过低。

② 湿度过大，造成一些塑料与水汽发生化学反应，降低塑件强度而出现顶出开裂。

③ 塑料本身不适宜正在加工的环境或质量欠佳、受到污染都会造成开裂。

（4）注塑机方面

注塑机塑化容量要适当，过小时塑化不充分，未能完全混合而变脆；过大时又会降解。

18.4.7　塑件表面熔接痕

熔融塑料在型腔中由于遇到嵌件或碰穿孔或浇口数量为两个以上而导致型腔某处以多股熔体汇合时，因熔体前锋温度下降不能完全熔合而产生线性的熔接痕，见图 18-6。此外发生浇口喷射充模也会生成熔接痕，熔接痕处的强度很差，易断裂。熔接痕形成的主要原因及对策如下：

（1）成型工艺方面

① 注射压力、速度过低，料筒温度、模温过低，造成进入模具的熔体过早冷却而出现熔接痕。

② 注射压力、速度过高时，会出现喷射而出现熔接痕。

③ 应增加料筒内螺杆转速，增加背压压力使塑料黏度下降，密度增加。

④ 塑料要干燥好，再生料的使用比例要严格控制，脱模剂用量太多或质量不好也会出现熔接痕。

⑤ 降低锁模力，方便排气。

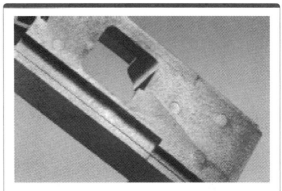

图 18-6　塑件出现熔接痕

（2）模具方面

① 同一型腔浇口过多。应减少浇口数量或对称布置，或让浇口尽量靠近熔接痕设置。

② 熔接痕处排气不良，应开设排气系统。

③ 浇道过大、浇注系统尺寸不当。浇口位置尽量避免熔体在嵌件或碰穿孔周围流动，或尽量少用嵌件。

④ 壁厚变化过大，或壁厚过薄。壁厚均匀是塑件设计的第一原则。

⑤ 必要时应在熔接痕处开设冷料穴使熔接痕脱离塑件。

（3）塑料方面

① 对流动性差或热敏性的塑料应适当添加润滑剂及稳定剂。

② 塑料含的杂质多。必要时要换质量好的塑料。

18.4.8 塑件表面银纹

塑件银纹，包括表面气泡和内部气孔，见图18-7。造成缺陷的主要原因是气体（主要有水汽、分解气、溶剂气、空气）的干扰。具体原因分析如下：

图 18-7　塑件出现银纹

（1）注塑机方面

① 料筒、螺杆磨损或过胶头、过胶圈存在料流死角，长期受热而降解。

② 加热系统失控，造成温度过高而降解。应检查热电偶、发热圈等加热组件是否有问题。螺杆设计不当，也会造成塑料降解或容易带进空气造成银纹。

（2）模具方面

① 排气不良。

② 模具中流道、浇口、型腔的摩擦阻力大，造成局部过热而出现塑料降解。

③ 浇口、型腔分布不平衡，冷却系统不合理都会造成受热不平衡而出现局部过热或阻塞空气的通道。

④ 冷却水道漏水进入型腔。

（3）塑料方面

① 塑料湿度大，添加再生料比例过多或含有有害性屑料（屑料极易降解），应充分干燥塑料及消除屑料。

② 塑料在大气中回潮或从着色剂中吸入水分，应对着色剂也进行干燥，最好在注塑机上装干燥器。

③ 塑料中添加的润滑剂、稳定剂等的用量过多或混合不均，或者塑料本身带有挥发性溶剂。混合塑料受热程度难以兼顾时也会出现分解。

④ 塑料受污染，混有其他塑料。

（4）成型工艺方面

① 设置的温度、压力、速度、背压、熔胶马达转速过高造成塑料降解，或压力、速度过低，注射时间不足、保压不充分、背压过低时，由于未能获得高压而密度不足，无法熔解气体而出现银纹，应设置适当的温度、压力、速度与时间及采用多段注射速度。

② 背压低、转速快，易使空气进入料筒，随熔料进入模具，周期过长时熔料在料筒内受热过长而出现降解。

③ 注射量不足，加料缓冲垫过大，料温太低或模温太低都影响熔体的流动和成型压力，促使气泡的生成而出现银纹。

18.4.9 震纹

PS等刚性塑料制品在其浇口附近的表面，以浇口为中心形成密集的波纹，有时称为震纹。震纹产生原因是熔体黏度过大而以滞流形式充模时，前端的熔体一接触到型腔表面便很快冷凝收缩，而后来的熔体又推动已收缩的冷料继续前进，这一过程的不断交替，使料流在前进中形成了表面震纹。

解决方法：

① 提高料筒温度特别是喷嘴温度，还应提高模具温度。

② 提高注射压力与速度，使其快速填充型腔。

③ 改善流道、浇口尺寸，防止对熔体的阻力过大。

④ 模具排气要好，要设置足够大的冷料井。

⑤ 塑件壁厚不要设计得过于薄弱。

18.4.10　塑件白边

白边是改性聚乙烯和有机玻璃特有的注塑缺陷，大多出现在靠近分型面的塑件边缘上。白边是由无数与料流方向垂直的拉伸取向分子和它们之间的微细距离组成的集合体。在白边方向上尚存在高分子连接相，因而白边还不是裂缝，在适当的加热下，有可能使拉伸取向分子回复自然卷曲状态而使白边消退。

具体解决措施：

① 生产过程注意保持模板分型面的紧密吻合，特别是型腔周围区域，一定要处于真正充分的锁模力下，避免纵向和横向胀模。

② 降低注射压力、时间和注射量，减少分子的取向。

③ 在模具白边位置涂油质脱模剂，一方面使这个位置不易传热，高温时间维持多一些，另一方面使可能出现的白边受到抑制。

④ 改进模具设计。如采用弹性变形量较小的材料制作模具，加强型腔侧壁和底板的机械承载力，使之足以承受注射时的高压冲击和工作过程温度的急剧升高，对白边易发区给予较高的温度补偿，改变料流方向，使型腔内的流动分布合理。

⑤ 如果模具和成型工艺参数没有问题，则应考虑换料。

18.4.11　塑件白霜

有些聚苯乙烯类塑件，在脱模时会在靠近分型面的局部表面发现附着一层薄薄的白霜样物质，大多经抛光后能除去。这些白霜样物质同样会附在型腔表面，这是由于塑料原料中的易挥发物或可溶性低分子量的添加剂受热后形成气态，从塑料熔体释出，进入型腔后被挤迫到靠近有排气作用的分型面附近，沉淀或结晶出来。这些白霜状的粉末和晶粒黏附在型腔面上，不但会刮伤下一个脱模塑件，次数多了还将影响型腔面的粗糙度。但不溶性填料和着色剂大多与白霜的出现无关。

白霜的解决方法：加强原料的干燥，降低成型温度，加强模具排气，减少再生料的使用比例等，在出现白霜时，特别要注意经常清洁模具的型腔表面。

18.4.12　塑件表面黑点或焦化发黑

塑件局部烧焦见图18-8。塑件表面出现黑点的主要原因是塑料或添加的紫外线

图 18-8　塑件局部烧焦

吸收剂、防静电剂等在料筒内过热降解，或在料筒内停留时间过长而降解、焦化，再随同熔体注入型腔形成。塑件局部烧焦发黑的原因主要是困气。

原因分析如下：

（1）注塑机方面

① 由于加热控制系统失控，导致料筒过热造成降解变黑。

② 由于螺杆或料筒的缺陷造成熔体卡滞，经长时间加热造成降解。应检查螺杆及其配件是否磨损或里面是否有金属异物。

③ 某些塑料如 ABS 在料筒内受到高热而交联焦化，在几乎维持原来颗粒形状情形下，难以熔融，被螺杆压破碎后夹带进入塑件。

（2）模具方面

① 模具排气不良，困气处易烧焦，或浇注系统的尺寸过小，剪切产生高温造成塑料焦化。

② 模内有不适当的油类润滑剂、脱模剂。

（3）塑料方面

塑料挥发物过多，湿度过大，杂质过多，再生料过多，受污染严重。

（4）成型工艺方面

① 压力过大、速度过高、背压过大、转速过快都会使料温降解。

② 应定期清洁料筒，清除比塑料耐热性还差的添加剂。

18.4.13　塑件表面光泽差

造成注塑件表面光泽差，主要有两个原因：一是模具型腔表面抛光不好，二是熔体过早冷却。具体解决方法如下：

① 增加料温、注射压力与速度，特别是模温。模温对光泽有显著的影响。

② 改善浇口的位置，注意料流通畅。

③ 防止塑料的降解或塑化不完全。

④ 增加模内冷却时间，保压时间也应加长一些。

⑤ 加强排气，防止气体的淤积。

18.4.14　塑件色条色线色花

这种缺陷的出现主要是采用色母粒着色的塑料较常出现的问题。虽然色母粒着色在色型稳定性、色质纯度和颜色迁移性等方面均优于干粉着色、染浆着色，但分配性，亦即色粒在稀释塑料、在混合均匀程度上相对较差，制成品自然就带有区域性色泽差异。

具体解决办法如下：

① 提高加料段温度，特别是加料段后端的温度，使其温度接近或略高于熔融段温度，使色母粒进入熔融段时尽快熔化，促进稀释与均匀混合，增加液态融合机会。

② 在螺杆转速一定的情况下，增加背压压力使料筒内的熔料温度、剪切作用都得到提高。

③ 修改模具，特别浇注系统。如果浇口过宽，熔体通过时，形成素流，效果差，温度提升不高，于是就不均匀，形成色线，应将浇口尺寸改小。

18.4.15　塑件颜色不均

造成塑件颜色不均的主要原因及解决方法如下：

① 着色剂扩散不良，这种情况往往使浇口附近出现花纹。

② 塑料或着色剂热稳定性差，要稳定塑件的色调，一定要严格控制生产条件，特别是料温、注射量和注塑周期。

③ 对结晶型塑料，尽量使塑件各部分的冷却速度一致，对于壁厚差异大的塑件，可用着色剂来掩蔽色差，对于壁厚较均匀的塑件要使料温和模温做到相对稳定。

④ 塑件的结构和模具的浇口形式、位置对塑料充填情况有影响，可能会使塑件局部产生色差，必要时必须进行修改。

18.4.16 添加色母后注塑成型常见问题

在阳光照射下，塑件中有条纹状的颜色带。这个问题需从塑料物理力学性能和塑料成型工艺三个方面分析：

① 注塑设备的温度没有控制好，色母进入混炼腔后不能与树脂充分混合。

② 注塑机没有加一定的背压，螺杆的混炼效果不好。

③ 色母的分散性不好或树脂塑化不好。

成型工艺方面可作如下调试：

① 将混炼腔靠落料口部分的温度稍加提高。

② 给注塑机施加一定背压。

如经以上调试仍不见好，则可能是色母、树脂的分散性或匹配问题，应与色母粒制造厂商联系解决。

使用某种色母后，塑件显得较易破裂。这可能是由于生产厂家所选用的分散剂或助剂质量不好造成的扩散互溶不良，影响制品的物理力学性能。

按色母说明书上的比例使用后，颜色过深或过浅。这个问题虽然简单，却存在着很多可能性，具体为：

① 色母未经认真试色，颜料过多或过少。

② 使用时计量不准确，国内企业尤其是中小企业随意计量的现象大量存在。

③ 色母与树脂的匹配存在问题，这可能是色母的载体选择不当，也可能是厂家随意改变树脂品种。

④ 注塑机料筒温度不当，色母在料筒中停留时间过长。

处理程序：首先检查树脂品种是否与色母匹配，计量是否准确，其次调整机器温度或转速，如仍存在问题应与色母粒生产厂家联系。

同样的色母、树脂和配方，不同的注塑机做出的产品为何颜色有深浅？

这往往是注塑机的原因引起的。不同的注塑机因制造、使用时间或保养状况的不同，造成机械状态的差别，特别是加热元件与料筒的紧贴程度的差别，使色母在料筒里的分散状态也不一样，上述现象就会出现。

换另一种牌子的树脂后，同样的色母和配方，颜色却发生了变化，这是为什么？

不同牌号的树脂，其密度和熔融指数会有差别，因此树脂的性能会有差别，与色母的兼容性也会有差别，从而发生颜色变化，一般说来，只要其密度和熔融指数相差不大，颜色的差别就不会太大，可以通过调整色母的用量来较正颜色。

色母在储存过程中发生颜料迁移现象是否会影响制品的质量？

有些色母的颜料含量（或染料）很高，在这种情况下，发生迁移现象属于正常。尤其是加入染料的色母，会发生严重的迁移现象。但这不影响塑件的质量，因为色母注射成塑件后，颜料在塑件中处于正常的显色浓度。

为什么有的模塑件光泽不好？有以下多种可能：

① 注塑机的喷嘴温度过低。

② 注塑机的模具粗糙度不好。

③ 模塑件成型周期过长。

④ 色母中所含钛白粉过多。

⑤ 色母的分散不好。

一段时间后，为什么有的塑料制品会发生褪色现象？原因可能是生产厂家所采用的基本颜料质量不好，发生漂移现象。

为什么 ABS 色母特别容易出现色差异？

各国生产的不同牌号 ABS 色差较大，即使同一牌号的 ABS，不同批号也可能存在色差，使用色母着色后当然也会出现色差。这是由 ABS 的特性引起的，在国际上还没有彻底的解决办法。但是，这种色差一般是不严重的。

在使用 ABS 色母时，必须注意 ABS 的这一特性。

18.4.17　塑件浇口区产生光芒线

在点浇口进料的模具中，注塑时塑件表面出现了以浇口为中心的由不同颜色深度和光泽组成的辐射系统，称为光芒线，见图 18-9。大体有三种表现，即深色底暗色线、暗色底深色线及在浇口周围暗色线密而发白。这类缺陷大多在注射聚苯乙烯和改性聚苯乙烯混合料时出现，与下列因素有关：两种塑料在流变性、着色性等方面有差异，浇注系统平流层与紊流层流速和受热状况有差异；塑料因热降解而生成烧焦丝；塑料进模时气态物质的干扰。

解决办法：

① 采用两种塑料混合注射时，塑料要混合均匀，塑料的颗粒大小要相同与均匀。

② 塑料和着色剂要混合均匀，必要时要加入适当分散剂，用机械搅拌。

③ 塑化要完全，注塑机的塑化性能要良好。

④ 降低注射压力与速度，缩短注射和保压时间，同时提高模温，提高喷嘴温度，同时减少前炉温度。

⑤ 防止塑料降解产生焦化物质：如注意螺杆与料筒是否磨损而存在死角，或加温系统失控、加工操作不当造成塑料长期加热而降解。可以通过抛光螺杆和料筒前端的内表面而解决。

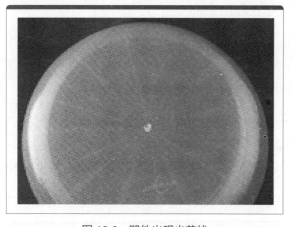

图 18-9　塑件出现光芒线

⑥ 改进浇口设计，如加大浇口直径，改变浇口位置，将浇口改成圆角过渡，尝试对浇口进行局部加热，在流道末端添加冷料井。

18.4.18　塑件浇口区冷料斑

冷料斑主要是指塑件近浇口处带有雾色或亮色的斑纹或从浇口出发的宛如蚯蚓贴在上面的弯曲疤痕，它们由进入型腔的塑料前锋或因过分的保压作用而后来挤进型腔的冷料造成。前锋料因为喷嘴或流道的冷却作用传去热量，在进入型腔前部分被冷却固化，当通过狭窄的浇口而扩张进入型腔时，形成熔体破裂，紧接着又被后来的热熔料推挤，于是就成了冷料斑。

解决方法：

① 冷料井要开设好。还要考虑浇口的形式、大小和位置，防止熔体的冷却速度悬殊。

② 喷嘴中心度要调好，喷嘴与模具主流道的配合尺寸要设计好，防止漏料或造成有冷料被带入型腔。

③ 模具排气系统要良好。气体的干扰会使浇口出现混浊性的斑纹。

④ 提高模温，减慢注射速度，增大注射压力，减少保压与注射时间，降低保压压力。

⑤ 干燥好塑料。少用润滑剂，防止粉料被污染。

18.4.19　塑件出现分层剥离

造成塑件出现分层剥离的原因及排除方法：

① 料温太低、模具温度太低，造成内应力与熔接痕的出现。

② 注射速度太低，应适当提高速度。

③ 背压太低。

④ 原料内混入异料杂质，应筛除异料或换用新料。

18.4.20　注塑过程出现气泡现象

根据气泡的产生原因，解决的对策有以下几个方面：

① 在塑件壁厚较大时，其外表面冷却速度比中心部的快，因此，随着冷却的进行，中心部的树脂边收缩边向表面扩张，使中心部位产生填充不足。这种情况被称为真空气泡。解决方法主要有：

a. 根据壁厚，确定合理的浇口、流道尺寸。一般浇口厚度应为制品壁厚的 $50\% \sim 60\%$。

b. 至浇口封闭为止，留有一定的补缩塑料。

c. 注射时间应较浇口固化闭合时间略长。

d. 降低注射速度，提高注射压力。

e. 采用熔融黏度等级高的塑料。

② 由于挥发性气体的产生而造成的气泡，解决的方法主要有：

a. 充分进行预干燥。

b. 降低树脂温度，避免产生分解气体。

c. 流动性差造成的气泡，可通过提高树脂及模具的温度、提高注射速度予以解决。

d. 困气产生的气泡应通过改善模具排气状况来解决。

18.4.21　塑件肿胀和鼓泡

有些塑件在成型脱模后，很快在金属嵌件的背面或在特别厚的部位出现肿胀或鼓泡。这是因为未完全冷却硬化的塑料在内压力的作用下释放气体膨胀而造成。

解决措施：

① 有效的冷却。降低模温，延长开模时间，降低塑料的干燥与加工温度。

② 降低充模速度，减少注塑周期，减小流动阻力。

③ 提高保压压力和时间。

④ 改善塑件壁太厚或厚薄变化大的状况。

18.4.22　透明塑件缺陷

（1）熔斑、银纹、裂纹

聚苯乙烯、有机玻璃等透明塑件，有时候透过光线可以看到一些闪闪发光的细丝般的银纹。这些银纹又称烁斑或裂纹。这是由于拉应力的垂直方向产生了应力，聚合物分子发生流动取向的部分与未发生取向的部分因折射率不同而产生的视觉效果。

解决方法：

① 消除气体及其他杂质的干扰，对塑料充分干燥。

② 降低料温，分段调节料筒温度，适当提高模温。

③ 增加注射压力，降低注射速度。

④ 增加或减少预塑背压压力，减少螺杆转速。

⑤ 改善流道及型腔排气状况。

⑥ 清理喷嘴、流道和浇口可能的堵塞。

⑦ 缩短成型周期，脱模后可用退火方法消除银纹：对聚苯乙烯在78℃时保持15min，或50℃时保持1h；对聚碳酸酯，加热到160℃以上保持数分钟。

（2）白烟

在PS透明塑件上，透过光线时会显现一缕白烟状物，位置与大小飘忽不定。这主要是塑料在料筒中局部过热降解形成，有时白烟会变焦黄，甚至成为黑斑。

解决方法：

① 降低料温，缩短料在料筒里边停留的时间，降低转速与背压。

② 注意检查螺杆与料筒的配合精度，检查过胶头等是否磨损。

③ 少用再生料，筛除有害性的屑料。消除料筒及原料中的异种塑料的污染。

（3）泛白、雾晕

这是由于气体或空气中的杂质污染而出现的缺陷。

主要解决方法：

① 消除气体的干扰，防止杂质的污染。

② 提高料温与模温，分段调节料筒温度，但要防止温度过高而使塑料降解。

③ 增加注射压力，延长保压时间，提高背压。

（4）透明产品有白点的原因及解决方法

透明产品有白点是因为产品内进入冷胶，或料内有灰尘。

解决方法：提高射嘴温度，加冷料井，原料注意保存，防止灰尘进入。

18.4.23　注塑成型时主流道粘模

注塑成型时主流道粘模的原因及排除方法：

① 冷却时间太短，主流道尚未凝固。

② 主流道斜度不够，应增加其脱模斜度。

③ 浇口套与注塑机喷嘴的配合尺寸不当造成漏料。

④ 主流道粗糙，主流道无冷却井和拉料杆。

⑤ 喷嘴温度过低，应提高温度。

18.4.24　塑件脱模困难

（1）注塑机方面

顶棍顶出力不够。

（2）模具方面

① 脱模机构不合理或位置不当，推杆过小或过少。

② 脱模斜度不够，甚至存在倒扣。

③ 模温过高或进气不良，脱模时局部产生真空。

④ 流道壁或型腔表面粗糙，抛光不够或方法不对（应沿脱模方向抛光）。

⑤ 喷嘴与模具进料口吻合不好或喷嘴直径大于进料口直径。

（3）工艺方面

① 料筒温度太高或注射量太多。

② 注射压力太高或保压及冷却时间过长。

④ 塑料方面：收缩率大或润滑剂不足。

18.4.25　注塑成型时生产速度缓慢

（1）模具方面

① 模具温度高，影响了定型，又造成卡、夹塑件而停机。要有针对性地加强水道的冷却。

② 模具的设计要方便脱模，尽量设计成全自动操作。

③ 塑件壁厚过厚。应改进模具，减少壁厚。

（2）注塑机方面

① 料筒供热量不足。应采用塑化能力大的机器或加强对料的预热。

② 模塑时间不稳定。应采用自动或半自动操作。

③ 喷嘴流涎，妨碍正常生产。应采用自锁式喷嘴，或降低喷嘴温度。

④ 改善注塑机生产条件，如油压、油量、合模力等。

⑤ 注塑机的动作慢。可从油路与电路调节使之适当加快。

（3）成型工艺方面

① 塑料熔体温度高，塑件冷却时间长。应降低料筒温度，减少螺杆转速或背压压力，调节好料筒各段温度。

② 塑料熔化时间长。应降低背压压力，少用再生料防止"搭桥"，送料段冷却要充分。

③ 注射压力小，造成注射速度慢。

18.4.26　塑件内应力的产生及解决对策

一般塑件定型前，存在于内部的压力约为 $300 \sim 500\text{kgf/cm}^2$（$1\text{kgf/cm}^2 = 0.098\text{MPa}$）之间，如因调整不当造成注射压力过高，熔体经过流道、浇口进入型腔，在型腔内逐渐冷却，压力逐渐下降，而塑件内部进胶口及远端之压力不同，塑件经过一段时间后内应力渐渐释放出来，会造成塑件变形或破裂。内应力太高时，可进行退火处理解决。

（1）内应力的产生

① 过度充填。

② 塑件结构不合理：如严重不对称，存在尖角锐边，壁厚不均等。

③ 注射压力太高，导致塑件密度太高，使脱膜困难。

④ 嵌件周围应变所致，易造成龟裂及冷热差距过大而使收缩不同，欲使埋入件周围充填饱模，需施加较大的注射压力，形成过大的残余应力。

⑤ 直接浇口周围极易留下残余应力。

⑥ 结晶性塑胶、冷却太快，内应力不易释放出来。

（2）解决及对策

① 提高料温、模温。

② 缩短保压时间。

③ 非结晶性塑料，保压压力不需太高，因为这种塑料收缩率较小。

④ 塑件壁厚设计要均匀，模具浇口开设在壁厚处。

⑤ 顶出力要均匀。

⑥ 嵌件要预热（用夹子或手套塞入）。

⑦ 避免用新、次料混合，吸湿性强的塑料要彻底干燥。

⑧ 加大主流道、分流道、浇口等，以减小流动阻力，使型腔远处易于充满。

⑨ 工程塑料及加玻纤者成型模温必须达 60℃ 以上。

⑩ 加大喷嘴直径，长喷嘴需加热控制温度。

18.5 热流道注塑具试模常见问题分析与对策

（1）浇口处残留物突出，或流涎滴料及表面质量差

① 主要原因：浇口结构选择不合理，温度控制不当，注射后流道内熔体存在较大残留压力。

② 解决对策：

a. 浇口结构的改进。

通常，浇口的长度过长，会在塑件表面留下较长的浇口料把，而浇口直径过大，则易导致流涎滴料现象的发生。当出现上述故障时，可重点考虑改变浇口结构。

热流道常见的浇口形式有直浇口、点浇口和针阀式浇口。

主流道浇口：特点是流道直径较粗大，故浇口处不易凝结，能保证深腔塑件的熔体顺利注射；不会快速冷凝，塑件残留应力最小，适宜成型一模多腔的深腔塑件。但这种浇口较易产生流涎和拉丝现象，且浇口残痕较大，甚至留下柱形料把，故浇口处料温不可太高，且需严格控制。

点浇口：特点是塑件残留应力较小，冷凝速度适中，流涎、拉丝现象也不明显，可应用于大多数工程塑料。

针阀式浇口：也是目前国内外热流道模使用较多的一类浇口形式，塑件质量较高，表面仅留有极小的痕迹；残痕小、残留应力低，并不会产生流涎、拉丝现象，但阀口磨损较明显，在使用中随着配合间隙的增大，会出现流涎现象，此时应及时更换阀芯、阀口体。

浇口形式的选择与树脂性能密切相关。易发生流涎的低黏度树脂，可选择针阀式浇口。结晶型树脂成型温度范围较窄，浇口处的温度应适当提高，如 POM、PPE 等树脂可采用带加热探针的浇口形式。无定型树脂如 ABS、PS 等成型温度范围较宽，由于鱼雷嘴芯头部形成熔体绝缘层，浇口处没有加热元件接触，故可加快凝结。

b. 温度的合理控制。

若浇口区冷却水量不够，则会引起热量集中，造成流涎、滴料和拉丝现象，因此出现上述现象时应加强该区域的冷却。

c. 树脂释压流涎。

流道内的残留压力过大，是造成流涎的主要原因之一。一般情况下，注塑机应采取缓冲回路或缓冲装置来防止流涎。

（2）材料变色、烧焦或降解

① 主要原因：温度控制不当，流道或浇口尺寸过小引起较大剪切生热，流道内的死点导致滞留料受热时间过长。

② 解决对策：

a. 温度的准确控制。

为了能准确、迅速地测定温度波动，要使热电偶测温头可靠地接触流道板或喷嘴壁，并使其位于每个独立温控区的中心位置，头部感温点与流道壁距离应不大于 10mm 为宜，应尽量使加热元件在流道两侧均匀分布。温控可选用中央处理器操作下的智能模糊逻辑技术，其具备温度超限报警以及自动调节功能，能使熔体温度变化控制在要求的精度范围之内。

b. 修正浇口尺寸。

应尽量避免流道死点，在许可范围内适当增大浇口直径，防止过甚的剪切生热。内热式喷嘴的熔体在流道径向温差大，更易发生烧焦、降解现象，因此要注意流道径向尺寸设计不宜过大。

c. 如临时停止生产时（时间大于 20min），应调节热流道温度至保温状态，避免流道存料变焦，烧黑。

（3）注射量短缺或无料射出，或进料不平衡（多腔）

① 主要原因：流道内出现障碍物或死角，浇口堵塞，流道内出现较厚的冷凝层，浇口温度不一致。

② 解决对策：

a. 流道设计和加工时，应保证熔体流向拐弯处壁面的圆弧过渡，使整个流道平滑而不存在流动死角。

b. 在不影响塑件质量情况下，适当提高料温，避免浇口过早凝结。

c. 适当增加热流道温度，以减小内热式喷嘴的冷凝层厚度，降低压力损失，从而利于充满型腔。

d. 一般情况下，各浇口实际温度与模具散热、发热丝配合，存在一定的差异，如无特殊要求，调节温度平衡即可。

（4）漏胶严重

① 主要原因：密封元件损坏；加热元件烧毁引起流道板膨胀不均；喷嘴与浇口套中心错位；或者止漏环决定的熔体绝缘层在喷嘴上的投影面积过大，导致喷嘴后退。

② 解决对策：

a. 检查密封元件、加热元件有无损坏，若有损坏，在更换前仔细检查是元件质量问题、结构问题，还是正常使用寿命所导致的结果。

b. 选择适当的止漏方式。根据喷嘴的绝热方式，防止漏料可采用止漏环或喷嘴接触两种结构。应注意使止漏接触部位保持可靠的接触状态。在强度允许范围内，要保证喷嘴和浇口套之间的熔体投影面积尽量小，以防止注射时产生过大的背压使喷嘴后退。采用止漏方式时，喷嘴和浇口套的直接接触面积，要保证由于热膨胀造成的两者中心错位时，也不会发生树脂泄漏。但接触面积也不能太大，以免造成热损失增大。

大部分的漏胶情况，并不是因为系统设计不良，而是由于未按照设计参数操作。漏料通常发生在热射嘴和分流道板间的密封处。根据一般热流道的设计规范，热嘴处都有一个刚性边缘，确保热射嘴组件的高度小于热流道板上的实际槽深。设计这个尺寸差（通常称为冷间隙）

的目的，在于当系统处于操作温度时，避免热膨胀导致部件损坏。

例如，一个60mm厚的分流道板和一个40mm热射嘴组件（总高度为100mm）由室温升至操作温度（230℃）后，会膨胀0.26mm。如果没有冷间隙，热膨胀会造成热射嘴的边缘损坏。热流道漏料，就是发生在冷却条件下欠缺有效密封的情况。为了保障系统的密封（热射嘴和分流道板），必须将系统加热到操作温度，其产生的力（例如20000lb）足够抵消注塑压力，防止注塑压力将两个部件顶开。

预防漏胶的方法：

a. 保证热射嘴和分流道板的载荷非常重要，模具制造时，必须严格遵守热流道供应商提供的尺寸和公差才能有效防止系统漏胶。

b. 在刚开机时，如果还没等到温度升至操作水平，甚至忘记打开加热系统，就开始注射，带有冷间隙的热流道因未能达到它的操作温度，注塑压力便会使它产生漏胶。

c. 还可能在加热过度的情况下发生。由于带刚性边缘的热射嘴对热膨胀的适应性差，当系统过分加热后、再降低到操作温度时，基于钢性变形的影响，其产生的密封压力无法防止泄漏。这种情况下，除了会造成漏胶外，还会因为压力过大，对热射嘴造成不可恢复的损坏，需要更换热射嘴。

如何发现漏胶？

a. 塑料熔体注入，但未到达模具型腔。

例如，如果熔道可包含3次注塑量（每次注射量为熔道/模腔的容量），3次注射后模腔内应该已经有塑料熔体。如果没有，则代表熔体很有可能已经泄漏到了分流板槽。

b. 部分模腔或塑件充料不完全。

这是因为注射的部分熔料泄漏到分流道板槽中，造成了塑件注塑不充分。在注塑机的控制界面上，这种情况显示为工艺参数的突然变化。如果操作员怀疑有漏料的情况存在，则应该立即关闭注塑机等待系统冷却后进行检查。清理系统并查出漏料原因后，应仔细检查所有部件，因为过热的温度或清理过程都可能对部件产生损坏。

（5）普通式浇口的堵塞

主要原因：

① 浇口处温度太低。降低浇口处的冷却速度，检查结晶型塑料热射嘴型号是否选择合适，模具的隔热腔是否够大。

② 热射嘴的前端温度太低。减少热射嘴封胶口与模具的接触面积。在热射嘴的前端需有绝热间隙。

③ 浇口的热量不够。加大隔热腔的直径，缩短嘴尖的长度，核对嘴尖在浇口的同心度。

④ 热射嘴温度太低。增大加热圈的功率，核对热流道温控器的温度。

⑤ 异物堵塞。分离热流道系统，清除异物。

（6）针阀式浇口的堵塞原因

① 阀针太短或变形。核对或更换。

② 浇口损坏，核对阀针长度是否太长。

③ 气缸/油缸漏气/漏油。核对气缸接口处及查看气缸密封圈。

④ 阀针与浇口处接触不合适，降低浇口处的模温，加长阀针。

⑤ 气缸/油缸压力不适合。增大/降低压力。

⑥ 保压时间太长。缩短保压时间。

⑦ 有金属类异物混入再生材料中，导致浇口堵塞。

（7）热流道不能正常升温或升温时间过长

① 主要原因：导线通道间距不够，导致导线折断；装配模具时导线相交发生短路、漏电

等现象。

② 解决对策：

a. 选择正确的加工和安装工艺，保证能安放全部导线，并按规定使用高温绝缘材料。

b. 定期检测导线破损情况。

（8）换料或换色不干净

① 主要原因：换料或换色的方法不当；流道设计或加工不合理导致内部存在较多的滞留料。

② 解决对策：

a. 改进流道的结构设计和加工方式。设计流道时，应尽量避免流道死点，各转角处应力求圆弧过渡。在许可范围内，流道尺寸尽量小一些，这样流道内滞留料少、新料流速大，有利于快速清洗。加工流道时，不论流道多长，必须从一端进行加工，如果从两端同时加工，易造成孔中心的不重合，由此必然会形成滞留料部位。

b. 选择正确的换料方法。热流道系统换料、换色过程一般由新料直接推出流道内的所有滞留料，再把流道壁面滞留料向前整体移动，因此清洗比较容易进行。相反，若新料黏度较低，就容易进入滞留料的中心，逐层分离滞留料，清洗起来就较为麻烦。倘若新旧两种料的黏度相近时，可通过加快新料注射速度来实现快速换料。若滞留料黏度对温度较为敏感，可适当提高料温来降低黏度，以加快换料过程。

18.6 气辅成型试模常见问题及对策

气体辅助注塑成型工艺过程涉及高分子熔体和高压气体的气液两相流及相互作用问题，因此使得气体辅助注塑成型工艺实现过程的设计参数和控制参数大大增加。其主要的难点有：

① 确定塑料熔体和气体的最佳注射量、注射压力和填充时间。

② 确定注入熔体和氮气的切换时间。

③ 确定注入氮气的压力控制分布曲线。

④ 预测熔体在型腔内的流动及气体的穿透情况。

⑤ 防止困气、吹穿，气体进入薄壁。

⑥ 计算所需的锁模力和保压时间。

气辅成型常见缺陷及排除方法如下：

常见的气体辅助注塑制品缺陷包括表面缩陷、流痕、银纹、亮痕、迟滞痕，气体进入薄壁（手指效应），制品爆裂，困气，气体填充不均，气体吹破流动前锋，因气体注入时引起熔体流动前沿流动缓慢而造成制品表面不光滑、漏气、无法进气或无法排气等等。由于影响气体辅助注塑成型的因素比一般注塑成型显著增多，因此必须针对各种缺陷具体分析其产生原因并找出相应的解决方法，才能确保气辅注塑成型技术的成功应用。

（1）气体贯穿

这种缺陷可通过提高预填充程度，加快注射速度，提高熔体温度，缩短气体延迟时间或选用流动性较高的塑料等方法来解决。

（2）无腔室或腔室太小

可以通过降低预填充程度、提高熔体温度和气体压力、缩短气体延迟时间、延长气体保压和卸压时间、选用流动性较高的塑料、加大气体通道、使用侧腔方式等方法中一种来解决。另外，可检查气针有无故障或堵塞、气体管路有无泄漏。

（3）缩痕

消除缩痕可以参考的方法有降低预填充程度和熔体温度，提高熔体保压压力，缩短气延迟时间，提高气体压力，延长气体泄压时间，降低模具温度，加大浇口直径、流道口和气道等。另外，可调整注气的压力曲线，检查管路和气针是否工作正常。

（4）重量不够稳定

降低注射速度、提高背压、改进模具排气、改变浇口位置和加大浇口等方法都有利于克服这种缺陷。

（5）气道壁太薄

可以采取降低注射速度、降低料桶温度和气体压力、延长气体延迟时间及加大气道等方法来克服这种缺陷。

（6）手指效应

手指效应一般发生在大平面塑件中，它是指在气体保压过程中，塑件薄壁部分的体积收缩，产生的缺料依靠气道与薄壁之间的熔体来补缩，气体因此而进入薄壁区域，导致薄壁壁厚减小，壁厚不均，降低了塑件强度。薄壁壁厚越大，体积收缩也就越大，气道里的气体就越容易闯入薄壁部位，产生手指效应的危险性也就增加。手指效应如图 18-10 所示。出现这种现象时可以考虑提高填充程度，降低注射速度，降低料筒温度和气体压力，延长气体延迟时间，缩短气体和泄压时间，重新设定注气的压力曲线，选用流动性较低的材料，降低模具温度和减小壁厚等方法。此外，浇口位置的改变和气道的加大也有助于改进这种缺陷。

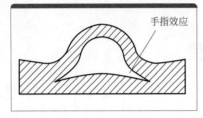

图 18-10　手指效应

（7）气体进入螺杆料筒

出现这种现象时可以考虑提高熔体保压压力和保压时间，降低射嘴温度和气体压力，缩短气体保压时间和卸压时间，重新设定注气的压力曲线，选用流动性较低的材料，减小浇口直径和改变浇口位置等方法。

（8）脱模后产生爆裂

出现这种现象时可以考虑降低气体压力，延长保压时间，重新设定注气的压力曲线，减小气量，检查气针有无堵塞等。

（9）注意事项

① 对于气针式面板模具来讲，气针处压入放气时，最容易产生进气不平衡的情况，造成调试更加困难。其主要现象为收缩。解决方法为放气时检查气体流畅性。

② 塑料熔体的温度是影响生产正常进行的关键因素之一。气辅产品的质量对熔体温度更加敏感。喷嘴料温过高会造成产品表面银纹、烧焦等现象；料温过低会造成冷胶、冷嘴、封堵气针等现象。产品反映出的现象主要是缩痕和银纹。解决方法为检查塑料熔体的温度是否合理。

③ 手动状态下，检查封针式射嘴回料时是否有溢料现象。如有此现象则说明气辅封针未能将喷嘴封住。注气时，高压气体会倒流入料管。主要现象为浇口处大面积烧焦和银纹，并且回料时间大幅度减少，打开封针时会有气体排出。主要解决方法为调整封针拉杆的长短。

④ 检查气辅感应开关是否灵敏，否则会造成不必要的损失。

⑤ 气辅产品是靠气体保压，产品收缩时可适当减胶。主要是降低产品内部的压力和空间，让气体更容易穿透到壁厚较大的地方来补压。

18.7　塑件的后处理

（1）为什么要进行塑件的后处理？

成型过程中塑料熔体在温度和压力作用下的变形流动行为非常复杂，再加上流动前塑化不均及充模后冷却速度不同，塑件内经常出现不均匀的结晶、取向和收缩，导致塑件内产生相应的结晶、取向和收缩应力，除引起脱模后时效变形外，还使塑件的力学性能、光学性能及表观质量变坏，严重时还会开裂。为了解决这些问题，可对塑件进行一些适当的后处理。

后处理方法：退火和调湿。

（2）退火

退火是将塑件加热到某一温度后，进行一定时间保温的热处理过程。其原理是利用退火时的热量，加速塑料中大分子松弛，消除或降低塑件成型后的残余应力。其作用包括：①对于结晶形塑料，利用退火对它们的结晶度大小进行调整，或加速二次结晶和后结晶的过程；②控制塑料分子取向，降低塑件硬度和提高韧度。

退火温度：在塑件使用温度以上 10 ~ 20℃至热变形温度以下 10 ~ 20℃间选择和控制。

保温时间：与塑料品种和塑件厚度有关，如无数据资料，也可按每毫米厚度约 0.5h 的原则估算。

退火热源或加热保温介质：红外线灯、鼓风烘箱以及热水、热油、热空气和液体石蜡等。

注意：退火冷却时，冷却速度不宜过快，否则还有可能重新产生温度应力。

（3）调湿处理

调湿是一种调整塑件含水量的后处理工序，主要用于吸湿性很强且又容易氧化的聚酰胺塑件，它除了能在加热和保温条件下消除残余应力之外，还能促使塑件在加热介质中达到吸湿平衡，以防它们在使用过程中发生尺寸变化。

调湿处理所用的加热介质为沸水或醋酸钾溶液（沸点为 121℃），加热温度为 100 ~ 120℃（热变形温度高时取上限，反之取下限），保湿时间与塑件厚度有关，通常约取 2 ~ 9h。

应指出，并非所有塑件都要进行后处理，通常，只是尼龙塑件、带有金属嵌件、使用温度范围变化较大、尺寸精度要求高和壁厚大的塑件才有必要。

第19章 注塑模具报价

模具报价或模具订料，系指模具设计和制造前的准备工作。根据客户提供的塑件报价（参考）资料或正式塑件资料，确定塑件在模具中的位置和数量，以及模架和模料的尺寸、材料。

19.1 注塑模具类型

模具类型不同，价钱也不同，有时相差还很大。注塑模具类型依据模具基本结构分为两类：一类是二板模也称大水口模；另一类是三板模也称细水口模。其他特殊结构的模具，也是在上述两种类型的基础上改变，如哈夫模、热流道模、双色模等。三板模的制造成本远高于二板模具。所有模具按固定在注射设备上的需要，又有工字模和直身模之分；通常模具宽度尺寸小于等于300mm，选择工字模如图19-1所示；宽度尺寸大于300mm，选择直身模如图19-2所示。

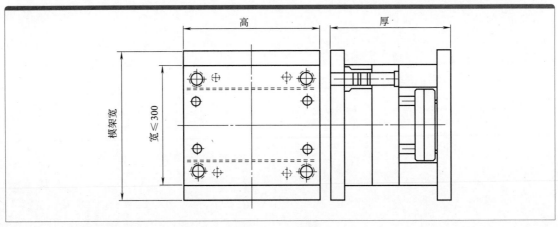

图 19-1 工字模

19.1.1 二板模（大水口模）

二板模是指那些能从分型面分开成前、后两半模的模具。二板模常见类型见图19-3～图19-6。

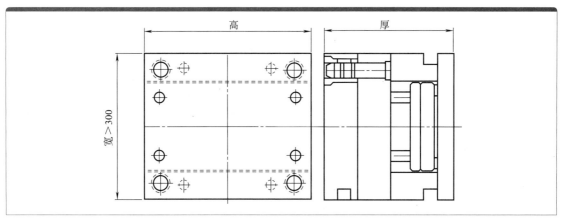

图 19-2 直身模

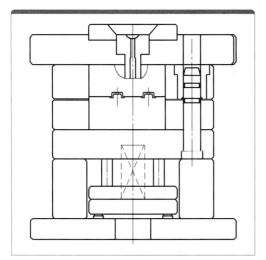

图 19-3 定、动模通框

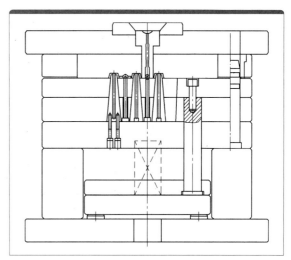

图 19-4 推板模、定模通框

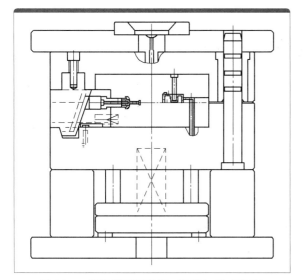

图 19-5 行位模不用通框，导柱加长（引导）

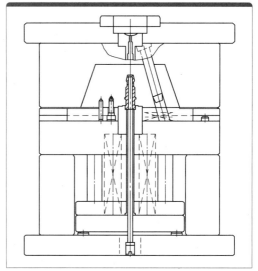

图 19-6 哈夫模

19.1.2 三板模（细水口模）

三板模主要由三个部分或模板组成，开模后，各模板之间相隔一段距离，塑件从形成分型面的两块模板之空间距离落下，流道凝料则从另一空间距离落下（这是对冷流道模具来讲），这种把塑件与浇道分隔开的模具称三板模。三板模如图 19-7 所示，其开模要求为：

① D 为模具中流道凝料最长数值，$A=D+E+10 \sim 15$（mm），并且，$A \geqslant 110$mm（手横向取浇道间距）；

② $B+C=A+2$（mm），通常取 $C=10 \sim 12$mm。

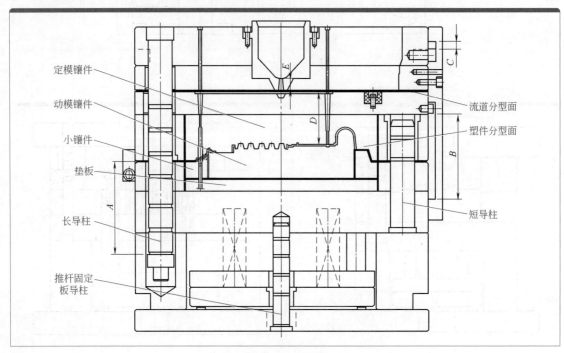

定模镶件
动模镶件
小镶件
垫板
长导柱
推杆固定板导柱

流道分型面
塑件分型面
短导柱

图 19-7　三板模

19.2　注塑模具报价图的绘制及订料

模具报价资料有报价图和订料单；报价图也是模具最初的设计方案，它为模具订料提供参考说明。

19.2.1　绘制报价图

非通框模具报价图如图 19-8 和图 19-9 所示。

注意：

① 模具因侧向抽芯或其他特殊结构使得模框开槽，这时模具不应制作通框。

② 线切割用料图中，料边距离 $f=30$mm，$e=5 \sim 10$mm。

③ 由于行位引导伸长，所以边钉需加长。

通框模具报价图如图 19-10 和图 19-11 所示。

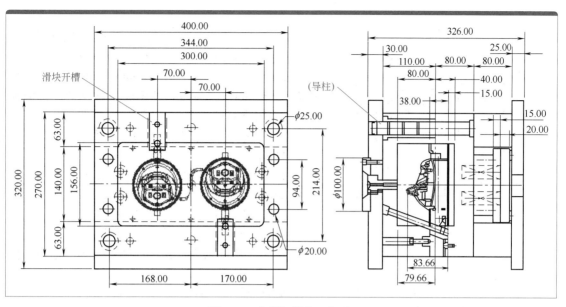

图 19-8 非通框模具（方形）

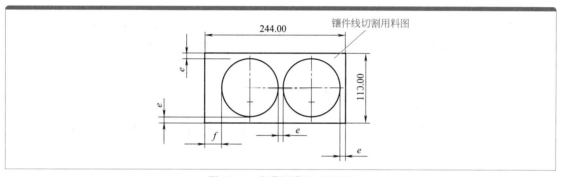

图 19-9 非通框模具（圆形）

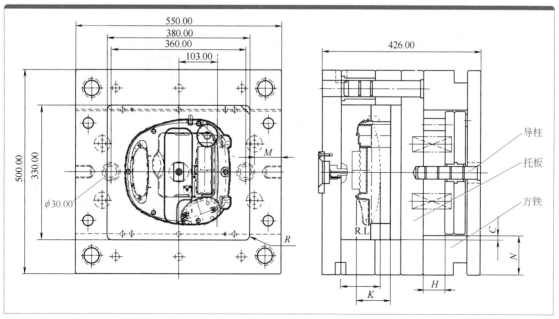

图 19-10 通框模具

镶件线切割用料图，料边距离
$f=30$mm，$e=5\sim10$mm

图 19-11　线切割图

注意：

① 在模具结构允许的条件下，方铁宽度加宽（N 值加大），提高托板强度，使 $C=5\sim15$mm。

② 模具（宽×高）为≥450mm×450mm 时：当模宽＜550mm，增加两个针板边；当模宽≥550mm 时，增加四个针板边。

③ 因有吊环螺钉孔，针板边到边框距离 $M\geq40$mm。

④ 模具精框角位 R 值：当框深 $1\sim50$mm，$R=13$mm；框深 $51\sim100$mm，$R=16.5$mm。

绘制报价图应反映模具的以下几方面：

① 依据模腔数要求，进行塑件排位。

② 确定塑件入浇形式，选择模具类型，如二板模或三板模。

③ 绘出模具机构的大体形状及位置要求，如行位斜度、行出距离及锁紧机构等。

④ 选定方铁高度，根据塑件各部位脱出后模型腔所需最大长度，使得 $H\geq$塑件脱模最大长度 $+10$mm 顶位空间，如图 19-10 所示。

⑤ 绘出模具前、后模最大料厚要求，如图 19-10 所示，前模厚 Q，后模厚 K。

⑥ 适当调整模具外形尺寸（宽×高×厚），使模能在最经济（较小）的注射设备上生产。

19.2.2　订料

订料是在已有报价图的基础上，绘制模架简图，填写订料单，如图 19-12、图 19-13 所示。

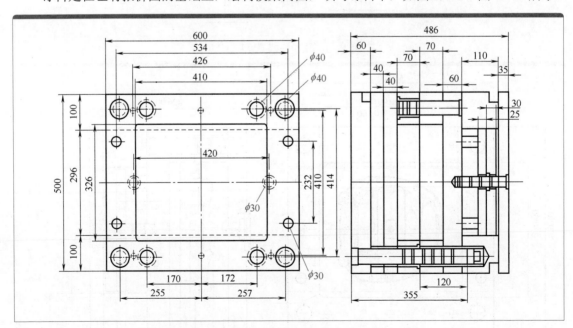

图 19-12　模架简图

模架简图和订料单的制作需注意以下几点：

① 为使模架简图和订料单传送（FAX）清楚，简图和料单中的数值（除特殊值外）以整

数表示。

② 模架简图只反映模架制作公司所做的内容，报价图中其他结构内容都须删去。

③ 模具定模、动模型腔板，须注明开精框或粗框，及通框分中或非通框分中，非通框分中还须有深度值；加工非对称框时，简图中必须详细绘出注明。

④ 吊环孔，对型腔模板厚度大于或等于 100mm，外形大于或等于 400mm×400mm，注为"十字公制"，四边框中间位制作吊环孔；厚度小于 100mm，外形小于 400mm×400mm，注为"公制"，只在长度方向两边中间位制作吊环孔。

⑤ 模具镶件的料厚，应预留加工余量，在报价图上厚度尺寸上加厚 1～2mm；另外，所订镶件钢料需注明"铣磨正曲尺"。

⑥ 选择模具钢料应前模硬度高于后模，前、后模硬度相差 5HRC 以上；当模具钢料需淬火处理时，选用模具钢 M310 或 S136。

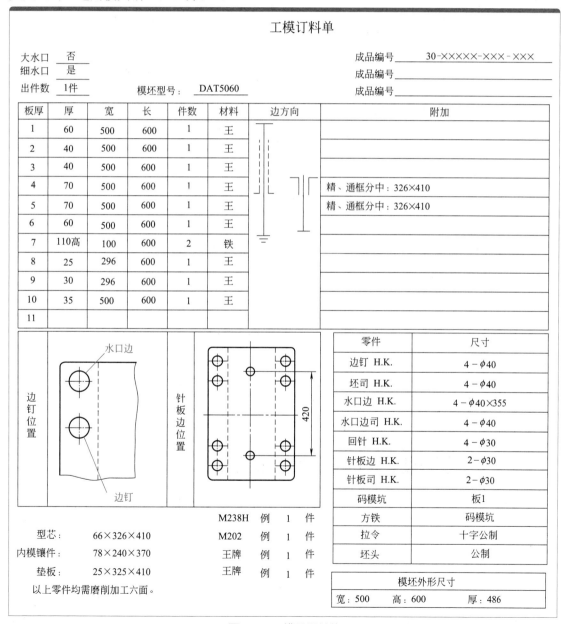

图 19-13　模具订料单

19.2.3 模具材料选用

表 19-1 是注塑模具常用材料表。

表 19-1　注塑模具常用材料

材料牌号	出厂硬度	适用模具	适用塑料	热处理	备注
M238	30～34HRC	需抛光的定模、定模镶件	ABS、PS、PE、PP、PA	淬火至 54HRC	不耐腐蚀
718S	31～36HRC			火焰加硬至 52HRC	
M238H	33～41HRC	需抛光的定模、定模镶件	ABS、PS、PE、PP	预加硬、不须淬火	
718H	35～41HRC				
M202	29～33HRC	（大模）定模、动模、镶件、滑块		淬火至 54HRC	
MUP	28～34HRC				
M310	退火 ≤20HRC	镜面模、定模、动模	PC、PVC、PMMA、POM、TPE、TPU	淬火至 57HRC	耐腐蚀、透明件
S136	退火 ≤18HRC			淬火至 54HRC	
M300	31～35HRC	镜面模、定模、动模		淬火至 48HRC	
S136H	31～36HRC			预加硬、不须淬火	
黄牌钢	170～220HB	（大模）动模、模板、动模镶件（含镶件、型芯）	ABS、PS、PE、PP、PA		不耐腐蚀
2738H	32～38HRC	（小模）定模、镶件、滑块		预加硬、不须淬火	
2316VOD	35～39HRC	需抛光的定模、动模、镶件、滑块	PC、PVC、PMMA、POM、TPE、TPU	淬火至 48HRC	耐腐蚀
2316ESR	27～35HRC	需纹面的定模、动模、镶件、滑块			
2311	29～35HRC	（大模）定模、动模、镶件、滑块	ABS、PS、PE、PP	火焰加硬至 52HRC	不耐腐蚀
K460	退火 ≤20HRC			淬火至 64HRC	
NAK55	40～43HRC	动模、镶件、滑块		预加硬、不须淬火	
NAK80	40～43HRC	定模、动模、镶件、滑块	ABS、PS、PE、PP	预加硬、不须淬火	
PAK90	32～36HRC	镜面模、定模、动模	PC、PVC、PMMA、POM、TPE、TPU	预加硬、不须淬火	耐腐蚀、透明件

注：1. 大模指模架（宽×高）大于 250mm×350mm。
　　2. 氮化处理除不锈钢不宜外（如 M310、S136、M300、S136H、2316VOD、2316ESR、PAK90），其他钢料均可氮化处理，氮化后表面硬度达 59HRC。

19.3 注塑模具的价格的估算及报价

模具的价格通常都较高，而且每副模具都有其特殊性，模具价格相差很大，难以制定统一的模具价格标准，这给模具估价造成一定的难度。在实际工作中，模具价格的估算在很大程度上取决于经验。

19.3.1 比例系数法

模具价格由下列各项组成：

$$模具价格 = 材料费 + 设计费 + 加工费与润利 + 试模费 + 包装运输费 + 增值税$$

其中，材料费（包括材料和标准件）约占模具总费用的30%；设计费约占模具总费用的5%；加工费（包括管理费）与润利约占模具总费用的40%～50%；试模费，大中型模具可控制在3%左右，小型精密模具可控制在5%左右；包装运输费可按实际计算或按3%计算；增值税占模具总价格的17%。

19.3.2　材料系数法

根据模具尺寸和材料价格由下式估算：

$$模具价格 = (3～4) × 材料费$$

系数大小根据模具精度和复杂程度确定，有侧向抽芯机构（包括斜推杆）的模具其价格至少要取材料费的4倍。

19.3.3　模具报价

（1）模具报价单的填写

模具价格估算后，一般要以报价的形式向外报价。报价单的主要内容有：模具报价，周期，要求达到的模次（寿命），对模具的技术要求与条件，付款方式及结算方式以及保修期等。

（2）模具报价与模具估算价格的关系

模具的报价往往并非模具最后的价格。报价是讲究策略的，正确与否，直接影响模具的价格，影响到模具利润的高低，影响到所采用的模具生产技术管理等水平的发挥，是模具企业管理最重要的、是否成功的体现！

一般说来，要根据市场行情、客户心理、竞争对手、状态等因素进行综合分析，对估价进行适当的整理，在估价的基础上增加10%～30%提出第一次报价。经过讨价还价，可根据实际情况调低报价。但是，当模具的商讨报价低于估价的10%时，需重新对模具进行改进细化估算，在保证保本有利的情况下，签订模具加工合同，最后确定模具价格。

（3）模具价格与模具报价的关系

模具价格是经过双方认可且签订在合同上的价格。这时形成的模具价格，有可能高于估价或低于估价，但通常都低于报价。当商讨的模具价格低于模具的保本价格时，需重新提出修改模具要求、条件、方案等，降低一些要求，以期可能降低模具成本，重新估算后，再签订模具价格合同。

应当指出，模具属于科技含量较高的专用产品，不应当用低价，甚至是亏本价去迎合客户。而是应该做到优质优价，把保证模具的质量、精度、寿命放在第一位，而不应把模具价格看得过重，否则，容易引起误导动作。追求模具低价，就较难保证模具的质量、精度、寿命。价廉质次一般不是模具行业之所为。

但是，当模具的制造与制品开发生产是同一核算单位或有经济利益关系时，在这种情况下，模具的报价，应以其成本价作为报价。模具的估价仅估算模具的基本成本价部分，其他的成本费用、利润暂不考虑，待模具投产后再以制品的生产利润中提取一定的份额来作为补偿。但此时的报价不能作为真正的模具的价格，只能作为模具前期开发费用。今后，一旦制品开发成功，产生利润，应提取模具费附加值，返还给模具制造单位，两项合计，才能形成模具的价格。这时形成的模具价格，有可能会高于第一种情况下的模具价格，甚至回报率很高，是原正常模具价格的几倍或几十倍。当然，也有可能回报率等于零。

（4）模具价格的地区差与时间差

模具的估价及价格，在各个企业、各个地区、国家，在不同的时期，不同的环境，其内涵是不同的，也就是存在着地区差和时间差。为什么会产生价格差呢，这是因为：一方面各企业、各地区、国家的模具制造条件不一样，设备工艺、技术、人员观念、消费水准等各个方面的不同，产生对模具的成本、利润目标等估算不同，因而产生了不同的模具价格差。一般在较发达的地区，或科技含量高、设备投入较先进、比较规范大型的模具企业，他们的目标是质优而价高，而在一些消费水平较低的地区，或科技含量较低、设备投入较少的中小型模具企业，其相对估算的模具价格要低一些。另一方面，模具价格还存在着时间差，即时效差。不同的时间要求，产生不同的模具价格。这种时效差有两方面的内容：一是一副模具在不同的时间有不同的价格；二是不同的模具制造周期，其价格也不同。

19.4 模具的结算方式

模具的结算是模具设计制造的最终目的。模具的价格也以最终结算到的价格为准，即结算价，才是最终实际的模具价格。

模具的结算方式从模具设计时就开始了，并伴随着设计制造的每一步。每道工序运行、设计制造到什么程序，结算方式也运行到哪一步。待到制造完成交付使用，结算方式才会终结，有时，还要试用一段时间后，模具价格才会结清。经济结算是对设计制造的所有技术质量的评价与肯定。

各地区、各企业的结算方式均有不同，但随着市场经济的逐步完善，也形成一定的规范和惯例。按惯例，结算方式一般有以下几种：

（1）"五五"式结算

模具合同签订之日，即预付模具价款50%，其余50%待模具试模验收合格后，再付清。

这种结算方式，在早期的模具企业中比较流行。它的优缺点如下：

① 50%的预付款一般不足以支付模具的基本制造成本，制造企业还要投入。也就是说，50%的预付款，还不能与整副模具成本运行同步。因此，对模具制造企业来说存在一定的投入风险。

② 试模验收合格后，结算余款，使得模具保修费用与结算无关。

③ 在结算50%余款时，由于数目款项较多，且模具已基本完工，易产生结算拖欠现象。

④ 万一模具失败，一般仅退回原50%预付款。

（2）"六四"式结算

即模具合同签订生效之日起，即预付模价款的60%，余40%，待模具试模合格后，再结清。

这种结算方式与第一种结算方式基本相同。只不过是在预付款上增加10%。这相对于模具制造企业有利一点。

（3）"三四三"式结算

模具合同签订生效之日预付模价款的30%，等参与设计会审，模具材料备料到位，开始加工时，再付40%模价款。余30%，等模具合格交付使用后，一周内付清。

这种结算方式对模具制造企业更有利，是目前比较流行的一种。这种结算方式的主要特点如下：

① 首期预付的30%模价款作为订金。

② 再根据会审、检查进度和可靠性，进行第二次 40% 的付款，加强了模具制造进度的监督。

③ 余款 30%，在模具验收合格后，再经过数天的使用期后，进行结算。这种方式，基本靠近模具的设计制造使用的同步运行。

④ 万一模具失败，模具制造方除返还全部预付款外，还要加付赔偿金。赔偿金一般是订金的 1 ～ 2 倍。

（4）"四三三"式结算

模具合同签订生效之日预付模价款的 40%，第一次试模（First Shot）后，再付 30% 模价款。剩下的 30%，于模具生产一段时间后，常常是产品出第一批货后结清。

这种结算方式也是目前比较流行的一种，相对"三四三"式的结算方式，它对模具使用方更有利，但对模具制造方不利，尤其是最后的 30% 的价款，风险较大。

模具的结算方式还有很多，也不尽相同。但是都有一个共同点，即努力使模具的技术与经济指标有机地结合，产生双方共同效益，使得模具由估价到报价，由报价到合同价格，由合同价格到结算价格，形成真正实际的模具价格。实行优质优价，努力把模具价格与国际惯例接轨，不断向生产高、精、优模具方向努力，形成共同良好的、最大限度的经济效益局面。这是模具设计、制造和使用的最终目标。

附录 1 塑料代号及中英文对照表

英文简称	英文全称	中文全称
ABS	Acrylonitrile-butadiene-styrene	丙烯腈 - 丁二烯 - 苯乙烯共聚物
AS	Acrylonitrile-styrene resin	丙烯腈 - 苯乙烯树脂
AMMA	Acrylonitrile-methyl Methacrylate	丙烯腈 - 甲基丙烯酸甲酯共聚物
ASA	Acrylonitrile-styrene-acrylat	丙烯腈 - 苯乙烯 - 丙烯酸酯共聚物
CA	Cellulose acetate	醋酸纤维素
CAB	Cellulose acetate butyrate	醋酸 - 丁酸纤维素
CAP	Cellulose acetate propionate	醋酸 - 丙酸纤维素
CE	Cellulose plastics, general	通用纤维素塑料
CF	Cresol-formaldehyde	甲酚 - 甲醛树脂
CMC	Carboxymethyl cellulose	羧甲基纤维素
CN	Cellulose nitrate	硝酸纤维素
CP	Cellulose propionate	丙酸纤维素
CS	Casein	酪蛋白
CTA	Cellulose triacetate	三醋酸纤维素
EC	Ethyl cellulose	乙烷纤维素
EP	Epoxy, epoxide	环氧树脂
EPD	Ethylene-propylene-diene	乙烯 - 丙烯 - 二烯三元共聚物
ETFE	Ethylene-tetrafluoroethylene	乙烯 - 四氟乙烯共聚物
EVA	Ethylene-vinyl acetate	乙烯 - 醋酸乙烯共聚物
EVAL	Ethylene-vinyl alcohol	乙烯 - 乙烯醇共聚物
FEP	Perfluoro（ethylene-propylene）	全氟（乙烯 - 丙烯）塑料
HDPE	High-density polyethylene plastics	高密度聚乙烯塑料
HIPS	High impact polystyrene	耐冲击聚苯乙烯
LDPE	Low-density polyethylene plastics	低密度聚乙烯塑料
MBS	Methacrylate-butadiene-styrene	甲基丙烯酸 - 丁二烯 - 苯乙烯共聚物
MDPE	Medium-density polyethylene	中密聚乙烯
MF	Melamine-formaldehyde resin	蜜胺 - 甲醛树脂
MPF	Melamine-phenol-formaldehyde	蜜胺 - 酚醛树脂
PA	Polyamide（nylon）	聚酰胺（尼龙）
PAA	Poly（acrylic acid）	聚丙烯酸
PAN	Polyacrylonitrile	聚丙烯腈
PB	Polybutene-1	聚丁烯 -[1]

英文简称	英文全称	中文全称
PBA	Poly（butyl acrylate）	聚丙烯酸丁酯
PC	Polycarbonate	聚碳酸酯
PCTFE	Polychlorotrifluoroethylene	聚氯三氟乙烯
PDAP	Poly（diallyl phthalate）	聚对苯二甲酸二烯丙酯
PE	Polyethylene	聚乙烯
PEO	Poly（ethylene oxide）	聚环氧乙烷
PF	Phenol-formaldehyde resin	酚醛树脂
PI	Polyimide	聚酰亚胺
PMCA	Poly（methyl-alpha-chloroacrylate）	聚 α- 氯代丙烯酸甲酯
PMMA	Poly（methyl methacrylate）	聚甲基丙烯酸甲酯
POM	Polyoxymethylene, polyacetal	聚甲醛
PP	Polypropylene	聚丙烯
PPO	Poly（phenylene oxide）deprecated	聚苯醚
PPOX	Poly（propylene oxide）	聚环氧（丙）烷
PPS	Poly（phenylene sulfide）	聚苯硫醚
PPSU	Poly（phenylene sulfone）	聚苯砜
PS	Polystyrene	聚苯乙烯
PSU	Polysulfone	聚砜
PTFE	Polytetrafluoroethylene	聚四氟乙烯
PUR	Polyurethane	聚氨酯
PVAC	Poly（vinyl acetate）	聚醋酸乙烯
PVAL	Poly（vinyl alcohol）	聚乙烯醇
PVB	Poly（vinyl butyral）	聚乙烯醇缩丁醛
PVC	Poly（vinyl chloride）	聚氯乙烯
PVCA	Poly（vinyl chloride-acetate）	聚氯乙烯醋酸乙烯酯
PVDC	Poly（vinylidene chloride）	聚（偏二氯乙烯）
PVDF	Poly（vinylidene fluoride）	聚（偏二氟乙烯）
PVF	Poly（vinyl fluoride）	聚氟乙烯
PVFM	Poly（vinyl formal）	聚乙烯醇缩甲醛
PVK	Polyvinylcarbazole	聚乙烯咔唑
PVP	Polyvinylpyrrolidone	聚乙烯吡咯烷酮
SAN	Styrene-acrylonitrile plastic	苯乙烯 - 丙烯腈塑料
TPEL	Thermoplastic elastomer	热塑（性）弹性体
TPES	Thermoplastic polyester	热塑性聚酯
TPUR	Thermoplastic polyurethane	热塑性聚氨酯
UF	Urea-formaldehyde resin	脲甲醛树脂
UP	Unsaturated polyester	不饱和聚酯
UHMWPE	Ultra-high molecular weight PE	超高分子量聚乙烯
VCE	Vinyl chloride-ethylene resin	氯乙烯 - 乙烯树脂
VCMMA	Vinyl chloride-methylmethacrylate	氯乙烯 - 甲基丙烯酸甲酯共聚物
VCVAC	Vinyl chloride-vinyl acetate resin	氯乙烯 - 醋酸乙烯树脂
VCOA	Vinyl chloride-octyl acrylate resin	氯乙烯 - 丙烯酸辛酯树脂
VCVDC	Vinyl chloride-vinylidene chloride	氯乙烯 - 偏氯乙烯共聚物
VCMA	Vinyl chloride-methyl acrylate	氯乙烯 - 丙烯酸甲酯共聚物
VCEV	Vinyl chloride-ethylene-vinyl	氯乙烯 - 乙烯 - 醋酸乙烯共聚物

附录 2 模塑件尺寸公差表 (GB/T 1486—2008)

模塑件尺寸公差 (GB/T 14486—2008)

mm

公差等级	公差种类	基本尺寸 >0~3	>3~6	>6~10	>10~14	>14~18	>18~24	>24~30	>30~40	>40~50	>50~65	>65~80	>80~100	>100~120	>120~140	>140~160	>160~180	>180~200	>200~225	>225~250	>250~280	>280~315	>315~355	>355~400	>400~450	>450~500	>500~630	>630~800	>800~1000
标注公差的尺寸公差值																													
MT1	a	0.07	0.08	0.09	0.10	0.11	0.12	0.14	0.16	0.18	0.20	0.23	0.26	0.29	0.32	0.36	0.40	0.44	0.48	0.52	0.56	0.60	0.64	0.70	0.78	0.86	0.97	1.16	1.39
	b	0.14	0.16	0.18	0.20	0.21	0.22	0.24	0.26	0.28	0.30	0.33	0.36	0.39	0.42	0.46	0.50	0.54	0.58	0.62	0.66	0.70	0.74	0.80	0.88	0.96	1.07	1.26	1.49
MT2	a	0.10	0.12	0.14	0.16	0.18	0.20	0.22	0.24	0.26	0.30	0.34	0.38	0.42	0.46	0.50	0.54	0.60	0.66	0.72	0.76	0.84	0.92	1.00	1.10	1.20	1.40	1.70	2.10
	b	0.20	0.22	0.24	0.26	0.28	0.30	0.32	0.34	0.36	0.40	0.44	0.48	0.52	0.56	0.60	0.64	0.70	0.76	0.82	0.86	0.94	1.02	1.10	1.20	1.30	1.50	1.80	2.20
MT3	a	0.12	0.14	0.16	0.18	0.20	0.22	0.26	0.30	0.34	0.40	0.46	0.52	0.58	0.64	0.70	0.78	0.86	0.92	1.00	1.10	1.20	1.30	1.44	1.60	1.74	2.00	2.40	3.00
	b	0.32	0.34	0.36	0.38	0.40	0.42	0.46	0.50	0.54	0.60	0.66	0.72	0.78	0.84	0.90	0.98	1.06	1.12	1.20	1.30	1.40	1.50	1.64	1.80	1.94	2.20	2.60	3.20
MT4	a	0.16	0.18	0.20	0.24	0.28	0.32	0.36	0.42	0.48	0.56	0.64	0.72	0.82	0.92	1.02	1.12	1.24	1.36	1.48	1.62	1.80	2.00	2.20	2.40	2.60	3.10	3.80	4.60
	b	0.36	0.38	0.40	0.44	0.48	0.52	0.56	0.62	0.68	0.76	0.84	0.92	1.02	1.12	1.22	1.32	1.44	1.56	1.68	1.82	2.00	2.20	2.40	2.60	2.80	3.30	4.00	4.80
MT5	a	0.20	0.24	0.28	0.32	0.38	0.44	0.50	0.56	0.64	0.74	0.86	1.00	1.14	1.28	1.44	1.60	1.76	1.92	2.10	2.30	2.50	2.80	3.10	3.50	3.90	4.50	5.60	6.90
	b	0.40	0.44	0.48	0.52	0.58	0.64	0.70	0.76	0.84	0.94	1.06	1.20	1.34	1.48	1.64	1.80	1.96	2.12	2.30	2.50	2.70	3.00	3.30	3.70	4.10	4.70	5.80	7.10
MT6	a	0.26	0.32	0.38	0.46	0.52	0.60	0.70	0.80	0.94	1.10	1.28	1.48	1.72	2.00	2.20	2.40	2.60	2.90	3.20	3.50	3.90	4.30	4.80	5.30	5.90	6.90	8.50	10.60
	b	0.46	0.52	0.58	0.66	0.72	0.80	0.90	1.00	1.14	1.30	1.48	1.68	1.92	2.20	2.40	2.60	2.80	3.10	3.40	3.70	4.10	4.50	5.00	5.50	6.10	7.10	8.70	10.80
MT7	a	0.38	0.46	0.56	0.66	0.76	0.86	0.98	1.12	1.32	1.54	1.80	2.10	2.40	2.70	3.00	3.30	3.70	4.10	4.50	4.90	5.40	6.00	6.70	7.40	8.20	9.60	11.90	14.80
	b	0.58	0.66	0.76	0.86	0.96	1.06	1.18	1.32	1.52	1.74	2.00	2.30	2.60	2.90	3.20	3.50	3.90	4.30	4.70	5.10	5.60	6.20	6.90	7.60	8.40	9.80	12.10	15.00
未注公差的尺寸允许偏差																													
MT5	a	±0.10	±0.12	±0.14	±0.16	±0.19	±0.22	±0.25	±0.28	±0.32	±0.37	±0.43	±0.50	±0.57	±0.64	±0.72	±0.80	±0.88	±0.96	±1.05	±1.15	±1.25	±1.40	±1.55	±1.75	±1.95	±2.25	±2.80	±3.45
	b	±0.20	±0.22	±0.24	±0.26	±0.29	±0.32	±0.35	±0.38	±0.42	±0.47	±0.53	±0.60	±0.67	±0.74	±0.82	±0.90	±0.98	±1.06	±1.15	±1.25	±1.35	±1.50	±1.65	±1.85	±2.05	±2.35	±2.90	±3.55
MT6	a	±0.13	±0.16	±0.19	±0.23	±0.26	±0.30	±0.35	±0.40	±0.47	±0.55	±0.64	±0.74	±0.86	±1.00	±1.10	±1.20	±1.30	±1.45	±1.60	±1.75	±1.95	±2.15	±2.40	±2.65	±2.95	±3.45	±4.25	±5.30
	b	±0.23	±0.26	±0.29	±0.33	±0.36	±0.40	±0.45	±0.50	±0.57	±0.65	±0.74	±0.84	±0.96	±1.10	±1.20	±1.30	±1.40	±1.55	±1.70	±1.85	±2.05	±2.25	±2.50	±2.75	±3.05	±3.55	±4.35	±5.40
MT7	a	±0.19	±0.23	±0.28	±0.33	±0.38	±0.43	±0.49	±0.56	±0.66	±0.77	±0.90	±1.05	±1.20	±1.35	±1.50	±1.65	±1.85	±2.05	±2.25	±2.45	±2.70	±3.00	±3.35	±3.70	±4.10	±4.80	±5.95	±7.40
	b	±0.29	±0.33	±0.38	±0.43	±0.48	±0.53	±0.59	±0.66	±0.76	±0.87	±1.00	±1.15	±1.30	±1.45	±1.60	±1.75	±1.95	±2.15	±2.35	±2.55	±2.80	±3.10	±3.45	±3.80	±4.20	±4.90	±6.05	±7.50

注：1. a 为不受模具活动部分影响的尺寸公差值；b 为受模具活动部分影响的尺寸公差值。
2. MT1 级为精密级。具有采用严密的工艺控制措施和高精度的模具、设备、原料时才有可能适用。

附录 3　注塑模具零件名称（中英文对照）

1. 模架零件

中文名称	英文名称	解析与说明
模架	mold base	又称模胚
定模固定板	top clamp plate	码在注塑机定板上，又名上模固定板、上码模板、面板
热流道框板	spacer plate	安装热流道板的架板或回板，又名热流道支撑板
流道板	runner stripper plate	三板模中用于推流道凝料，又称水口板
定模 A 板	"A" plate	用于装配定模镶件，又称上模板、母模板
动模 B 板	"B" plate	用于装配动模镶件，又称下模板、公模板
动模 B1 板	"B1" plate	又称下模垫板、托板
动模 B2 板	"B2" plate	动模要先抽芯时，有时需增加此板
推板	stripper plate	顶出产品用的板，又称顶板
托板	support plate	起托垫作用
方铁	spacer block	一般装在动模固定板与 B 板之间，又称凳仔方
推杆固定板	ejector plate	又称推杆板、顶针固定板、面针板
推杆底板	ejector retainer plate	又称推杆托板、顶针底板、底针板
动模固定板	bottom clamp plate	安装在注塑机动板上，又称下模固定板、下码模板
复位杆	return pin	用于使推杆板组件复位，又称回针
导柱	guide pin	模具上用来导向，又称边钉、导边
导套	guide bush	模具上用来导向，与导柱配合，又称边司、导司
推杆板导柱	ejector guide pin	模具上用来对顶出系统导向，又名中托边、哥林柱
推杆板导套	ejector guide bush	安装在推杆组板上，与导柱配合，又名中托司
流道板导柱	support pin	三板模中用于定模 A 板和流道板的导向，实现多次分模，又名水口边
直导套	straight guide bush	无肩导套，又名直司
有肩导柱	shoulder guide pin	带台肩的导柱，又名边钉、托边

2. 成型零件

中文名称	英文名称	解析与说明
成型零件	molding parts	组成模具型腔的零件
定模镶件	cavity insert	指镶在定模框中的最大成型零件，又称母模仁、前模镶件
动模镶件	core insert	指镶在动模框中的最大成型零件，又称公模仁、后模镶件
定模型芯	cavity small insert	指镶在定模框中的小镶件
动模型芯	core small insert	指镶在动模框中的小镶件
定模圆形型芯	cavity insert pin	指镶在定模框中的圆形小镶件，要求尽量采用标准推杆改制
动模圆形型芯	core insert pin	指镶在动模框中的圆形小镶件，要求尽量采用标准推杆改制
定模镶件楔紧块	cavity clamp	用于压紧定模镶件的块，又称定模镶件压块
动模镶件楔紧块	core clamp	用于压紧动模镶件的块，又称动模镶件压块
可换镶件	exchangeable insert	精度较高、易损坏、具有互换性的镶件
日期镶件	date indicator	包括年、月、日、班产及空白镶件
环保镶针	recycle marked pin	是一种标准件，上刻有环保标记
圆型芯	core pin	用于成型胶柱位、胶孔的标准件
疏气针	gas expeller	用一种组织疏松的钢材制作，气体能从中排出

3. 侧向抽芯机构

中文名称	英文名称	解析与说明
侧向抽芯机构	side core-pulling mechanism	与开模方向不一致的脱模机构
滑块	slide block	滑行方向与开模方向不平行，动力来源是斜导柱、弹簧或油缸，又名行位
侧向抽芯	slide insert	镶在滑块上、成型侧向凹凸扣位的零件
侧向圆型芯	slide insert pin	镶在滑块上的圆形小零件，要求尽量采用标准推杆改制
滑块压块	gib	对滑块起固定和导向作用
锁紧块	wedge	用来帮助增加锁模力的零件，又名楔紧块、铲基
斜导柱	angle pin	尽量用标准斜边，直径较大时可用边钉改制，尽量避免用推杆改制。又称斜边
斜导柱压块	angle block	压紧斜导柱的零件
弯销	square dowel	起斜导柱作用的方形销，又名方销，截面为正方形或长方形
多角度弯销	forniciform dowel	多用于需多次分模的较复杂模具
斜顶	cam	带角度的顶出零件，又名斜推杆
斜顶杆	link bar	带动斜顶运动的件
斜顶镶件	cam insert	斜顶上的镶件
斜顶镶针	cam insert pin	斜顶上的圆形镶件，尽量采用标准推杆改制
斜顶管位块	cam guide block	扶持、对斜顶起导向作用的块。材料为杯司铜（BRONZE）
斜顶滑块	cam slide block	安装在斜顶的底端，用来实现斜顶在推杆板或斜顶座上滑动的块
斜顶座	cam base	固定在推杆板上，用来实现斜顶滑动的座
滑块推杆	slider ejector pin	安装在滑块内，侧抽芯时顶出模塑件，防止粘滑块而变形或拉裂
斜顶推杆	cam ejector pin	安装在斜顶内，作用同"滑块推杆"

4. 浇注系统

中文名称	英文名称	解析与说明
浇注系统	gating system	模具中从注塑机喷嘴开始到型腔入口为止的一段熔体通道
定位圈	locating ring	模具在注塑机上安装时初定位，又名法兰
浇口套	sprue bushing	内孔为主流道，又名唧嘴或唧咀
三板模浇口套	sprue bushing locating	三板模中专用的浇口套，浇口套和定位圈一体，又名法兰唧嘴
加长浇口套	extend sprue bushing	用于定模很厚的场合，又称延长唧嘴、加长唧嘴
浇口	sprue gate	唧咀的最前端，接触模腔部分
浇口镶件	runner insert	用于水口部分的镶件。例如，香蕉入水的镶件、水口钩针外镶的圆套、流道上的镶件

5. 发热元件、热流道系统

中文名称	英文名称	解析与说明
热流道系统	hot runne system	注射过程中对流道进行加热，使流道内的塑料始终处于高温熔融状态
O 形钢圈	steel O-ring	用于流道与浇口套口部的密封
热流道板	hot manifold	安装发热管、热电偶及热射嘴的流道板
隔热板	high temp. insulator sheet	阻绝热量流失的板（片），又称隔热片（insulating plate）
隔热垫	riser pad	用来阻碍热流道板热量传至模架的垫块
中心垫	center support pad	热流道板中心和 A 板之间的垫块
阀针系统	valve gate system	热射嘴的开启由阀门控制
顺序阀浇口	sequential valve gate	通过汽缸的驱动来控制多个热射嘴的开启或者关闭，由此达到了塑件表面无熔接痕的理想效果
热射嘴	heater nozzle	又称热嘴、热唧嘴

中文名称	英文名称	解析与说明
热射嘴定位套	nozzle bush	热嘴上与模腔接触的部分，起固定热唧嘴作用
热射嘴头	heater sprue gate	热嘴上与模腔接触的部分
封针	closed pin	热嘴里用于封胶的针
封针衬套	closed pin band	对封针起导向作用的衬套，又称 pin guide bush（YUDO）、pin guide（DME）
发热圈	band heater	又称发热丝
发热片	heater sheet	用于发热的元器件，常安装在 Mold Master 热流道板上
热电偶	thermocouple	探测温度用，又称热探针、温控线
延长嘴头	extend nozzle	接在热射嘴前端，起到延长唧嘴的作用
发热壳	heater shell	热射嘴与热流道板外用来发热的壳体，又称发热箍
热射嘴隔热套	gate shell insulator	套在热射嘴外圈，起隔热作用
发热管	manifold heater	安装在流道板中间的发热元件。常见的有 DME 公司的 ECH 和 CHS 系列
发热管尾塞	heater puller	装在发热管的端部，起阻塞的作用
流道尾塞	end plug	又称热流道尾塞
发热管压块	heater clamp	起封装和压紧发热管的作用
冷却套	water cooled gate insert	用于对热唧嘴头部冷却用，例如 Mold Master 公司提供的零件
背板	back plate	安装在热流道板上与啤机炮嘴配合的部件（不带发热元件）
温控器	temp. control module	控制温度的集成电路板
温控箱	main frame	仅指安装温控元器件的箱体、外壳
接线盒	terminal mounting box	安装插座用的支架，又称电源箱
电源线	power cable	指电源到温控箱之间的连线
电缆	mold power-thermocouple cable	温度控制与发热电源控制的连线（仅指温控箱和模具之间的连接）
电源／电偶接头	power/signal adapter	包括电源接头和电偶接头
电源／电偶插座	power/signal connector	包括电源插座和电偶插座
保温铝板	reflector sheet	HASCO 热流道系统上使用的零件（Z1064/...）
热流道板附件	accessory kit	HASCO 热流道系统上使用的组件（Z1067/...）
热射嘴过滤器	filter cartridge	HASCO 热唧嘴使用的零件（Z109/...）
加热板	heater plate	Mold Master 热流道系统中安装在热流道板背面，用于为流道板加热、温控
加长头	inlet extension	Mold Master 热流道系统中安装在热流道板上与啤机炮嘴配合的部件（带为发热元件）

6. 温度控制系统

中文名称	英文名称	解析与说明
温度控制系统	the temperature control system	将模具的温度控制在合理的范围内，又名冷却系统
冷却水道	cooling channel	模具生产时通冷却水，将模具中的热量带出
冷却水管	water line	作用同"冷却水道"
快插喉嘴	plug	连在模具上，又称快插头
快插座	socket	连在冷却水管上
加长喉嘴	extension plug	又称驳长快插喉嘴
喷管	bubbler tube	用于细小及难以走到巡回冷却水的管子
喷管接头	cascade water junction	连接冷却水喷管的六角铜枝
喉塞	pressure plug	指堵冷却水头部

中文名称	英文名称	解析与说明
水塞	threadless brass pressure	用于冷却水道中间切断水路的塞子
隔水片	baffle	水井中间用来分隔冷却水的黄铜片
密封圈	O-ring	用来密封的橡胶制品，又称"O"令、防水胶圈。普通密封圈耐温 -30 ～ +100℃。如果用氟橡胶（FPM），可耐温 -20 ～ +200℃。如果用聚氨酯（TPU），耐温可达 400℃
铜堵头	copper pressure plug	用铜材料做的堵头，多指运水中的堵头
铜枝	copper pin	冷却用零件，又称散热铜
集流板	connector block	M3CB072、M3CB144
分流块	branch block	M3BB001
直接头	straight junction	水管间连接用，进出接头在同一直线
转角接头	corner junction	连接水管间连接用，进出接头成 90°角
曲接头	bent junction	水管间连接用，进出接头成一定角度
T 形接头	"T" junction	水管间连接用，三个接口成 T 字状
蓝色水管	blue water tube	蓝颜色的水管，用于较低压力的场合
塑料线夹	plastic lock	常用来夹持水管、电线的夹子，亦称尼龙码仔
喉箍	hose clamps	水管和喉嘴间固定密封用
透明水管	transparent water tube	透明的水管，用于较高压力的场合

7. 脱模系统

中文名称	英文名称	解析与说明
脱模系统	ejection system	将塑件安全无损坏地推离模具的零部件，又名顶出系统或推出系统
拉料杆	sprue puller	三板模中用于拉脱流道凝料，尽量采用标准推杆改制，又名水口钩针
推块	stripper bar	方形推杆，通过推杆连接在顶出系统上的零件，又名推方
推块座	stripper base	推块下面用来支持推杆滑动的座
推块杆	stripper rod	连接推方与顶出系统的杆，尽量采用标准推杆改制
弹力胶	polyurethane spring	通常安装在模架复位杆下方，起延时顶出作用的
直顶	ejector bar	方形顶出件
直顶座	ejector base	直顶下面与推杆板连接的基座
推杆	ejector pin	圆形推出零件，又名顶针
扁推杆	ejector blad	方形推出零件，又名扁顶针
柔和哥	flexi core	用弹簧钢做的具有弹性的哥针，多用于斜顶，又称弹弓哥针
司筒	ejector sleeve	有公、英制，又称推管
司筒针	ejector sleeve pin	有公、英制，又称推管型芯
司筒针压块	retaining block	通常用于下码模板上固定司筒针，或用于三板模上码模板上固定水口钩针
推杆板回归器	ejector return assembly	例如：大同公司标准件
拉力板	tension link	例如：大同公司标准件
拉模扣	puller bolt	在非第一次打开的分模面上安装，配合后有一定铆合力
扶针	support pin	弹簧中起扶持、导向作用的杆
弹簧	compression spring	泛指各种弹簧，又名弹弓
高温弹簧	temp. resist spring	热射嘴内用弹簧
黄弹簧	yellow spring	相当于大同公司标准件，优先选用此弹簧
银弹簧	silver spring	银色弹簧
蓝弹簧	blue spring	蓝色弹簧，又名蓝弹弓

中文名称	英文名称	解析与说明
红弹簧	red spring	红色弹簧
圆线弹弓	circular section spring	截面为圆形的小型弹弓，弹力较小
氮气弹簧	nitrogen spring	一种以高压氮气为工作介质的新型弹性组件，体积小、弹力大、行程长、工作平稳、制造精密、使用寿命长（100 万次）
顶棍	ejector rod	注塑机顶出用的杆
气嘴	air valve	用于气辅模具或模具上使用气拍时从模外进气的喉嘴
气拍	air poppet valve	用于辅助开模，帮助顶出，又称气拍镶件、顶出气针
加速顶出器	accelerated knock-outs	用于模具二次顶出，例如，DME 公司标准件 AKO-1
旋转块	rotary block	加速顶油器上的关键零件，绕销钉转动，顶动推杆

8. 限位零件

中文名称	英文名称	解析与说明
压块	clamp	起压紧、防止窜动作用，又称压紧块
垫块	mat	起支撑作用的零件，又称安装板
垫板	back-up plate	起支垫作用的板
管位块	lock block	起限位作用，又称落位
分型面管位块（凹/凸）	P/L lock（female/male）	零件以组合件形式编号，作为一个料号存在
分型面管位块（凹）	P/L lock（female）	零件以单件形式分别编号，单独作为一个料号存在
分型面管位块（凸）	P/L lock（male）	零件以单件形式分别编号，单独作为一个料号存在
管位套	locating set	用于斜顶、斜顶杆、推杆、推方杆、直顶、顶棍的导向定位部件
弹簧滚珠	spring plunger with ball	起短暂性的定位作用，又名弹弓波子
老虎扣	slide retainer	滑块上用来定位的扣。例如 DME 公司的标准件 PSL0001、PSL0002、PSL0003
销钉	dowel pin	起定位作用，又称销轴
平键	flat key	传递扭矩，承受切向力
扁销	flat dowel	由两个平行面起定位作用的销
加硬销钉	harden dowel pin	淬火以后的销钉
U 形销	"U" pin	U 字状的销
限位块	stopper	又称挡块、镶块，起限位、定位作用
限位戒指	limited washer	又称限位套，通常用于三板模，起控制水口板开模距离的作用

9. 电气、液压、气动元件

中文名称	英文名称	解析与说明
油缸	hydraulic cylinder	又名油唧
油缸底座	bot. hyd. cylinder	又称支承座或支承架，用来安装固定油唧的零件
油缸端仔	hydraulic link	油缸杆头部同其他部件连接的零件
油缸接头	hyd.oil.connector	又称喉牙座 M3HCXXX
油缸连接杆	hydraulic link pin	油缸外用来加长油缸杆的零件
高压油喉	high pressure oil pipe	能承受高压的油路管道
透明油喉	transparent oil pipe	透明的油路管道
滴油嘴	nipple	又称牛油嘴、加油嘴
活塞	piston	
接头	adapter	
油箱	oil tank	
油路板	hydraulic block	用于安装液压阀，形成液压回路的油路连接件

中文名称	英文名称	解析与说明
溢流阀	load valve	用于保持系统压力的恒定
节流阀	flow regulator valve	通过改变节流口的大小来控制油液的流量，以改变执行元件的速度
方向阀	directional control valve	液压或气压系统中用于控制液体或气体流动方向的阀
顺序阀	sequence valve	利用油路压力来控制执元件的顺序动作，以实现油路的自动控制
单向阀	check valve	用于液压系统中防止油流反向流动
换向阀	reversal valve	实现油路的换向、序动作及卸荷
分流集流阀	centralize valve	用于控制同一系统中的 2 ～ 4 个执行元件在运动时的速度同步
柱塞泵	plunger pump	
齿轮泵	gear pump	
水箱	water tank	
汽缸盖	cylinder cover	
汽缸	cylinder	
高压气管	high-pressure windpipe	
咭掣	limit switch	又称限位咭掣、行程开关、微动开关
咭掣控制杆	limit switch operation lever	作为一零件与咭掣安装在一起，组成为一组合件，以完成咭掣的功能。例如，Rockwell Automation 公司的咭掣需另配控制杆
咭掣固定板	switch plate	安装限位咭掣用的板、块，又称调节块
油管	oil pipe	

10. 辅助装置

中文名称	英文名称	解析与说明
导向块	guide block	A、B 板之间用于导向作用的块
导轨	guide track	滑动件上用于定位导向的块或条
导向杆	guide rod	起导向作用的杆
T 形滑块	"T" gib	又称 T 形条
剑仔	lever	用来推动推件先复位杆的零件
先复位杆	early return pin	复位机构中的摆杆，又称摆杆
撞块	collide block	先复位机构中用来传递摆杆的力的零件
控制杆	latch bar	
扣机	latch lock	分模面上用来控制分型顺序用，又称定位扣
扣机组合	latch lock assembly	
螺纹导套	screw bushing	常用于模具脱螺纹机构
铜套	copper bush	多用于运水孔与胶圈隔离处，具防锈作用
齿轮	gear	传动
齿条	rack	传动
链条	chain	传动
连接杆	link bar	
连接块	link block	连接两个不同的零件
支撑杆	support pin	推杆扶杆里起支撑作用的钢枝
硬片	wear plate	又称耐磨片，滑动面上用于减少摩擦的淬硬件
锁模片	p/l stra p	防止模具在运输过程中脱开
垫板	back-up plate	起支垫作用的板
挡板	cover plate	通常安装在两方铁之间用于防止灰尘或其他杂物落入顶出系统中
高度垫柱	height spacer	多用于推杆、司筒不够长时，固定在推杆组板上起垫高作用

中文名称	英文名称	解析与说明
勾仔	lock	动模斜滑块中用来勾拉斜滑块的零件
吊模方	lifting bar	起、吊模用，又称吊模杆
铭牌	mark plate	刻有基本资料或图片的金属片，用 $\phi3.3\times6$ 的铆钉紧固在模具表面
冷却水铭牌	cooling indicate plate	刻有冷却水道示意图的铭牌
分型面计数器	counter view	分模面计数用。又叫分模面计数器
撑头	support pillar	通常装在下码模板上，起支撑作用，提高模具刚性，又名撑柱
脚仔	stand off	装在模具侧面，用于支垫模具，又名支撑柱
承压块	support block	装在 A 板或 B 板表面，用于增大上下模接触面积
校准块	calibration block	用于校验产品时使用
散热针	heat emiting pin	用于传导散发热量。例如，大同公司的标准件
气针	gas pin	
气针镶件	insetr of gas pin	安装气针的件
磁铁	magnet	
垃圾钉	stop pin	安装在推杆托板背面，用于防止灰尘造成顶出系统难以复位。又名限位钉

11. 紧固件

中文名称	英文名称	解析与说明
大横担	pull bar	通过螺钉与推杆组板相连固定链条，与链条固定块相配
链条固定块	chain mount block	通过螺钉与大横担或链条固定座相连，将链条固定起来
链条固定座	chain mount seat	通过螺钉与 A 板相连固定链条，与链条固定块相配
固定块	fixed block	
电线压块	wire clamp	
胶垫	rubber pad	
拉钩	pivot bar	
拉钩座	hinge block	
起吊装置	lifting device	安装在模具表面上用于吊模的组合装置
拉令	eyebolt	又称吊令、吊环
螺钉	screw	起连接作用，又名螺丝
螺栓	blot	连接
螺母	nut	又称螺帽
杯头螺钉（S.H.C.S）	socket head cap screw	又称内六方圆柱头螺丝
平头螺钉（F.H.S.S）	flat head socket screw	螺钉头是平的，中间可以是一字、十字或内六方
无头螺丝（H.S.S.S）	hex. socket set screw	又称机米螺钉
圆头螺钉（B.H.S）	button head screw	又称半圆头螺丝
山打螺钉（S.H.S.S）	socket head shoulder screw	常用于模板之间控制开模行程。又称为拉杆、脱水口螺丝
铆钉	rivet	例如，订铭牌用
介子	washer	又称戒子、华司、垫圈
卡环	retain ring	又可称开口环，卡簧
弹性垫圈	spring washer	具有弹性的可防止螺栓或螺母松动的垫圈
轴承	bearing	主要功能是支撑机械旋转体，降低其运动过程中的摩擦系数，并保证其回转精度

附录 4 模具零件典型表面的加工路线及其能达到的加工精度

1. 平面加工路线及其能达到的加工精度（*Ra* 单位为 μm）

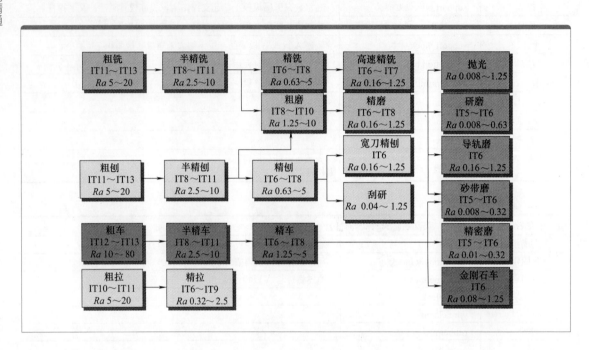

2. 外圆表面加工路线及其能达到的加工精度（*Ra* 单位为 μm）

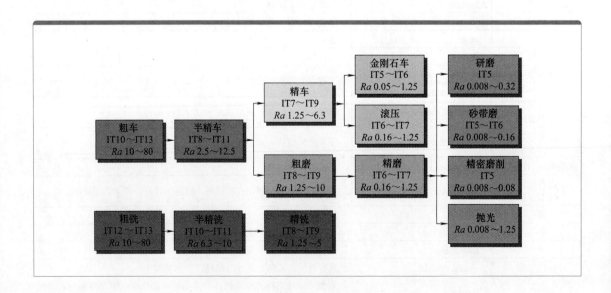

3. 外圆表面加工路线及其能达到的加工精度（*Ra* 单位为 μm）

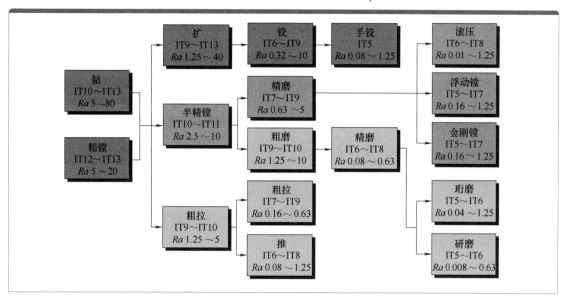

附录 5　公、英制对照表

八英寸	十英寸	公制	八英寸	十英寸	公制
1/64″	0.016	0.40	33/64″	0.516	13.10
1/32″	0.031	0.79	17/32″	0.531	13.49
3/64″	0.047	1.19	35/64″	0.547	13.89
1/16″	0.063	1.59	9/16″	0.563	14.29
5/64″	0.078	1.98	37/64″	0.578	14.68
3/32″	0.094	2.38	19/32″	0.594	15.08
7/64″	0.109	2.778	36/64″	0.609	15.48
1/8″	0.125	3.175	5/8″	0.625	15.88
9/64″	0.141	3.57	41/64″	0.641	16.27
5/32″	0.156	3.97	21/32″	0.656	16.67
11/64″	0.172	4.37	43/64″	0.672	17.07
3/16″	0.188	4.76	11/16″	0.688	17.46
13/64″	0.203	5.16	45/64″	0.703	17.86
7/32″	0.219	5.556	23/32″	0.719	18.26
15/64″	0.234	5.95	47/64″	0.734	18.65
1/4″	0.250	6.35	3/4″	0.750	19.05
17/64″	0.266	6.75	49/64″	0.766	19.45
9/32″	0.281	7.14	25/32″	0.781	19.84
19/64″	0.297	7.54	51/64″	0.797	20.24
5/16″	0.313	7.95	13/16″	0.813	20.63
21/64″	0.328	8.33	53/64″	0.828	21.03
11/32″	0.344	8.73	27/32″	0.844	21.43
23/64″	0.359	9.13	55/64″	0.859	21.83
3/8″	0.375	9.525	7/8″	0.875	22.23
25/64″	0.391	9.92	57/64″	0.891	22.62
13/32″	0.406	10.32	29/32″	0.906	23.02
27/64″	0.422	10.72	59/64″	0.922	23.42
7/16″	0.438	11.11	15/16″	0.938	23.81
29/64″	0.453	11.51	61/64″	0.953	24.21
15/32″	0.469	11.91	31/32″	0.969	24.61
31/64″	0.484	12.30	63/64″	0.984	25.00
1/2″	0.500	12.70	1″	1.000	25.4

[1] 张维合.注塑模具设计实用教程.北京：化学工业出版社，2007.
[2] 张维合.注塑模具复杂结构100例.北京：化学工业出版社，2010.
[3] 张维合.注塑模具设计实用手册.北京：化学工业出版社，2011.
[4] 黄虹.塑料成型加工与模具.北京：化学工业出版社，2003.
[5] 池成忠.注塑成型工艺与模具设计.北京：化学工业出版社，2010.
[6] 屈华昌.塑料成型工艺与模具设计.北京：机械工业出版社，1996.
[7] H.瑞斯.模具工程.朱元吉，等译.第2版.北京：化学工业出版社，2005.
[8] 张维合.塑料成型工艺与模具设计.北京：化学工业出版社，2014.